清华电脑学堂

微课学Spline 3D建模与交互动画制作

卢斌 / 编著

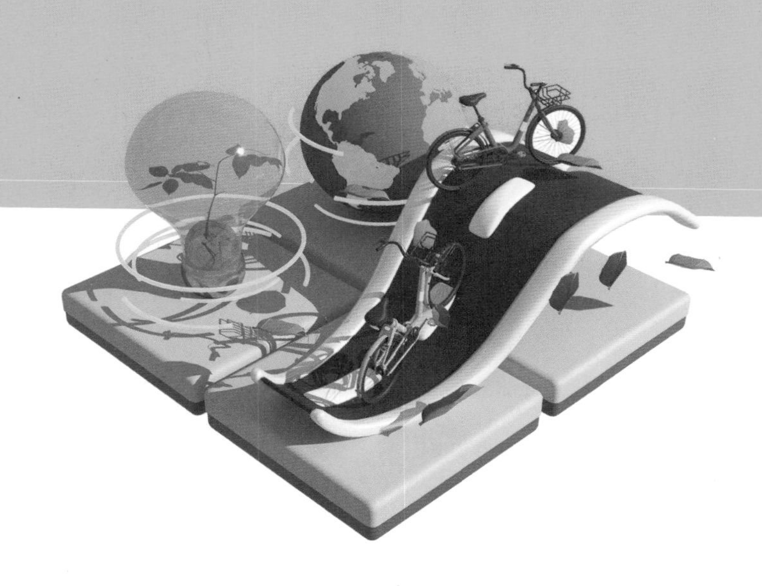

清華大學出版社
北 京

内容简介

Spline作为一款轻量级3D设计利器，革新性地允许用户以2D设计的直观思维无缝过渡到3D创作领域，而无须深厚的3D软件基础。它聚焦于激发设计灵感，让用户能够迅速搭建出引人入胜的3D场景，轻松实现创意构想。

全书共分为7章，包括初识Spline，熟悉Spline的基本操作，3D模型的创建与编辑，材质与着色，灯光、相机与动画制作，交互动画的制作，以及团队协作与导出。每一章均采用理论知识+案例实战相结合的教学模式，确保知识吸收与技能提升并重。

本书配套资源丰富，不仅包含所有实例的源文件与素材包，还附赠详尽的多媒体教学视频和PPT课件，让学习之路更加直观、高效，助力新手快速上手，实现从零到一的飞跃。

本书适用于三维设计初学者、游戏开发人员、视觉设计师与广告创意人才，以及三维设计爱好者，也可以作为各大院校设计类专业参考教材使用。

图书在版编目（CIP）数据

微课学Spline 3D建模与交互动画制作 / 卢斌编著.

北京 : 清华大学出版社, 2025. 2. -- (清华电脑学堂).

ISBN 978-7-302-68144-1

Ⅰ. TP391.414

中国国家版本馆CIP数据核字第2025EL6196号

责任编辑： 张　敏
封面设计： 郭二鹏
责任校对： 胡伟民
责任印制： 刘　菲

出版发行： 清华大学出版社
网　　址： https://www.tup.com.cn，https://www.wqxuetang.com
地　　址： 北京清华大学学研大厦A座　　**邮　　编：** 100084
社 总 机： 010-83470000　　**邮　　购：** 010-62786544
投稿与读者服务： 010-62776969，c-service@tup.tsinghua.edu.cn
质量反馈： 010-62772015，zhiliang@tup.tsinghua.edu.cn
课件下载： https://www.tup.com.cn，010-83470236
印 装 者： 小森印刷（北京）有限公司
经　　销： 全国新华书店
开　　本： 170mm×240mm　　**印　　张：** 15　　**字　　数：** 380千字
版　　次： 2025年3月第1版　　**印　　次：** 2025年3月第1次印刷
定　　价： 99.00元

产品编号：106815-01

前言

在数字艺术与设计日新月异的今天，三维建模与动画技术已成为连接创意与现实的桥梁，它们不仅深刻改变了影视、游戏、广告、建筑设计等多个领域的面貌，还极大地丰富了人们的视觉体验和文化生活。Spline 作为三维设计领域的一项重要技能，以其灵活多变的特性、高度可定制的模型构建能力，以及对复杂曲面形态的精准控制，赢得了广大设计师、动画师及工程师的青睐。

本书按照循序渐进、由浅入深的讲解方式，全面细致地介绍了 Spline 的各项功能及应用技巧，内容起点低、操作上手快、语言简洁、技术全面、资源丰富。每个知识点都通过精心挑选的实例进行分析讲解，针对性强，便于用户在边阅读边练习的过程中逐步熟悉软件的操作方法。

本书内容安排

本书共分为 7 章，由浅入深地对 Spline 知识进行讲解，帮助读者在理解轻量级 3D 建模的同时，能够在 Spline 中完成交互动画的设计制作，使读者完成从基本概念的理解到操作方法与技巧的掌握。

第 1 章 初识 Spline。本章主要讲解 Spline 的相关基础知识，帮助初学者了解 Spline 的基本功能、Spine 的下载与安装、Spine 的开始界面和工作界面，以及使用快捷键等内容。

第 2 章 熟悉 Spline 的基本操作。本章主要讲解 Spline 的基本操作方法和技巧，帮助初学者掌握 Spline 软件中文件的基本操作、撤销与重做、对象的基本操作、编组/解组对象、移动/旋转/缩放对象和吸附设置等内容。

第 3 章 3D 模型的创建与编辑。本章详细阐述了利用 Spline 工具创建与编辑 3D 模型的一系列方法和实用技巧，旨在帮助读者全面掌握 Spline 建模技术。

第 4 章 材质与着色。本章主要讲解 Spline 中材质与着色的创建与使用方法，详细讲解了材质库的使用、默认材质选项、材质类型等内容，并对图层遮罩及凹凸和粗糙度进行了讲解。

第 5 章 灯光、相机与动画制作。本章深入阐述了在 Spline 中高效运用灯光与相机的策略与技巧，详细介绍了相机的创建流程与精细调整参数的方法，同时还探讨了 Spline 中基本动画、灯光动画、材质动画及相机动画的实现原理与操作步骤，助力读者掌握动画制作的精髓。

第 6 章 交互动画的制作。本章深入阐述了在 Spline 中创建交互动画的方法和技巧。通过讲解制作交互动画所需掌握的各种事件和动作，帮助读者快速理解交互动画制作的原理。

第 7 章 团队协作与导出。本章主要讲解在 Spline 中团队协作及优化导出场景的方法和技巧。通过掌握多样化的导出方式，为用户提供高效、便捷的 3D 设计体验，满足用户的不同需求。

本书特点

全书内容丰富、条理清晰，采用理论知识与案例实战相结合的方法，全面介绍了 Spline 的所有功能和知识点，读者可快速掌握 Spline 软件，轻松实现创意、构想。

- 语言通俗易懂、内容丰富、版式新颖，涵盖了 Spline 的所有知识点。
- 实用性很强，采用理论知识与实战操作相结合的方式，使读者更好地理解并掌握在 Spline 中建模和制作交互动画的方法和技巧。
- 通过学习目标、学习导图和课后习题，帮助读者更好地规划学习内容，测试每章的学习效果。
- 每一个案例的制作过程，都配有相关视频教程和素材，步骤详细，使读者轻松掌握。
- 全书配有资源包、PPT 课件和视频，方便读者学习和使用。读者扫描下方二维码，可获取图书相关资源。

资源包

PPT 课件

视频

由于时间较为仓促，书中难免有疏漏之处，在此敬请广大读者朋友批评、指正。

编者

2024 年 11 月

目录

第 1 章
初识 Spline

随着制作技术和应用市场的发展，3D 建模设计逐渐成为设计师们的常规设计。在设计中应用 3D 技术能够让素材以立体效果跃然纸上，为浏览者营造一种灵动的视觉享受。3D 设计有许多软件可使用，常见的有 C4D、3D Max、Maya 等，但是这些软件的学习成本较高，对于想要快速制作 3D 图形的用户来说很不友好，相对来说 Spline 更简单、更容易上手。

学习目标

- 了解 Spline 的功能和应用。
- 掌握 Spline 的下载与安装方法。
- 熟悉 Spline 的工作界面和基本操作。
- 准确理解轻量级 3D 的概念，形成正确价值观。
- 能够利用所学知识，创建新文件和团队文件。

学习导图

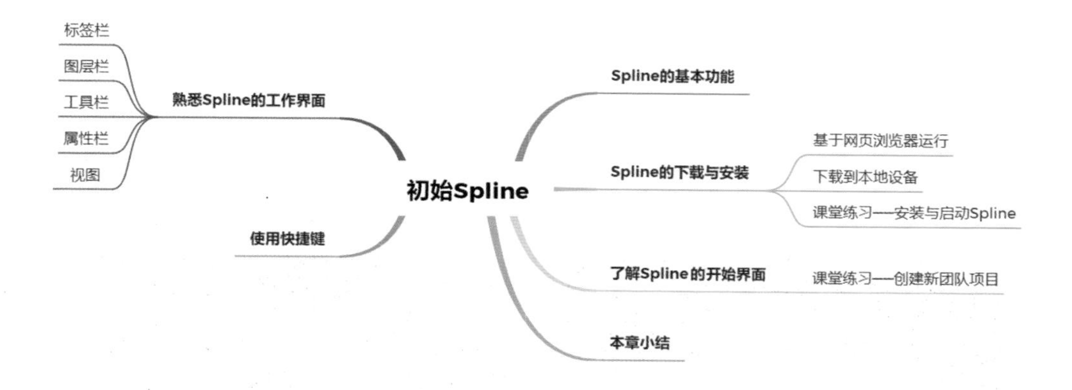

1.1 Spline 的基本功能

Spline 是一款轻量级 3D 设计工具，用户可以用 2D 的设计思维方式来进行 3D 设计，无须 3D 软件的设计基础。该软件能够让用户着重于设计创意，快速搭建简单 3D 场景。图 1-1 所示为 Spline 软件的图标。

Spline 专门为简单的几何卡通 3D 设计而设计。由于制作的场景都是简单的体块和光影，所以渲染速度很快，基本上所见即所得。图 1-2 所示为使用 Spline 搭建的 3D 场景。

图 1-1　Spline 软件图标

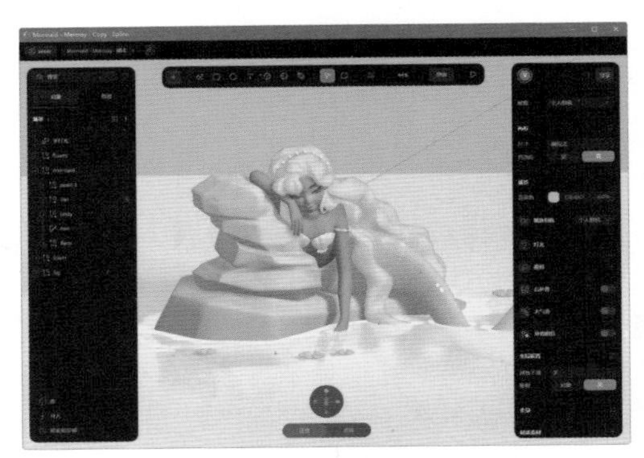

图 1-2　使用 Spline 搭建的 3D 场景

Spline 还可以输出嵌入网页的 3D 交互原型，对于 Web 设计非常友好。同时，它还凭借实时协作功能脱颖而出，使其成为团队项目的绝佳工具。Spline 中数量丰富、种类齐全的 3D 模型库、材质库，也为设计师的设计工作提供了更多选择。

1.2 Spline 的下载与安装

用户可以在网页浏览器中直接运行 Spline。也可以将 Spline 应用程序下载并安装到本地设备中。

1.2.1　基于网页浏览器运行

Spline 可基于网页浏览器直接在线操作。打开浏览器，在地址栏中输入 www.Spline.com 网址，登录 Spline 官网，如图 1-3 所示。单击页面中心的 Get started—its' free →按钮，即可在当前浏览器中启动 Spline，如图 1-4 所示。

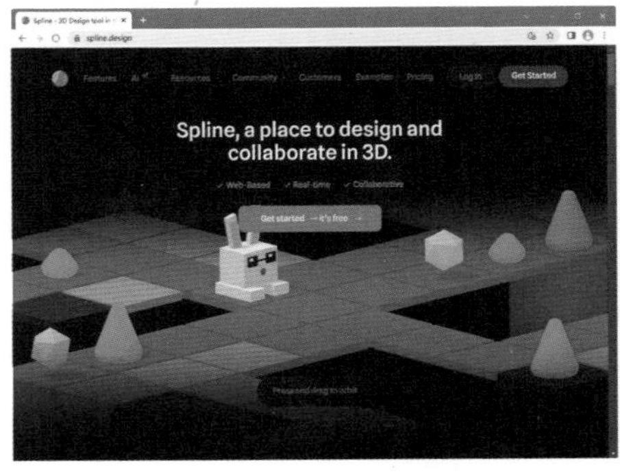

图 1-3　Spline 官网

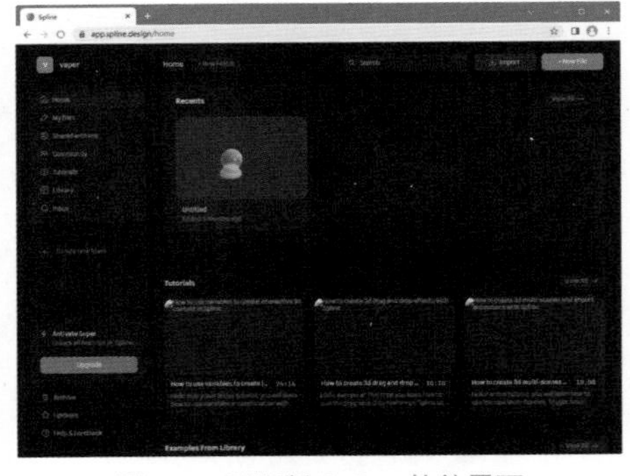

图 1-4　网页版 Spline 软件界面

提示

单击右上角的 Get started 按钮，将在一个打开的新的浏览器页面中启动 Spline。

1.2.2　下载到本地设备

Spline 为用户提供了 macOS 和 Windows 两个版本，针对 macOS 用户又提供了 Mac-Apple Silicon 和 Mac-Inter Processor 两个版本。不同操作系统设备安装 Spline 的推荐配置如表 1-1 所示。

表 1-1　不同操作系统安装 Spline 的推荐配置

操作系统		推荐配置
macOS	苹果处理器	必须运行 macOS 11 或更高版本
	Inter 处理器	运行 macOS 10 或更高版本
Windows		必须运行 Windows 8 或更高版本

单击网页版 Spliine 左下角的 Help&Feedback 选项，在打开的下拉列表框中选择 Spline Docs 选项，在打开的页面中选择 Downlod Spline for Desktop 选项，如图 1-5 所示。用户可在打开的网页中下载适合自己设备的软件版本，如图 1-6 所示。

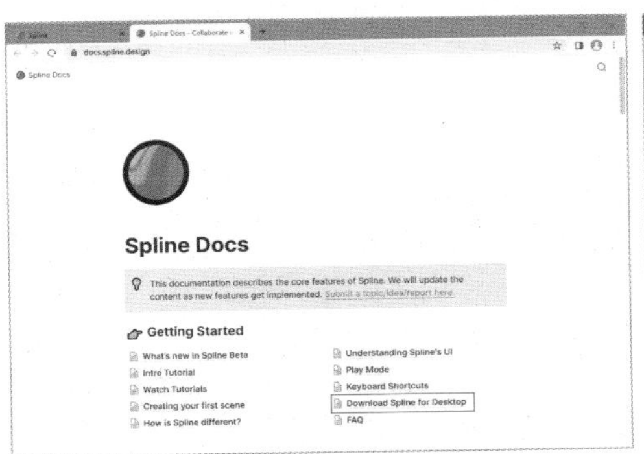

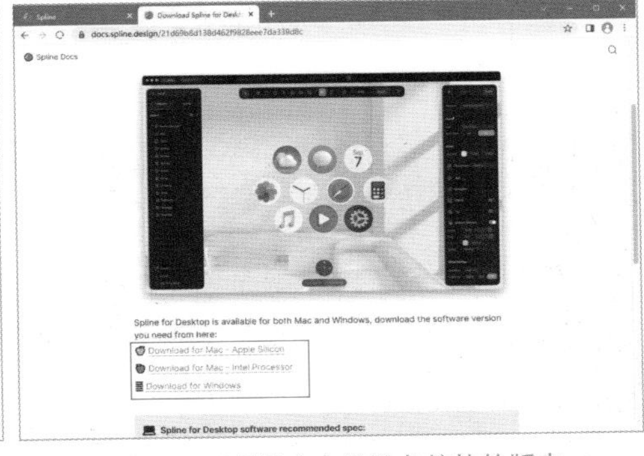

图 1-5　选择 Downlod Spline for Desktop 选项

图 1-6　下载适合自己设备的软件版本

课堂练习——安装与启动 Spline

Step01 解压 SplineCN-Windows.zip 文件，双击解压后的文件夹中的 Spline.exe 文件，如图 1-7 所示。打开 Spline 欢迎界面，如图 1-8 所示。

Step02 在“邮箱”文本框中输入邮箱，单击“继续”按钮，在邮箱中找到 Spline 官方发送的验证码并输入如图 1-9 所示的文本框中。在“昵称”文本框中为自己起一个名称，如图 1-10 所示。

Step03 单击“下一个”按钮，选择使用 Spline 做什么，如图 1-11 所示，单击“下一个”按钮，在文本框中选择职业，如图 1-12 所示。

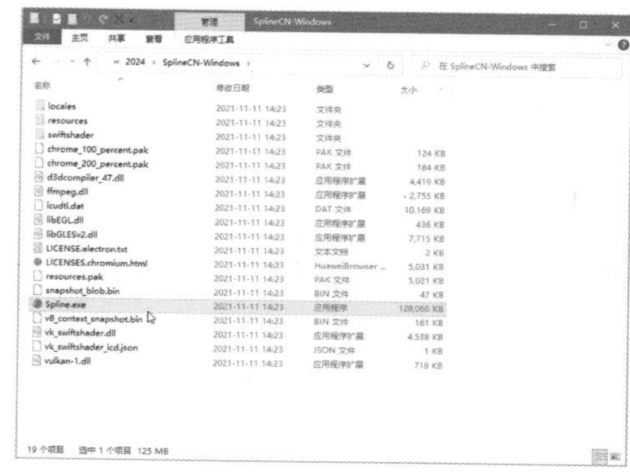

图 1-7 解压文件夹

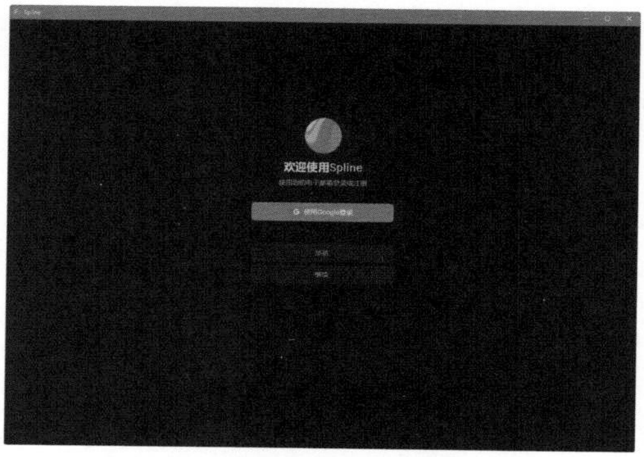

图 1-8 Spline 欢迎界面

图 1-9 输入验证码

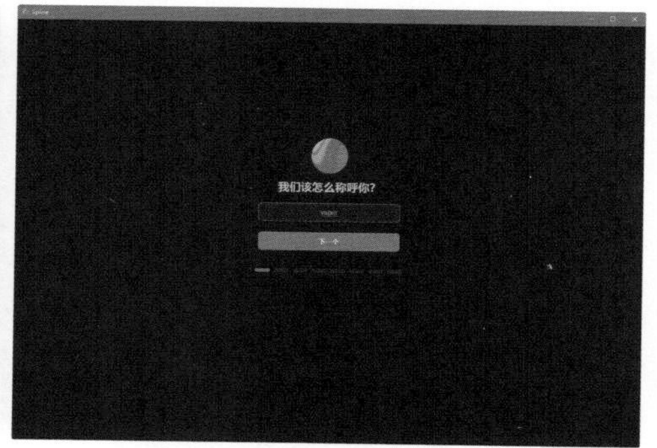

图 1-10 设置昵称

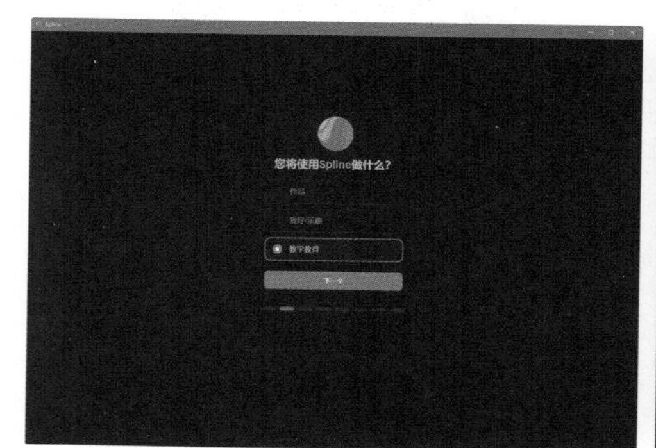

图 1-11 选择使用 Spline 做什么

图 1-12 选择职业

提示

用户不需要依次根据提示设置选项，只需要依次单击“下一个”按钮，即可快速启动 Spline。

Step 04 单击“下一个”按钮，输入团队邮箱，如图 1-13 所示。单击“下一个”按钮，选择感兴趣的社区创建者，如图 1-14 所示。

Step 05 单击“下一个”按钮，选择是否使用过 3D 工具和如何得知 Spline 的，如图 1-15 所示。单击“下一个”按钮，选择希望如何使用 Spline，如图 1-16 所示。

图 1-13 输入团队邮箱

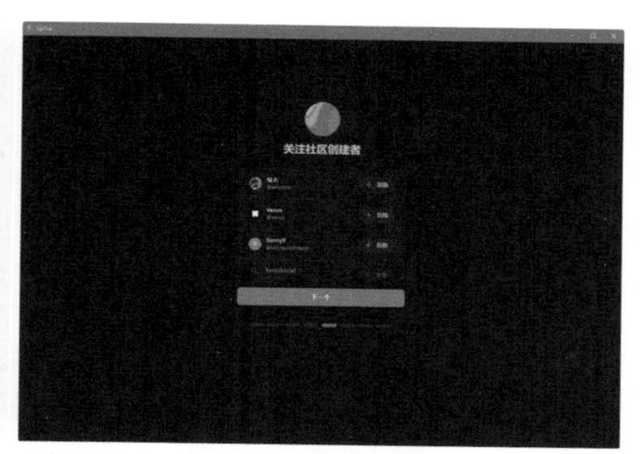

图 1-14 关注社区创建者

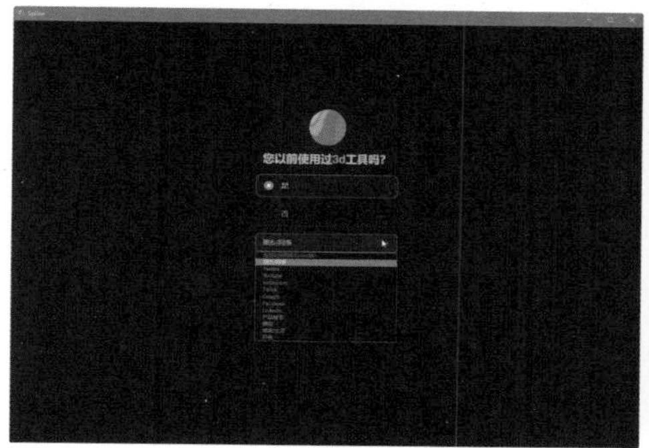

图 1-15 选择是否使用过 3D 工具

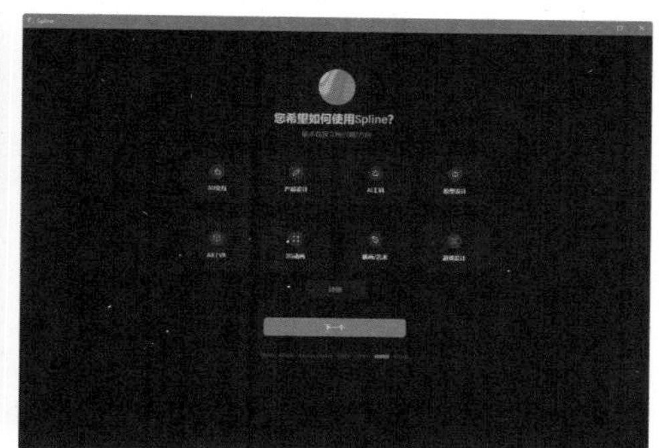

图 1-16 选择希望如何使用 Spline

Step 06 单击“下一个”按钮，选择是否接收新闻和更新通知，如图 1-17 所示。单击“完成”按钮，启动 Spline 工作界面，如图 1-18 所示。

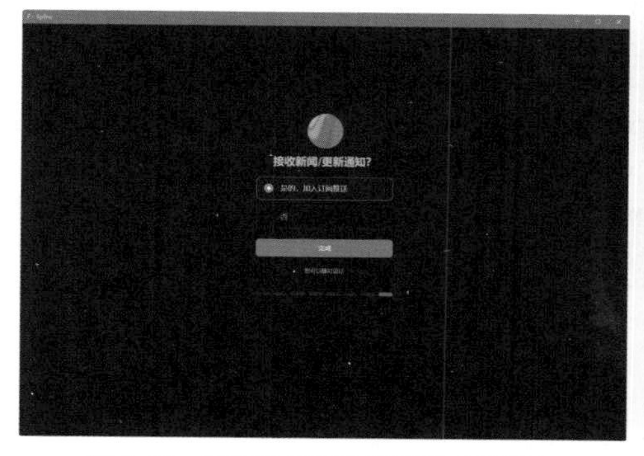

图 1-17 选择是否接收新闻和更新通知

图 1-18 Spline 工作界面

提示

Spline 为用户提供了基础版、超级版和超级团队版，用户可根据不同的需求选择购买不同的版本类型。

1.3 了解 Spline 的开始界面

启动 Spline 后的第一个界面即开始界面，该界面为左右两部分，左侧为菜单导航，右侧为内容显示区域。单击左侧的导航，对应的内容将显示在右侧，如图 1-19 所示。

1. 账号设置

用户账号名称显示在界面的左上角，单击账号名称右侧的“设置”按钮，打开“账户设置”页面，用户可以选择激活“超级版”或“超级团队版”，如图 1-20 所示。

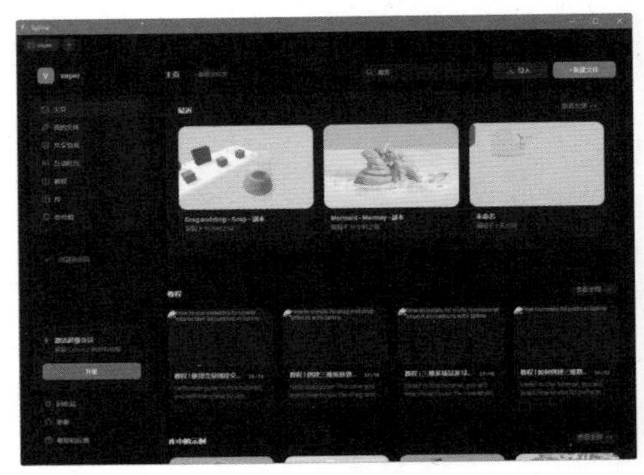
图 1-19　用户界面

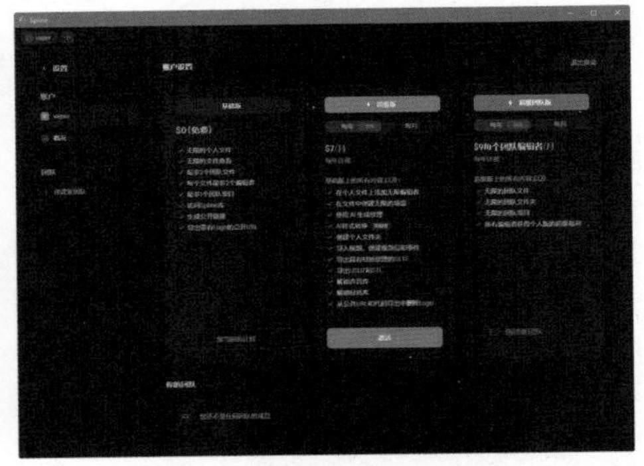
图 1-20　“账户设置”界面

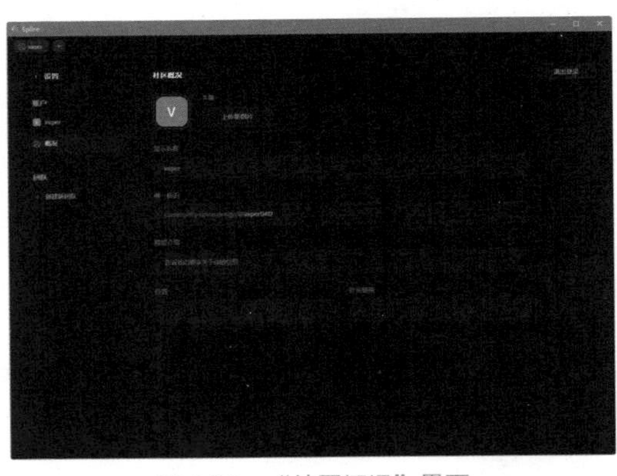
图 1-21　“社区概况”界面

选择“概况”选项，用户可以在右侧的“社区概况”页面中修改账户头像、显示名称、唯一标识、简短介绍、位置和社交链接，如图 1-21 所示。单击右上角的“退出登录”按钮，即可退出当前账号。

提示

单击用户界面左上角的用户名按钮，即可快速返回用户主页。单击用户名按钮右侧的按钮，将快速进入新建文件界面。

课堂练习——创建新团队项目

Step 01 单击“账户设置”页面左侧菜单中“团队”选项下的“创建新团队”按钮，在弹出的“创建一个新团队”对话框中输入团队名称，如图 1-22 所示。

Step 02 单击“继续”按钮，在弹出的“邀请团队成员”对话框中输入希望邀请成为团队成员的用户的电子邮箱，如图 1-23 所示。

Step 03 单击“继续”按钮，Spline 将向刚才输入的电子邮箱中发送邀请邮件，当用户在邮件中同意加入团队后，即可参与到项目制作中。团队名称将显示在用户界面左侧如图 1-24 所示的位置。

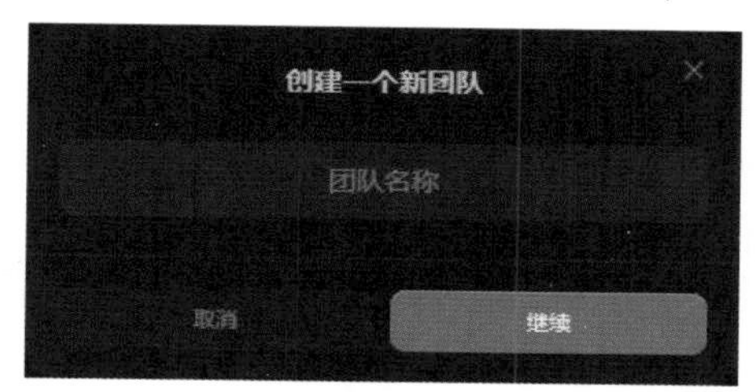

图 1-22　创建一个新团队

图 1-23　邀请团队成员

Step04 单击“新建项目”按钮，在弹出的“创建新项目”对话框中输入项目名称，如图 1-25 所示。

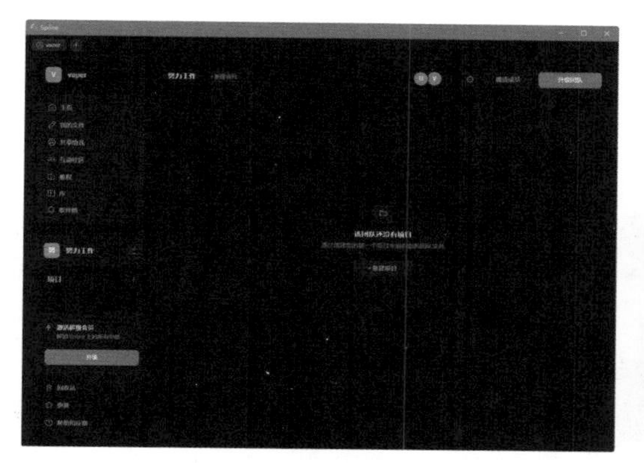

图 1-24　团队名称

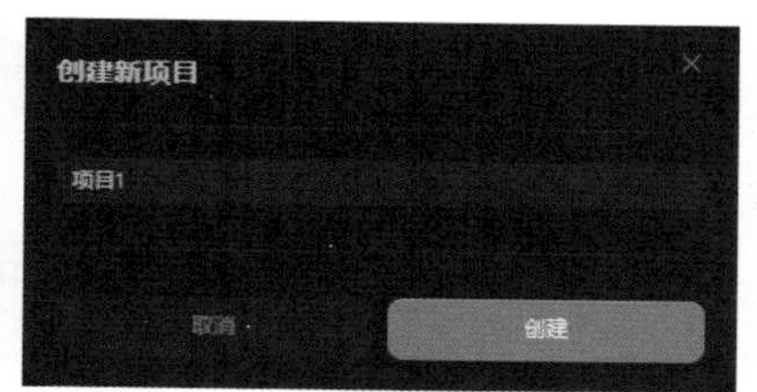

图 1-25　“创建新项目”对话框

Step05 单击“创建”按钮，在团队项目中创建一个新团队项目。如图 1-26 所示。用户可以根据项目制作的需求，在团队项目中创建文件夹和文件，用来管理复杂的项目内容，如图 1-27 所示。

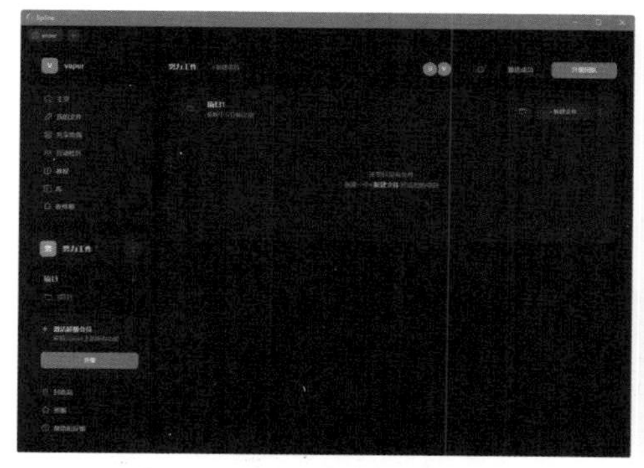

图 1-26　创建一个新团队项目

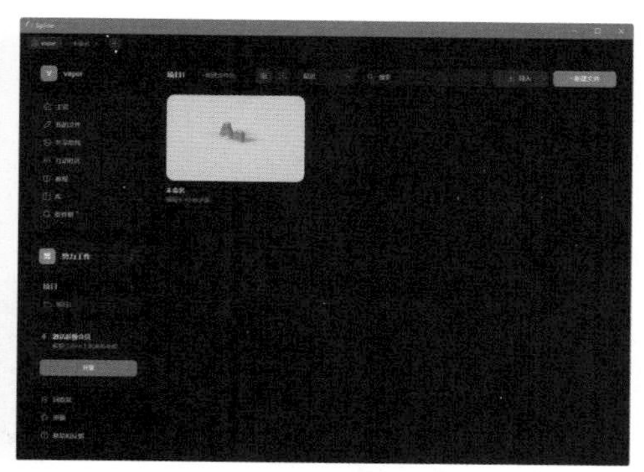

图 1-27　创建团队文件

2. 主页

选择“主页”选项，在右侧“主页”区域将显示最近打开的文件，教程、库中的示例和社区汇集等内容，如图 1-28 所示。单击每个区域右上角的“查看全部”按钮，可以查看更多相关信息，如图 1-29 所示。

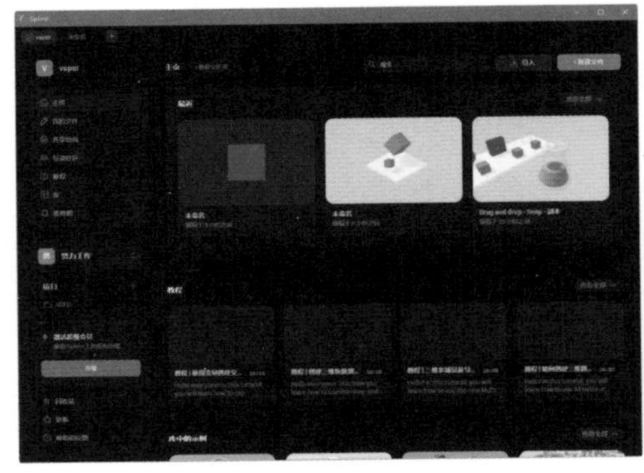

图 1-28 “主页”区域

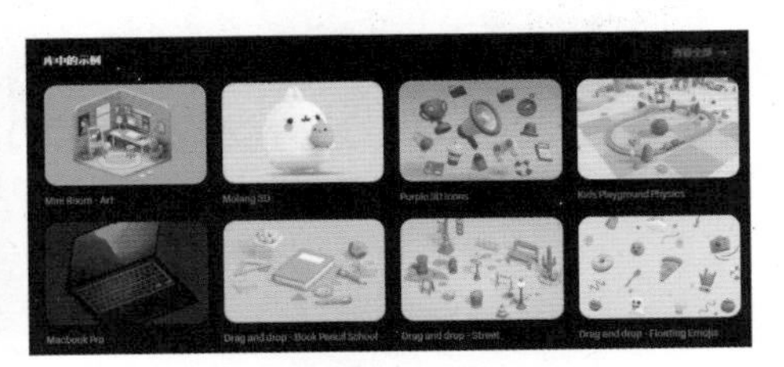

图 1-29 查看更多相关信息

3. 我的文件

选择“我的文件”选项，在右侧“我的文件”区域将显示用户最近打开的文件，如图 1-30 所示。用户可以选择使用不同的排版方式排列这些文件，如图 1-31 所示。

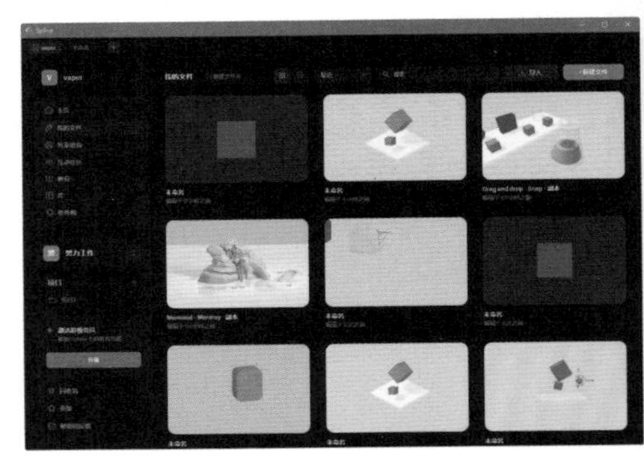

图 1-30 “我的文件”区域

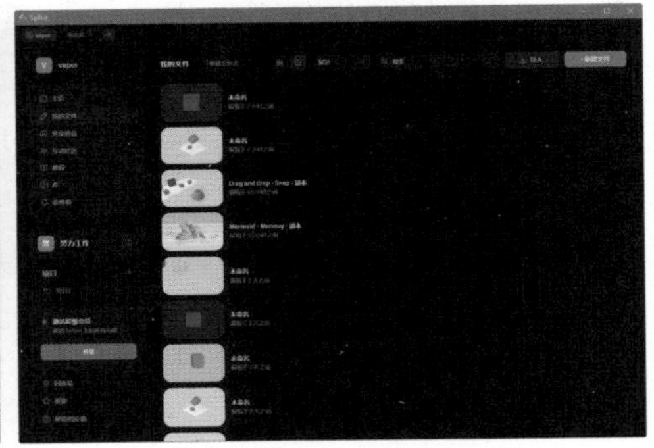

图 1-31 文件的不同排列方式

在任一文件上单击鼠标右键，用户可在弹出的快捷菜单中完成新页签打开、为选择的新建文件夹、分享、复制链接、创建副本、重命名、移动到和删除等操作，如图 1-32 所示。

4. 共享给我

选择“共享给我”选项，在右侧将显示其他用户分享给当前用户的内容，如图 1-33 所示。

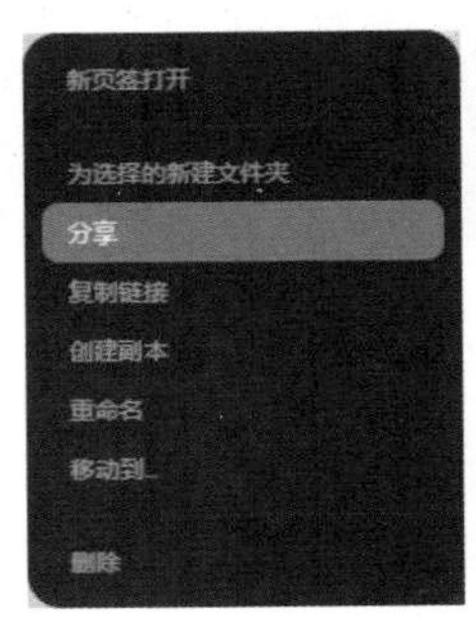

图 1-32 右键快捷菜单

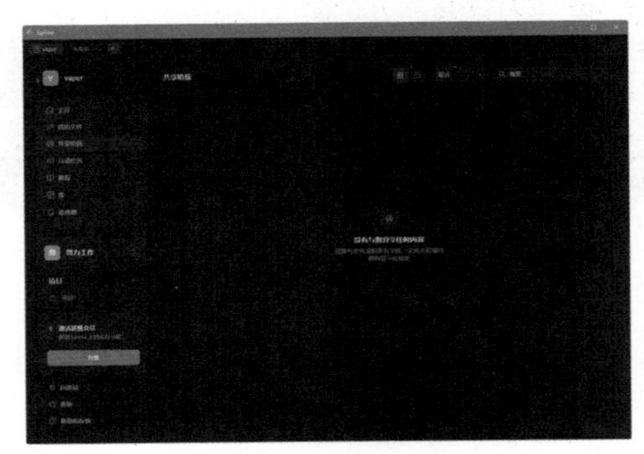

图 1-33 “共享给我”区域

5. 互动社区

选择“互动社区”选项，在右侧将显示 Spline 社区的优秀作品、推荐设计师、推荐你关注的创作者和热点话题等内容，如图 1-34 所示。

6. 教程

选择“教程”选项，在右侧将显示 Spline 为用户提供的免费视频教程，单击任一教程，即可观看视频，如图 1-35 所示。

图 1-34　“互动社区”区域

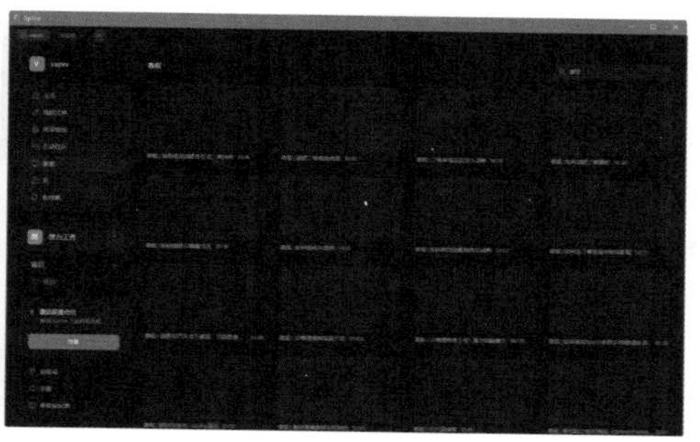

图 1-35　“教程”区域

7. 库

选择“库”选项，在右侧将显示 Spline 为用户提供的场景库和物件库，只需单击库文件的缩略图，即可将其打开。

8. 收件箱

选择“收件箱”选项，在右侧将显示共享文件和 Spline 的各种活动通知。

9. 回收站

该区域用来显示曾经删除的文件、文件夹和项目。用户可以选择恢复或永久删除它们。

10. 更新

该区域用来显示 Spline 的更新历史，帮助用户了解不同版本软件更新的内容，以便更好地使用它。

11. 帮助和反馈

选择“帮助和反馈”选项，打开如图 1-36 所示的下拉列表框，用户可以选择将动画文件发布到不同的社交媒体上，如图 1-37 所示。

选择“Spline 文档”选项，将打开 Spline 的帮助文档，如图 1-38 所示。选择“教程”选项，将直接打开用户界面中的“教程”页面，如图 1-39 所示。

用户可以通过选择“发送反馈”“报告错误”和“提交功能需求”选项，与 Spline 的开发团队取得联系，共同完善和提高 Spline 软件的设计功能。

图 1-36　“帮助和反馈”下拉列表框

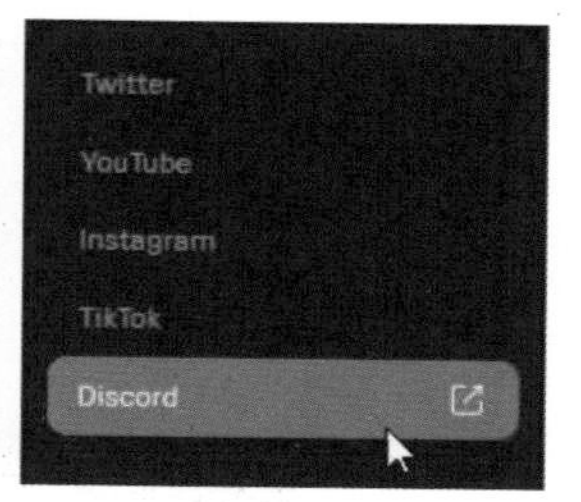

图 1-37　发布到不同社交媒体

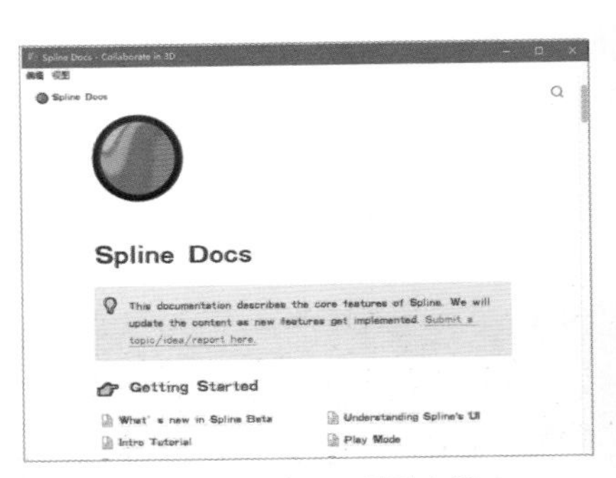

图 1-38　Spline 帮助文档

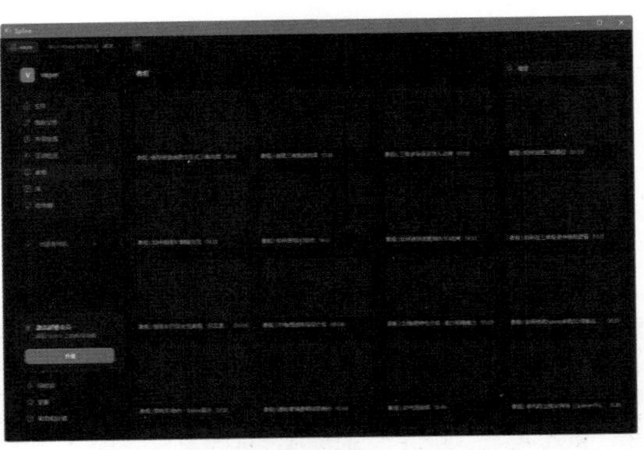
图 1-39　“教程”页面

1.4 熟悉 Spline 的工作界面

Spline 的工作界面非常简洁，主要由标签栏、图层栏、工具栏、属性栏和视图 5 部分组成，如图 1-40 所示。

图 1-40　Spline 工作界面

1.4.1　标签栏

标签栏位于工作界面的最上方，主要用来显示用户打开的文件，如图 1-41 所示。用户可以通过单击文件名，快速在不同文件间切换。单击文件名右侧的“×”按钮，即可将该文件关闭。

图 1-41　标签栏

最左侧图标显示当前用户名，单击该图标，即可快速进入用户界面，如图 1-42 所示。单击 + 按钮，选择创建的类型，即可快速创建一个新文件，如图 1-43 所示。

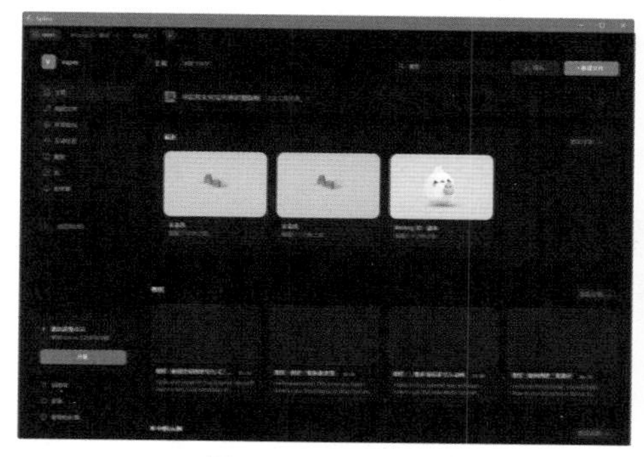

图 1-42　用户界面

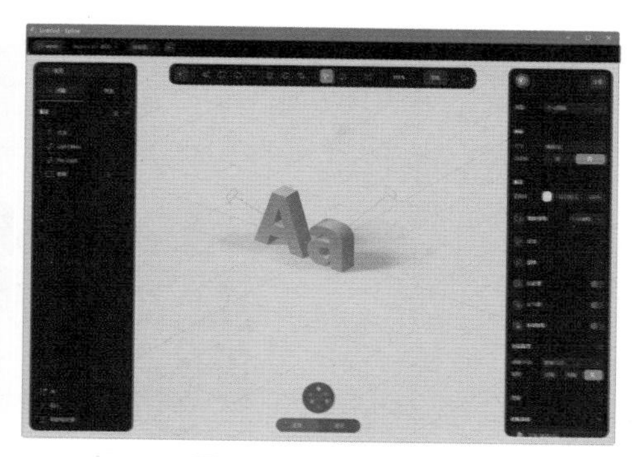

图 1-43　创建新文件

1.4.2　图层栏

工作界面左侧为图层栏，主要用来显示当前场景中的图层结构，如图 1-44 所示。图层栏顶部为搜索栏，用户可以在搜索文本框中输入想要搜索对象的名称，快速查找想要查找的对象，如图 1-45 所示。

单击搜索栏右侧的 ☰ 按钮，用户可以在打开的下拉列表框中完成新建文件、复制文件和打开/导入等操作，如图 1-46 所示。

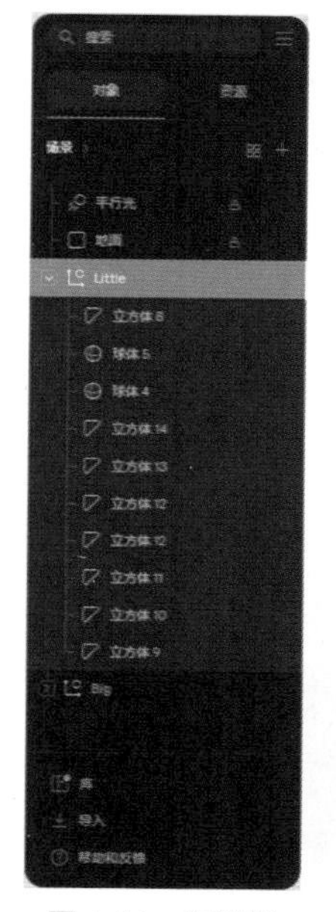

图 1-44　图层栏

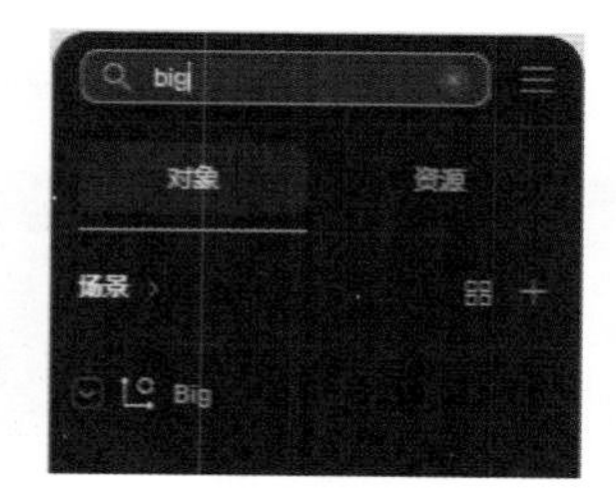

图 1-45　搜索栏

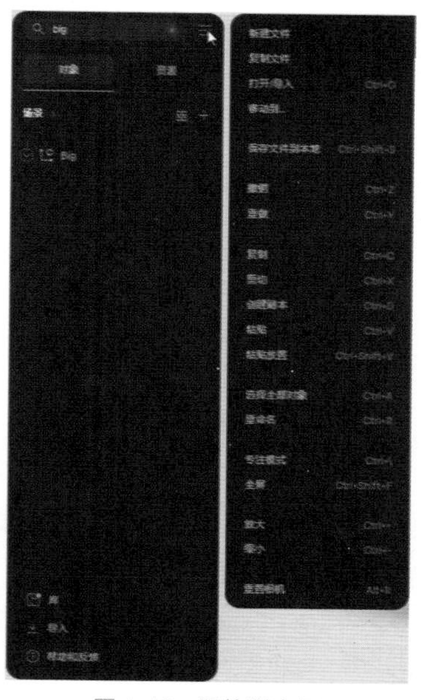

图 1-46　下拉列表框

提示

目前的软件版本中，只有在搜索栏中输入英文才能实现正确的搜索操作。

1. 对象

单击“对象”按钮，即可显示对象面板。在面板中显示当前场景中包含的场景和图层，如图 1-47 所示。

（1）图层

将光标移动到图层栏位置，单击即可选中该图层，图层显示为蓝色，如图 1-48 所示。用户可以在场景中对选中图层中的对象进行各种操作。

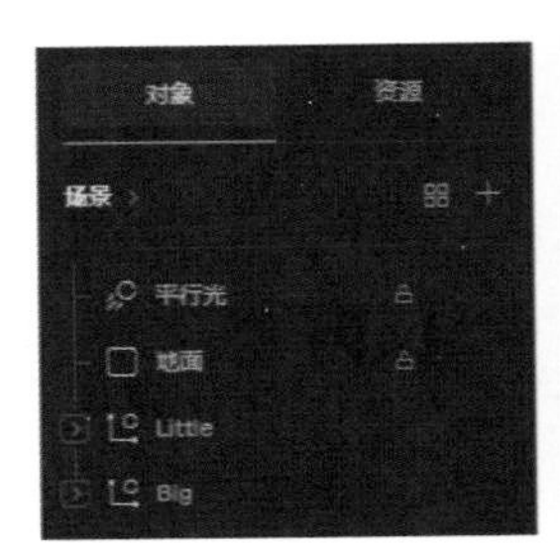

图 1-47　显示场景中的图层

图 1-48　选中图层

- 选择图层。

按住 Ctrl 键的同时，依次单击想要选中的图层，即可同时选中多个图层，如图 1-49 所示。选中一个图层后，按住 Shift 键的同时，单击另一个图层，将同时选中连续的多个图层，如图 1-50 所示。

- 调整图层顺序。

选中图标并按下鼠标左键，向上或向下拖曳，即可调整图层的顺序，如图 1-51 所示。图层的排列顺序将影响场景中不同图层上对象的显示效果。

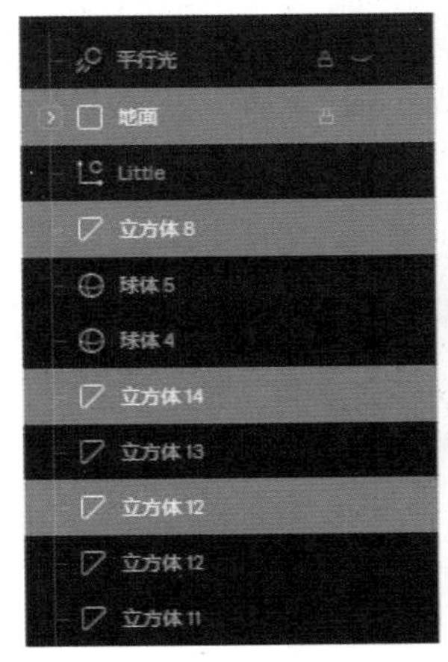

图 1-49　选中多个图层

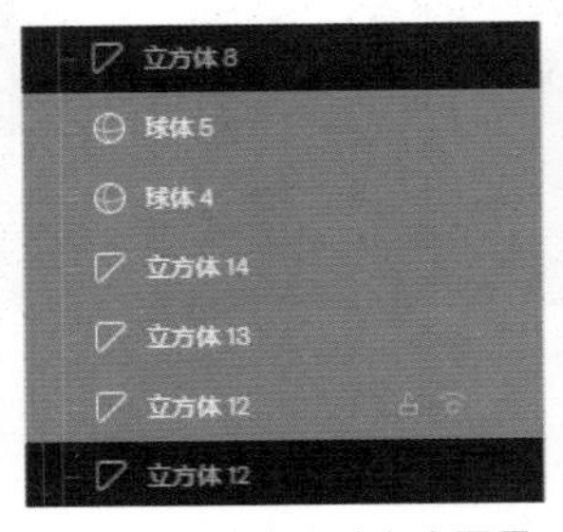

图 1-50　选中连续多个图层

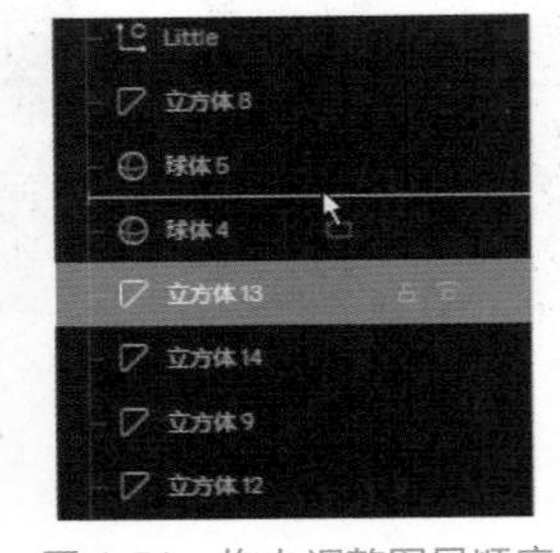

图 1-51　拖曳调整图层顺序

- 编组/解组。

选中一个图层，按下鼠标左键将其拖曳到想要编组的图层上，如图 1-52 所示。松开鼠标左键即可将两个图层编组，如图 1-53 所示。

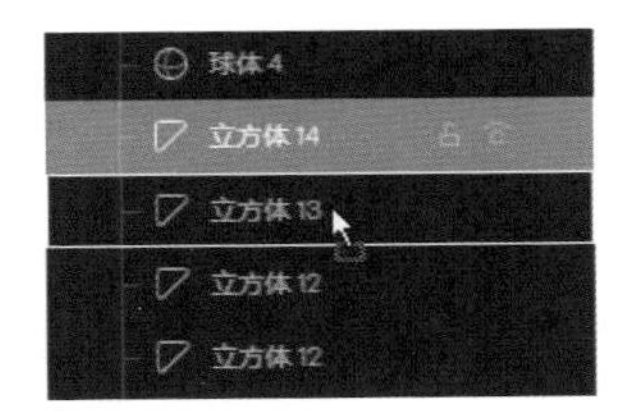

图 1-52　拖曳到想要编组的图层上

选中想要编组的图层，单击鼠标右键，在弹出的快捷菜单中选择“编组”命令，如图 1-54 所示，完成图层的编组操作；在快捷菜单中选择“解组”命令，如图 1-55 所示，可将编组的图层分离为单个图层。

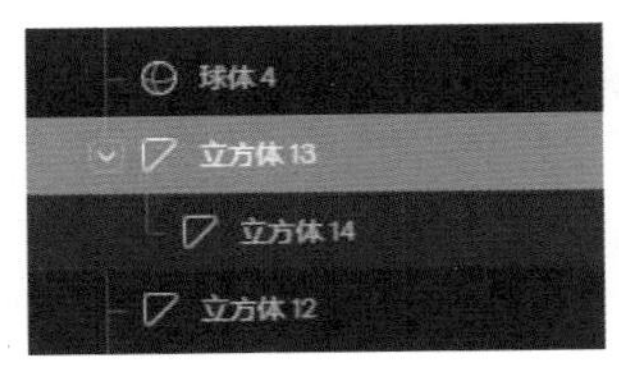

图 1-53　将两个图层编组

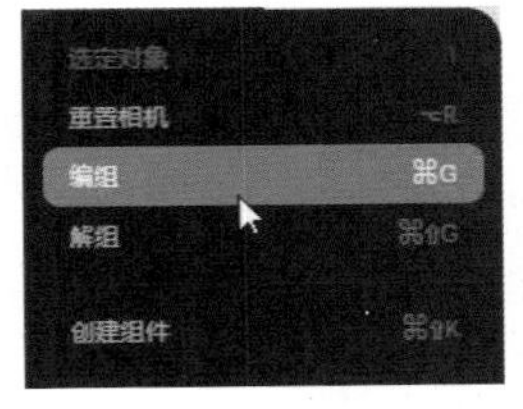

图 1-54　选择“编组”命令

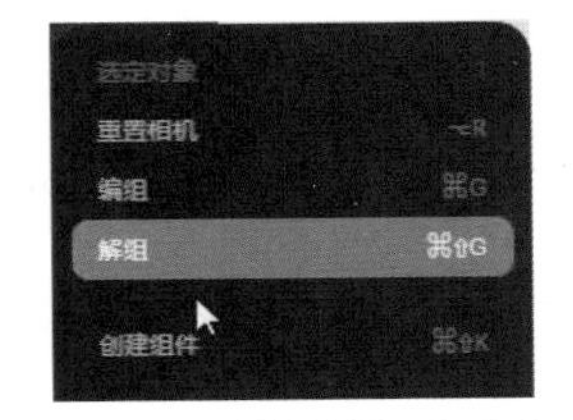

图 1-55　选择“解组”命令

- 重命名图层。

将光标移动到图层名上并双击，即可对该图层名称进行重命名操作，如图 1-56 所示。单击图层栏顶部搜索文本框右侧的▤按钮，在打开的下拉列表框中选择“重命名”选项或按 Ctrl+R 组合键，如图 1-57 所示，也可以对图层进行重命名操作。

在图层上单击鼠标右键，将弹出快捷菜单，用户可通过该菜单完成选定对象、重置相机、编组和解组等操作，如图 1-58 所示。

图 1-56　重命名图层名

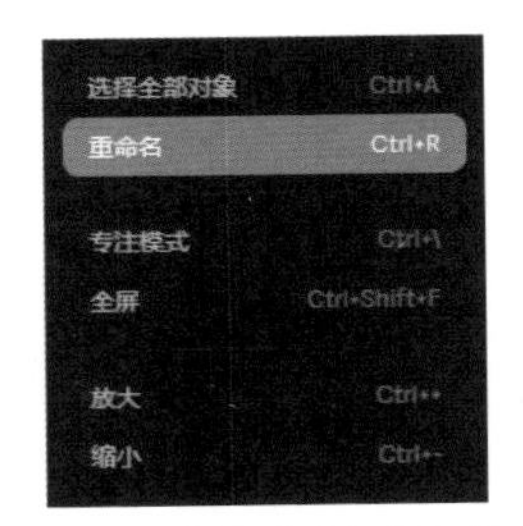

图 1-57　选择“重命名”选项

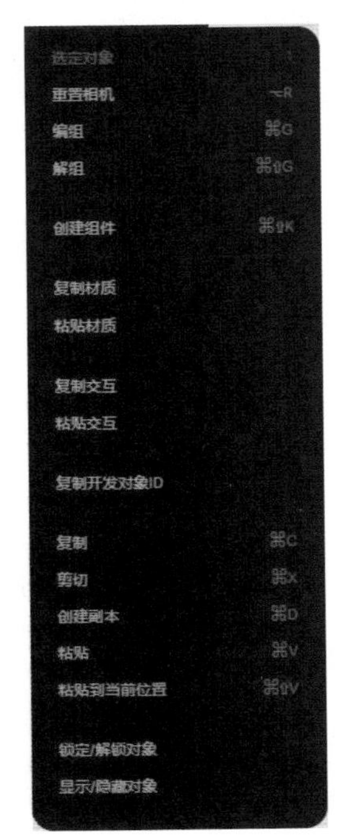

图 1-58　右键快捷菜单

- 锁定/解锁图层。

单击图层名后的图标，图标将变成，表示当前图层被锁定，用户将无法对该图层上的对象进行各种操作。再次单击图标，即可解除该图层的锁定状态。

- 显示/隐藏图层。

单击图标，图标将变成，表示当前图层被隐藏，用户将无法在场景中看到该图层上的对象。再次单击图标，即可在场景中重新显示该图层中对象。

- 创建副本。

在想要复制的图层或图层组上单击鼠标右键，在弹出的快捷菜单中选择“创建副本”命令，如图 1-59 所示，即可为当前图层或图层组创建副本，如图 1-60 所示。

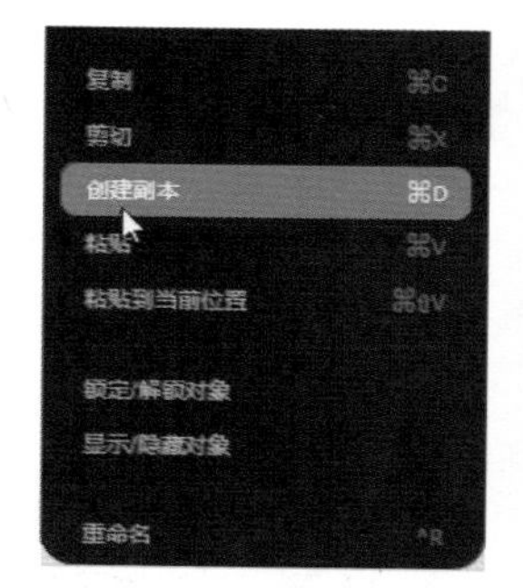

图 1-59 选择“创建副本”命令

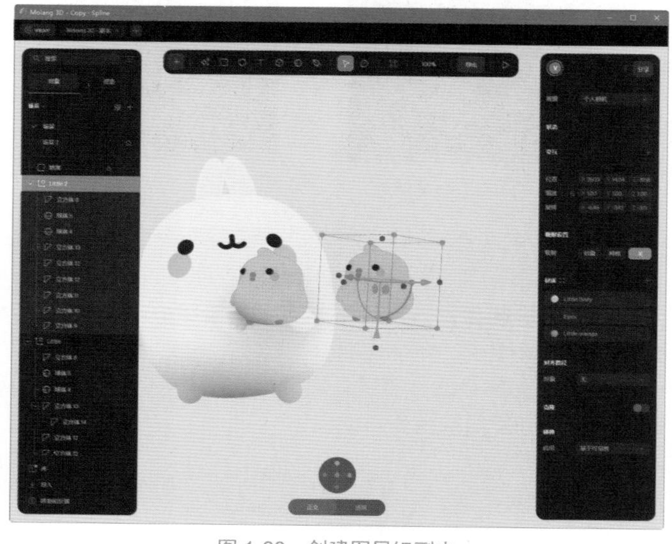

图 1-60 创建图层组副本

- 删除图层或图层组。

选择想要删除的图层或图层组，按 Delete 键，即可将选中的图层或图层组删除。

提示

在图层上单击鼠标右键，用户可以通过选择“锁定/解锁对象”命令，锁定或解锁当前图层；选择“显示/隐藏对象”命令，显示或隐藏当前图层。

（2）场景

用户可以根据制作的需要添加多个场景，每个场景都是一个新的 3D 空间，可以有自己的对象和环境，用户可以使用“场景转换”操作在不同的场景间转换。

默认情况下，一个文件中包含一个场景。单击“场景”后的箭头，即可展开场景，如图 1-61 所示。

- 重命名场景。

将光标移动到场景名称处并双击或在场景上单击鼠标右键，在弹出的快捷菜单中选择“重命名”命令，即可重命名场景名称，如图 1-62 所示。

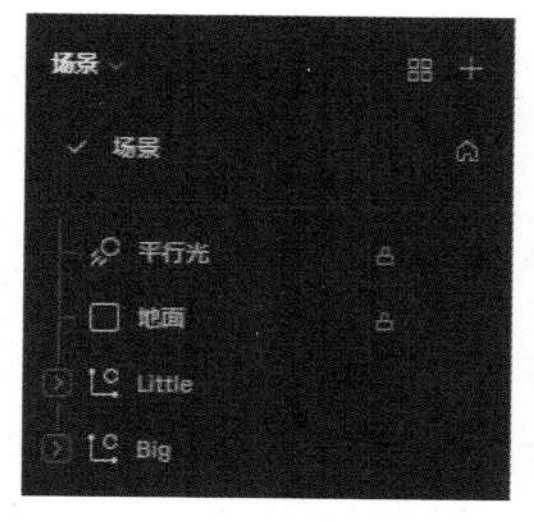

图 1-61　展开场景

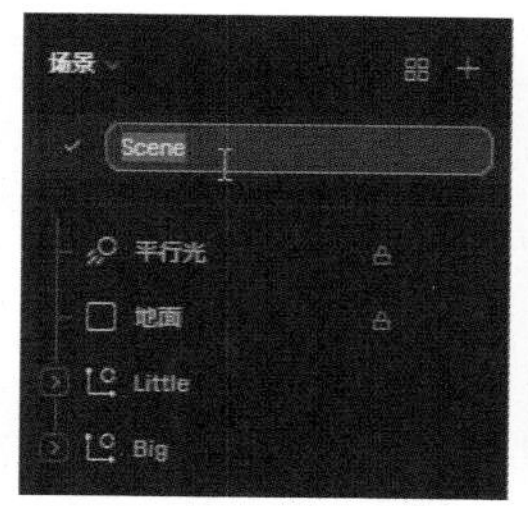

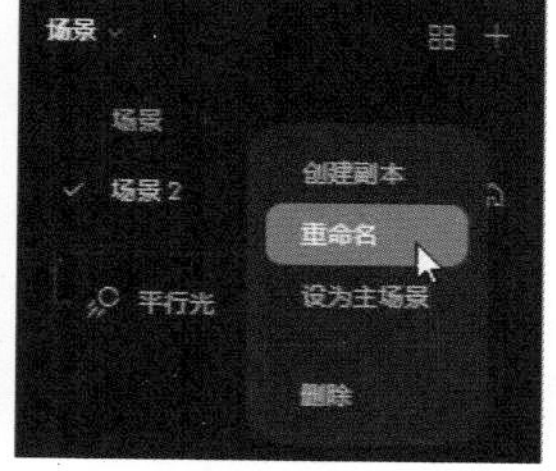

图 1-62　重命名场景

- 添加/删除场景。

单击场景后的+按钮，即可添加一个新场景，如图 1-63 所示。在想要删除的场景上单击鼠标右键，在弹出的快捷菜单中选择“删除”命令，即可删除当前场景，如图 1-64 所示。

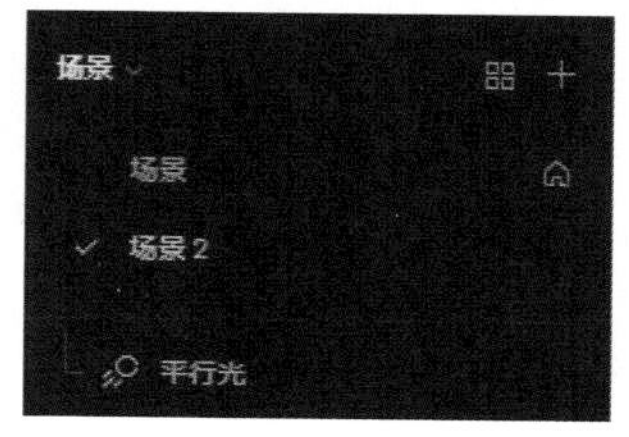

图 1-63　添加新场景

- 设置主场景。

一个动画文件中可以有多个场景，但只能包含一个主场景，用于展示和引导动画的播放，作为主场景的场景名称后带有⌂图标，如图 1-65 所示。用户可以在想要作为主场景的场景上单击鼠标右键，在弹出的快捷菜单中选择“设为主场景”命令，如图 1-66 所示，即可将当前场景设置为导出时的主场景。

图 1-64　删除场景

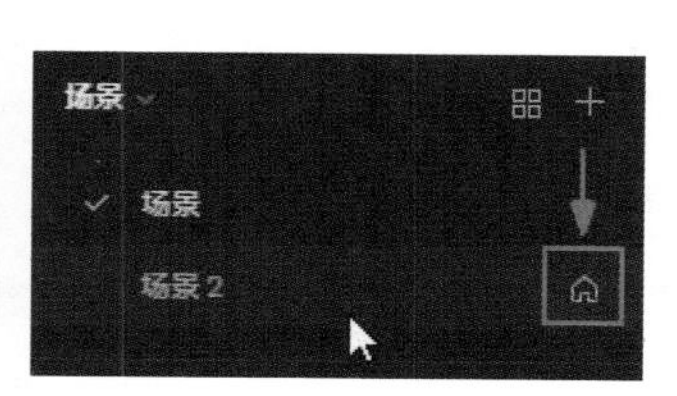

图 1-65　主场景

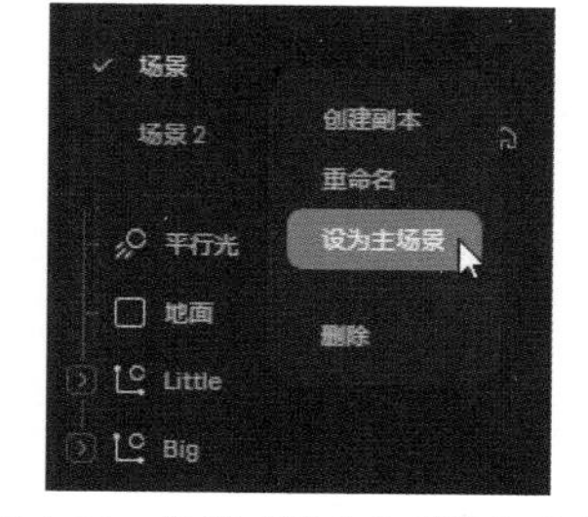

图 1-66　选择“设为主场景”命令

- 复制场景。

在想要复制的场景上单击鼠标右键，在弹出的快捷菜单中选择“创建副本”命令，如图 1-67 所示，即可复制当前选中的场景。

- 网格视图。

单击场景名称右侧的⊞按钮，即可进入网格视图，如图 1-68 所示。网格视图显示所有场景及其各自的名称和缩略图预览。

提示

在网格视图状态下，用户可以直观地管理场景，执行与在“场景”面板上执行的所有操作相同的操作，如复制、重命名、删除和设置为主场景。

在每个场景的名称处双击，即可为该场景重命名，如图 1-69 所示；单击场景缩略图右上角的播放按钮，即可预览该场景的动画效果，如图 1-70 所示。选择“新建场景”选项，可在网格视图状态下新建场景。

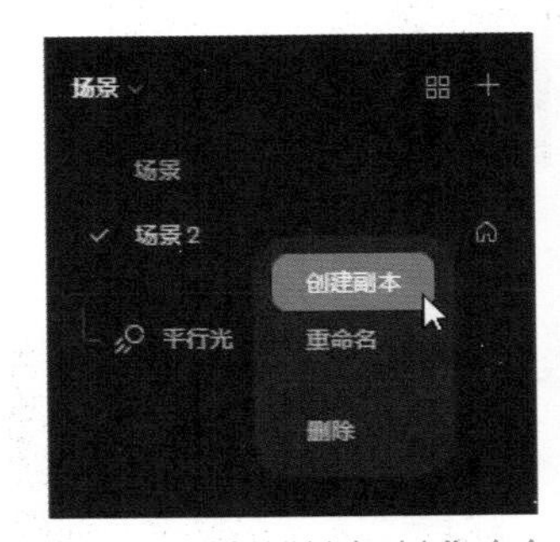

图 1-67 选择“创建副本”命令

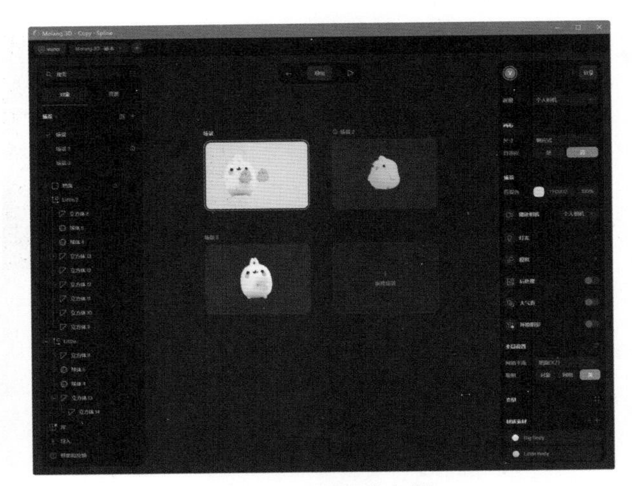

图 1-68 场景网格视图

单击“返回”按钮，即返回选中场景的编辑状态，如图 1-71 所示。单击“播放”按钮，即可预览所有场景动画，如图 1-72 所示。

图 1-69 重命名场景名

图 1-70 播放场景动画

图 1-71 单击“返回”按钮

单击“导出”按钮，如图 1-73 所示，弹出导出对话框，用户可以使用图像、视频、GLTF 等多种导出选项或通过公开 URL 导出和共享作品，如图 1-74 所示。

图 1-72 单击“播放”按钮

图 1-73 单击“导出”按钮

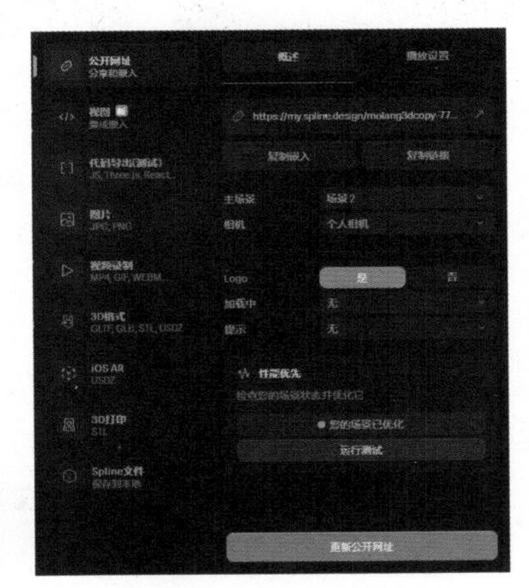

图 1-74 导出对话框

2. 资源

单击“资源”按钮，即可显示“资源”面板，在该面板中将显示当前场景中的材质素材、颜色素材、图片素材、媒体素材和音频素材，如图 1-75 所示。

选择某种素材，将打开对应的面板，帮助用户完成材质的创建与编辑。图 1-76 所示为用来编辑“材质素材”的“编辑材质球”面板。

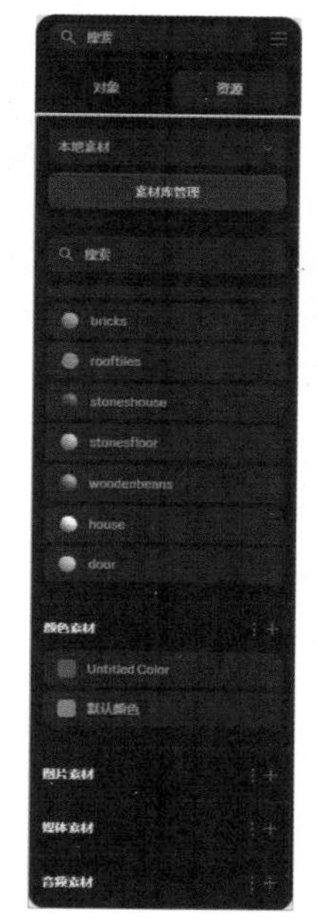

图 1-75　“资源”面板

图 1-76　“编辑材质球”面板

3. 库

选择图层栏底部的“库”选项，打开“库”面板，如图 1-77 所示。单击“库”面板顶部的“物体”或“场景”按钮，快速查看不同分类的文件类型。图 1-78 所示为“场景”类型库文件。

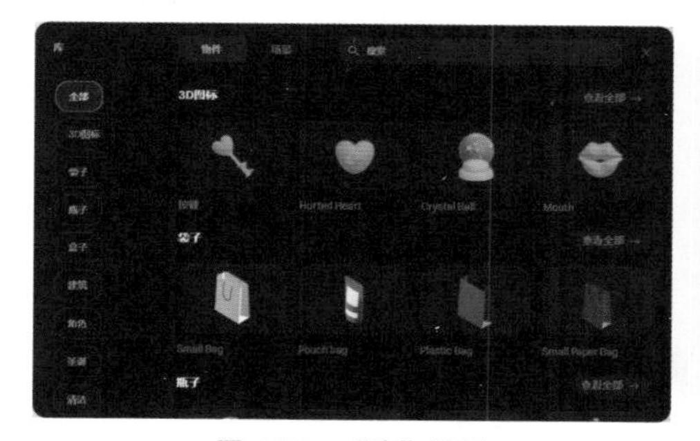

图 1-77　“库”面板

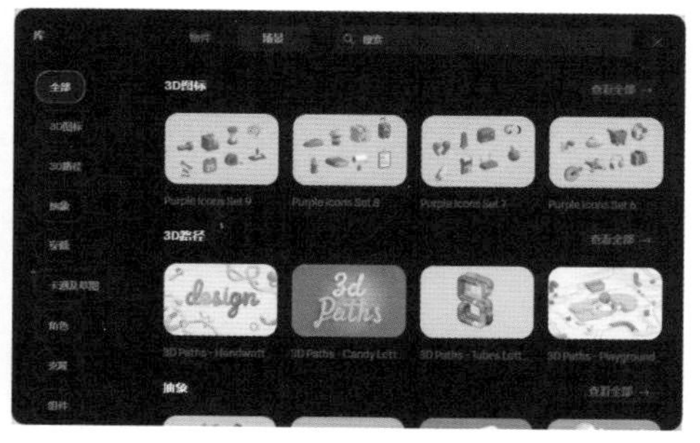

图 1-78　“场景”类型库文件

用户也可以在“搜索”文本框中输入想要查找的文件名称，快速在“库”面板中进行查找，如图 1-79 所示。

在该面板左侧选择物件或场景的类型后，双击右侧任一文件缩略图，即可将该文件载入当前场景中。单击“库”面板右上角的■按钮，关闭“库”面板，载入文件后的效果如图 1-80 所示。

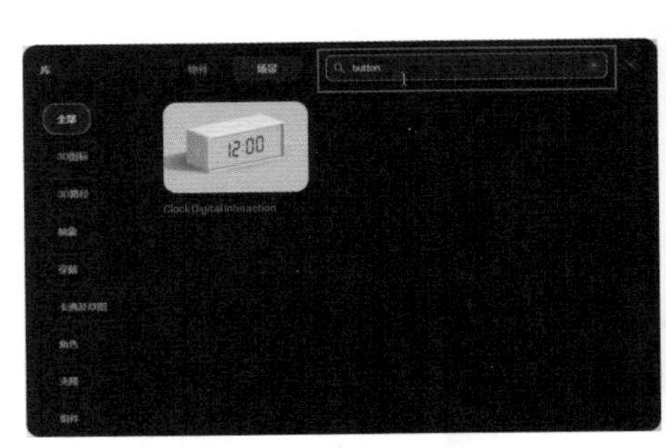

图 1-79　搜索库文件

图 1-80　载入库文件到场景中

4. 导入

选择图层栏底部的“导入”选项，打开“导入或拖放”面板，如图 1-81 所示。该面板与单击“用户界面”中的“导入”按钮时打开的面板功能相同，此处不再赘述。

单击“导入或拖放”面板下方的“查看库”按钮，如图 1-82 所示，可以打开“库”面板。将光标移动到场景空白处单击，即可关闭“导入或拖放”面板。

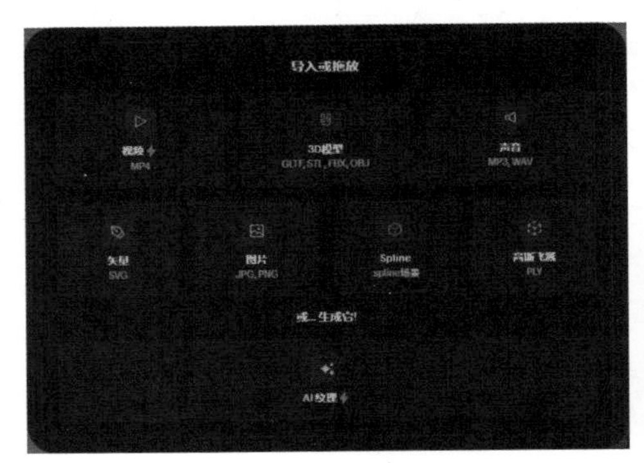

图 1-81　“导入或拖放”面板

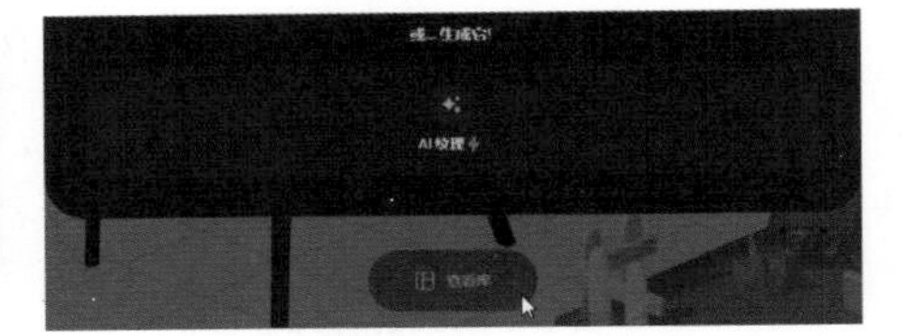

图 1-82　单击“查看库”按钮

1.4.3　工具栏

工具栏位于软件工作界面顶部，其主要功能是实现对最常见对象、变换选项和特殊模式（如矢量工具或框架模式）的快速访问。

1. 创建新对象

单击工具栏左侧的“创建新对象”按钮，用户可在打开的下拉列表框中查看可用对象的完整列表，如图 1-83 所示。Spline 将经常创建的对象罗列在工具栏上，以便于用户使用，如图 1-84 所示。

单击工具栏上想要创建的对象，将光标移动到视图中，按下鼠标左键并拖曳，即可创建一个新对象。如图 1-85 所示。

单击“矢量”工具按钮，工具栏将变为矢量工具栏，以方便用户创建矢量对象，如图 1-86 所示。单击右侧的“退出矢量模式”按钮，即可关闭矢量工具栏。

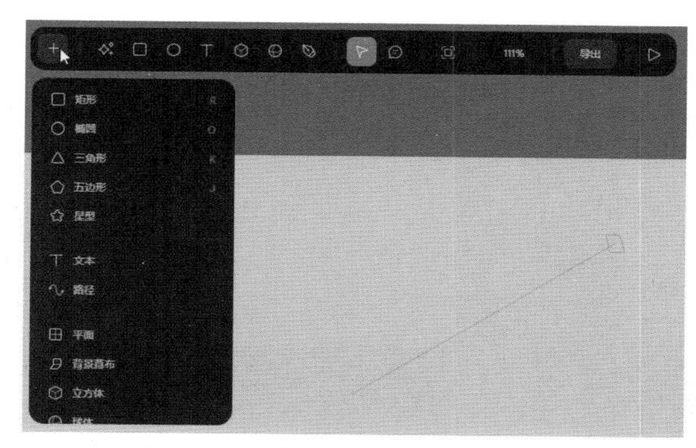

图 1-83　“创建新对象”下拉列表框

图 1-84　经常创建的对象

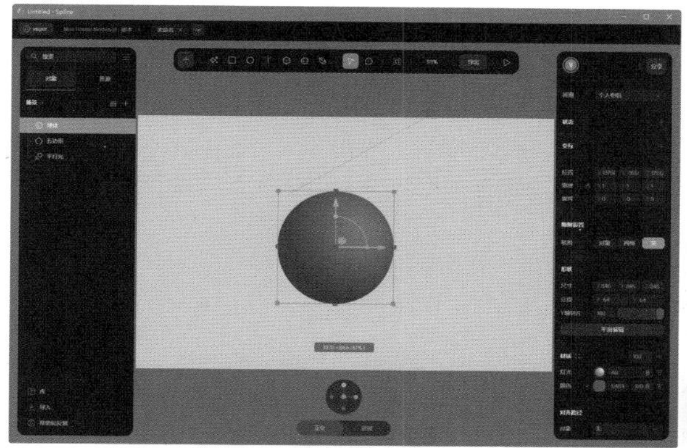

图 1-85　创建对象

图 1-86　矢量工具栏

2. 变换对象与评论

单击“选择工具”按钮，用户即可在场景中对对象进行移动、缩放和旋转操作，如图 1-87 所示。

单击“评论”按钮，将光标移动到场景中，按下鼠标左键并拖曳，即可创建评论框、输入评论内容，如图 1-88 所示。

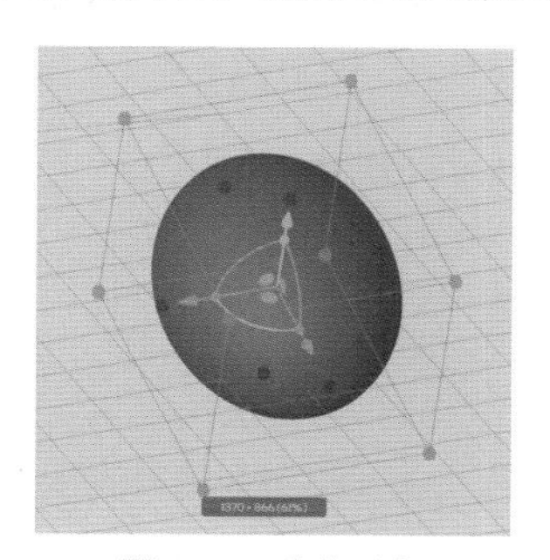

图 1-87　变换对象

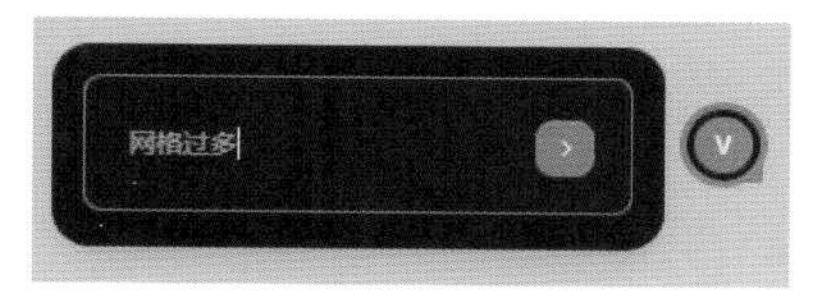

图 1-88　输入评论

3. 编辑画布

单击“编辑画布”按钮，工具栏将变为编辑画布工具条，并使用该预设尺寸进行导出，如图 1-89 所示。用户可以通过拖曳画布锚点为场景创建构图，如图 1-90 所示。

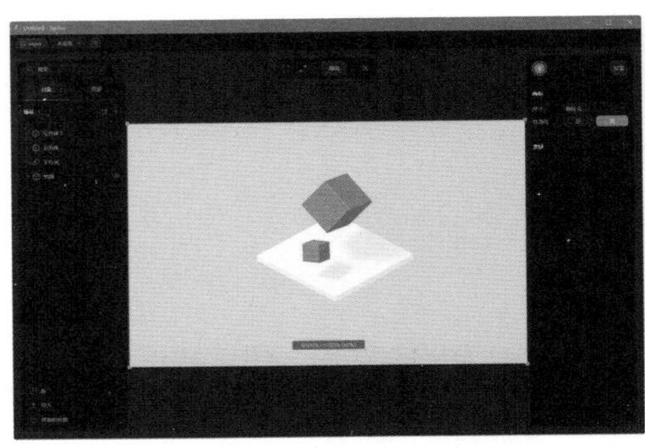

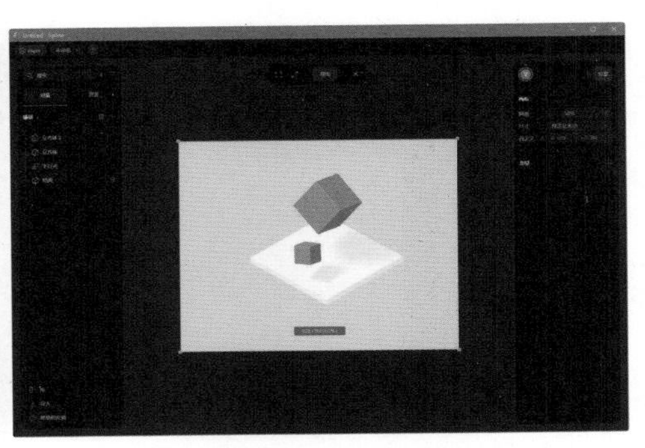

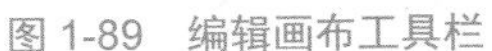

图 1-89 编辑画布工具栏

图 1-90 为场景创建构图

单击“全屏显示”按钮，将全屏显示新构图；单击“100% 显示”按钮，将以 100% 的尺寸显示场景新构图。

4. 缩放

单击“缩放”按钮，打开如图 1-91 所示的下拉列表框。用户可在顶部文本框中手动输入显示比例，也可以选择使用预设显示比例显示场景，如图 1-92 所示。

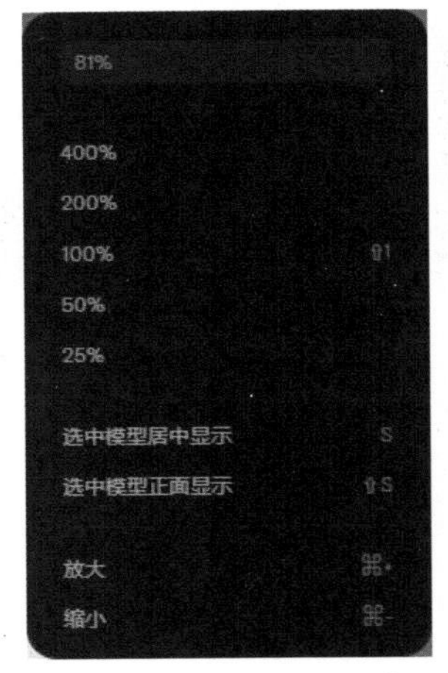

图 1-91 “缩放”下拉列表框

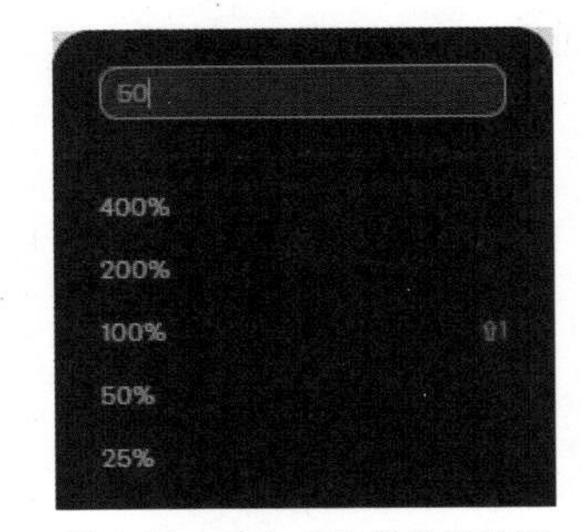

图 1-92 输入或选择显示比例

选中场景中的对象，单击“缩放”按钮，在打开的下拉列表框中选择“选中模型居中显示”选项或按 S 键，选中对象将显示在当前视图角度的中心位置，如图 1-93 所示。选择“选中模型正面显示”选项或按 Shift+S 组合键，选中对象将显示前视图，如图 1-94 所示。

选择“放大”选项或按 Ctrl+“+”组合键，将以当前视图显示比例的整数倍放大显示场景。选择“缩小”选项或按 Ctrl+“-”组合键，将以当前视图显示比例的整数倍缩小显示场景。

5. 播放

单击“播放”按钮或按 Shift+Space 组合键，可以实时移动场景并在导出前预览动画。工具栏变成如图 1-95 所示的样式。

单击“重置”按钮，即可将动画恢复到开始状态。单击“调整大小预览”按钮，用户可通过在 W 和 H 文本框中输入数值或拖曳动画左侧、右侧和下面的控制条，调整预览动画的尺寸，如图 1-96 所示。

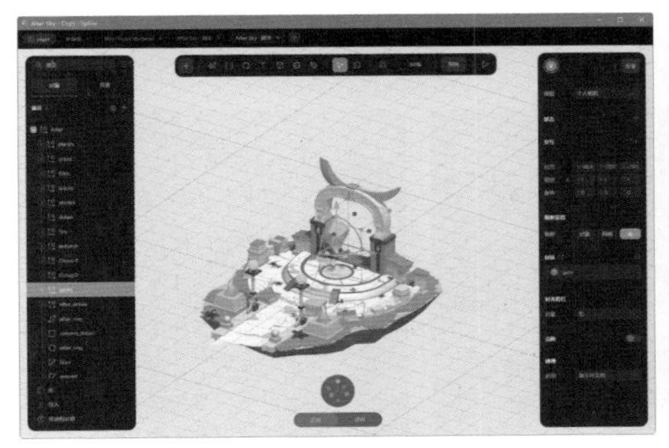

图 1-93　居中显示模型

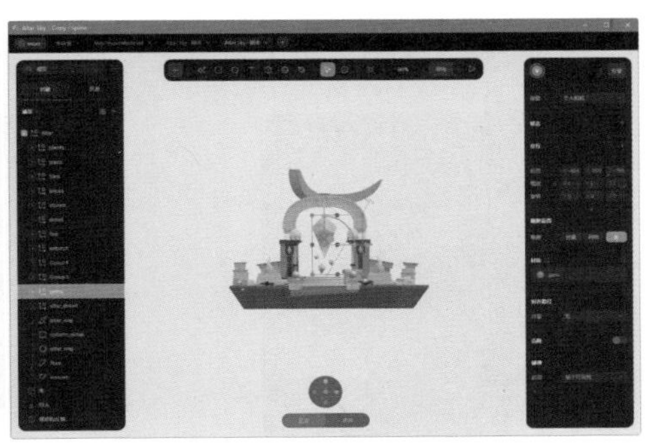

图 1-94　正面显示模型

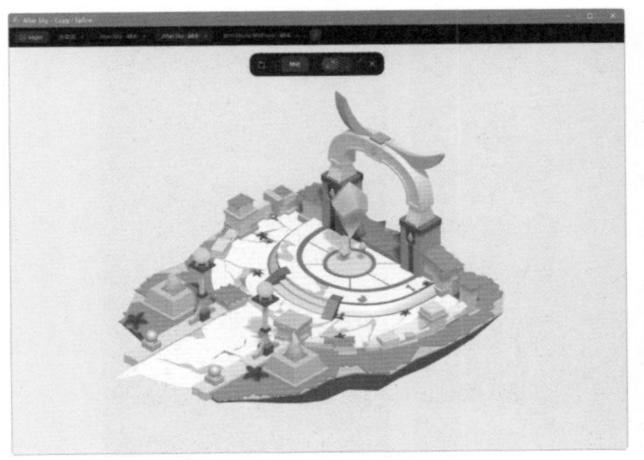

图 1-95　预览动画工具栏样式

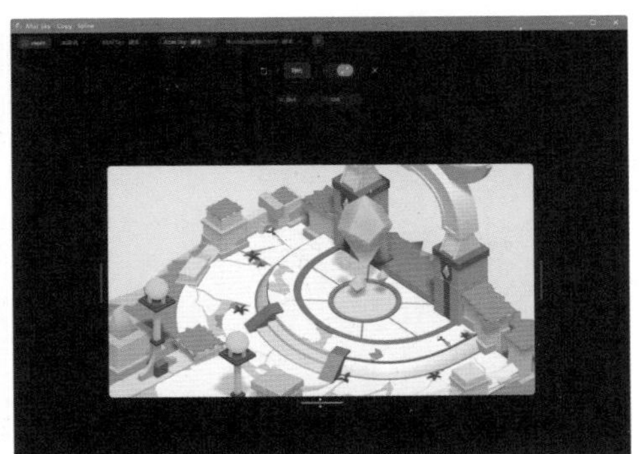

图 1-96　调整预览动画的尺寸

1.4.4　属性栏

软件界面右侧为属性栏面板，单击面板顶部的“分享”按钮，如图 1-97 所示。用户可以在弹出的分享文件对话框中邀请编辑者共同编辑文件，如图 1-98 所示。也可以选择“发布”选项卡，将作品发布到 Spline 社区中，如图 1-99 所示。

图 1-97　单击“分享”按钮

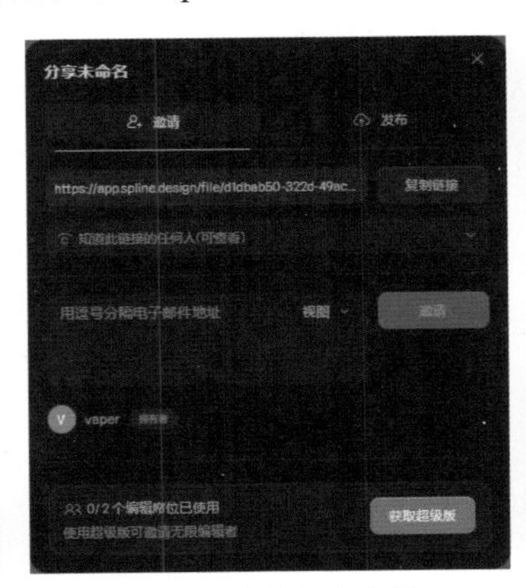

图 1-98　分享文件对话框

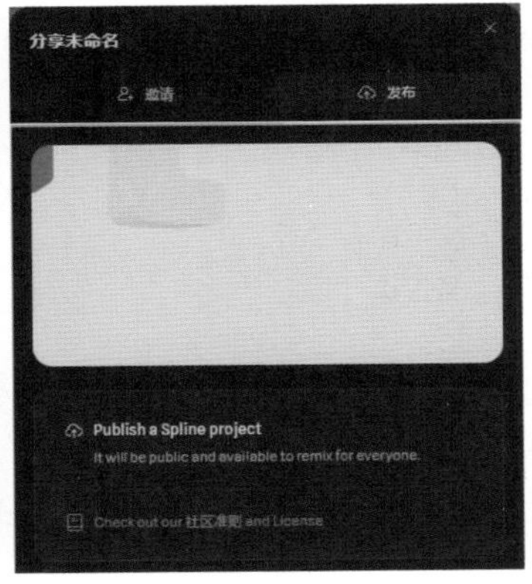

图 1-99　发布作品

在未选中任何图层时，属性栏面板中显示场景整体的环境参数，用户可以对画布、场景、全局设置、变量和各种素材进行设置，如图 1-100 所示。

选择任一图层后，将在属性栏面板中显示选中图层对象的具体属性参数。图 1-101 所示为矩形对象和平行光对象的属性参数。

图 1-100　环境参数

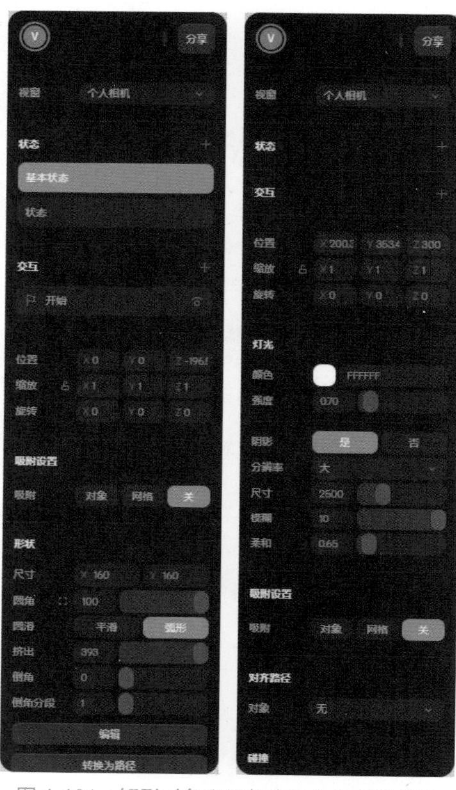

图 1-101　矩形对象和平行光对象的属性参数

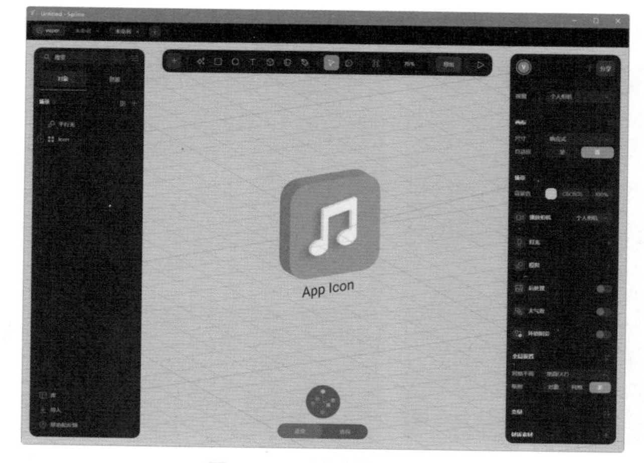

图 1-102　新建模型文件

1.4.5　视图

单击用户界面右上角的“新建文件”按钮新建文件，单击“3D 图标”缩览图，即可新建一个模型文件，如图 1-102 所示。界面中布满网格的区域即为视图区域，视图上方用来显示模型。

1. 平移 / 缩放 / 旋转视图

将光标移动到视图中，按住鼠标滚轮或键盘上的空格键，可实现平移视图的操作；

滚动鼠标滚轮，可对视图进行单点缩放；按住 Alt 键的同时按下鼠标左键拖曳，可实现旋转查看视图的操作。

选中视图中的任一对象，单击文件左侧图层栏顶部搜索文本框右侧的▤按钮，在打开的下拉列表框中选择“放大”选项或按 Ctrl+“+”组合键，如图 1-103 所示，即可放大选中对象。选择“缩小”选项或按 Ctrl+“-”组合键，如图 1-104 所示，即可缩小选中对象。

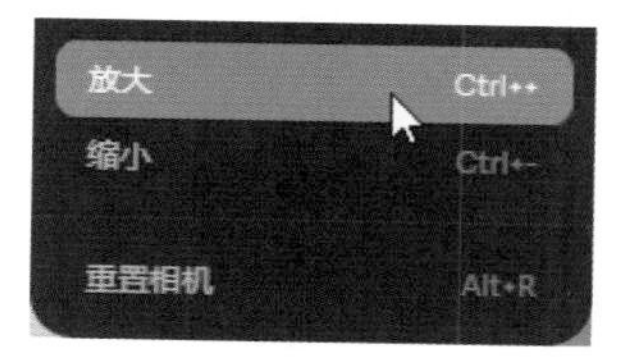

图 1-103　放大选中对象

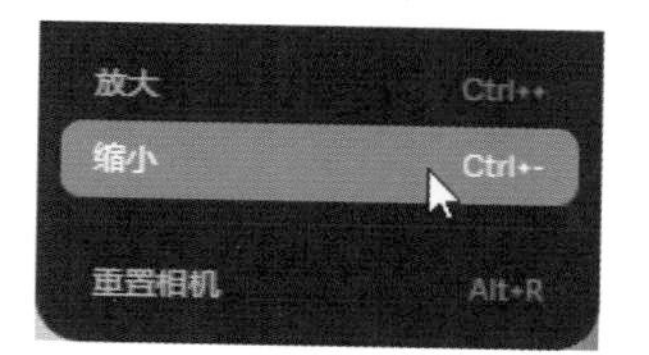

图 1-104　缩小选中对象

2. 改变视图相机视角

下方底部圆形按钮用来改变视图中的相机视角，圆形按钮中的彩色原点代表当前视角中的坐标，其中绿色代表 *Y* 轴，红色代表 *X* 轴，蓝色代表 *Z* 轴，如图 1-105 所示。

单击圆形按钮中的圆点，可以帮助用户从不同的角度观察模型当前的设计状态，检查是否有错位。Spline 预设了正视、左右侧视、背视、俯视、仰视和 ISO 等几种标准角度。

单击原型按钮下方的“透视”选项，所有视图角度将会根据从相机到物体的距离而发生变化，如图 1-106 所示。单击“正交”选项，所有视图角度均平行，如图 1-107 所示。用户可以按 M 键，快速在“正交”视图和“透视”视图间切换。

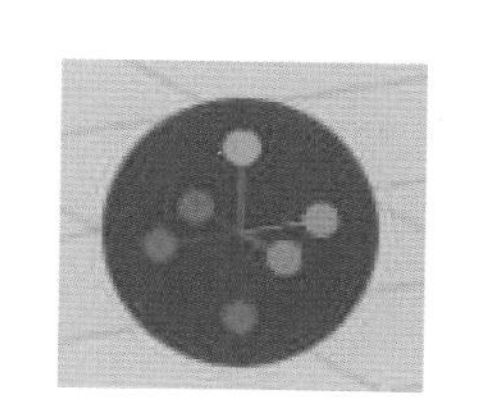
图 1-105　改变相机视角

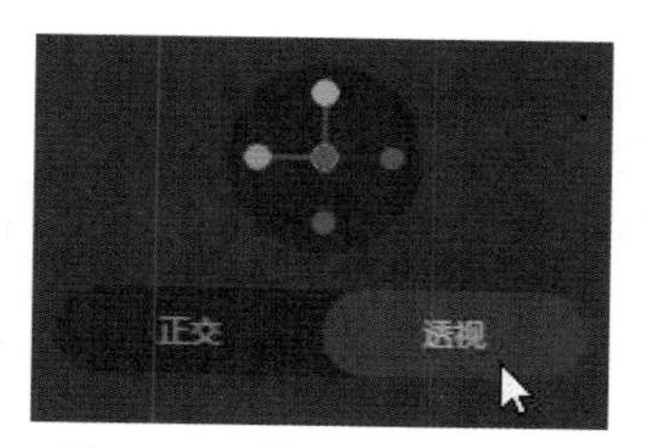

图 1-106　单击“透视”选项

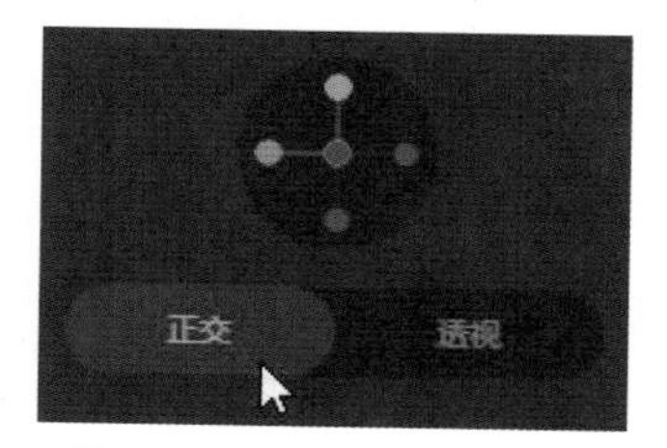

图 1-107　单击“正交”选项

提示

在“透视”视图模式下，由于有“远大近小”的视觉误差，很难完成对象的摆放和调整。使用“正交”视图就可以很好地避免这种情况，在布局场景中的对象时，可以选择“正交”视图。

3. 重置视图

将光标移动到圆形按钮上，左侧将显示“重置”按钮，右侧将显示“等距”按钮。单击“重置”按钮，视图将恢复到最初打开或新建文件时的视图，如图 1-108 所示。单击“等距”按钮，视图将显示为所有坐标都相等的视图，如图 1-109 所示。

单击文件左侧图层栏顶部搜索文本框右侧的■按钮，在打开的下拉列表框中选择“重置相机”选项或按 Alt+R 组合键，如图 1-110 所示，即可完成重置视图的操作。

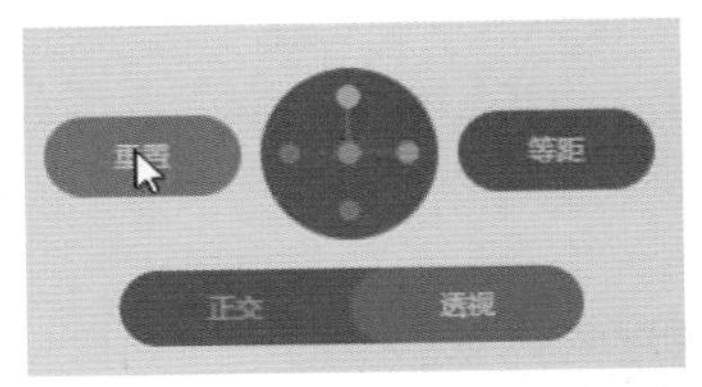

图 1-108 “重置”视图

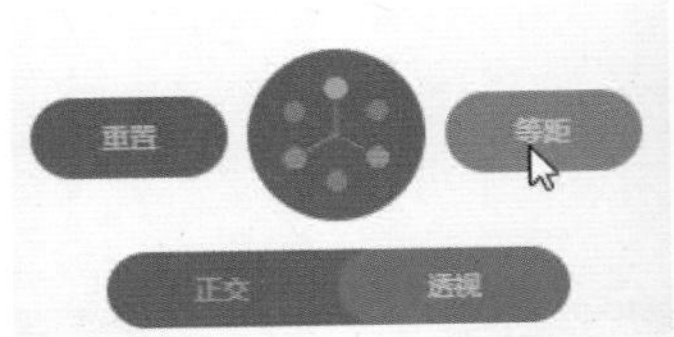

图 1-109 “等距”视图

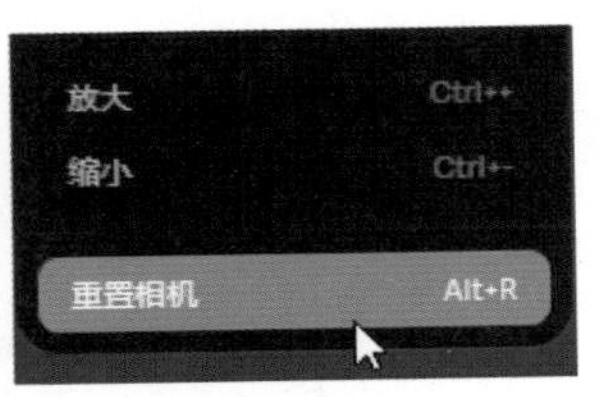

图 1-110 重置相机

4. 专注模式/全屏

单击文件左侧图层栏顶部搜索文本框右侧的■按钮，在打开的下拉列表框中选择“专注模式”选项或按 Ctrl+\ 组合键，如图 1-111 所示，即可隐藏图层栏和属性栏，以专注模式显示视图，如图 1-112 所示。再次按 Ctrl+\ 组合键，即可退出专注模式。

图 1-111 选择“专注模式”选项

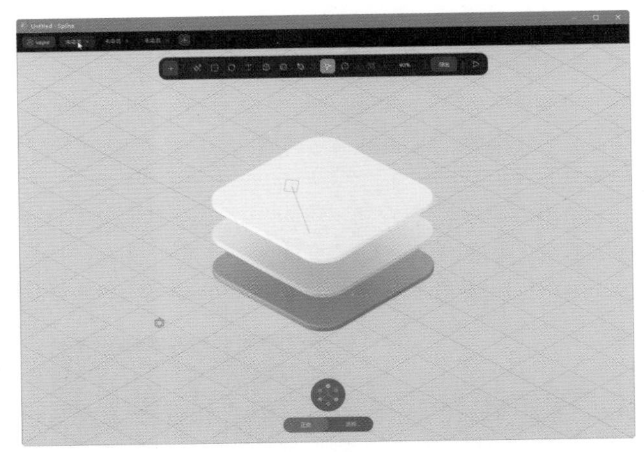

图 1-112 以“专注模式”显示视图

提示

“专注模式”隐藏了不必要的界面元素，为用户提供了更大的工作范围，方便观察和制作更复杂的文件。“专注模式”对软件操作熟练度要求较高，适合成熟的 Spline 用户。

单击文件左侧图层栏顶部搜索文本框右侧的■按钮，在打开的下拉列表框中选择“全屏”选项或按 Ctrl+Shift+F 组合键，如图 1-113 所示，Spline 软件界面将以全屏的方式显示，效果如图 1-114 所示。再次按 Ctrl+Shift+F 组合键或 Esc 键，即可退出全屏显示。

图 1-113　选择“全屏”选项

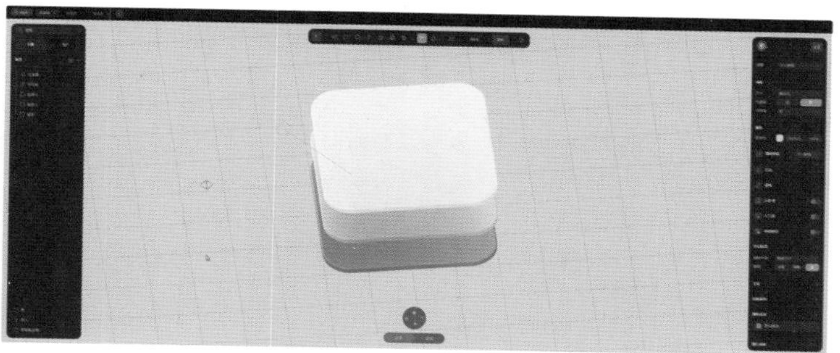

图 1-114　全屏显示软件界面

1.5 使用快捷键

使用快捷键可以帮助用户快速完成各种操作，提高工作效率。选择图层栏底部的“帮助和反馈”选项，在打开的下拉列表框中选择“快捷键”选项，用户可以在打开的“快捷键”面板中查看常用操作的快捷键，如图 1-115 所示。

在弹出的各种快捷菜单或下拉列表框中，命令右侧显示的数字或字母即为该命令的快捷键，如图 1-116 所示。用户只需在制作时使用快捷键即可完成对应的操作。

图 1-115　“快捷键”面板

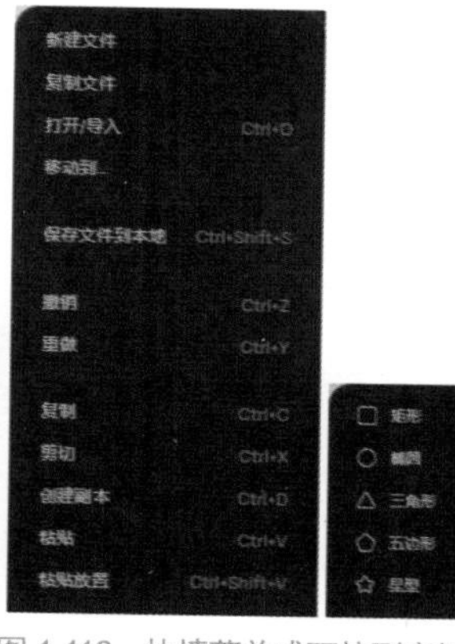

图 1-116　快捷菜单或下拉列表框中的快捷键

1.6 本章小结

本章主要讲解了 Spline 的相关基础知识，帮助初学者了解 Spline 的基本功能、Spine 的下载与安装、Spine 的开始界面和工作界面，以及使用快捷键等内容，通过学习本章内容，读者应了解 Spline 的基本功能并熟悉 Spline 的工作界面，熟练使用快捷键完成各种操作。

1.7 课后习题

完成本章内容学习后，接下来通过几道课后习题测验读者的学习效果，加深读者对所学知识的理解。

一、选择题

在下面的选项中，只有一个是正确答案，请将其选出来并填入括号内。

1. Spline 必须运行在 Windows（　　）或更高版本。

A. 7　　B. 8　　C. 10　　D. 11

2. 启动 Spline 后的第一个界面即（　　）。

A. 登录界面　　B. 开始界面　　C. 导航界面　　D. 新建文件界面

3. （　　）位于软件工作界面最上方，主要用来显示用户打开的文件。

A. 标签栏　　B. 图层栏　　C. 属性栏　　D. 工具栏

4. 将光标移动到图层栏位置，单击即可选中该图层，图层显示为（　　）。

A. 红色　　B. 黄色　　C. 蓝色　　D. 绿色

5. 按住（　　）键的同时按下鼠标左键拖曳，可实现旋转查看视图的操作。

A. Alt　　B. Ctrl　　C. Shift　　D. Esc

二、判断题

判断下列各项叙述是否正确，正确的打“√”，错误的打“×”。

1. Spline 专门为简单的几何卡通 3D 设计而设计。（　　）

2. Spline 制作的场景都是简单的体块和光影，渲染速度很慢，基本所见即所得。（　　）

3. Spline 的工作界面非常简洁，主要由标签栏、图层栏、工具栏、属性栏和视图 5 部分组成。（　　）

4. 目前软件版本中，无论在搜索栏中输入何种语言，都能实现正确的搜索操作。（　　）

5. 在“透视”视图模式下，由于有“远大近小”的视觉误差，很难完成对象的摆放和调整。（　　）

三、创新实操

使用本章所学的内容，读者下载并安装 Spline 软件，充分发挥自己的想象力和创作力，创建一个 Spline 文件并熟悉软件界面，演练各种视图操作方法和快捷键操作。

第 2 章 熟悉 Spline 的基本操作

在利用 Spline 进行 3D 模型制作与交互之前，熟练掌握该软件的各种操作技巧至关重要。精通文件的基本管理，如新建、保存和打开文件，以及对象的基本操作，包括选择、复制、粘贴、剪切，以及显示和隐藏对象等，不仅能够显著提升制作效率，还能让设计师的创造力得以充分发挥。这些基础技能是制作出精美 3D 模型并与其进行流畅交互的基石。

学习目标

- 掌握 Spline 文件的基本操作。
- 掌握 Spline 对象的基本操作。
- 掌握移动、旋转和缩放对象的方法。
- 鼓励学生发挥创新思维，尝试新的设计理念和技巧。
- 通过实践项目，提高学生的实践能力和解决问题能力。

学习导图

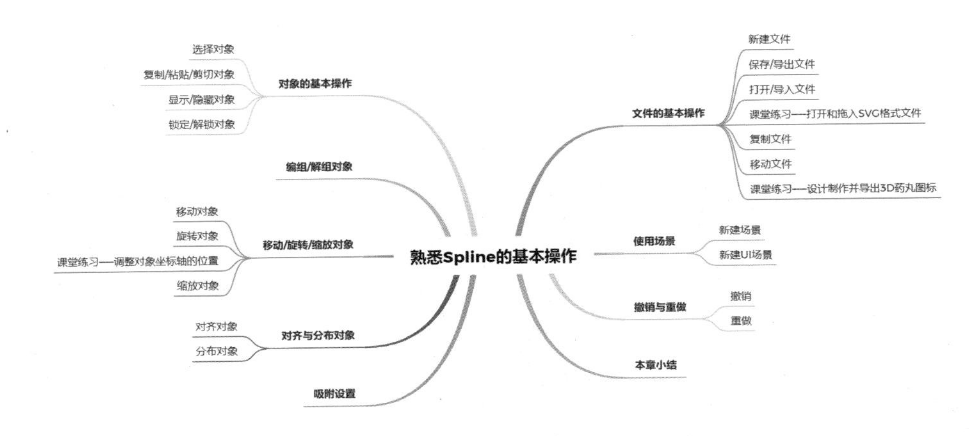

2.1 文件的基本操作

Spline 文件的基本操作在 3D 模型制作过程中起着至关重要的作用。这些基本操作不仅为设计师提供了一个清晰、有序的工作环境，还极大地提高了工作效率和模型质量。

2.1.1 新建文件

新建文件有两种情况，一种是单击开始界面顶部标签栏中用户名称右侧的按钮或单击开始界面右侧的按钮，如图 2-1 所示。另一种是单击现有文件左侧图层栏顶部搜索文本框右侧的按钮，在打开的下拉列表框中选择“新建文件”选项，如图 2-2 所示。

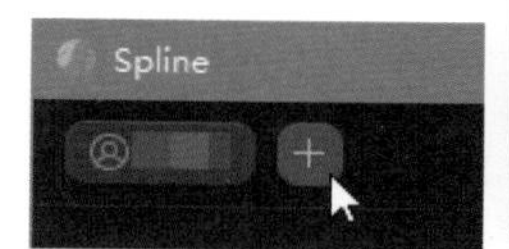

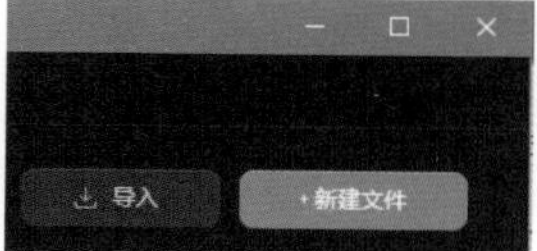

图 2-1 新建文件

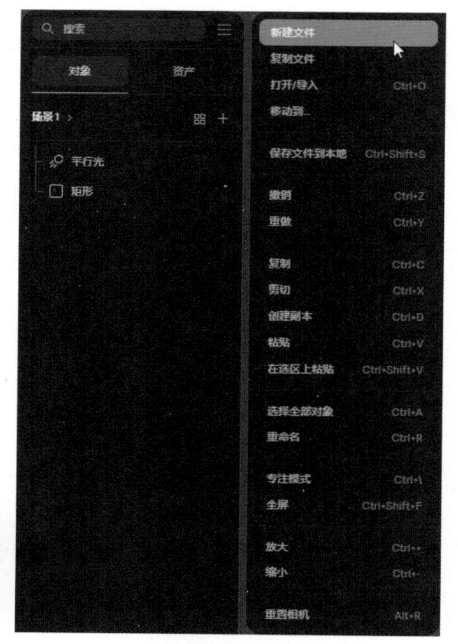

图 2-2 选择“新建文件”选项

执行上述两种新建文件操作，都会打开如图 2-3 所示的面板，用户可以选择任意一种文件类型，也可以直接在空白处单击，即可新建一个名称为“未命名”的 Spline 文件。图 2-4 所示为单击“玻璃效果”按钮新建的玻璃效果文件。

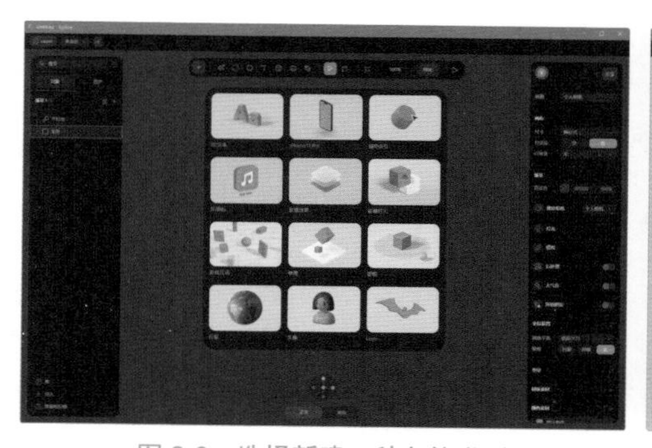

图 2-3 选择新建一种文件类型

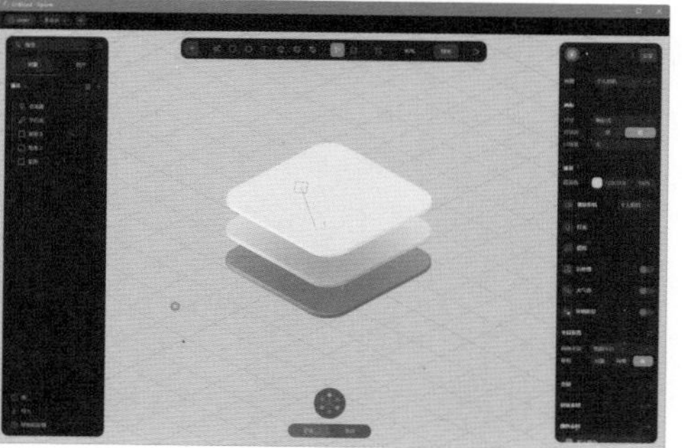

图 2-4 玻璃效果文件

单击右侧属性栏中“画布”选项下的“尺寸”下拉按钮，用户可在打开的下拉列表框中选择预设画布尺寸，如图 2-5 所示。图 2-6 所示为选择 TikTok 文件尺寸。

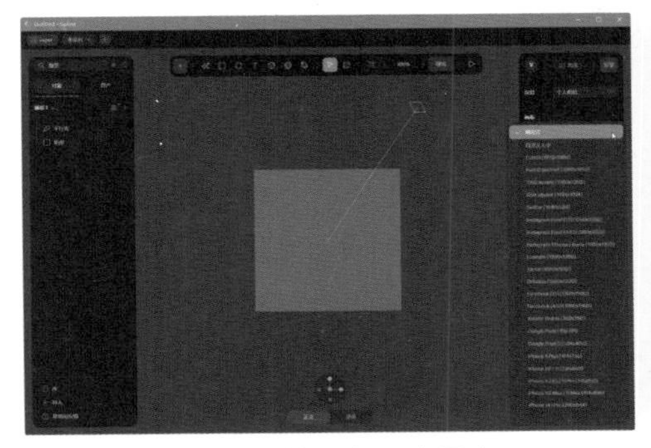

图 2-5　选择预设画布尺寸

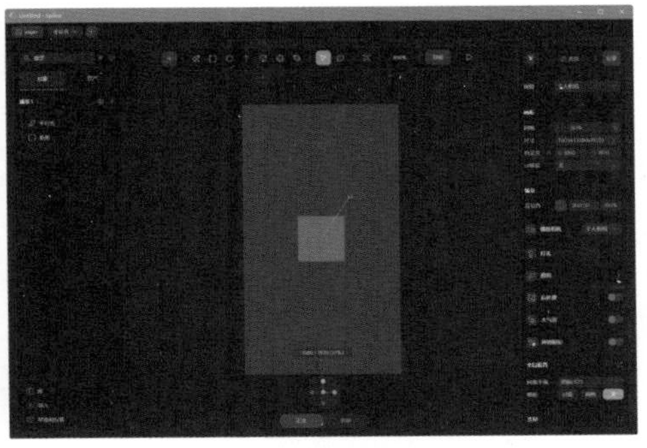

图 2-6　TikTok 文件尺寸

选择“自定义大小”选项，用户可以自定义画布的宽度和高度，如图 2-7 所示。单击“画布”选项右侧的■按钮，进入编辑画布界面，用户可通过拖曳画布锚点来编辑文件的画布尺寸，如图 2-8 所示。再次单击“画布”选项右侧的■按钮，即可退出编辑画布尺寸界面。

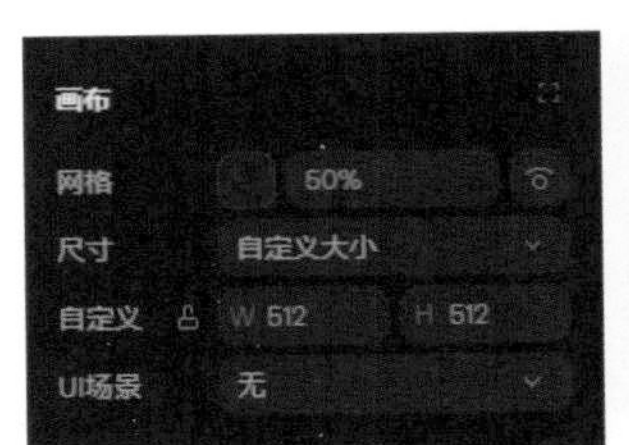

图 2-7　自定义画布尺寸

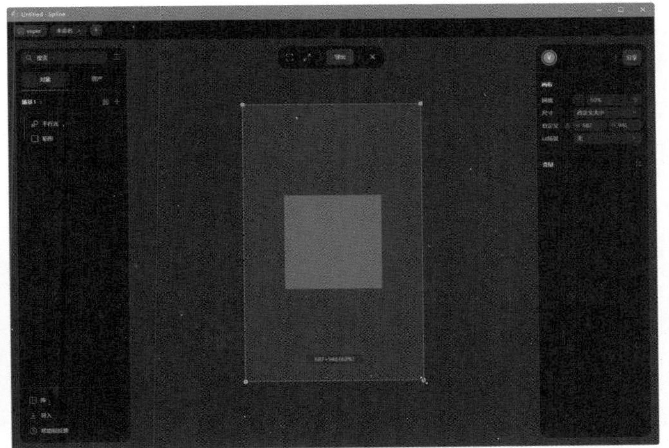

图 2-8　手动调整画布尺寸

提示

用户可以通过拖曳调整框的边框调整一侧画布的尺寸，也可以拖曳调整框的 4 个顶点同时调整两侧画布的尺寸。按住 Shift 键的同时拖曳，可实现等比例调整画布尺寸的操作。

2.1.2　保存/导出文件

单击文件左侧图层栏顶部搜索文本框右侧的■按钮，在打开的下拉列表框中选择“保存文件到本地”选项或按 Ctrl+Shift+S 组合键，如图 2-9 所示。在弹出的对话框中选择保存文件的位置并输入“文件名”，单击“保存”按钮，即可将文件保存到本地计算机设备中，如图 2-10 所示。

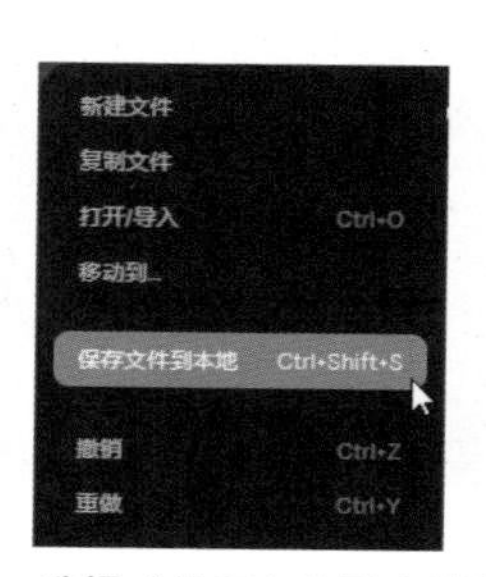

图 2-9　选择“保存文件到本地”选项

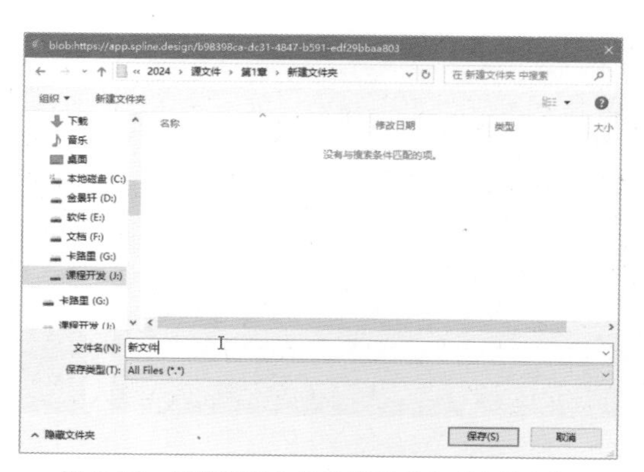

图 2-10　选择保存文件位置并输入“文件名”

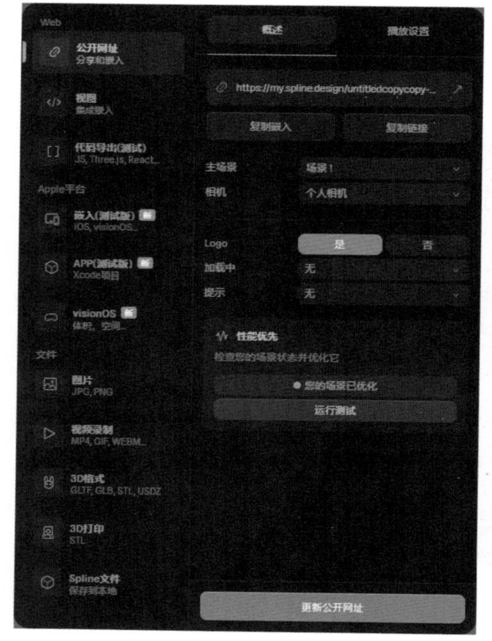

图 2-11　导出文件对话框

完成场景的制作后，单击工具栏上的“导出”按钮，用户可在弹出的对话框中选择导出 Web、Apple 平台和文件 3 种类型，如图 2-11 所示。

Web 类型包括公开网址、视图和代码导出 3 种；Apple 平台包括嵌入（测试版）、App（测试版）和 visionOS 共 3 种；文件包括图片、视频录制、3D 格式、3D 打印和 Spline 文件 5 种。用户可以根据不同的需求将文件导出为指定格式。

2.1.3　打开/导入文件

用户可以在 Spline 中打开或导入本地其他复杂的 3D 模型，进行渲染或继续创作。除了支持打开/导入 Spline 场景文件，还支持导入 PNG、JPG、SVG 图片文件，MP3 和 WAV 音频文件，MP4 视频文件，GLTF、STL、FBX 和 OBJ 3D 模型文件，以及 PLY 高斯飞溅文件。

提示

PLY 是一种用于表示三维计算机图形中的多边形模型的文件格式，常用于存储三维扫描数据。“高斯飞溅”是指一种特定的表面细节模拟技术。

课堂练习——打开和拖入 SVG 格式文件

Step 01 新建一个 Spline 文件，单击软件界面顶部的“导入”按钮，如图 2-12 所示。弹出“导入或拖放”对话框，如图 2-13 所示。

Step 02 选择“矢量 SVG”选项，在弹出的“打开”对话框中选择“火苗 1.svg”文件，如图 2-14 所示。单击“打开”按钮，打开文件效果如图 2-15 所示。

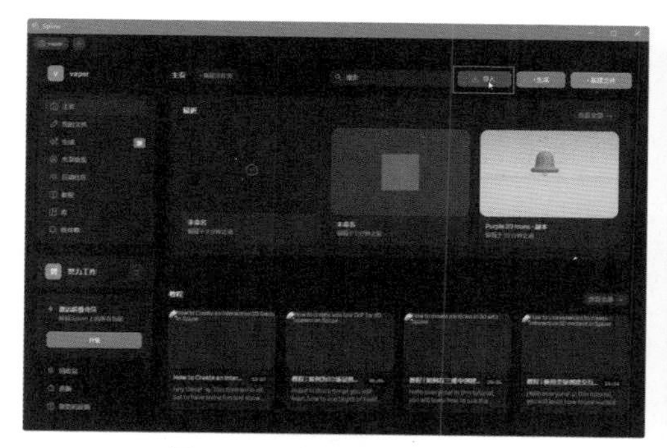

图 2-12　单击“导入”按钮

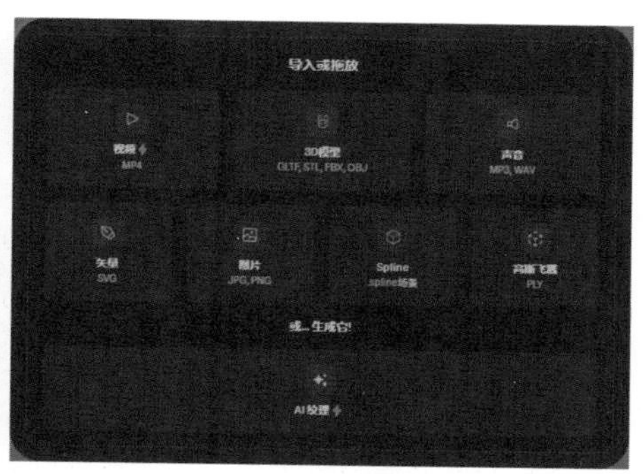

图 2-13　“导入或拖放”对话框

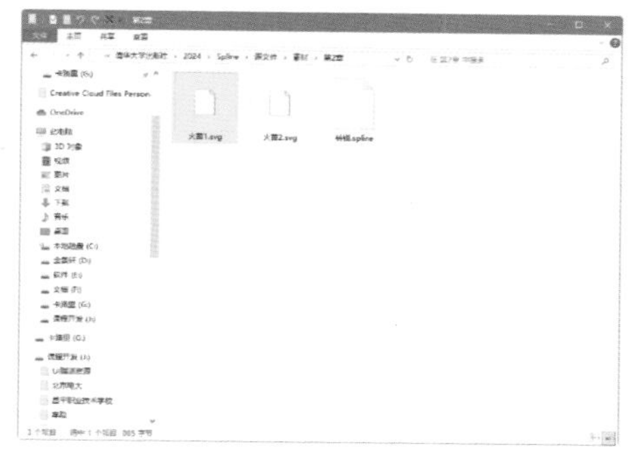

图 2-14　选择文件

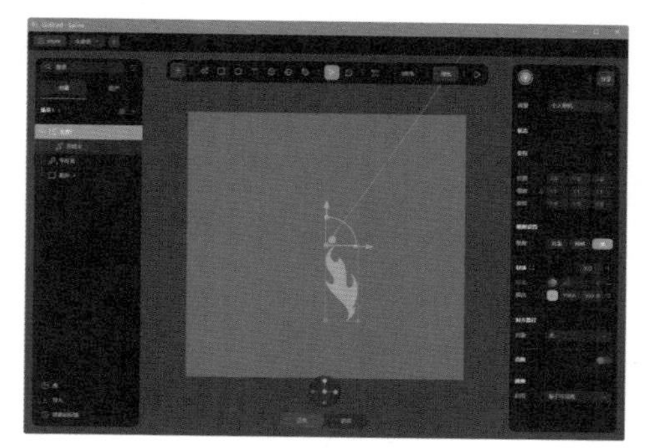

图 2-15　打开文件效果

Step 03 在资源管理器中找到“火苗 2.svg”文件，将其直接拖曳到 Spline 界面中，拖曳调整其位置，如图 2-16 所示。松开鼠标左键，调整文件位置，导入效果如图 2-17 所示。

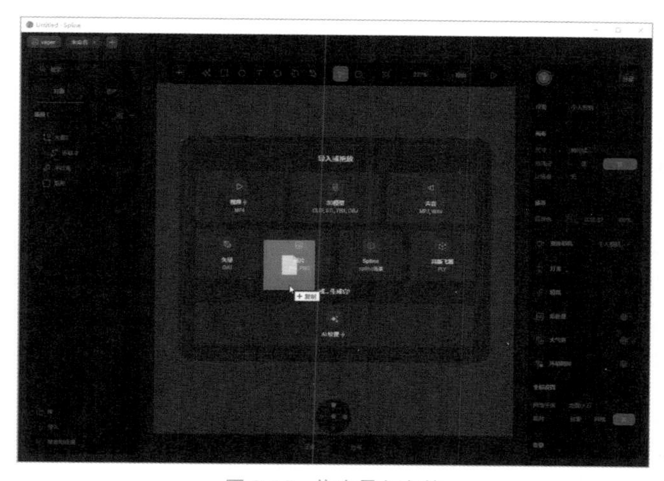

图 2-16　拖曳导入文件

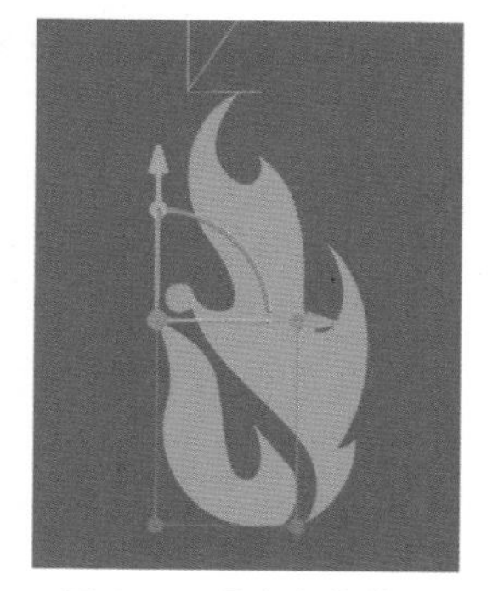

图 2-17　导入文件效果

Step 04 双击导入的“火苗 1.svg”文件，在右侧属性栏中设置形状“挤出”值为 10，如图 2-18 所示。使用相同的方法设置“火苗 2.svg”文件，单击右侧“属性栏”中“灯光”选项右侧的按钮，启用灯光，模型效果如图 2-19 所示。

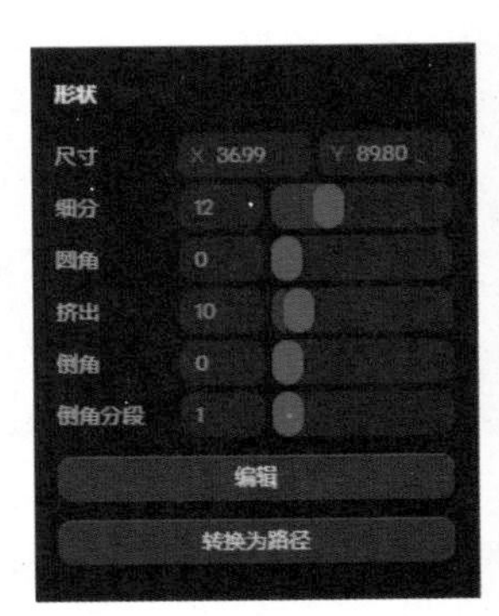

图 2-18　设置形状挤出

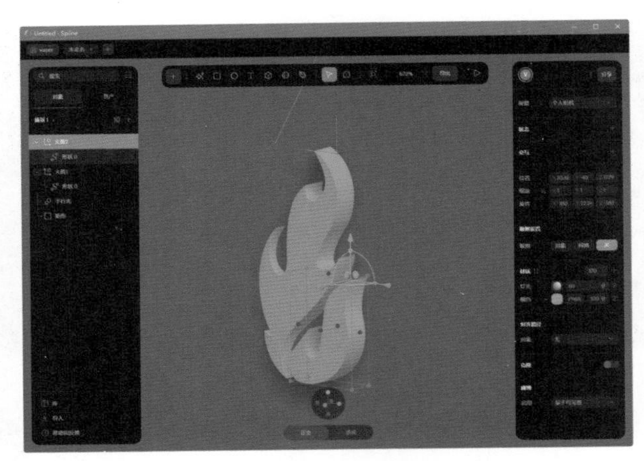

图 2-19　模型效果

提示

用户可以通过选择左侧图层栏下方的“导入”选项，导入或拖放各种格式的素材文件到 Spline 文件中。

2.1.4　复制文件

单击文件左侧图层栏顶部搜索文本框右侧的按钮，在打开的下拉列表框中选择“复制文件”选项，如图 2-20 所示，即可为当前文件创建一个副本文件，如图 2-21 所示。该副本与原始文件内容完全相同，但可以存储在不同的位置或设备上。

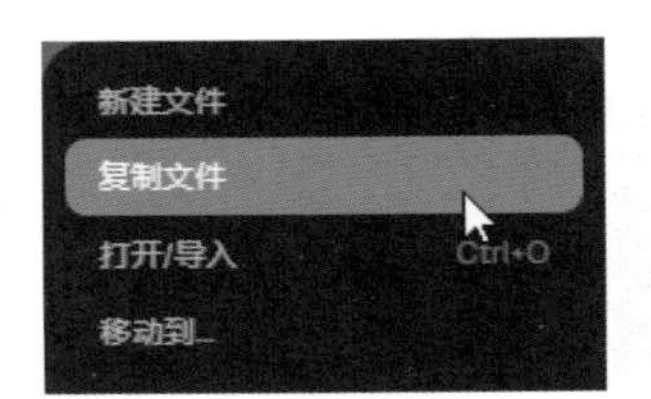

图 2-20　选择“复制文件”选项

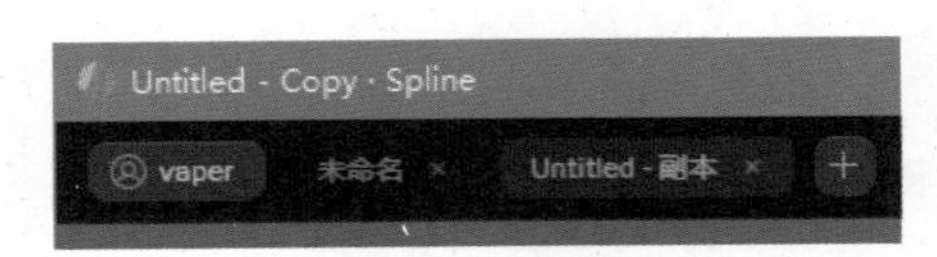

图 2-21　复制文件

通过复制文件，可以创建文件的备份，以防原始文件损坏或丢失。当需要将文件从一个位置移动到另一个位置时，复制文件可以作为一种中间步骤。复制文件使得多个用户或系统能够同时访问和使用相同的文件内容。例如，在团队项目中，复制文件可以确保每个团队成员都有访问项目文件的权限。

提示

复制文件是一种重要的数据管理方法，它有助于保护数据的完整性、安全性和可用性，同时促进数据的共享和协作。

2.1.5　移动文件

用户可以将文件在“我的文件”和“团队”文件之间进行移动，以实现对文件的管理。单击文件左侧图层栏顶部搜索文本框右侧的▤按钮，在打开的下拉列表框中选择“移动到”选项，如图 2-22 所示，弹出“移动到”对话框，如图 2-23 所示。

选择“团队”选项卡，选择“项目 1”选项，如图 2-24 所示。单击“移动”按钮，稍等片刻，即可将文件移动到团队文件夹中。单击软件界面左上角的用户名图标，即可在用户界面查看文件，如图 2-25 所示。

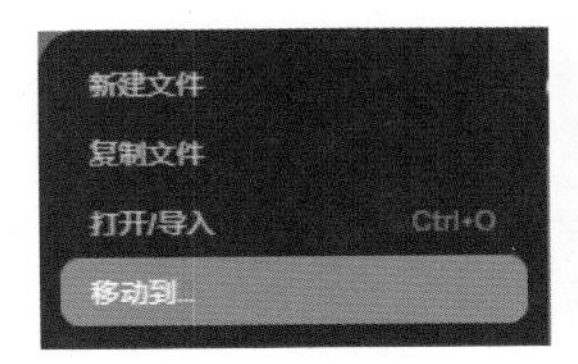

图 2-22　选择“移动到”选项

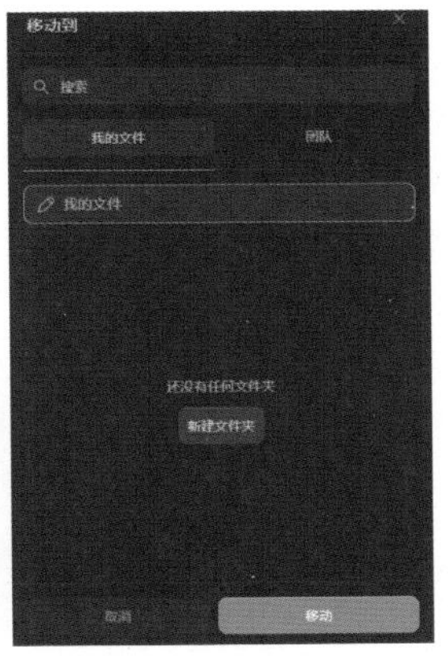

图 2-23　“移动到”对话框

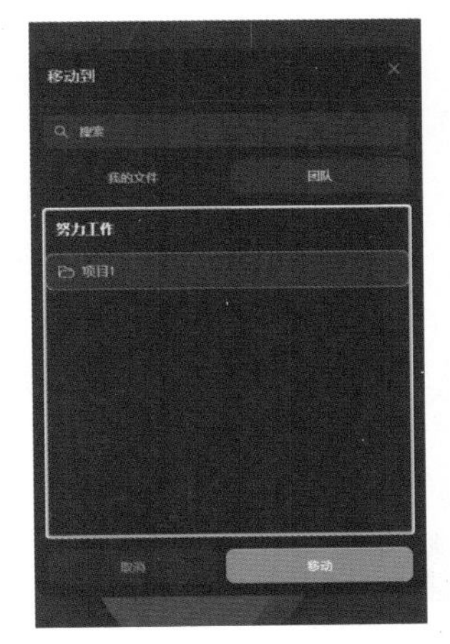

图 2-24　移动文件到“团队”文件夹

图 2-25　在用户界面查看文件

提示

关于团队协作的相关知识，将在本书第 7 章中详细讲解，感兴趣的读者可自行查看。

课堂练习——设计制作并导出 3D 药丸图标

Step 01 启动 Spline 软件，单击“新建文件”按钮，在视图空白位置单击，新建一个文件，如图 2-26 所示。选中矩形，在右侧属性栏中设置其“尺寸”为 800×800，材质“颜色”为白色，如图 2-27 所示。

Step 02 单击工具栏上的“创建新对象”按钮，选中“圆锥”选项，在视图中拖曳创建一个“尺寸”为 160 的圆锥，并设置“旋转”角度为 0，如图 2-28 所示。设置形状选项“圆角”参数“U”为 80，效果如图 2-29 所示。

Step 03 设置对象在 Z 轴上“旋转”90°，并修改“颜色”为红色，效果如图 2-30 所示。在图层栏中的“圆锥”上单击鼠标右键，在弹出的快捷菜单中选择“创建副本”命令，得到“圆锥 2”对象，如图 2-31 所示。

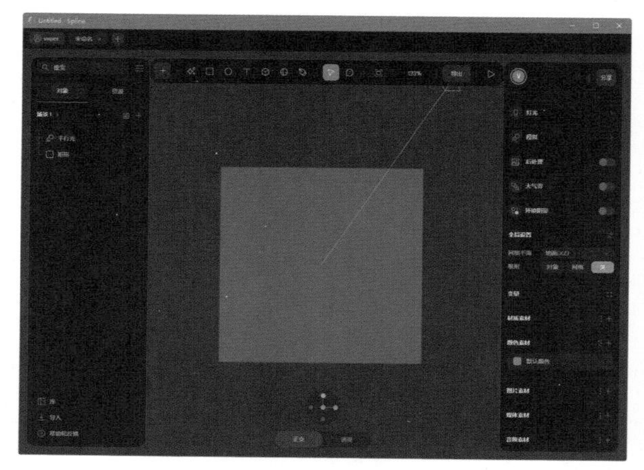

图 2-26 新建文件

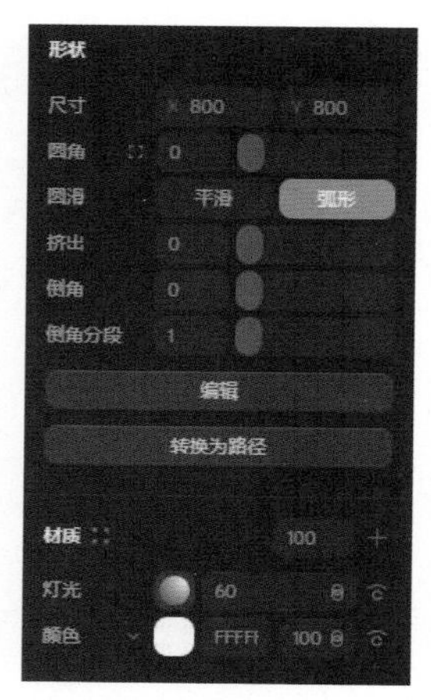

图 2-27 设置尺寸和颜色

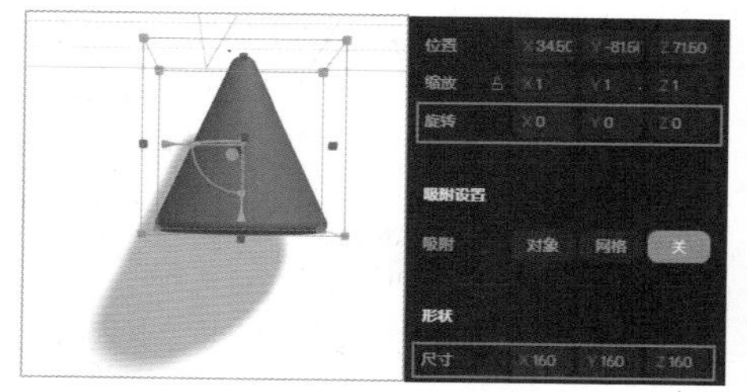

图 2-28 创建圆锥

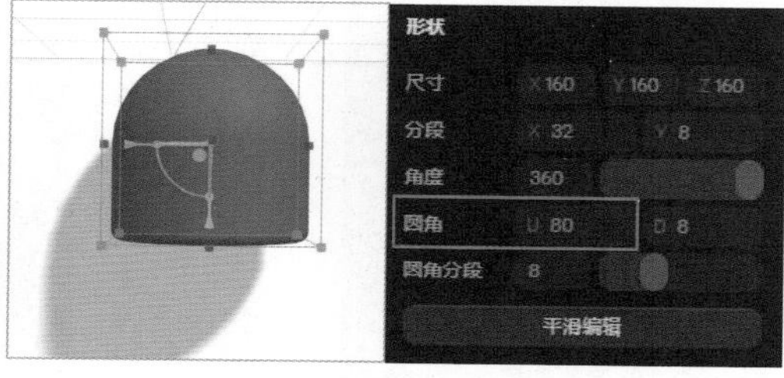

图 2-29 设置圆角参数

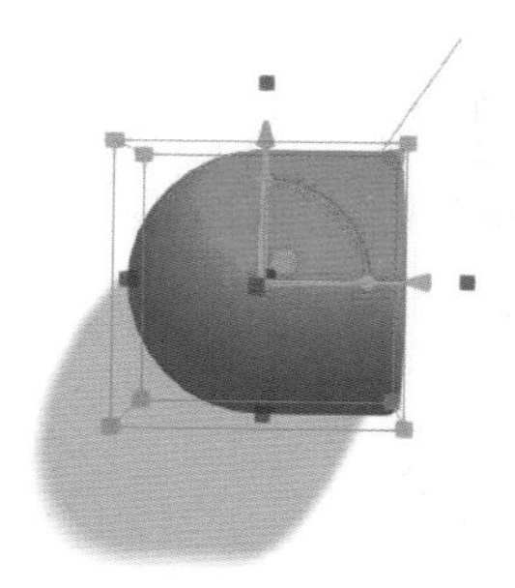

图 2-30 旋转对象并修改颜色

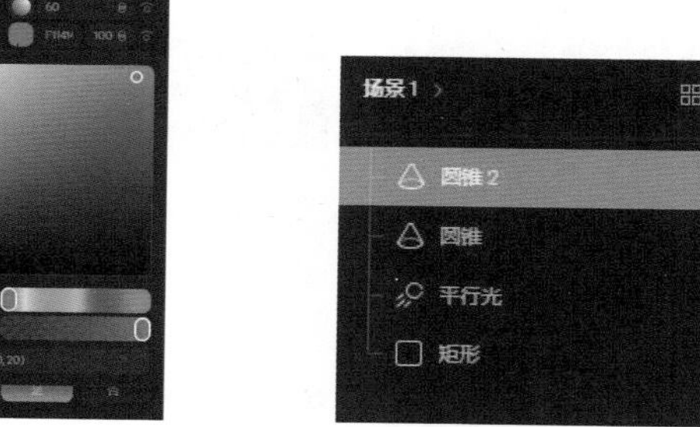

图 2-31 复制对象

Step 04 设置“圆锥 2”对象在 Z 轴上“旋转”-90° 并在水平方向移动，效果如图 2-32 所示。修改对象的“颜色”为蓝色，效果如图 2-33 所示。

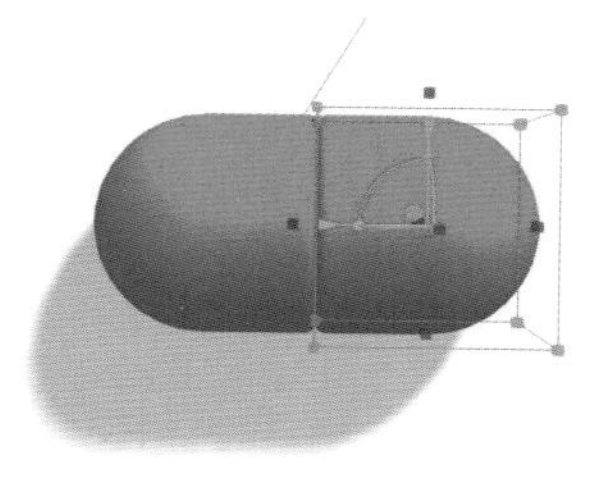

图 2-32 旋转并移动对象

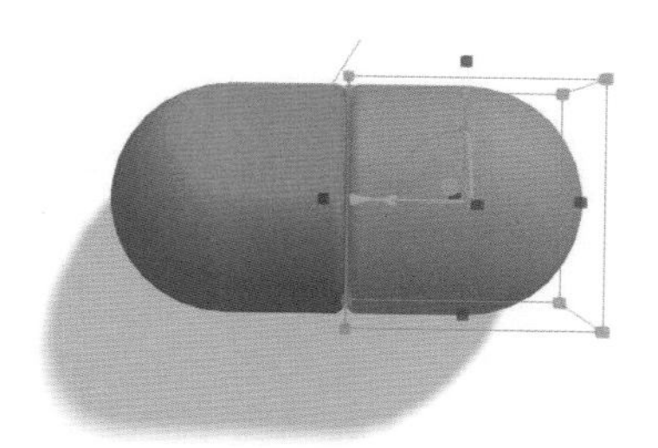

图 2-33 修改对象颜色

Step 05 按 Ctrl+Shift+S 组合键，将文件保存为“药丸 .spline”。单击工具栏右侧的“导出”按钮，在弹出的对话框中选择“公开网址”选项，单击“复制链接”按钮，如图 2-34 所示。

Step 06 打开浏览器，在地址栏中单击鼠标右键，在弹出的快捷菜单中选择“粘贴”命令，效果如图 2-35 所示。

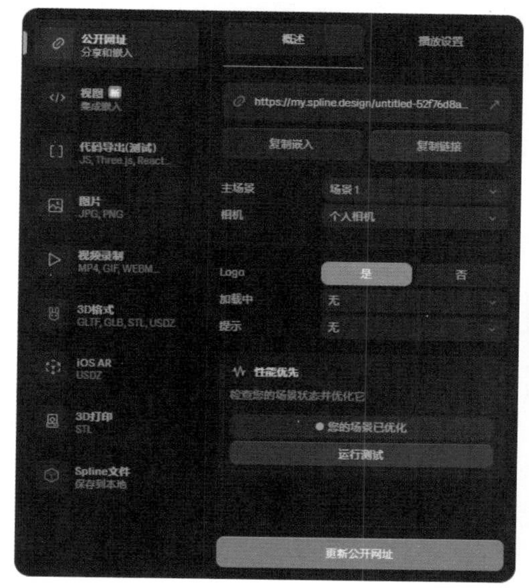

图 2-34　复制链接

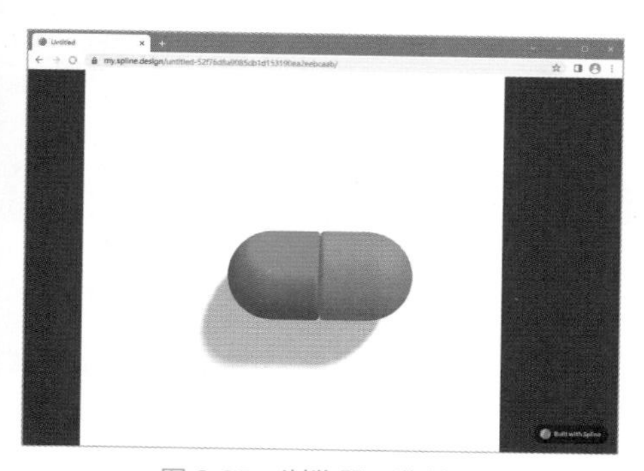

图 2-35　浏览器预览效果

2.2 使用场景

Spline 中的场景功能为用户提供了一个强大而灵活的可视化工作空间，使用户能够高效地创建、编辑和分享 3D 模型。无论是在游戏开发、视觉特效还是其他领域，Spline 的场景功能都能为用户提供有力的支持。

2.2.1 新建场景

在 Spline 中，用户可以创建和管理多个场景。这意味着用户可以在不同的场景之间切换，每个场景都可以包含不同的 3D 模型、灯光、材质等设置。这种多场景管理的功能使得用户能够更高效地组织和管理自己的工作。

新建一个 Spline 文件，默认包含一个名称为“场景 1”的场景，用户可在图层栏上方查看，如图 2-36 所示。单击“场景”选项右侧的+按钮，在打开的下拉列表框中选择“新建场景”选项，如图 2-37 所示，即可新建一个场景，如图 2-38 所示。

场景名后有一个⌂按钮，表示该场景为该文件的主场景，也就是第一个场景，如图 2-39 所示。在想要成为主场景的场景上单击鼠标右键，在弹出的快捷菜单中选择“设为主场景”命令，如图 2-40 所示，即可将该场景设置为主场景。

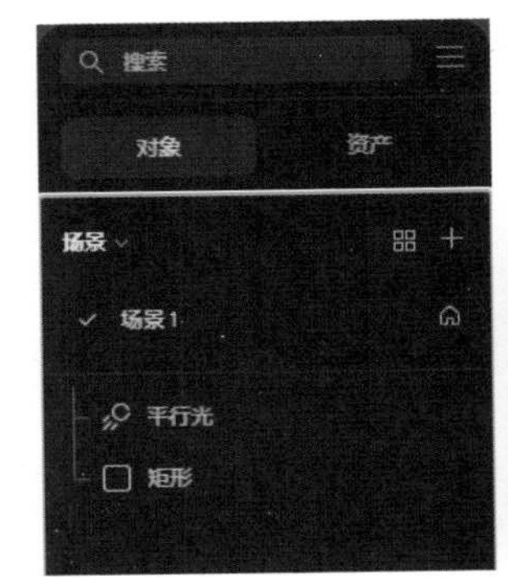

图 2-36 默认场景

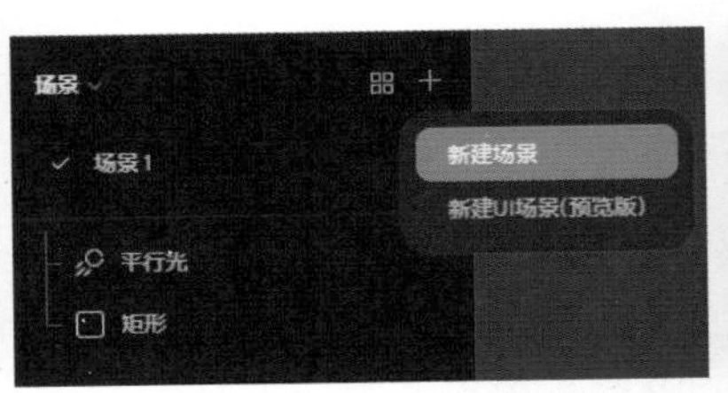

图 2-37 选择“新建场景”选项

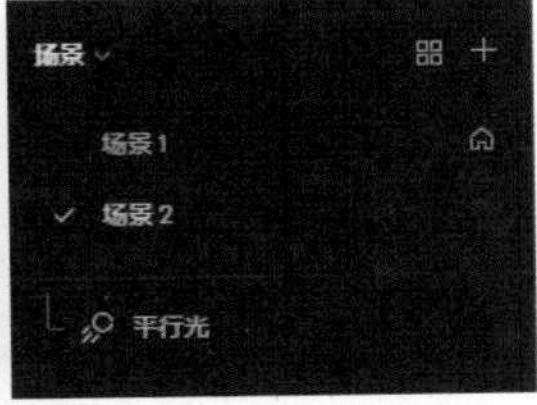

图 2-38 新建“场景 2”

图 2-39 主场景

图 2-40 选择“设为主场景”命令

在场景上单击鼠标右键，在弹出的快捷菜单中选择“创建副本”命令，即可为当前场景创建一个副本场景，如图 2-41 所示。副本场景将继承原场景中的所有元素与设置，有效地提高工作效率。

在快捷菜单中选择“重命名”命令，可以为场景设置一个更便于记忆和管理的名称，如图 2-42 所示。选择“删除”命令，即可删除当前选中的场景，如图 2-43 所示。

提示

要想使用“创建副本”功能，需要先获取 Spline 超级版本，解锁 Spline 的所有功能。

文件中的场景被放置在“场景”文件夹中，单击工具栏右侧的“播放”按钮或按 Shift+Space 组合键，即可播放该场景动画，如图 2-44 所示。

图 2-41 创建场景副本

图 2-42 重命名场景

图 2-43 删除场景

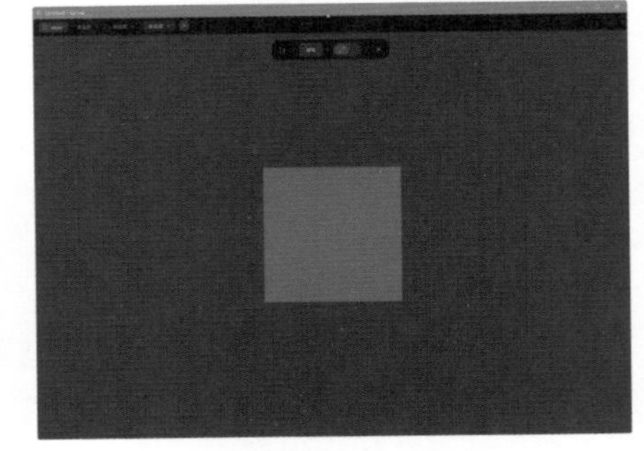

图 2-44 播放场景动画

单击场景名后的按钮，场景将以网格布局排列，如图 2-45 所示。双击场景左上角的场景名，即可重命名该场景，如图 2-46 所示。

单击场景右上角的按钮，即可播放该场景，如图 2-47 所示。单击“新建场景”网格，即可新建一个场景，如图 2-48 所示。单击顶部工具栏中的“返回”按钮，即可退出网格布局排列，如图 2-49 所示。

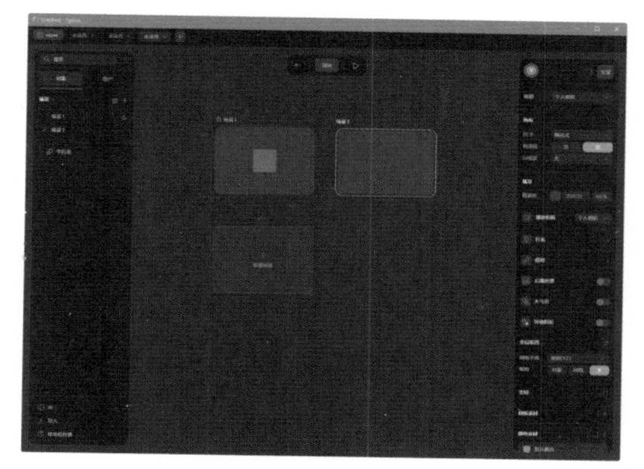

图 2-45　网格排列场景

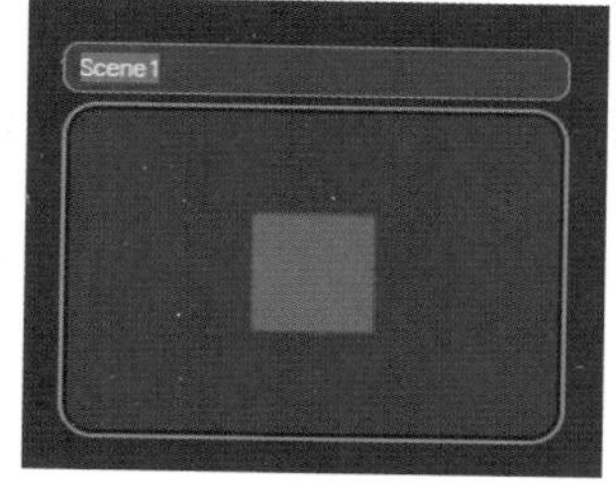

图 2-46　重命名场景

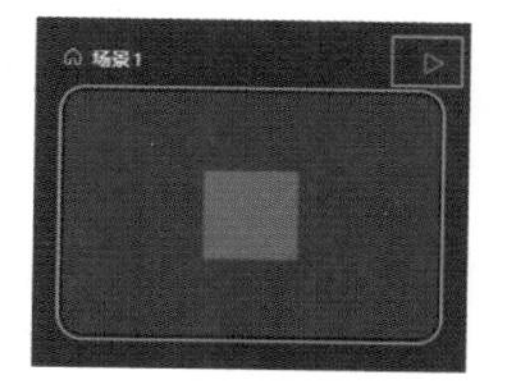

图 2-47　播放场景

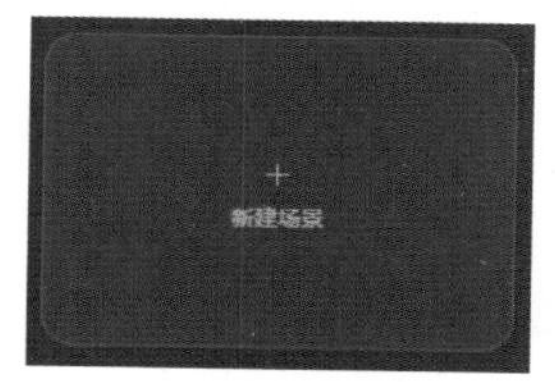

图 2-48　新建场景

图 2-49　退出网格布局排列

提示

完成场景的编辑后，用户可以将场景导出为多种格式的文件，以便在其他软件中使用或分享给其他人。Spline 支持导出静态图片、离线网页等多种格式的文件，方便用户在不同的平台上展示自己的作品。

2.2.2　新建 UI 场景

UI 场景通常是指在 3D 应用程序或游戏中创建和编辑 2D 用户界面（UI）元素的环境。这些 UI 场景提供了一个 2D 画布，允许开发者在不需要考虑 3D 坐标和渲染细节的情况下，设计和实现与 3D 场景集成的用户界面。

在这些场景中生成的 2D UI 元素通常是完全交互式的，并且能够触发对任何 3D 对象的操作。这种整合的框架简化了为无缝集成到 3D 环境而定制的 2D 用户界面的创建过程，从而提升了整个过程的用户体验。

单击“场景”选项右侧的+按钮，在打开的下拉列表框中选择“新建 UI 场景（预览版）”选项，即可新建一个场景，如图 2-50 所示。

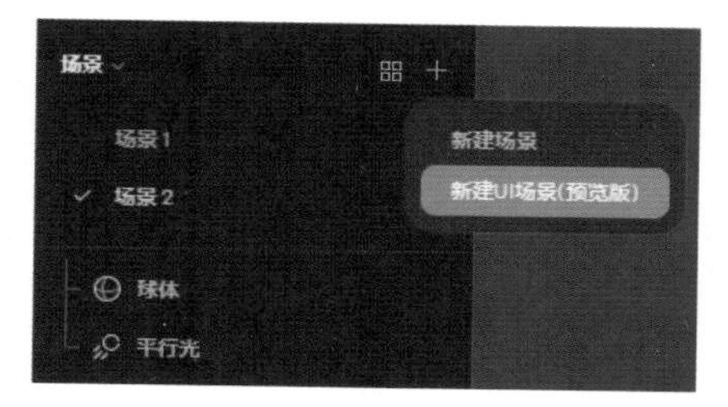

图 2-50　新建 UI 场景

提示

截至作者编写此书时，UI 场景功能仍处于测试阶段，因此该命令后显示“预览版”文字，期待在即将到来的更新中提供更多特性和功能。随着更多功能的发布，文档也将得到更新和改进。

2.3 撤销与重做

在使用 Spline 制作 3D 场景的过程中，通常会出现操作失误或对操作效果不满意的情况，这时就可以使用“撤销”命令，将场景还原到操作前的状态。如果已经执行了多个操作步骤，可以使用“重做”命令直接将场景恢复到最近保存的图像状态。

2.3.1 撤销

单击图层栏顶部搜索文本框右侧的■按钮，在打开的下拉列表框中选择“撤销”选项或按 Ctrl+Z 组合键，即可将场景还原到上一步状态中，如图 2-51 所示。连续选择该选项，将逐步撤销操作。

图 2-51 选择“撤销”选项

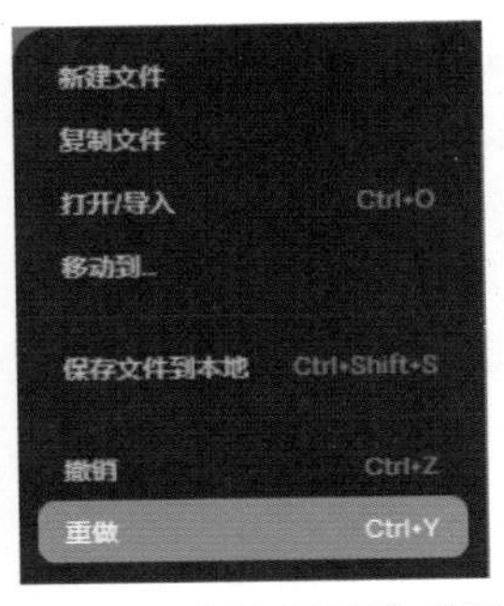

图 2-52 选择“重做”选项

2.3.2 重做

单击图层栏顶部搜索文本框右侧的■按钮，在打开的下拉列表框中选择“重做”选项或按【Ctrl+Y】组合键，则会使场景恢复到执行“撤销”操作前的状态，如图 2-52 所示。连续选择该选项，将逐步还原操作。

2.4 对象的基本操作

Spline 对象的基本操作在 3D 模型和交互制作中扮演着关键角色，它们对于创建、编辑和管理模型对象至关重要。

2.4.1 选择对象

将光标移动到视图中，在想要选择的对象上单击，即可将其选中，选中的图层将在图层栏中以蓝色显示，如图 2-53 所示。将光标移动到视图中，按下鼠标左键并拖曳，将选中所有被框选的对象，如图 2-54 所示。

当视图中的对象较多时，用户可以通过单击图层栏中的对象名称，快速将其选中，如图 2-55 所示。按住 Ctrl 键的同时，依次单击图层栏中对象的名称，可同时选中多个对象，如图 2-56 所示。

单击图层栏中的某一对象，按住 Shift 键的同时单击图层栏中的另一个对象，将同时选中图层栏中两个对象之间的多个对象，如图 2-57 所示。

提示

按住 Shift 键的同时单击视图中的对象，可实现加选或减选对象的操作。

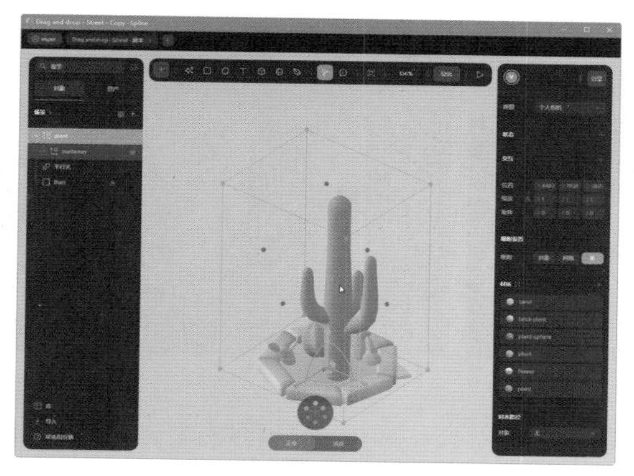

图 2-53　单击选中对象

图 2-54　框选多个对象

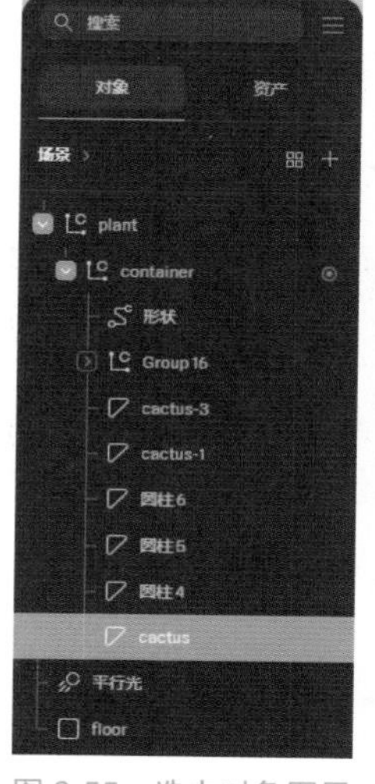

图 2-55　选中对象图层

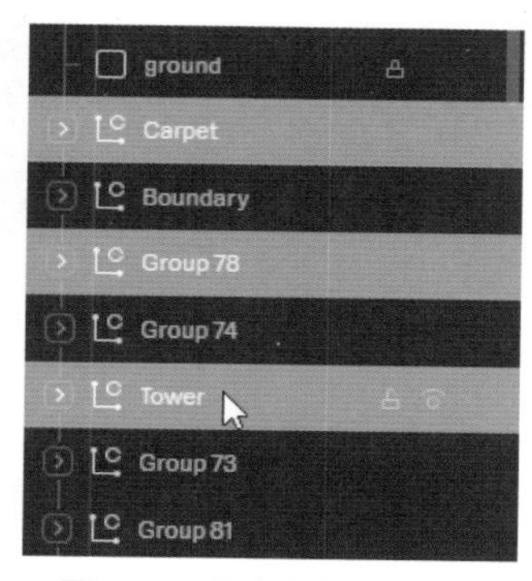

图 2-56　选中多个对象图层

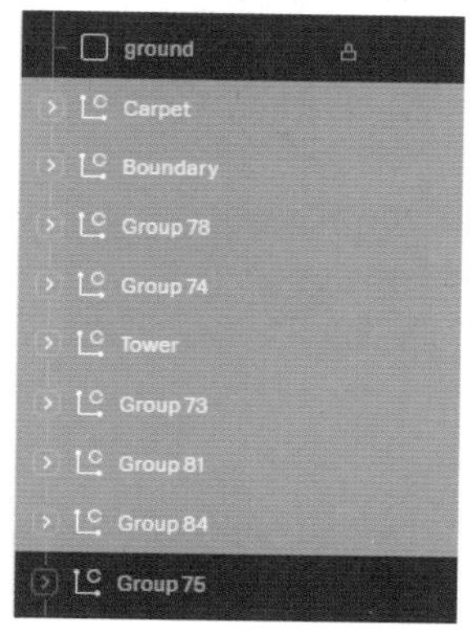

图 2-57　选中连续多个对象图层

2.4.2　复制/粘贴/剪切对象

选中想要复制的对象，单击图层栏顶部搜索文本框右侧的■按钮，在打开的下拉列表框中选择“复制”选项或按 Ctrl+C 组合键，即可将对象复制到内存中，如图 2-58 所示。

打开想要粘贴对象的文件，单击图层栏顶部搜索文本框右侧的■按钮，在打开的下拉列表框中选择“粘贴”选项或按 Ctrl+V 组合键，如图 2-59 所示，即可将对象粘贴到新视图中，如图 2-60 所示。

提示

在跨文件粘贴对象时，如果不能正确完成，可先创建一个矩形图层，将要复制的对象作为矩形的子集，再对矩形图层进行跨文件粘贴操作，然后取消子集并删除矩形即可。

在下拉列表框中选择“在选区上粘贴”选项或按 Ctrl+Shift+V 组合键，即可将复制的对象粘贴到选区上，如图 2-61 所示。

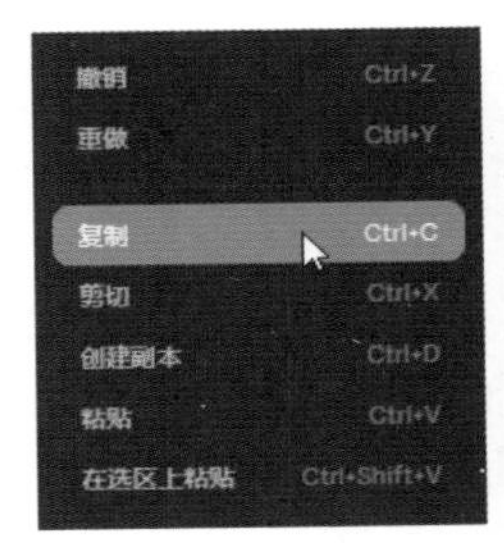

图 2-58 选择“复制”选项

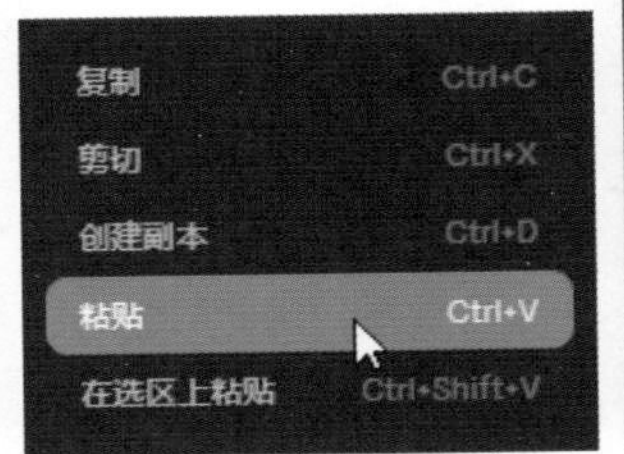

图 2-59 选择“粘贴”选项

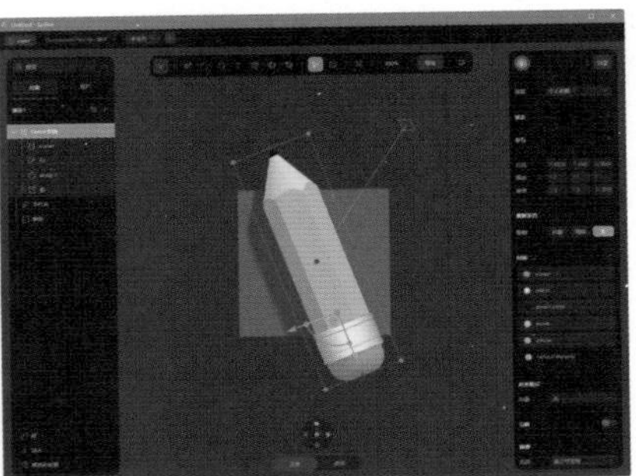

图 2-60 复制粘贴对象

按住 Ctrl 键的同时拖曳场景中的组对象，能够快速复制一个组对象，如图 2-62 所示。复制的组对象将显示在软件界面左侧的图层栏中，如图 2-63 所示。

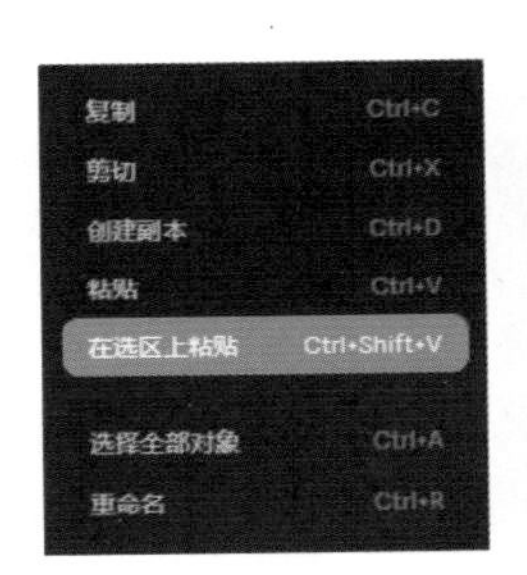

图 2-61 选择“在选区上粘贴”选项

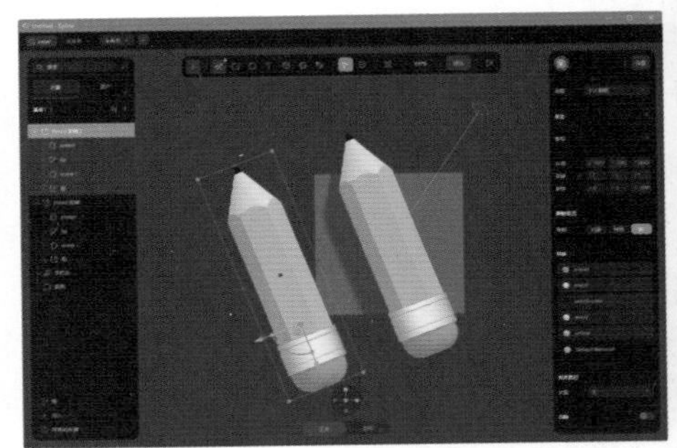

图 2-62 拖曳复制对象

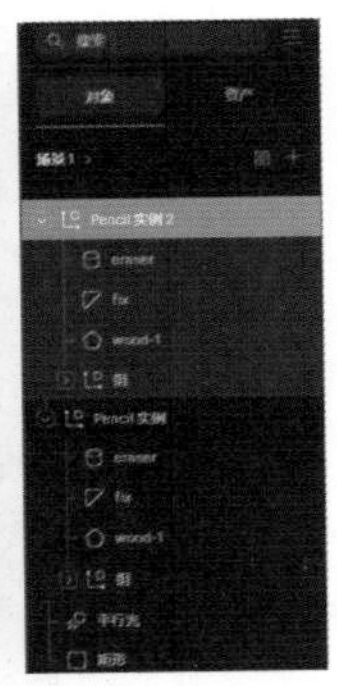

图 2-63 图层栏

提示

只有编组的对象才可以在按住 Ctrl 键的同时拖曳复制。单独的对象图层无法通过拖曳的方式复制。

如果用户只是想在当前视图中复制选中对象，可以使用“创建副本”命令完成复制/粘贴操作。选中想要复制的对象，单击图层栏顶部搜索文本框右侧的按钮，在打开的下拉列表框中选择“创建副本”选项或按 Ctrl+D 组合键，如图 2-64 所示，即可为所选对象创建一个副本对象，拖曳调整副本对象的位置，效果如图 2-65 所示。

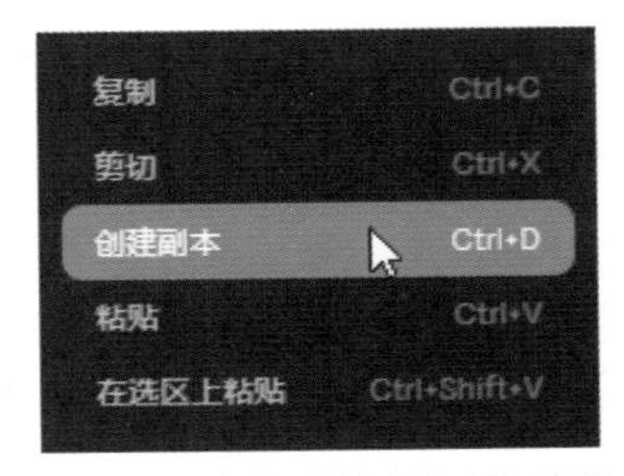

图 2-64 选择“创建副本”选项

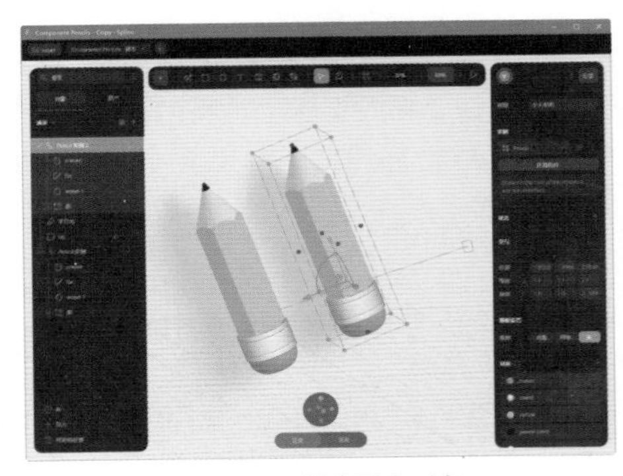

图 2-65 创建副本对象

提示

在同一视图中执行“创建副本”操作时，副本对象通常与原对象重叠在一起，用户可通过移动其位置来观察复制对象的效果。

与“复制”操作不同的是，执行过“剪切”操作后，原对象将被删除。

选中想要剪切的对象，单击图层栏顶部搜索文本框右侧的☰按钮，在打开的下拉列表框中选择“剪切”选项或按 Ctrl+X 组合键，可将对象剪切到内存中，如图 2-66 所示。打开想要粘贴对象的文件，在下拉列表框选择“粘贴”选项，即可将剪切对象粘贴到新视图中。

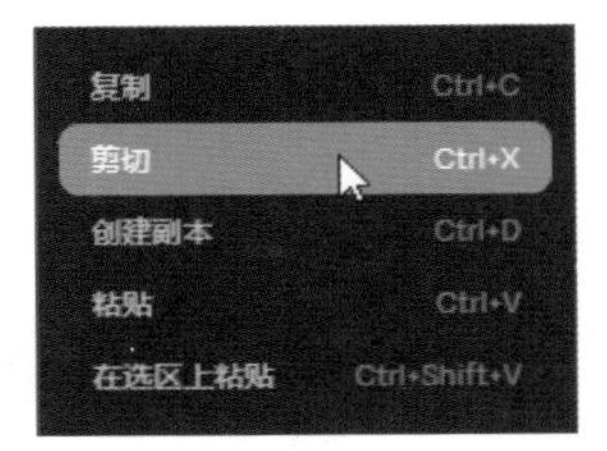

图 2-66　选择“剪切”选项

提示

选中视图中的对象，在视图空白位置单击鼠标右键，用户可以在弹出的快捷菜单中选择复制、剪切、创建副本、粘贴和在选区上粘贴等命令，完成对应的操作。

2.4.3　显示/隐藏对象

当场景中的对象较多时，为了更好地制作某个单独对象，可以将不参与制作的对象隐藏。

选中视图中想要隐藏的对象，在视图中单击鼠标右键，在弹出的快捷菜单中选择“显示/隐藏对象”命令，即可将选中对象隐藏，如图 2-67 所示。

用户可以通过单击图层栏中已隐藏对象的图层，选中隐藏的对象，隐藏的对象显示为路径框，如图 2-68 所示。在视图中单击鼠标右键，再次选择快捷菜单中的“显示/隐藏对象”命令，即可显示隐藏对象。

图 2-67　选择“显示/隐藏对象”命令

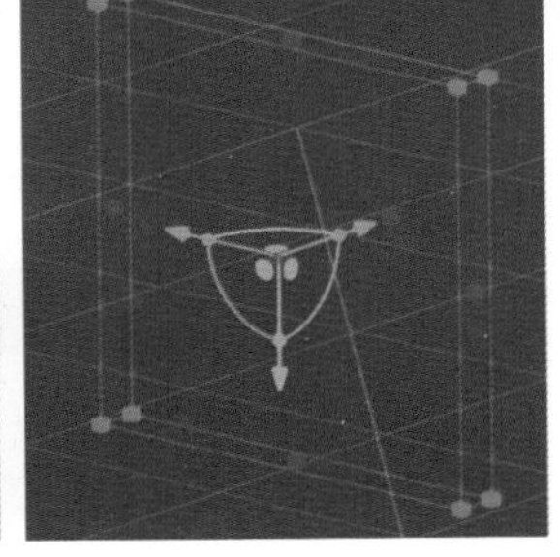
图 2-68　隐藏对象的显示效果

用户也可以在图层栏中显示/隐藏对象。单击图层栏中想要隐藏的对象图层，单击其名称右侧的图标，图标变成，该图层中的对象将被隐藏，如图 2-69 所示。再次单击该图标，即可显示该图层中的对象，如图 2-70 所示。

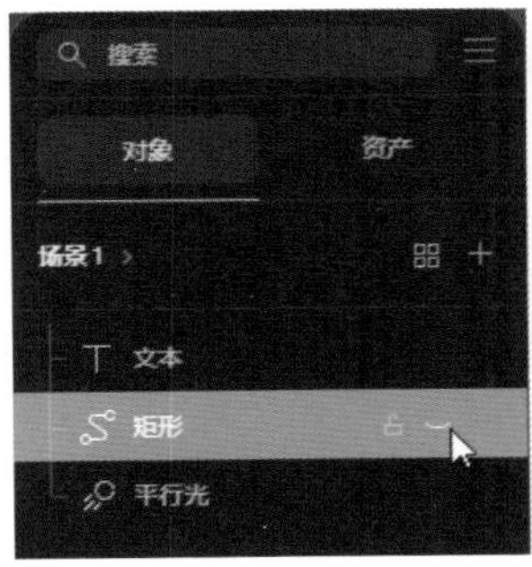

图 2-69　隐藏图层中的对象

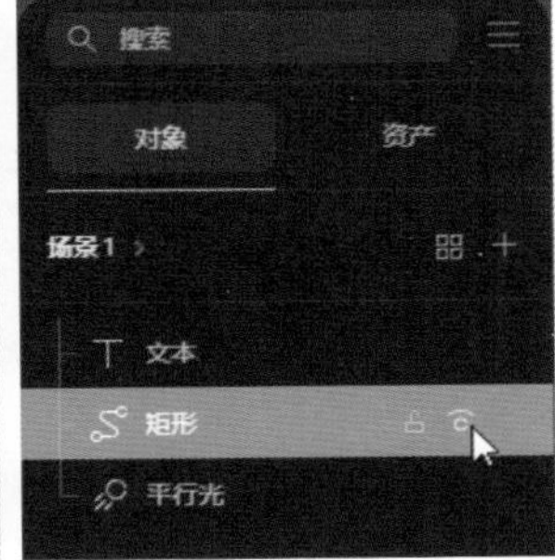

图 2-70　显示图层中的对象

2.4.4 锁定/解锁对象

当场景中的对象较多时，为了更好地观察制作效果，可以将不参与制作的对象锁定。

选中想要锁定的对象，在视图中单击鼠标右键，在弹出的快捷菜单中选择“锁定/解锁对象”命令，即可锁定选中对象，如图 2-71 所示。

用户可以通过单击图层栏中已锁定对象的图层，选中锁定对象，锁定的对象不能被移动，如图 2-72 所示。在视图中单击鼠标右键，再次选择快捷菜单中的“锁定/解锁对象”命令，即可解锁锁定对象。

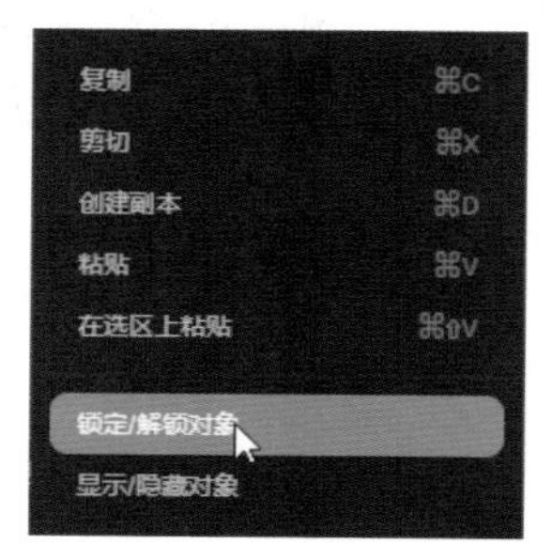

图 2-71 选择“锁定/解锁对象”命令

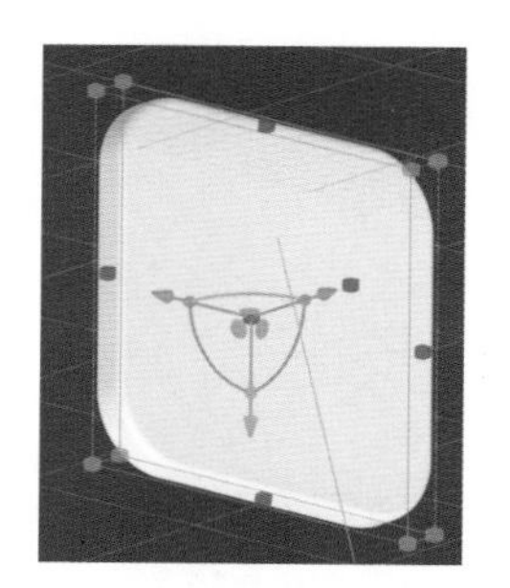

图 2-72 锁定对象的显示效果

用户也可以在图层栏中锁定/解锁对象。单击图层栏中想要锁定的对象图层，单击其名称右侧的图标，图标变成，该图层中对象即被锁定，如图 2-73 所示。再次单击该图标，即可解锁该图层中的对象，如图 2-74 所示。

图 2-73 锁定图层中的对象

图 2-74 解锁图层中的对象

提示

在图层栏中图层上单击鼠标右键，可通过执行“锁定/解锁对象”或“显示/隐藏对象”命令，完成锁定/解锁对象或显示/隐藏对象的操作。

2.5 编组/解组对象

一个复杂的模型通常由多个对象组成，为了便于操作与管理，功能相同的对象会被组合在一起，作为一个整体共同参与场景的制作。

在视图中拖曳或按住 Shift 键的同时在图层栏中依次单击，将要编组的对象选中，如图 2-75 所示。在图层栏中的选中图层上单击鼠标右键或在视图中单击鼠标右键，在弹出的快捷菜单中选择“编组”命令或按 Ctrl+G 组合键，如图 2-76 所示，即可将选中对象编组为一个对象，如图 2-77 所示。

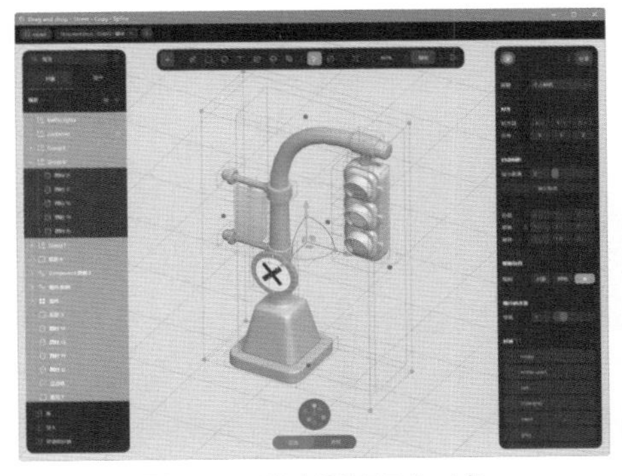

图 2-75　选中要编组的对象

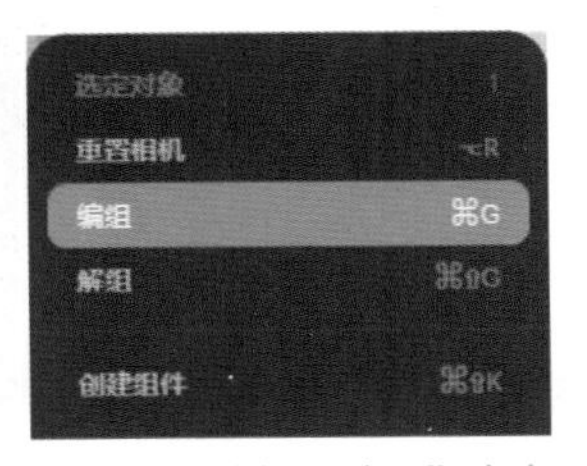

图 2-76　选择“编组”命令

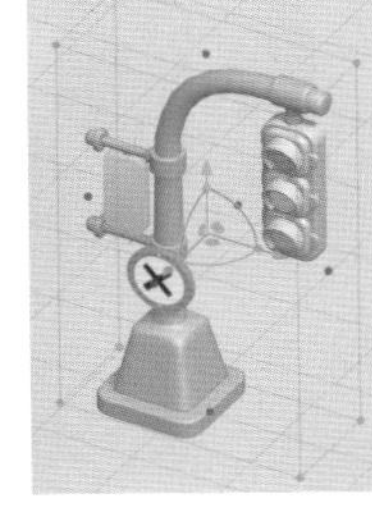

图 2-77　编组效果

选中已编组的对象，在图层栏中的选中图层上单击鼠标右键或在视图中单击鼠标右键，在弹出的快捷菜单中选择“解组”命令或按 Ctrl+Shift+G 组合键，如图 2-78 所示。即可将选中对象解组为多个对象，如图 2-79 所示。

提示

默认情况下，编组的对象在图层栏中以“Group+ 数字”的形式命名，用户可根据需求重命名组的名称。

图层栏中编组后的多个对象图层被折叠显示为一个图层组，图层组名称左侧显示为箭头图标，如图 2-80 所示。单击该箭头图标，即可展开折叠图层组，图层栏效果如图 2-81 所示。

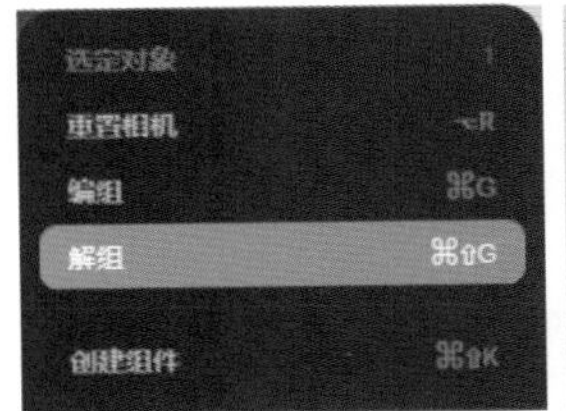

图 2-78　选择“解组”命令

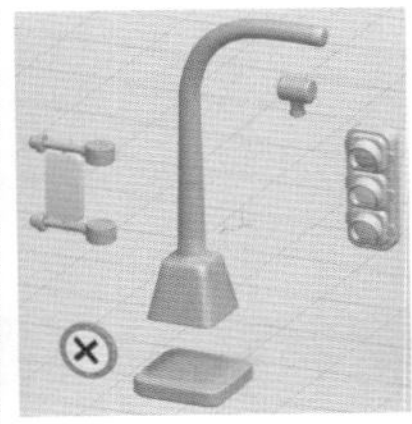

图 2-79　解组效果

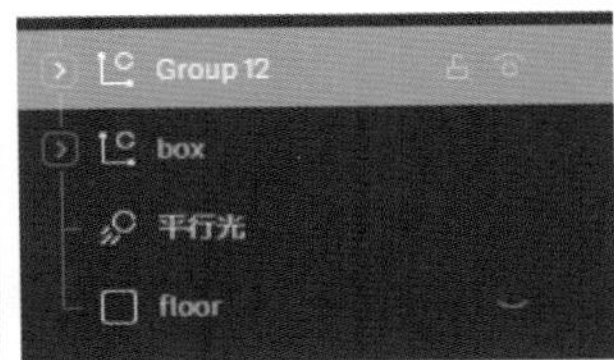

图 2-80　编组的图层

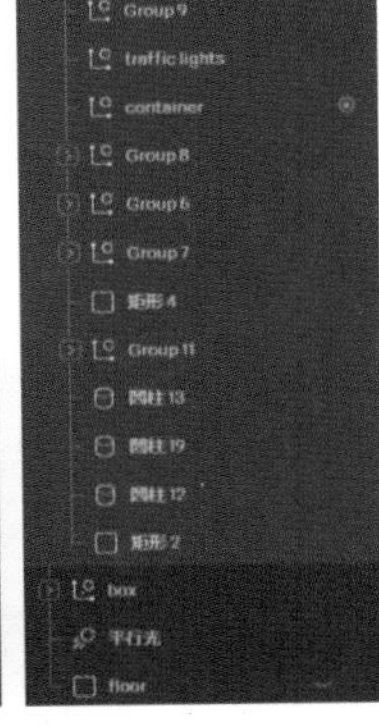

图 2-81　展开折叠的图层组

2.6 移动 / 旋转 / 缩放对象

在视图或图层栏中选中对象或组，如图 2-82 所示，用户可以通过拖动控制轴的方式，实现对对象或组进行移动、缩放和旋转操作。选中对象或组后，右侧属性栏中将显示其位置、

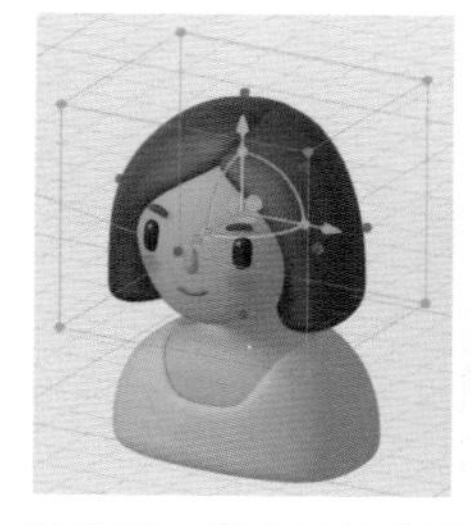

图 2-82　选中对象或组

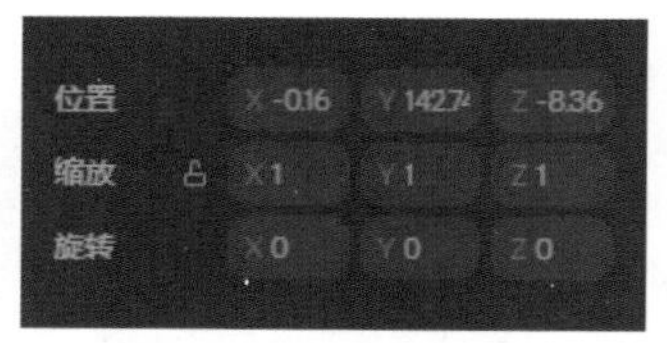

图 2-83　位置、缩放和旋转参数

缩放和旋转参数，用户可以通过修改文本框中的数值，实现对对象或组的移动、缩放和旋转操作，如图 2-83 所示。

2.6.1　移动对象

选中想要移动的对象，在对象中心位置将显示控制轴，将光标移动到红色箭头上，当箭头颜色变成黄色时，按下鼠标左键并拖曳，即可在 X 轴方向上移动对象，如图 2-84 所示。同理，拖曳绿色箭头可在 Y 轴方向上移动对象，如图 2-85 所示，拖曳蓝色箭头可在 Z 轴方向移动对象。

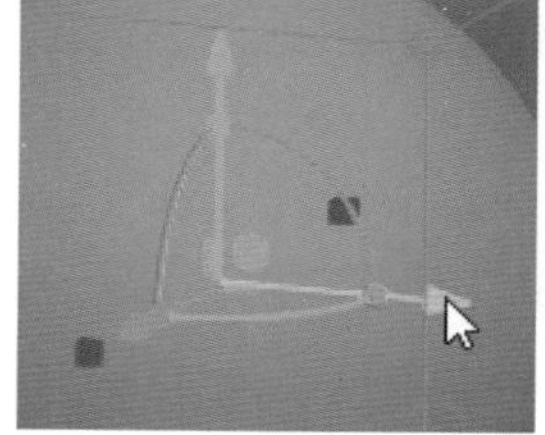

图 2-84　X 轴方向移动对象　图 2-85　Y 轴方向移动对象

将光标移动到任意两个轴向之间的椭圆上，当椭圆颜色变成黄色时，按下鼠标左键并拖曳，即可同时在两个轴向上移动对象，如图 2-86 所示。用户也可以通过在属性栏的“位置”选项右侧的文本框中输入具体数值，实现在不同方向上精准移动对象的操作，如图 2-87 所示。

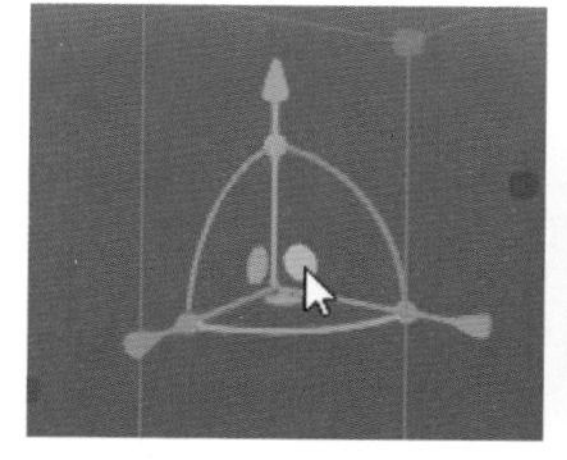

图 2-86　在两个轴向上移动对象

图 2-87　精准移动对象

2.6.2　旋转对象

选中想要旋转的对象，将光标移动到控制轴的红色弧线上，弧线颜色变成黄色，如图 2-88 所示。按下鼠标左键并拖曳，即可使对象围绕 X 轴旋转，如图 2-89 所示。

同理，拖曳绿色弧线可使对象围绕 Y 轴旋转，拖曳蓝色弧线可使对象围绕 Z 轴旋转，如图 2-90 所示。

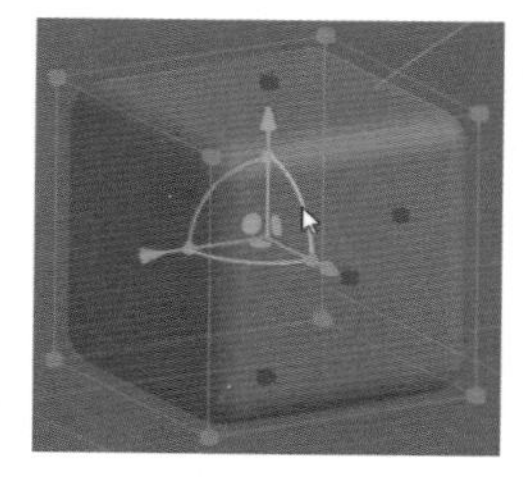

图 2-88　弧线颜色变为黄色

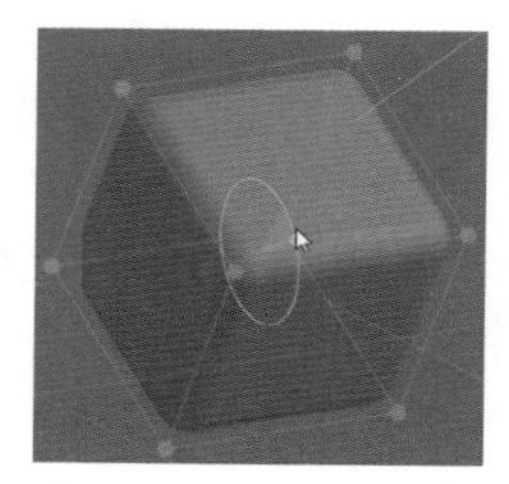

图 2-89　围绕 X 轴旋转

图 2-90　围绕 Z 轴旋转

用户也可以通过在属性栏的“旋转”选项右侧的文本框中输入具体数值，实现围绕不同坐标轴精准旋转对象的操作，如图 2-91 所示。

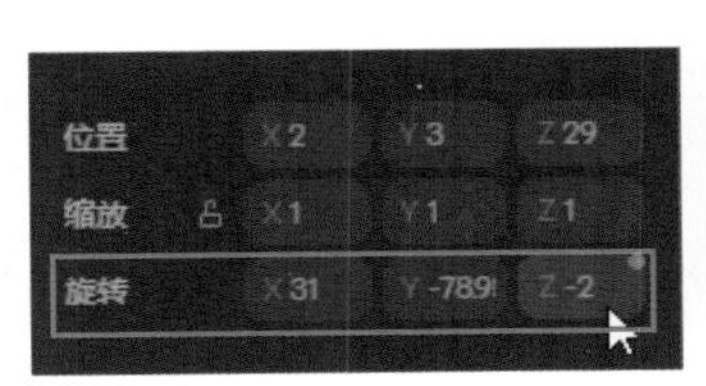

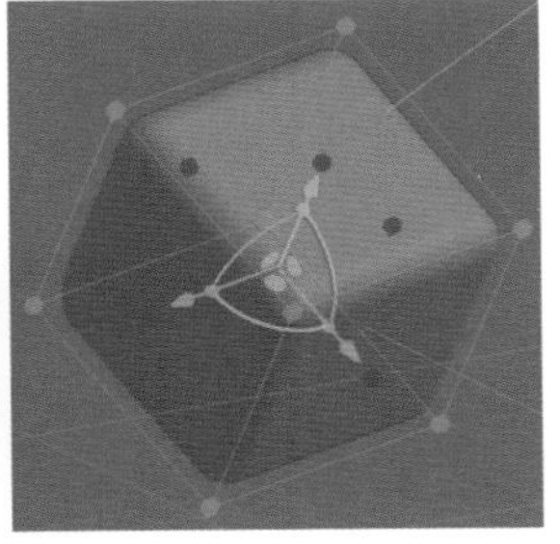

图 2-91　精准旋转对象

课堂练习——调整对象坐标轴的位置

Step 01 启动 Spline 软件，单击软件顶部的“导入”按钮，在弹出的“导入或拖入”对话框中选择“Spline.spline”选项，如图 2-92 所示。在弹出的对话框中选择“铃铛 .spline”素材文件并打开，效果如图 2-93 所示。

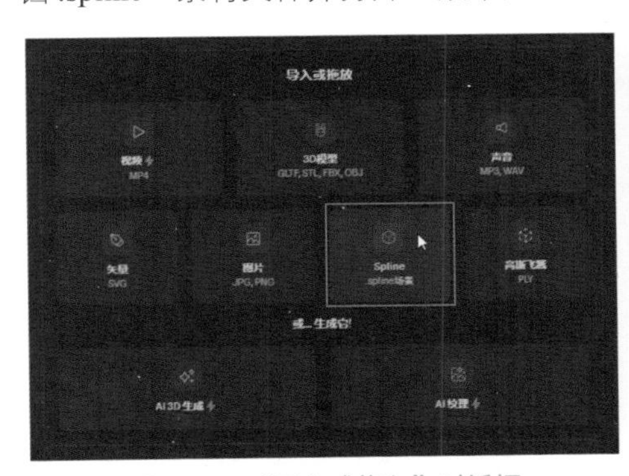

图 2-92　“导入或拖入”对话框

图 2-93　打开素材文件

Step 02 选中场景中的铃铛模型，坐标轴显示在模型中间位置，如图 2-94 所示。按住 Alt 键的同时单击左侧图层栏上的 bell 图层组，坐标轴效果如图 2-95 所示。

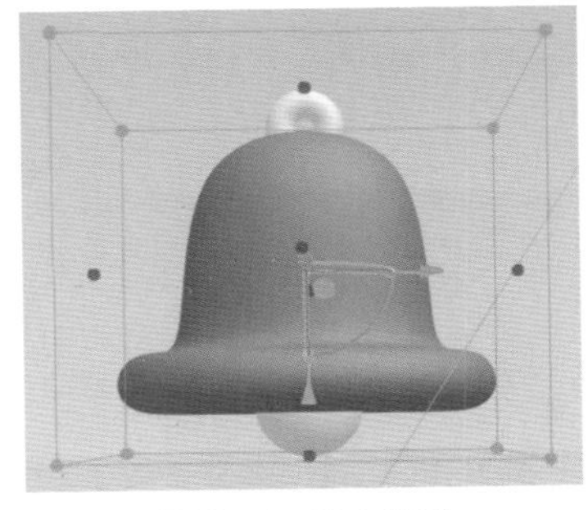

图 2-94　选中模型

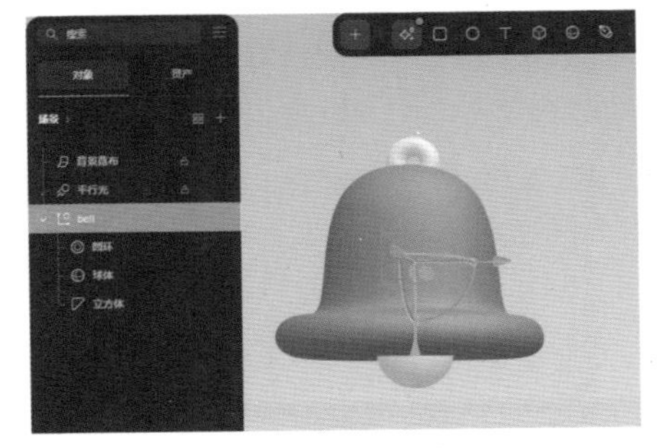

图 2-95　坐标轴效果

Step 03 向上拖曳坐标轴到铃铛模型顶部，如图 2-96 所示。再次单击图层栏中的 bell 图层组，在右侧属性栏的“旋转”选项右侧的 Z 文本框中输入 45，模型旋转效果如图 2-97 所示。

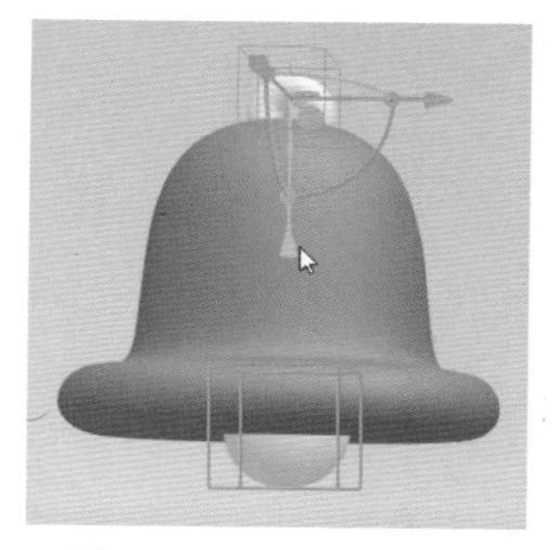

图 2-96　移动坐标轴位置

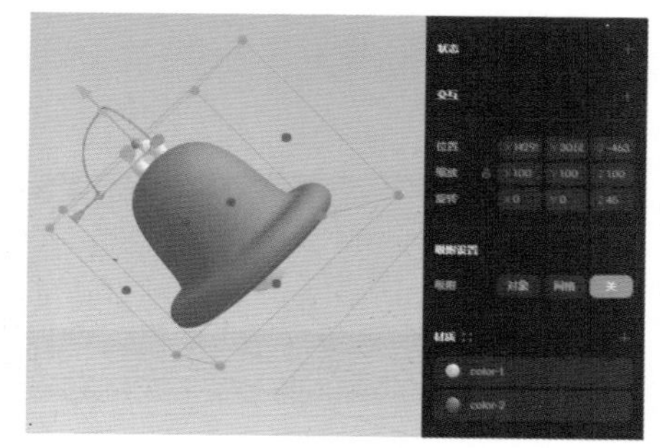

图 2-97　旋转模型效果

提示

如果要移动单个模型对象的坐标轴，需要先按 Ctrl+G 组合键，将对象放置到一个图层组中，再按住 Alt 键的同时单击图层组，然后拖曳调整坐标轴的位置。

2.6.3　缩放对象

选中想要缩放的对象，在对象中心位置将显示控制轴，将光标移动到红色箭头上的圆点上，当圆点颜色变成黄色时，按下鼠标左键并拖曳，即可在 X 轴方向上缩放对象，如图 2-98 所示。按住【Shift】键的同时拖曳将同时在 X 轴、Y 轴和 Z 轴上等比例缩放对象，如图 2-99 所示。

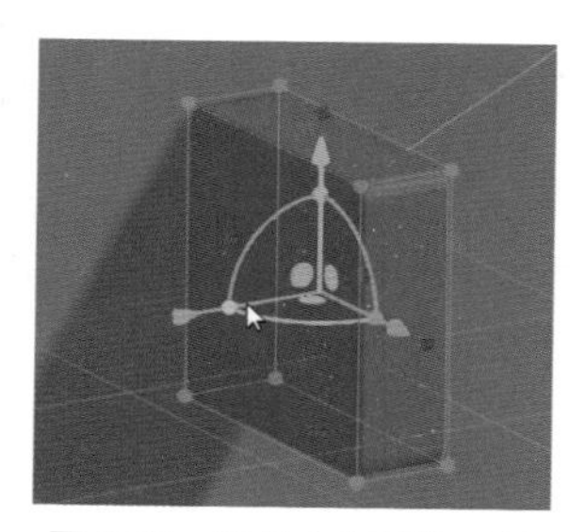

图 2-98　X 轴方向缩放对象

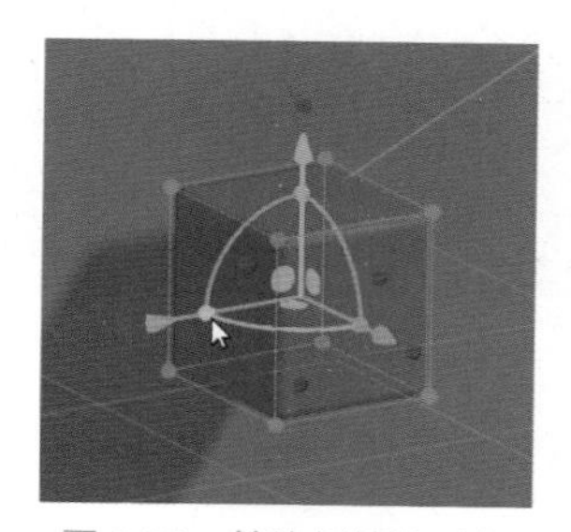

图 2-99　等比例缩放对象

同理，拖曳绿色元件可在 Y 轴方向上缩放对象，如图 2-100 所示。拖曳蓝色箭头可在 Z 轴方向缩放对象，如图 2-101 所示。

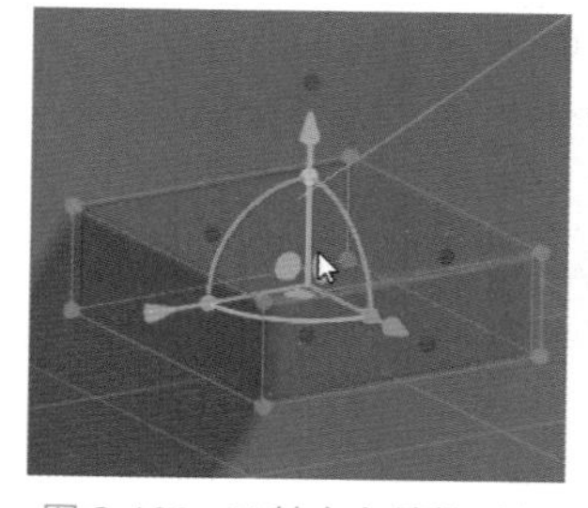

图 2-100　Y 轴方向缩放对象

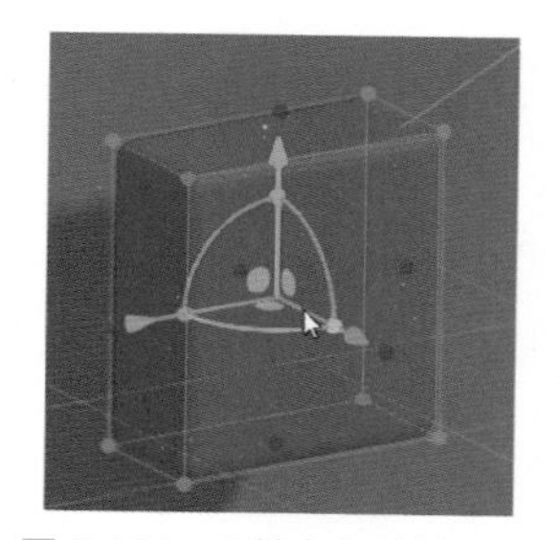

图 2-101　Z 轴方向缩放对象

用户也可以通过在属性栏的“缩放”选项右侧的文本框中输入具体数值，实现在不同方向上缩放对象的操作，如图 2-102 所示。单击🔒图标后，再输入数值，将实现等比例缩放对象的操作，如图 2-103 所示。

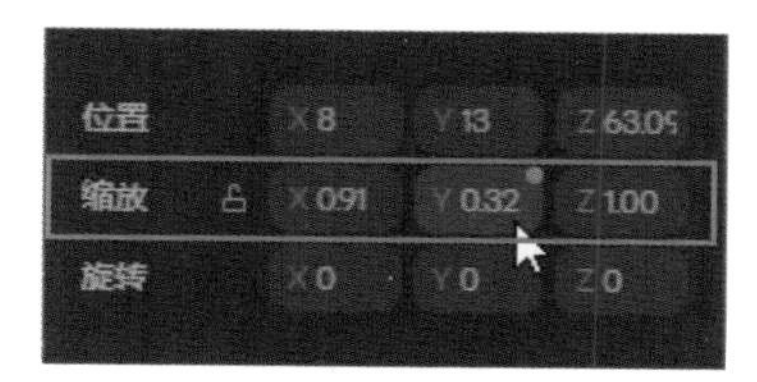

图 2-102　精准缩放对象

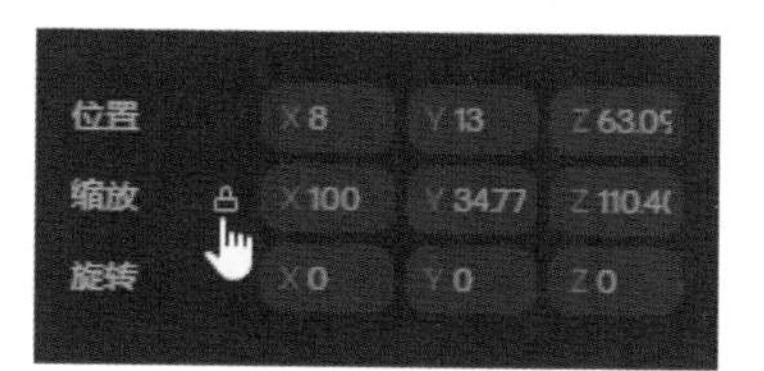

图 2-103　等比例缩放对象

提示

用户可以通过调整对象坐标轴的位置，实现从不同角度缩放对象的操作。将对象解组后再重新编组，即可复位图层组的坐标轴。

2.7 对齐与分布对象

当视图中包含多个对象时，用户可以通过使用右侧属性栏中“对齐”选项下的“对齐到”和“分布”功能来对齐和排列对象。

2.7.1　对齐对象

要想执行对齐操作，需要至少同时选中两个模型对象。选中视图中需要对齐的对象，如图 2-104 所示。用户可在右侧属性栏中“对齐”选项下的“对齐到”选项右侧选择对齐到 X 轴、Y 轴或 Z 轴，如图 2-105 所示。

单击需要对齐的轴向，可在打开的下拉列表框中选择对齐的边，有最大、居中和最小 3 种对齐方式供用户选择，如图 2-106 所示。

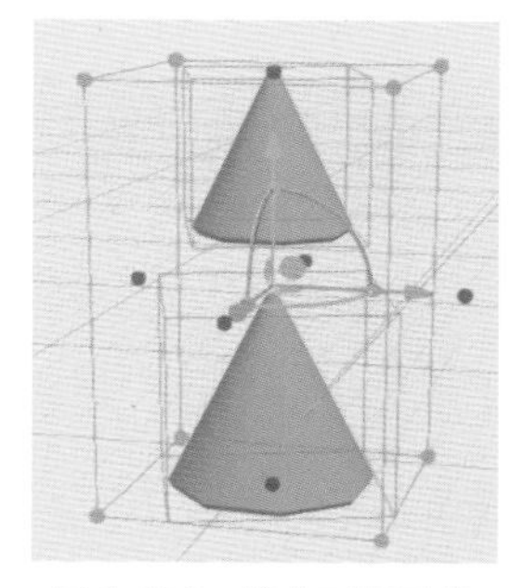

图 2-104　选中对齐对象

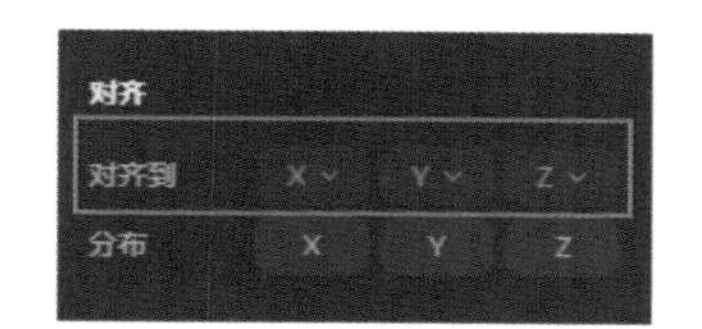

图 2-105　对齐到选项

图 2-106　对齐方式

当选择对齐到 X 轴时，Spline 将通过红色矩形辅助对齐，图 2-107 所示为居中对齐到 X 轴的效果。当选择对齐到 Y 轴时，Spline 将通过绿色矩形辅助对齐，图 2-108 所示为居中对齐到 Y 轴的效果。当选择对齐到 Z 轴时，Spline 将通过蓝色矩形辅助对齐，图 2-109 所示为对齐到 Z 轴最大边的效果。

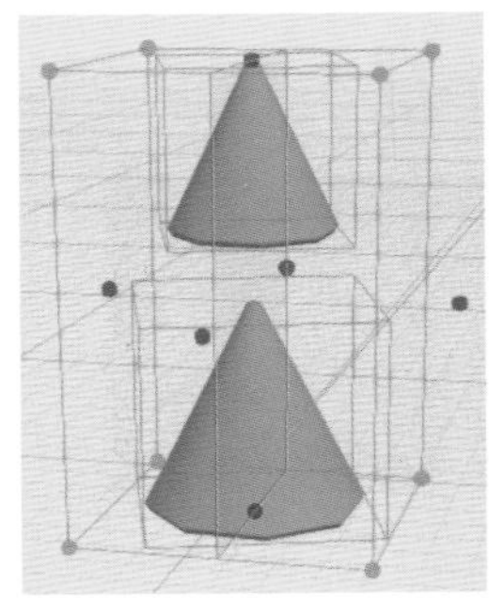
图 2-107 居中对齐到 X 轴

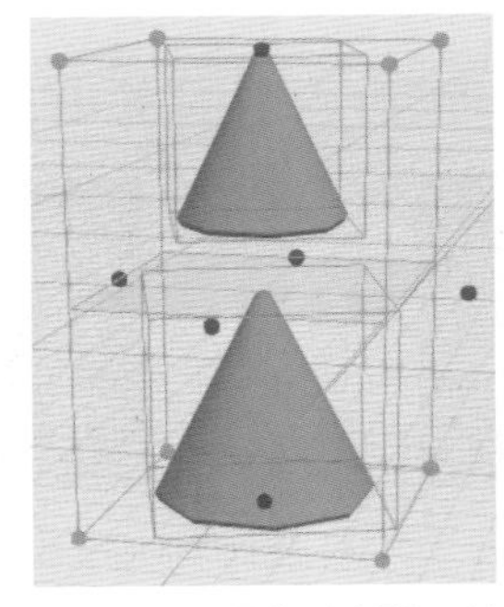
图 2-108 居中对齐到 Y 轴

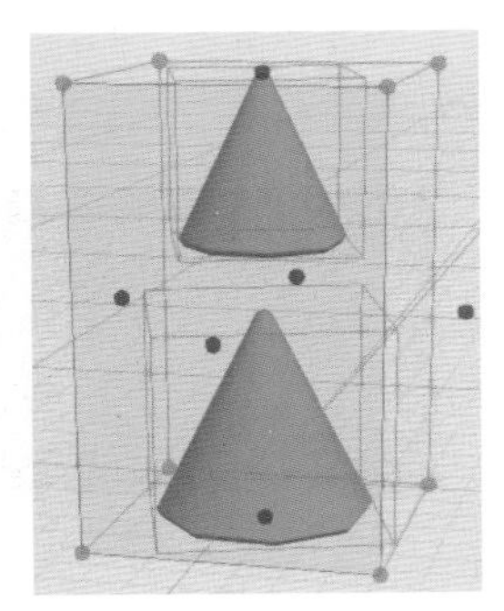
图 2-109 对齐到 Z 轴最大边

2.7.2 分布对象

要想执行分布操作，需要至少同时选中三个模型对象。选中视图中需要执行分布操作的对象，如图 2-110 所示。用户可在右侧属性栏中“对齐”选项下的“分布”选项右侧选择在 X 轴、Y 轴或 Z 轴上分布，如图 2-111 所示。

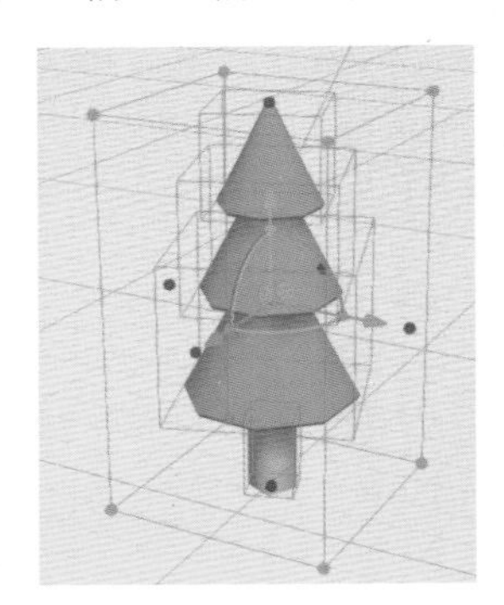
图 2-110 选中分布对象

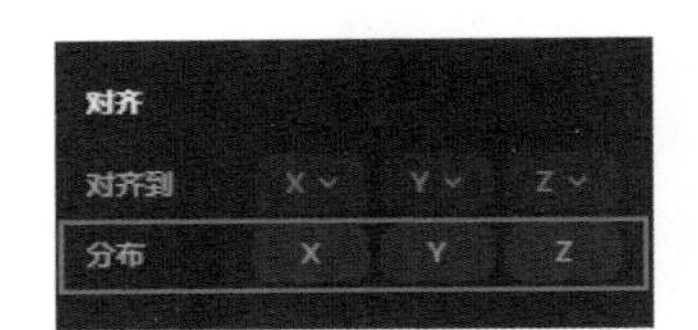

图 2-111 “分布”选项

将光标移动到 X 按钮上，Spline 将通过红点预览分布效果，如图 2-112 所示。将光标移动到 Y 按钮上，Spline 将通过绿点预览分布效果，如图 2-113 所示。将光标移动到 Z 按钮上，Spline 将通过蓝点预览分布效果，如图 2-114 所示。单击相应的按钮，即可完成分布对象的操作。

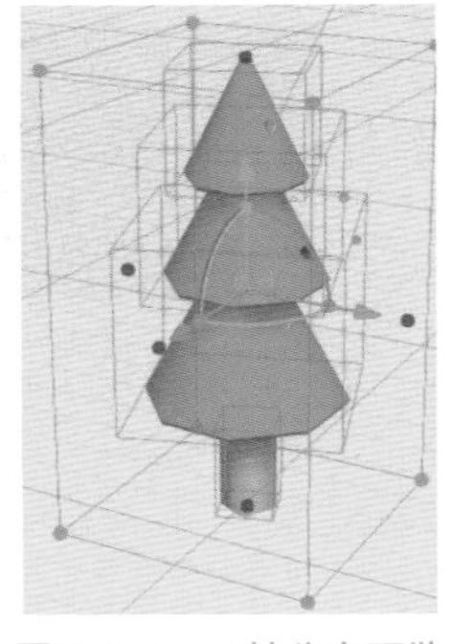
图 2-112 X 轴分布预览

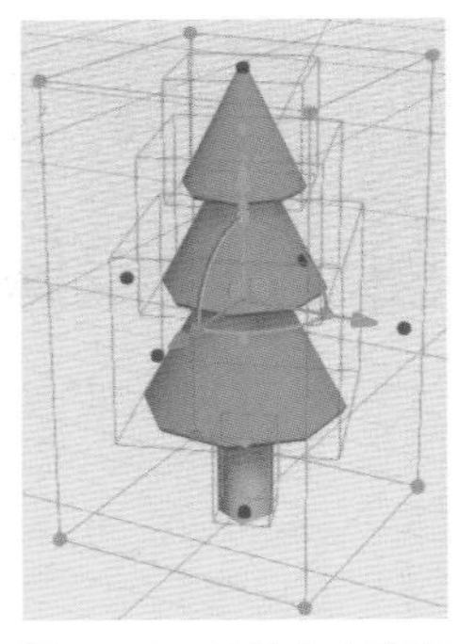
图 2-113 Y 轴分布预览

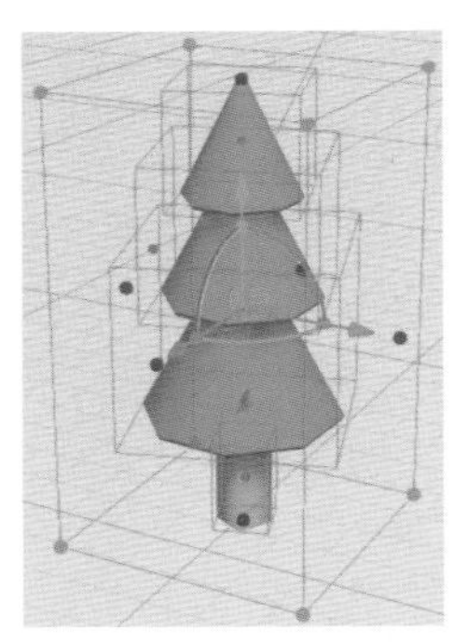
图 2-114 Z 轴分布预览

2.8 吸附设置

在对对象进行各种操作时，可以将“吸附”功能打开，以便更准确地完成操作。用户可在属性栏的“吸附设置”选项下启动吸附功能，默认情况下吸附功能为关闭状态，如图 2-115 所示。

单击“对象”按钮，即可启动对象吸附功能，如图 2-116 所示。当用户拖曳一个对象靠近另一个对象时，出现橘黄色辅助线后松开鼠标左键，拖曳对象将吸附到目标对象上，如图 2-117 所示。

图 2-115　吸附设置

图 2-116　吸附对象

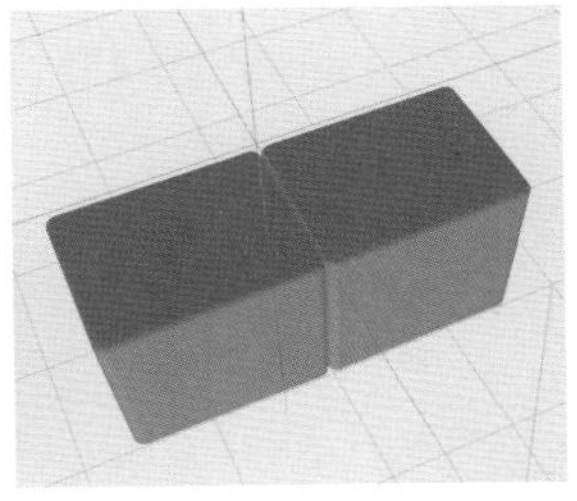
图 2-117　吸附对象辅助线

单击“网格”按钮，即可启动对象网格吸附功能，如图 2-118 所示。当用户拖曳移动对象时，网格线变成橘黄色后松开鼠标左键，对象将吸附到网格上，如图 2-119 所示。网格捕捉时，用户可以根据制作需求选择捕捉“网格交叉点”或“网格中心”，如图 2-120 所示。

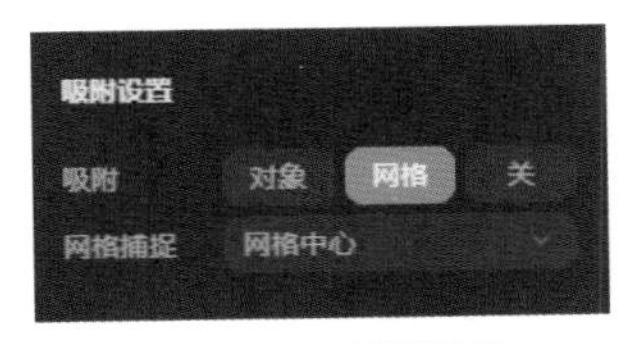

图 2-118　吸附网格

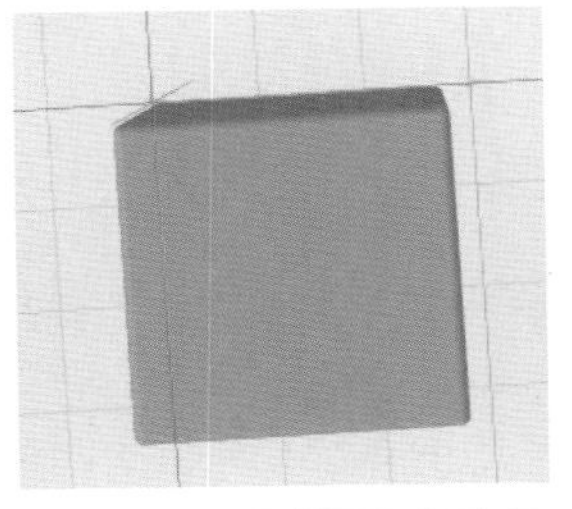
图 2-119　吸附网格交叉点

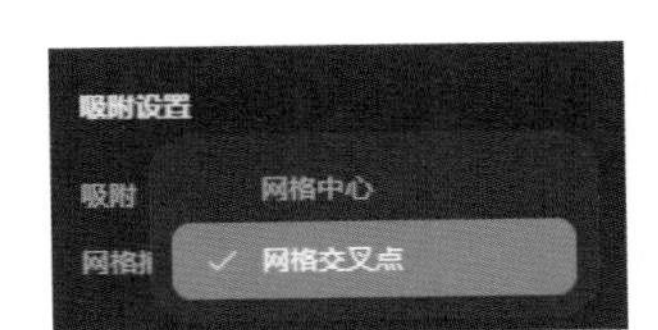

图 2-120　选择网格捕捉类型

2.9 本章小结

本章主要讲解了 Spline 的基本操作方法和技巧，帮助初学者掌握 Spline 软件文件的基本操作、撤销与重做、对象的基本操作、编组/解组对象、移动/旋转/缩放对象和吸附设置等内容，通过学习本章内容，读者应熟练掌握 Spline 的基本操作，为学习后面较复杂的章节内容打下基础。

2.10 课后习题

完成本章内容学习后，接下来通过几道课后习题测验读者的学习效果，加深读者对所学知识的理解。

一、选择题

在下面的选项中，只有一个是正确答案，请将其选出来并填入括号内。

1. Spline 存储的默认文件格式为（　　）。

A. SVG　　B. Web　　C. spline　　D. MP4

2. 按组合键（　　），则可将场景恢复到执行“撤销”命令前的状态。

A. Ctrl+Y　　B. Ctrl+Z　　C. Ctrl+Shift+Y　　D. Ctrl+Alt+Y

3. 按住键盘上（　　）键的同时，依次单击图层栏中对象的名称，可同时选中多个对象。

A. Ctrl　　B. Alt　　C. Shift　　D. Esc

4. 坐标轴上红色箭头表示在（　　）轴方向操作。

A. X　　B. Y　　C. Z　　D. 中心

5. 如果想要修改对象的坐标轴位置，需要先将对象（　　）。

A. 编组　　B. 锁定　　C. 隐藏　　D. 旋转

二、判断题

判断下列各项叙述是否正确，正确的打“√”，错误的打“×”。

1. Spline 能够导出 Web、Apple 平台和文件 3 种类型。（　　）

2. 在同一视图中执行“创建副本”操作时，副本对象通常与原对象分开排列。（　　）

3. 将光标移动到任意两个轴向之间的椭圆上，当椭圆颜色变成黄色时，按下鼠标左键并拖曳，即可同时在两个轴向上移动对象。（　　）

4. 按住 Ctrl 键的同时拖曳鼠标，将同时在 X 轴、Y 轴和 Z 轴上等比例缩放对象。（　　）

5. 网格捕捉包括“网格交叉点”和“网格中心”两种类型。（　　）

三、创新实操

使用本章所学的内容，参考如图 2-121 所示的案例，新建文件，制作花朵图标模型，并将文件保存为“花朵 .spline”。

图 2-121　花朵图标模型

第 3 章
3D 模型的创建与编辑

Spline 不仅支持通过直观的拖曳操作来快速构建 3D 模型，还能利用挤出功能将 2D 形状轻松转化为立体模型。此外，借助强大的布尔运算功能，用户能够灵活创造出多样化的模型效果。而克隆器的引入则进一步简化了模型复制和排列的流程，提高了工作效率。最新加入的粒子系统，更是为用户模拟真实自然环境提供了强大的支持。

学习目标

- 掌握创建和编辑 3D 模型的方法。
- 掌握克隆器的使用方法和技巧。
- 掌握粒子系统创建与自定义属性的方法。
- 在设计过程中，注重培养学生的审美素养和艺术修养。
- 引导学生欣赏优秀的 3D 设计作品，提高审美能力。

学习导图

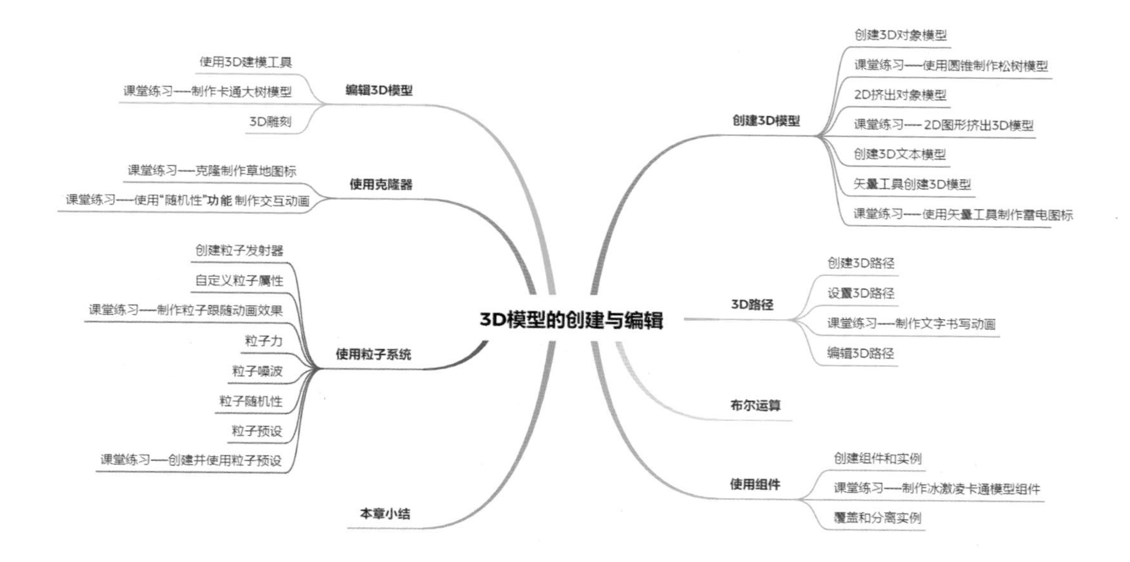

3.1 创建 3D 模型

在 Spline 中，可以通过拖曳的方式直接创建平面、背景幕布、立方体、球体、圆柱、圆环、螺旋、圆锥、棱锥、20 面体、12 面体和圆环结等 3D 模型。也可以通过先创建 2D 形状再挤出的方式获得 3D 模型。

3.1.1 创建 3D 对象模型

单击工具栏左侧的“创建新对象”按钮，在打开的下拉列表框中选择平面、背景幕布、立方体、球体、圆柱、圆环、螺旋、圆锥、棱锥、20 面体、12 面体或圆环结选项，如图 3-1 所示。移动光标到视图中并拖曳，即可创建不同类型的 3D 模型。图 3-2 所示为拖曳创建的螺旋 3D 模型。

图 3-1　选择 3D 模型选项

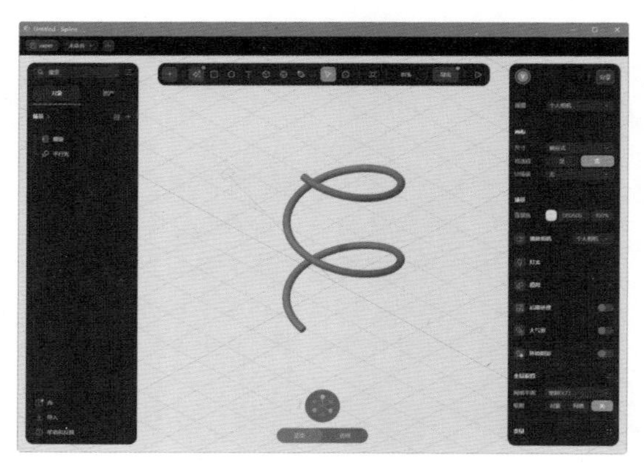

图 3-2　螺旋 3D 模型

提示

“创建新对象”下拉列表框中的某些选项后面显示一个字母，该字母为执行该选项的快捷键。用户可以通过按下键盘上的对应键，快速选择创建新对象的类型。

单击工具栏中的“立方体”按钮，在视图中按下鼠标左键并拖曳创建立方体，如图 3-3 所示。松开鼠标左键即可完成立方体模型的创建，如图 3-4 所示。

选中创建的立方体模型，用户可以通过修改右侧属性栏中“形状”选项下的尺寸、分段、圆角和圆角分段数值，调整立方体模型，如图 3-5 所示。

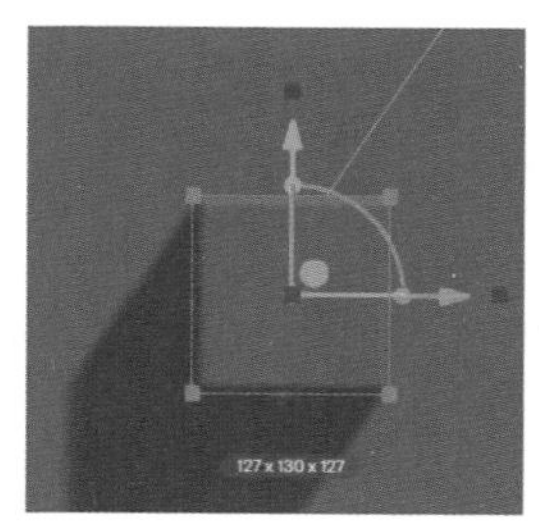

图 3-3　拖曳创建立方体

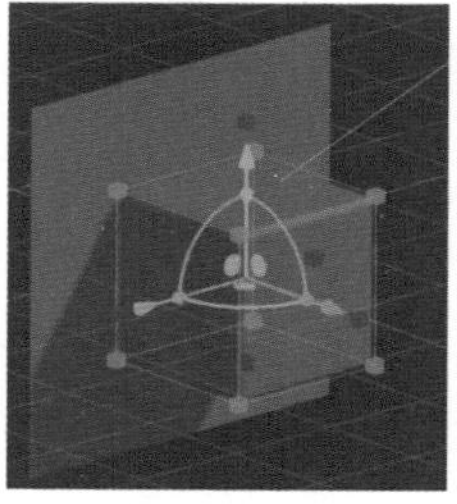

图 3-4　立方体模型

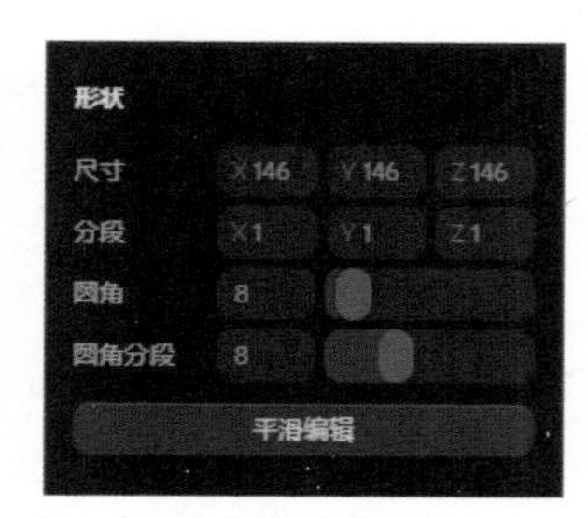

图 3-5　立方体的“形状”选项

单击工具栏中的“球体”按钮，在视图中按下鼠标左键并拖曳创建球体，如图 3-6 所示。松开鼠标左键即可完成球体模型的创建，如图 3-7 所示。

选中创建的球体模型，用户可以通过修改右侧属性栏中“形状”选项下的尺寸、分段和 Y 轴切片数值，调整球体模型，如图 3-8 所示。

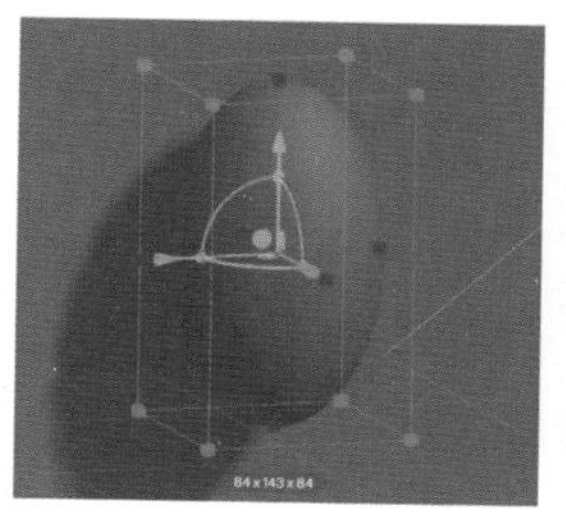

图 3-6　拖曳创建球体

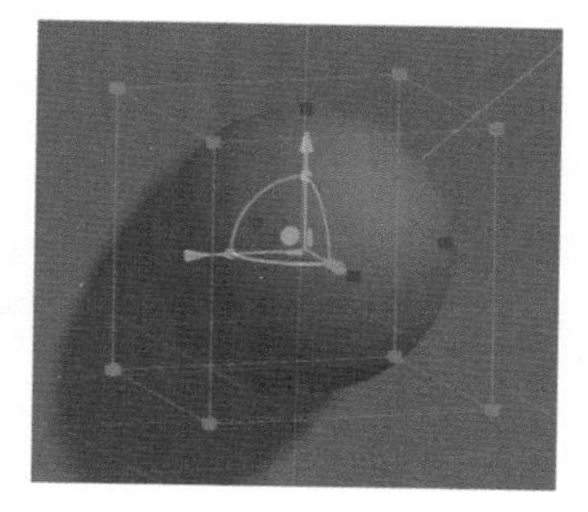
图 3-7　球体模型

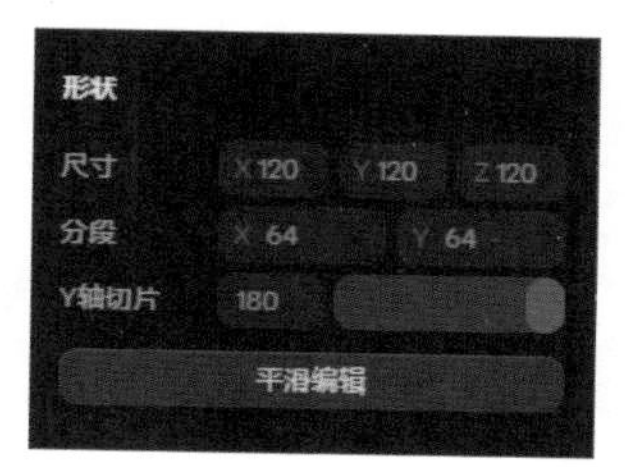

图 3-8　球体的“形状”选项

提示

在按下鼠标左键并拖曳创建立方体或球体时，同时按住 Shift 键，可以创建等长等宽等高的模型；同时按住 Alt 键，将以单击点为中心向外创建模型。

课堂练习——使用圆锥制作松树模型

Step01 新建 Spline 文件，删除视图中的“矩形”对象，设置场景“背景色”为 #F9D3B7，如图 3-9 所示。单击“创建新对象”按钮，在打开的下拉列表框中选择“圆锥”选项，在视图中拖曳创建一个圆锥，如图 3-10 所示。

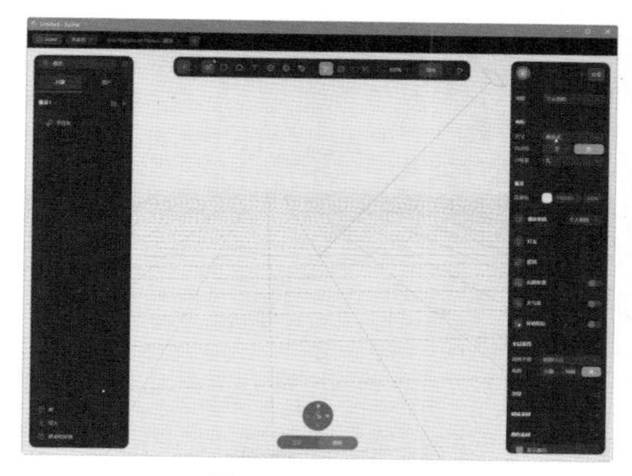
图 3-9　新建文件

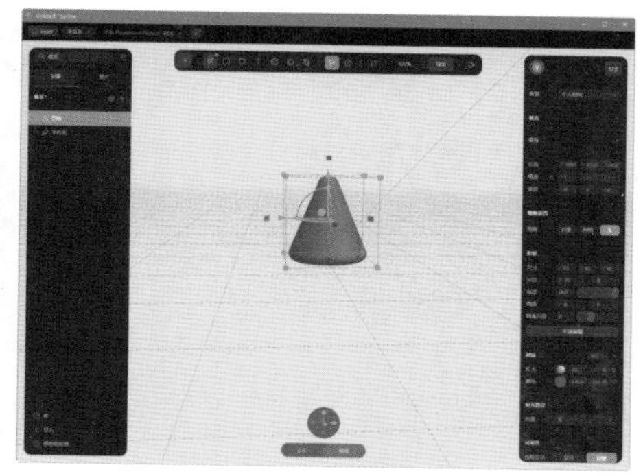
图 3-10　创建圆锥模型

Step02 设置“形状”选项中的各项参数，如图 3-11 所示。在“材质”选项中设置“颜色”为 #369B7F，效果如图 3-12 所示。

Step03 在圆锥上单击鼠标右键，在弹出的快捷菜单中选择“重置位置”命令，对齐视图中心。按住 Ctrl 键的同时向下拖曳复制圆锥模型，效果如图 3-13 所示。修改复制模型的“尺寸”为 80×75×80，效果如图 3-14 所示。

Step04 使用相同的方法，复制圆锥模型并修改“尺寸”为 100×90×100，效果如图 3-15 所示。在视图中创建一个圆柱，设置“形状”参数如图 3-16 所示。

Step05 设置材质“颜色”为 #C98963，效果如图 3-17 所示。拖曳选中所有对象，按

Ctrl+G 组合键将选中的模型编组，在图层栏中修改组名为“松树”，完成模型的制作，效果如图 3-18 所示。

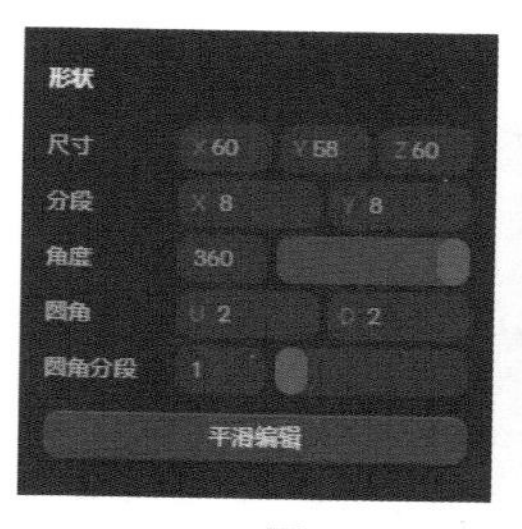

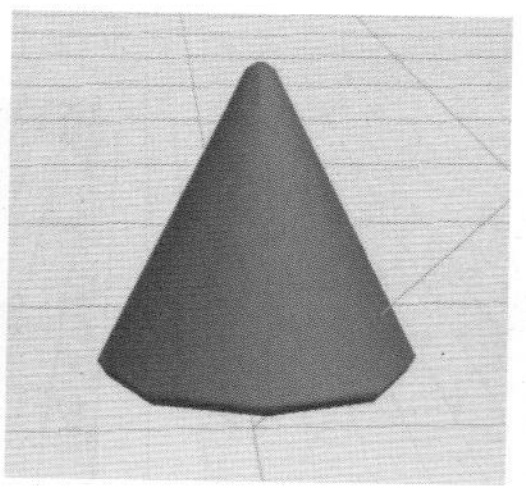

图 3-11　设置“形状”参数

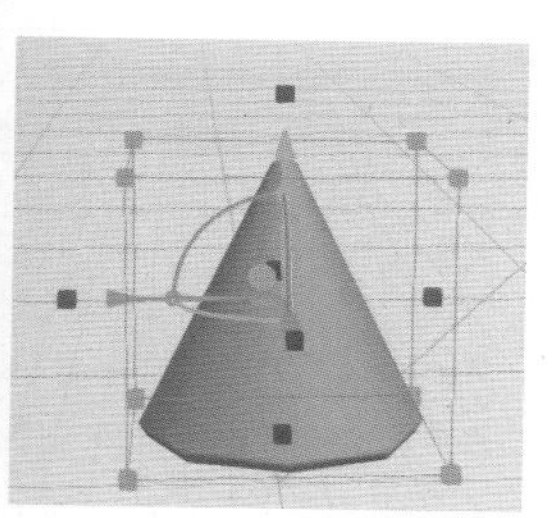

图 3-12　设置材质颜色

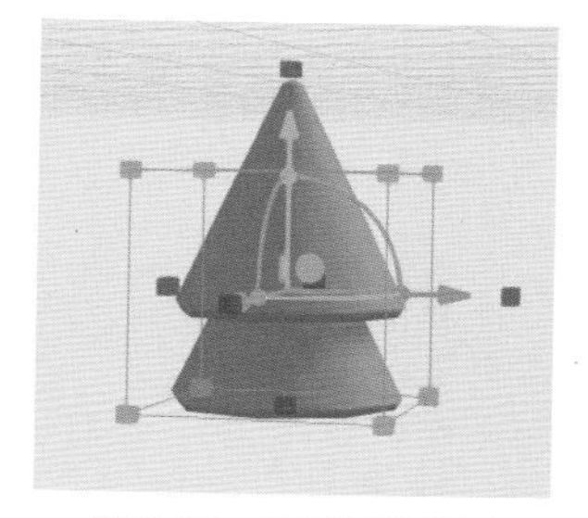

图 3-13　复制圆锥模型

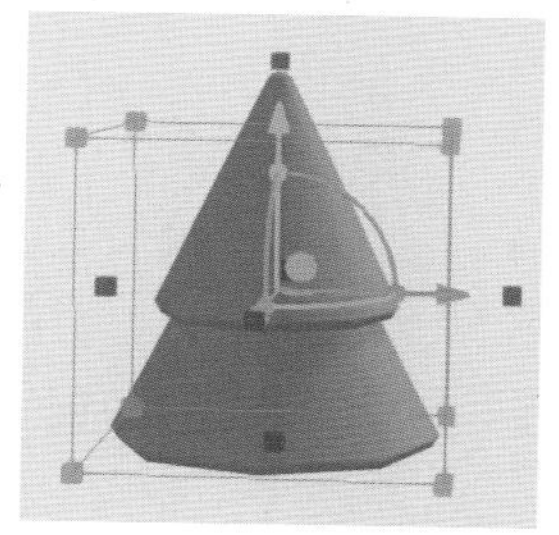

图 3-14　修改模型尺寸

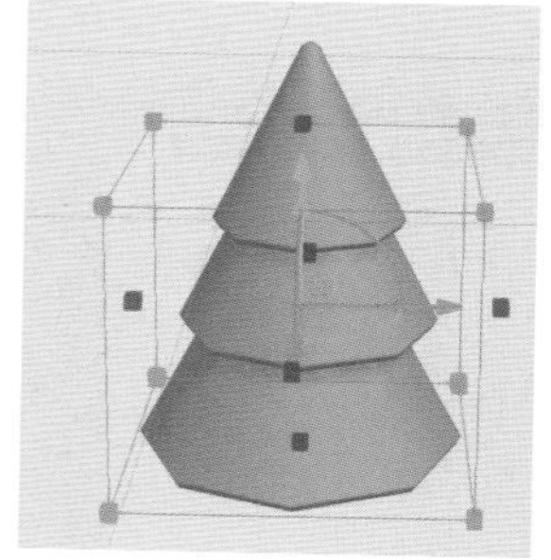

图 3-15　复制圆锥模型并修改尺寸

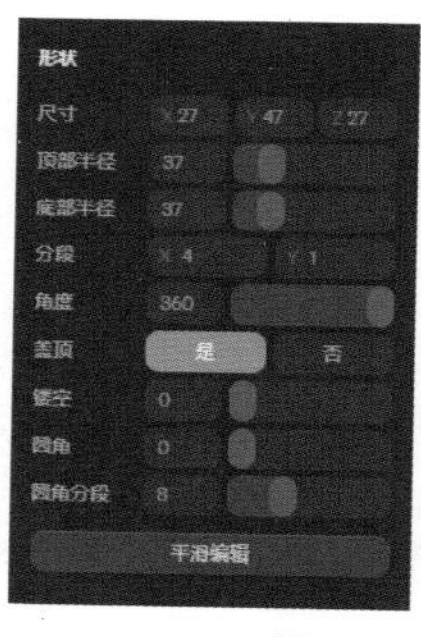

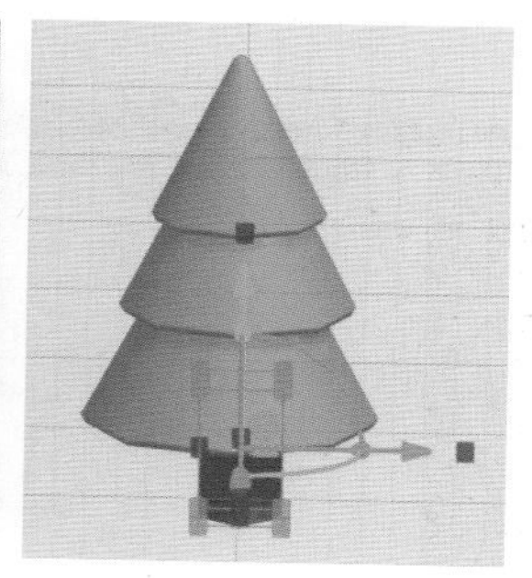

图 3-16　创建圆柱模型

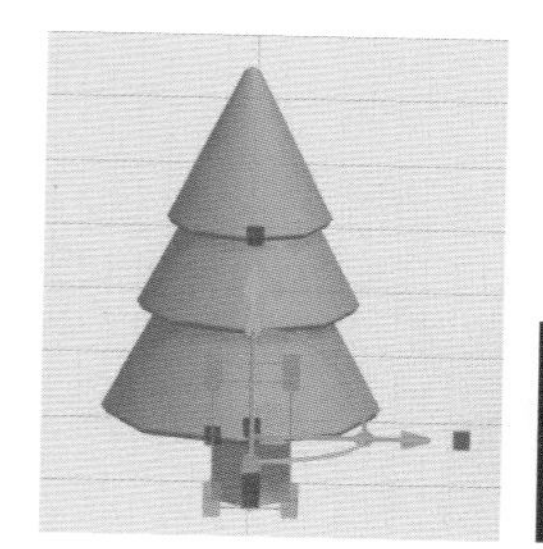

图 3-17　设置树干颜色

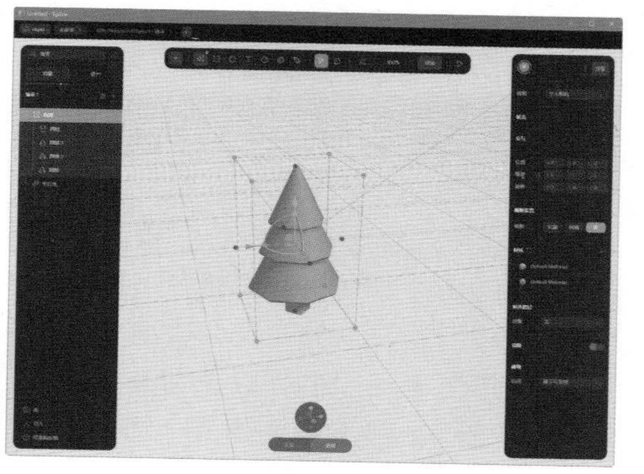

图 3-18　编组松树模型对象

3.1.2　2D 挤出对象模型

单击工具栏左侧的“创建新对象”按钮，在打开的下拉列表框中选择矩形、椭圆、三角形、五边形或星形选项，如图 3-19 所示。移动光标到视图中并拖曳，即可创建 2D 形状。图 3-20 所示为拖曳创建的星形形状。

图 3-19　选择形状选项

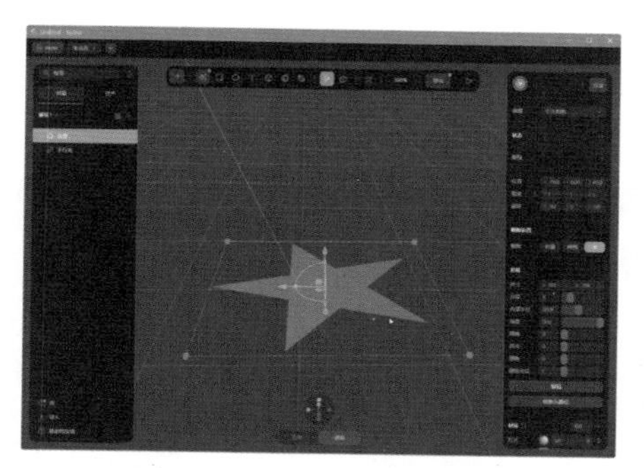

图 3-20　创建星形形状

单击工具栏中的“矩形”按钮或按 R 键，在视图中按下鼠标左键并拖曳创建矩形形状，松开鼠标左键即可完成矩形形状的创建，如图 3-21 所示。

选中创建的矩形形状，用户可以通过修改右侧属性栏中“形状”选项下的尺寸和圆角数值，调整矩形形状，如图 3-22 所示。

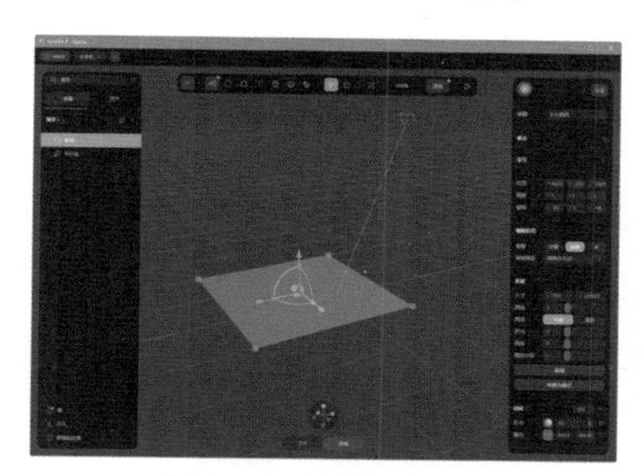

图 3-21　创建矩形形状

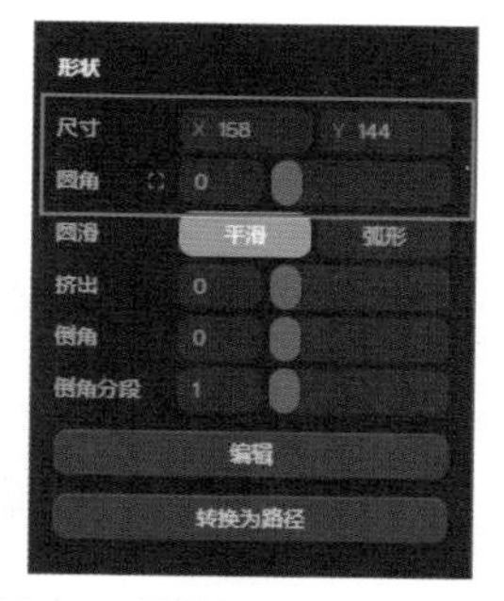

图 3-22　调整矩形的尺寸和圆角

单击“编辑”按钮，进入矢量模式，如图 3-23 所示。用户可以通过分别使用“选择工具”“钢笔工具”和“弯曲工具”编辑形状，如图 3-24 所示。

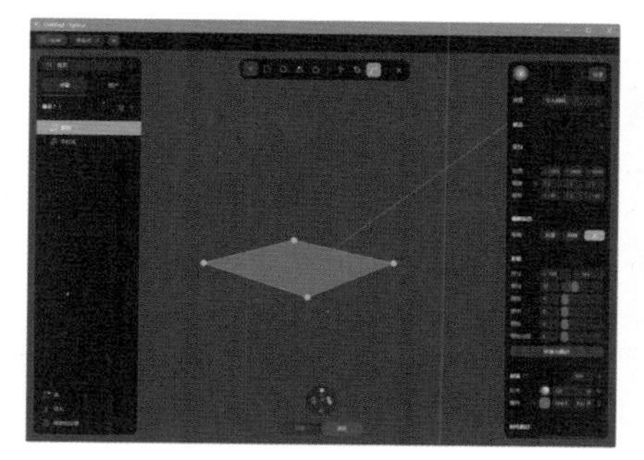

图 3-23　矢量模式

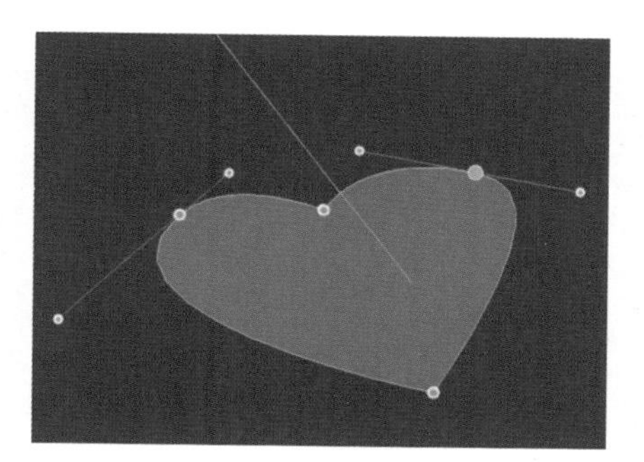

图 3-24　编辑形状

课堂练习——2D 图形挤出 3D 模型

Step01 新建文件，在视图中拖曳创建一个矩形形状，修改矩形“尺寸”为 300×300，“圆角”半径为 50，效果如图 3-25 所示。

Step02 设置“挤出”值为 40，“倒角”值为 2，“圆滑”为“平滑”，挤出模型效果如图 3-26 所示。

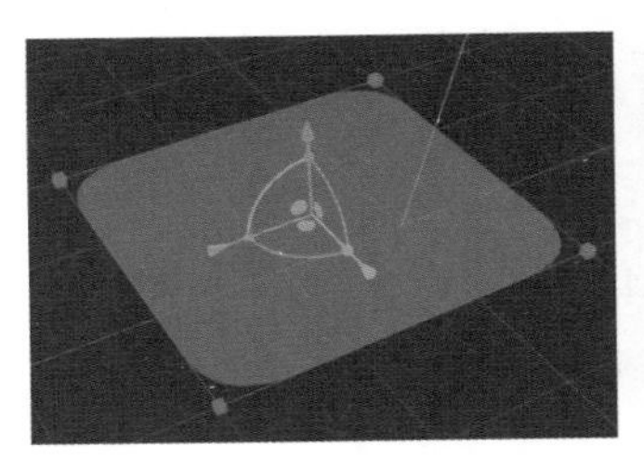

图 3-25 修改尺寸和圆角半径

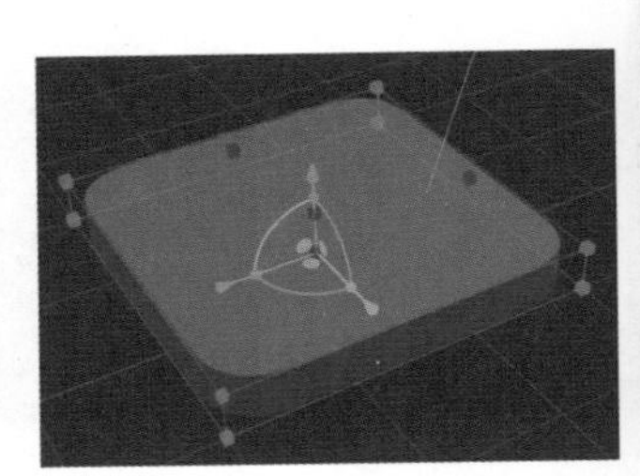

图 3-26 挤出模型效果

Step03 单击“编辑”按钮，进入模型编辑模式，如图 3-27 所示。默认情况下，顶部工具栏中的“选择工具”为激活状态，可使用“选择工具”拖曳调整形状锚点来调整模型的形状，如图 3-28 所示。

Step04 单击工具栏中的“弯曲工具”按钮，将光标移动到锚点上单击并拖曳，即可将当前直线锚点转换为曲线锚点，拖曳调整控制轴，可以获得更丰富的模型效果，如图 3-29 所示。

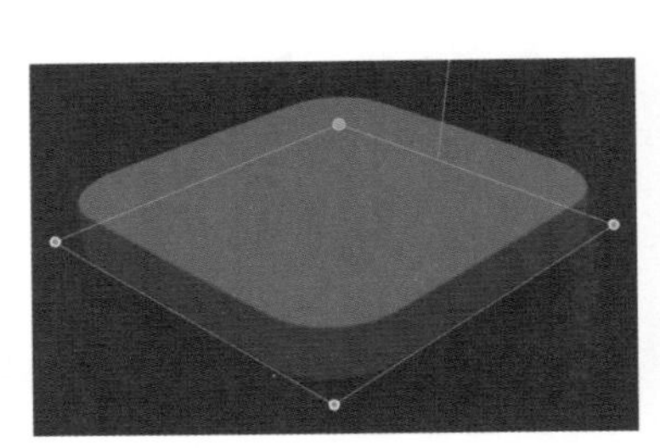

图 3-27 模型编辑模式

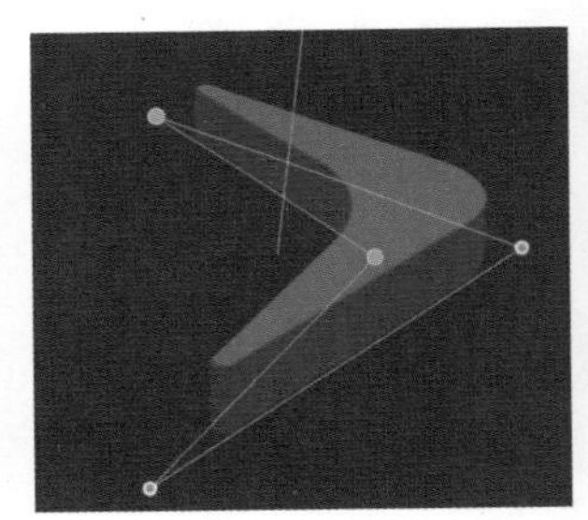

图 3-28 拖曳锚点编辑模型形状

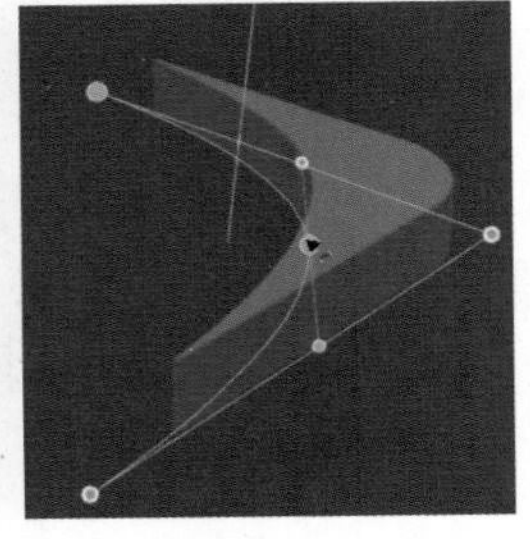

图 3-29 调整控制轴

Step05 单击工具栏中的“钢笔工具”按钮，将光标移动到想要添加锚点的路径上并单击，即可添加一个锚点，如图 3-30 所示。使用“选择工具”和“弯曲工具”调整锚点，模型效果如图 3-31 所示。

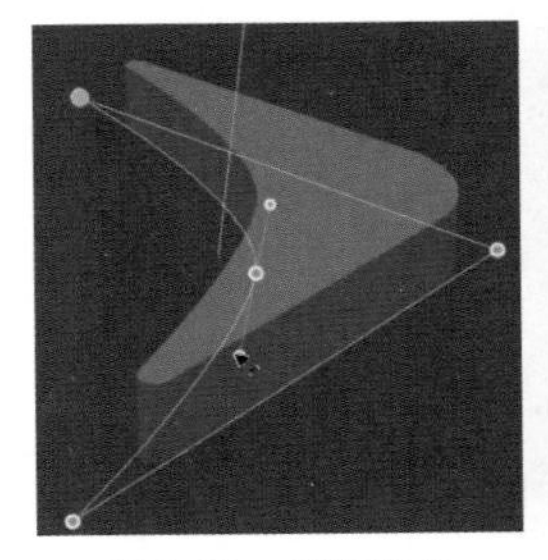

图 3-30 添加锚点

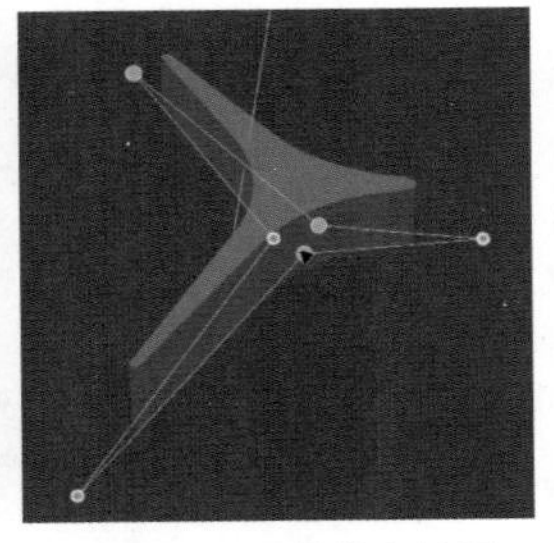

图 3-31 调整锚点效果

Step06 单击工具栏中的“退出矢量模式”按钮，退出编辑模式，3D 图标效果如图 3-32 所示。在右侧属性栏中的“形状”选项下，设置“倒角”值为 7，效果如图 3-33 所示。

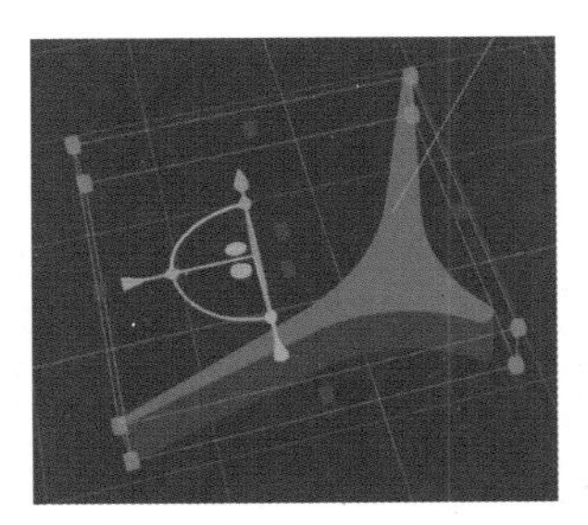

图 3-32　3D 图标效果

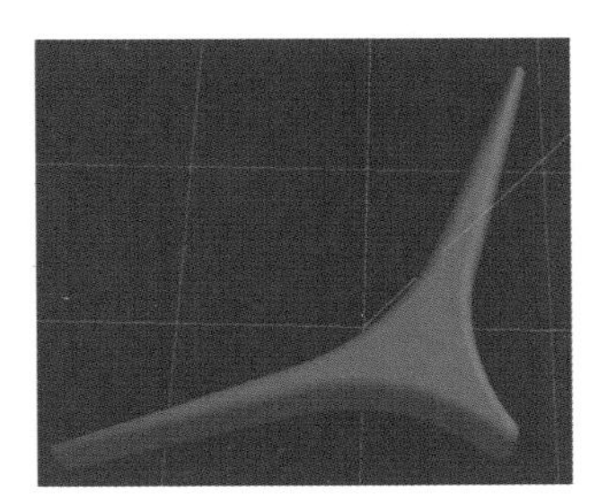

图 3-33　倒角效果

3.1.3　创建 3D 文本模型

单击软件界面“主页”中的“新建文件”按钮，在打开的页面中单击“3D 文本”按钮，如图 3-34 所示，即可快速创建 3D 文本模型，如图 3-35 所示。

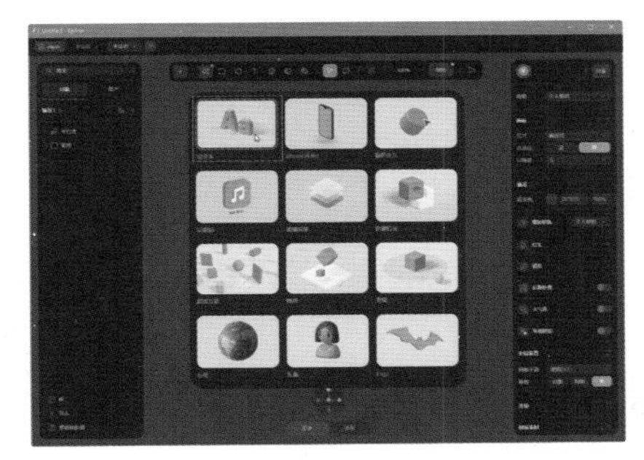

图 3-34　单击“3D 文本”按钮

图 3-35　创建 3D 文本模型

选中文本模型，修改右侧属性栏中“文本”选项下“内容”选项后的文本框内容，即可修改文本内容，如图 3-36 所示。可以在“文本”选项下设置文本框的尺寸、字号、行高、间距、字体、字重、对齐方式和大小写。

还可以通过设置文本挤出、倒角和倒角分段的数值，获得丰富的 3D 文本模型效果，如图 3-37 所示。

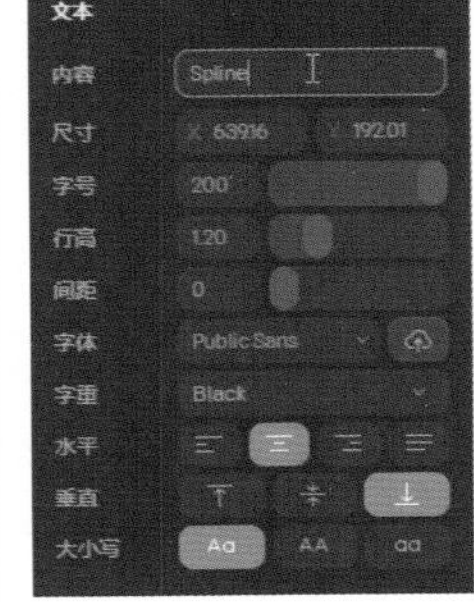

图 3-36　修改文本内容

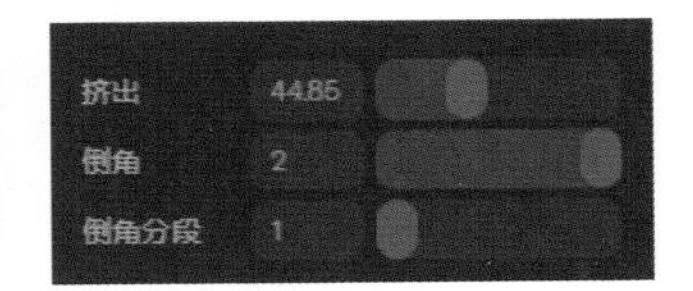

图 3-37　设置挤出、倒角和倒角分段

单击工具栏中的“文本”按钮或者在“创建新对象”下拉列表框中选择“文本”选项，将光标移动到视图中并拖曳创建文本框，如图 3-38 所示。输入文本内容后，在右侧属性栏中设置文本“挤出”和“倒角”的数值，效果如图 3-39 所示。

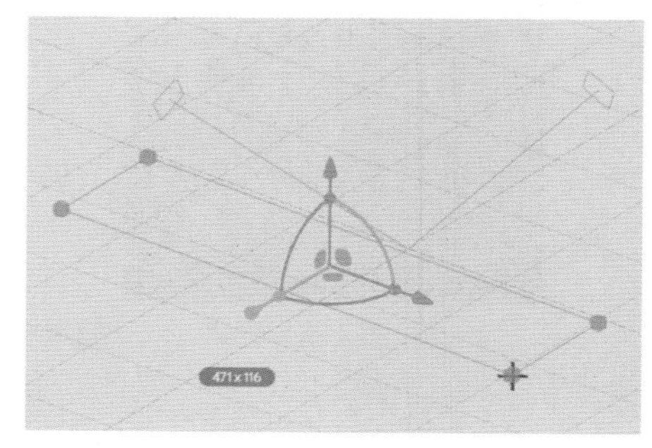

图 3-38　创建文本框

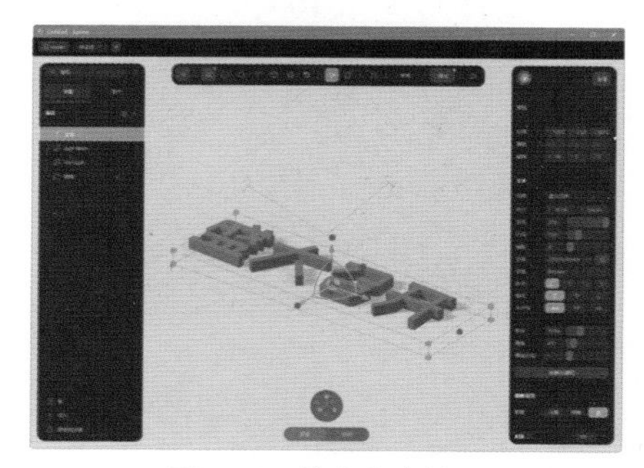

图 3-39　挤出文本效果

提示

在选择字体时，当字体列表太长、字体太多时，可以通过按键盘上的字母键，快速选中以该字母开头的字体。

将光标移动到文本框四边中心的控制点上，如图 3-40 所示。按下鼠标左键并拖曳，可以调整文本框大小，改变文本的排列方式，效果如图 3-41 所示。

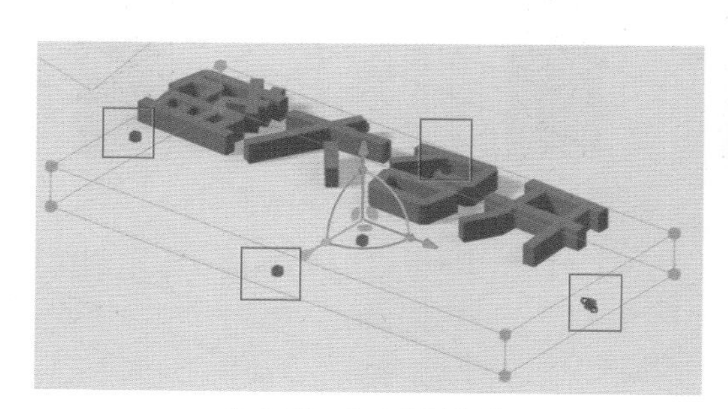

图 3-40　文本框控制点

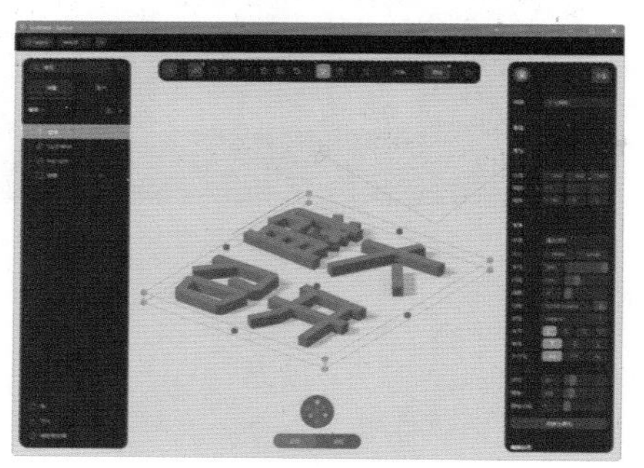

图 3-41　改变文本排列方式

3.1.4　矢量工具创建 3D 模型

在 Spline 中，路径功能是其矢量设计功能的充分体现。路径是指用户使用“钢笔工具”勾绘出来的由一系列点连接起来的线段或曲线，可以沿着这些线段或曲线进行颜色填充或描边，从而绘制出图像。

路径是由直线路径段或曲线路径段组成的，它们通过锚点连接。锚点分为两种，一种是平滑点，另一种是角点。平滑点通常包括两条用来调整曲线形状的方向点，连接平滑点可以形成平滑的路径，如图 3-42 所示；连接角点可以形成直线路径，如图 3-43 所示。

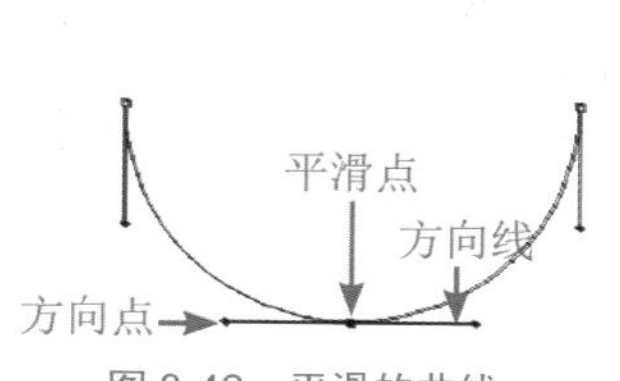

图 3-42　平滑的曲线

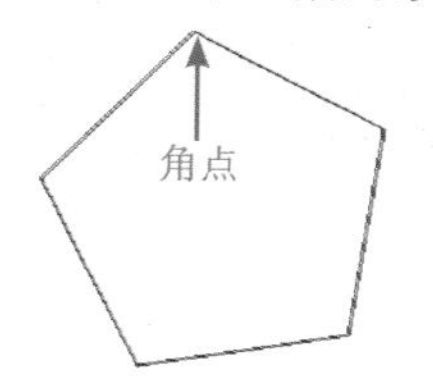

图 3-43　角点连接的直线

单击工具栏中的“矢量”按钮，进入矢量模式，如图 3-44 所示。确定工具栏中的“钢笔工具”

已被激活，将光标移动到视图中并单击，创建一个如图 3-45 所示的锚点。

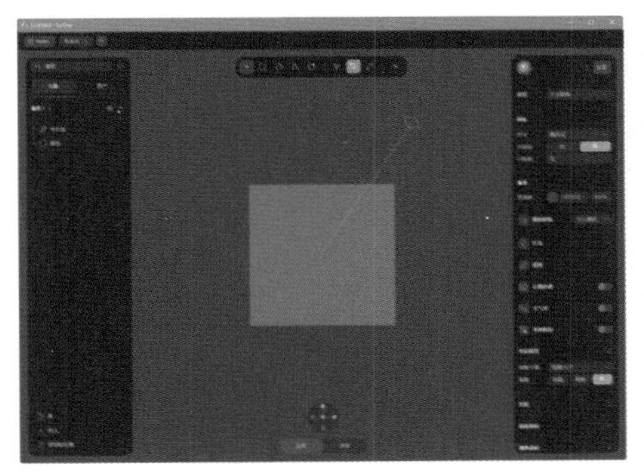
图 3-44　矢量模式

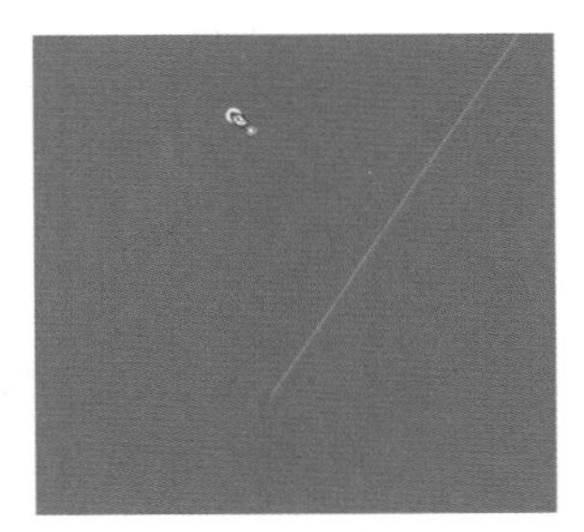
图 3-45　创建锚点

移动光标到其他位置并单击，创建直线路径，如图 3-46 所示。移动光标到其他位置，按下鼠标左键并拖曳，创建曲线路径，如图 3-47 所示。将光标移动到起始锚点上并单击，即可封闭路径，效果如图 3-48 所示。

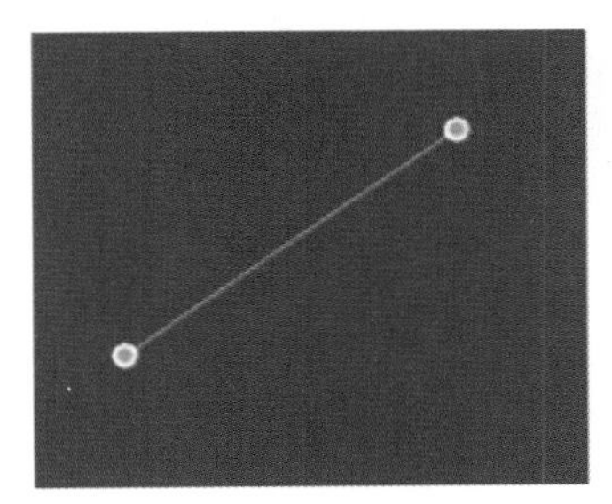
图 3-46　创建直线路径

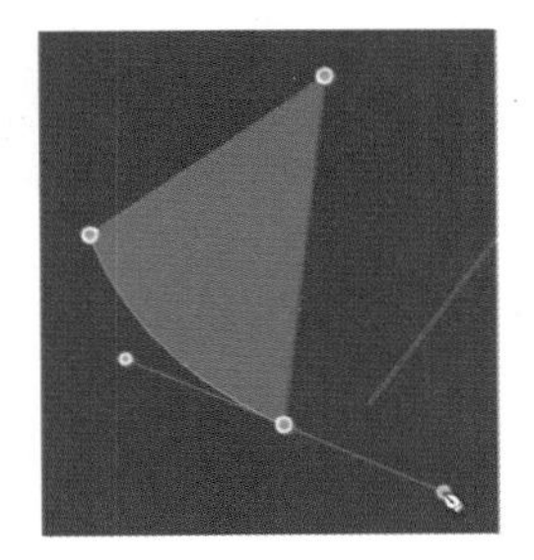
图 3-47　创建曲线路径

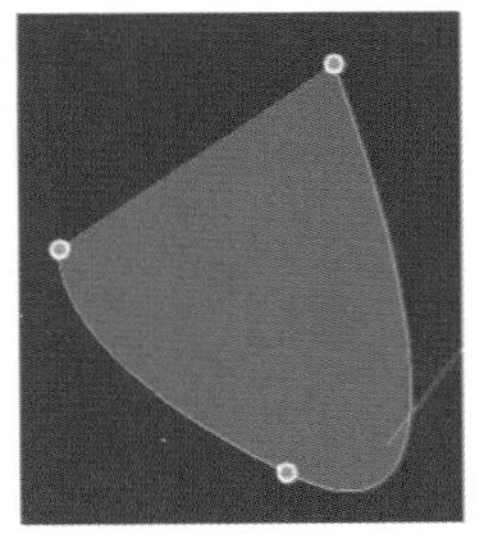
图 3-48　封闭路径

在右侧属性栏中设置“挤出”值为 30，效果如图 3-49 所示。设置“倒角”值为 4，效果如图 3-50 所示。用户可以通过调整锚点和路径调整模型效果，如图 3-51 所示。

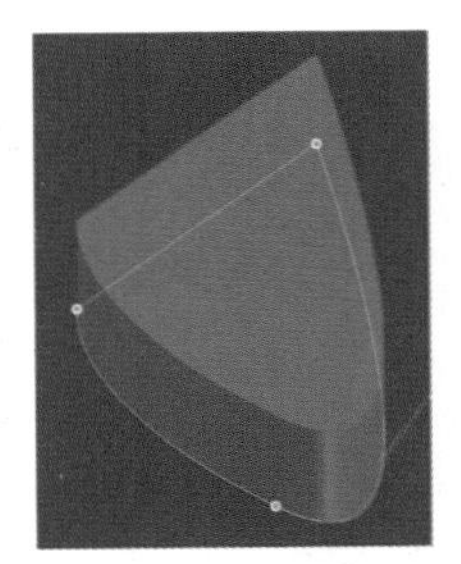
图 3-49　挤出效果

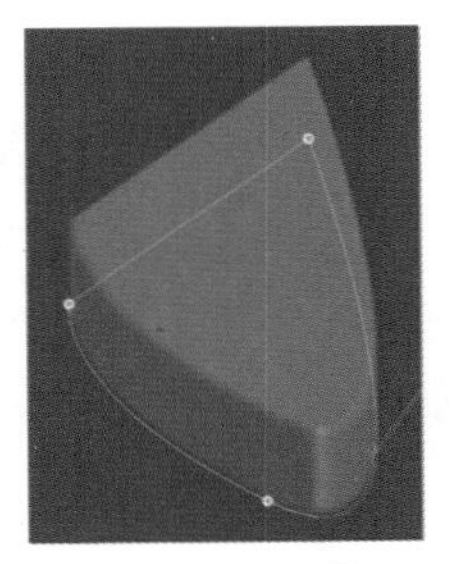
图 3-50　倒角效果

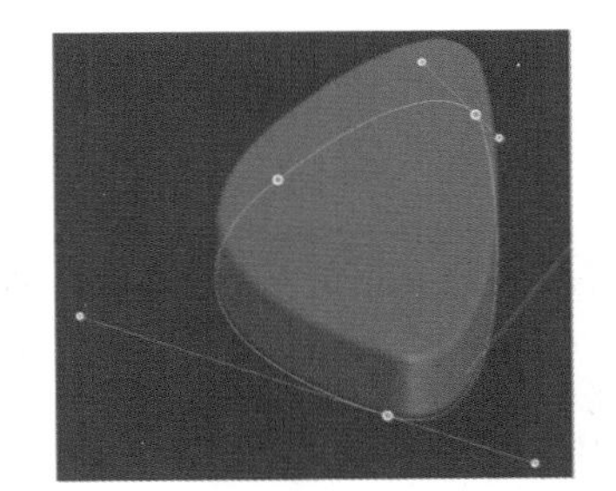
图 3-51　编辑形状效果

提示

使用“选择工具”调整路径时，按住 Ctrl 键的同时单击锚点，可快速选择“弯曲工具”，拖曳调整锚点类型。

课堂练习——使用矢量工具制作雷电图标

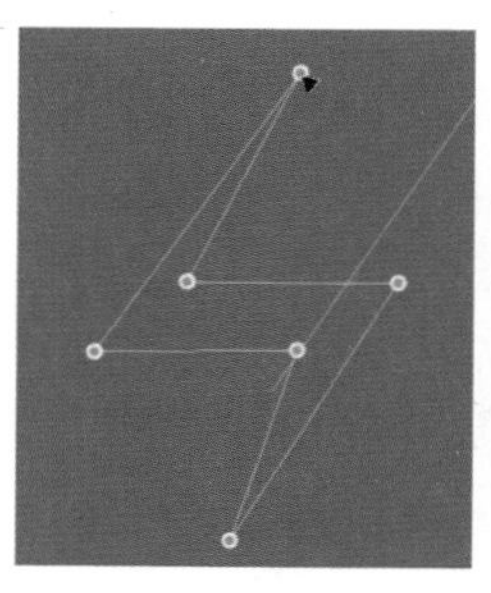

图 3-52　绘制雷电形状

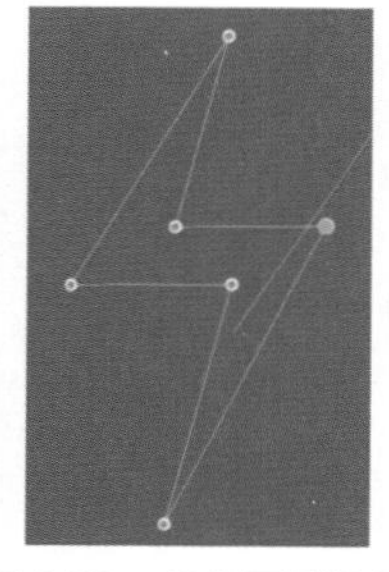

图 3-53　优化图形效果

Step01 新建文件并进入矢量模式，使用“钢笔工具”在视图中绘制雷电形状，如图 3-52 所示。使用“选择工具”拖曳调整锚点位置，优化图形效果，如图 3-53 所示。

Step02 选中锚点，设置右侧属性栏中“矢量点”选项的“圆角”值为 8，效果如图 3-54 所示。使用相同的方法，设置其他锚点的圆角值，效果如图 3-55 所示。

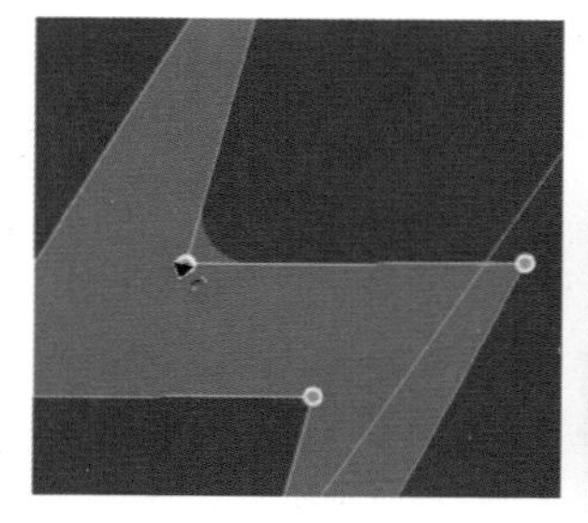

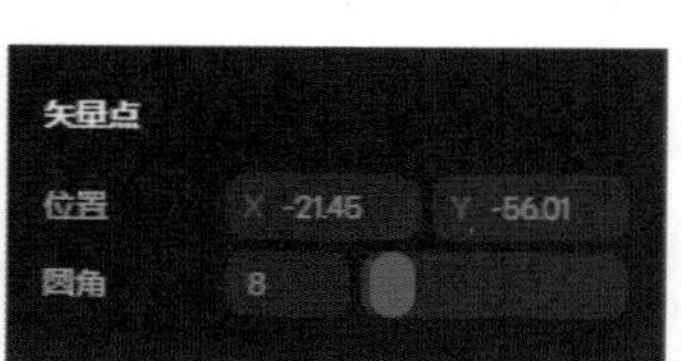

图 3-54　设置圆角值

图 3-55　设置其他锚点圆角值

提示

使用“选择工具”可以拖曳选中多个锚点一起进行调整。按住 Shift 键的同时逐一单击锚点，也可以同时选中多个锚点。

Step03 在右侧属性栏中设置“挤出”值为 14，“倒角”值为 1，“倒角分段”值为 1，如图 3-56 所示。单击工具栏右侧的“退出矢量模式”按钮，模型效果如图 3-57 所示。

Step04 单击右侧属性栏“材质”选项中“颜色”后的色块，设置模型材质颜色，效果如图 3-58 所示。

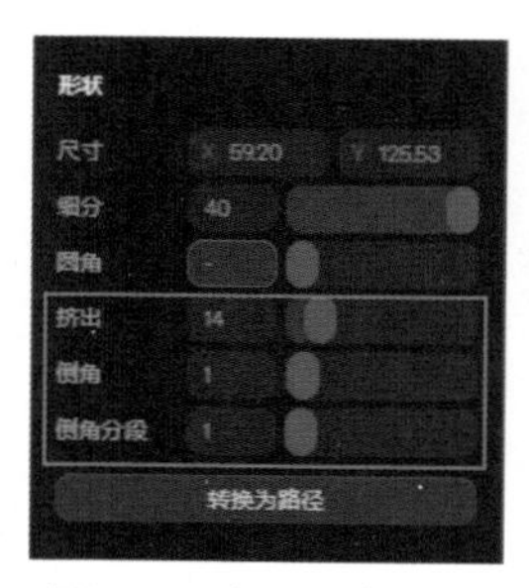

图 3-56　设置形状属性

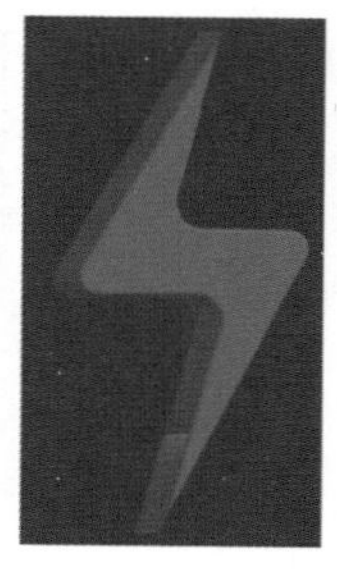

图 3-57　模型效果

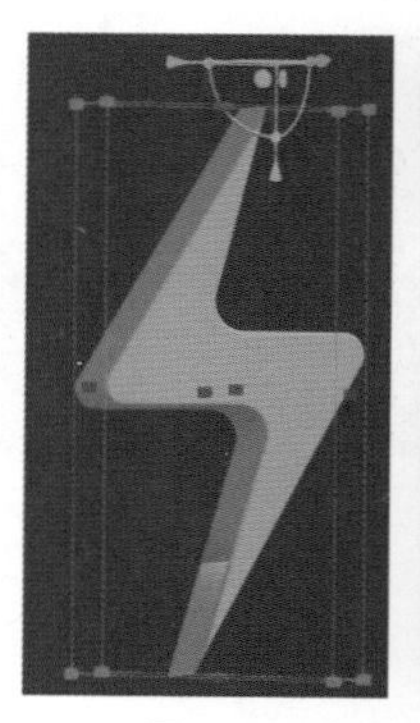

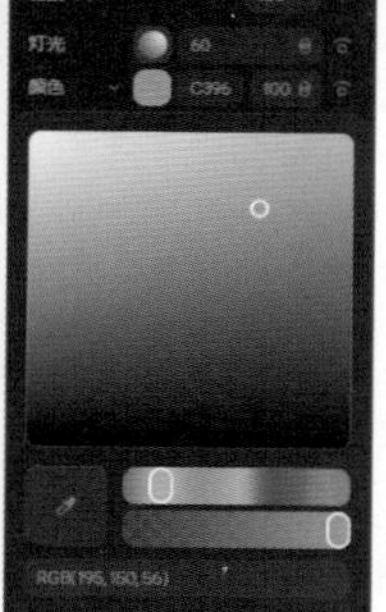

图 3-58　设置模型材质颜色

Step05 按住 Ctrl 键的同时使用“选择工具”拖曳复制模型，效果如图 3-59 所示。调整椭圆模式四周的控制点，缩小模型，并使用相同方法复制模型，效果如图 3-60 所示。

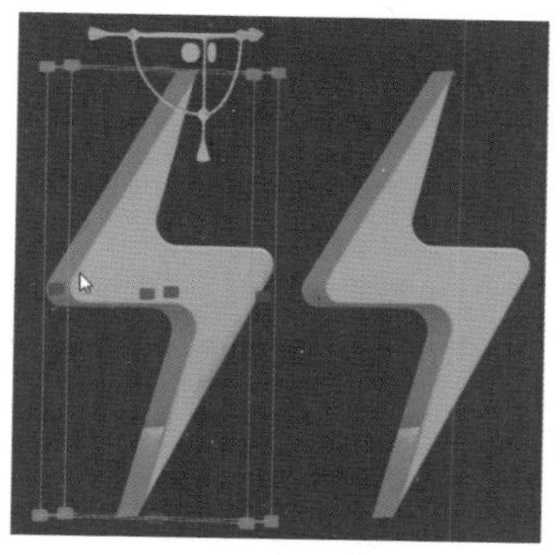

图 3-59　复制雷电模型

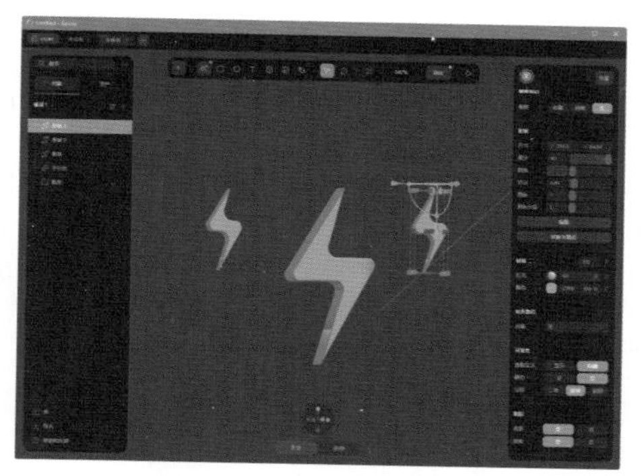

图 3-60　缩小并复制模型

3.2 3D 路径

3D 路径是由锚点和贝塞尔曲线精心构造的网格模型。这些路径不仅提供了极大的灵活性，使用户能够轻松地创建出管子、管道、绳索、电缆、轨道和路径等各种形状和结构的对象，而且还能作为其他对象移动的引导，确保它们能够精确地按照预定的轨迹移动。

3.2.1　创建 3D 路径

单击工具栏左侧的“创建新对象”按钮，在打开的下拉列表框中选择“路径”选项，如图 3-61 所示。确定界面顶部工具栏中的“钢笔工具”为选中状态，如图 3-62 所示。将光标移动到视图中，通过单击添加锚点的方式在 3D 空间中绘制路径，效果如图 3-63 所示。

图 3-61　选择“路径”选项

图 3-62　“钢笔工具”为选中状态

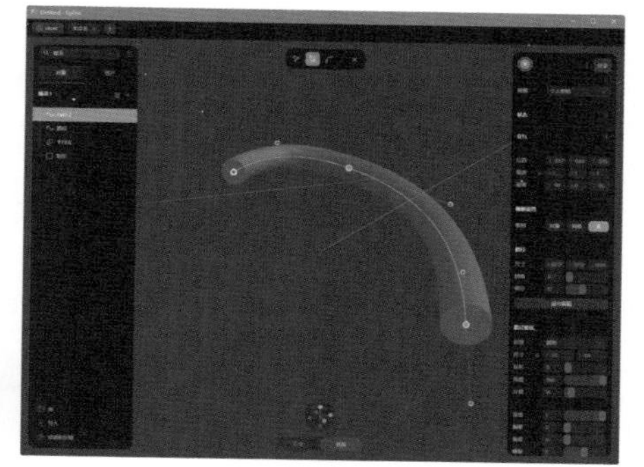

图 3-63　绘制 3D 路径

提示

将光标移动到视图中的某个对象上，当出现红色的平面时，意味着将捕捉到另一个对象表面的点。

完成 3D 路径的绘制后，单击工具栏中右侧的“退出路径模式”按钮或属性栏中“路径”选项下的“退出编辑”按钮，即可退出路径编辑模式，如图 3-64 所示。

使用“矢量工具”在视图中创建矢量图形后，单击“转换为路径”按钮，当前矢量图形将转换为 3D 路径，如图 3-65 所示。

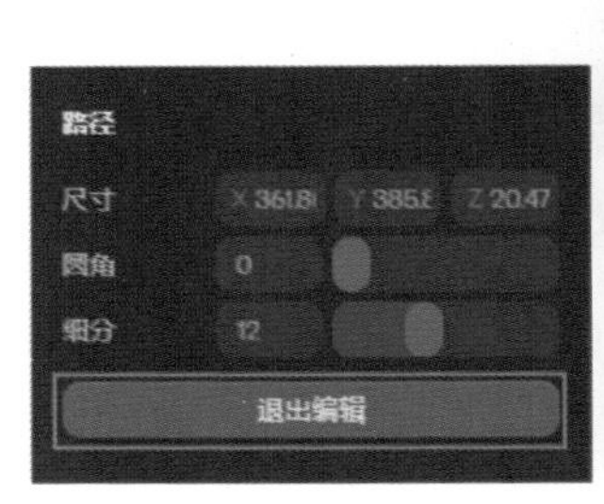

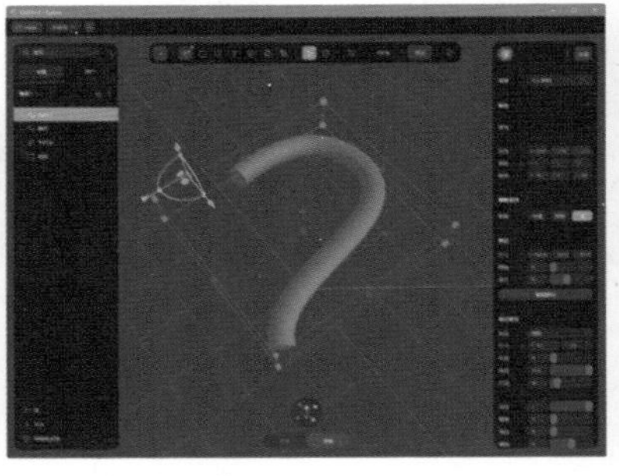

图 3-64 退出路径编辑模式

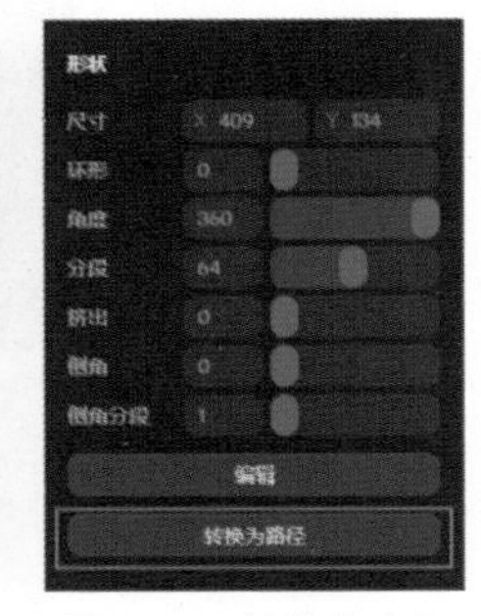

图 3-65 转换为路径

3.2.2 设置 3D 路径

选中创建的 3D 路径模型，可以在右侧属性栏的“路径”选项中设置路径的“尺寸”“圆角”和“细分”值，如图 3-66 所示。

通过在“尺寸”选项后的文本框中输入数值，可以设置 3D 路径对象的大小；通过输入数值或拖曳滑块的方式，可以在“圆角”选项后的文本框中输入数值，将路径中的直线锚点转换为曲线锚点；通过在“细分”选项后的文本框中输入数值，可以控制路径网格模型的细分值。

用户可以在“路径挤压”选项中自定义 3D 路径模型的各项参数，在“形状”选项后的下拉列表框中选择使用“矩形”“圆形”“多边形”和“星形”作为 3D 路径的形状，如图 3-67 所示。图 3-68 所示为选择“星形”形状的 3D 路径模型效果。

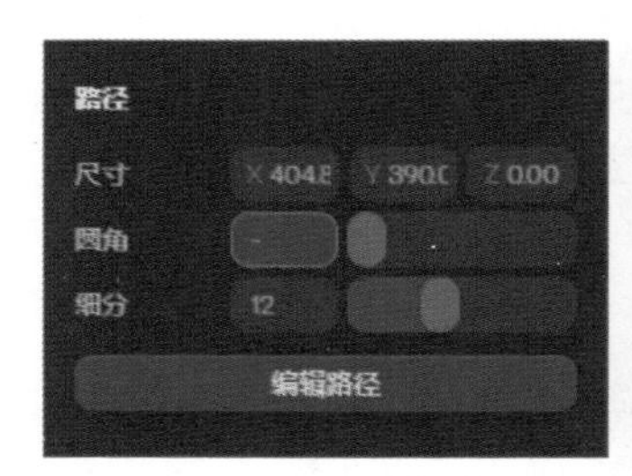

图 3-66 “路径”选项

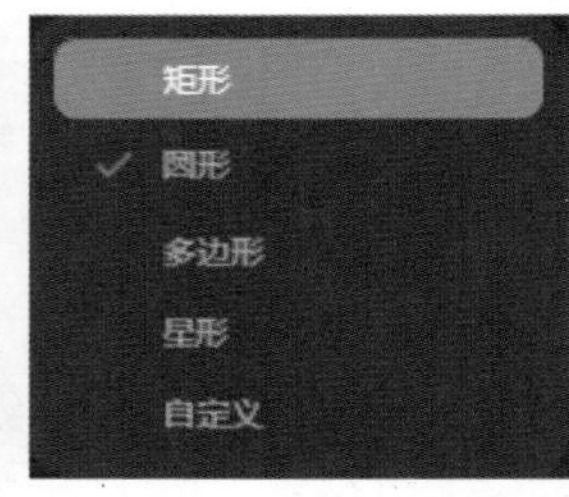

图 3-67 “形状”选项

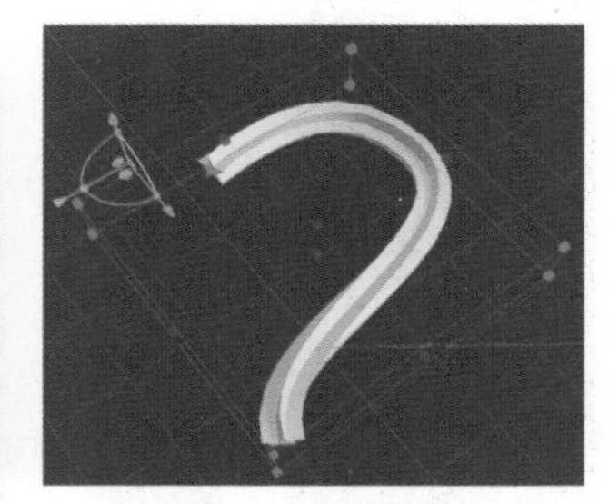

图 3-68 星形形状效果

选择“自定义”形状，单击“对象”选项后的下拉按钮，在打开的下拉列表框中选择视图中任意一个矢量形状作为 3D 路径的形状，如图 3-69 所示。应用了自定义形状的 3D 路径模型效果如图 3-70 所示。

通过设置“尺寸”“分段”“内部半径”“角度”“圆角”等参数，可以设置路径形状的基本形状，如图 3-71 所示。

通过设置“深度”“偏移”“角度”“螺旋”“缩放起点”和“缩放终点”等参数，除了可以丰富路径形状，还可以用来制作各种交互动画，如图 3-72 所示。

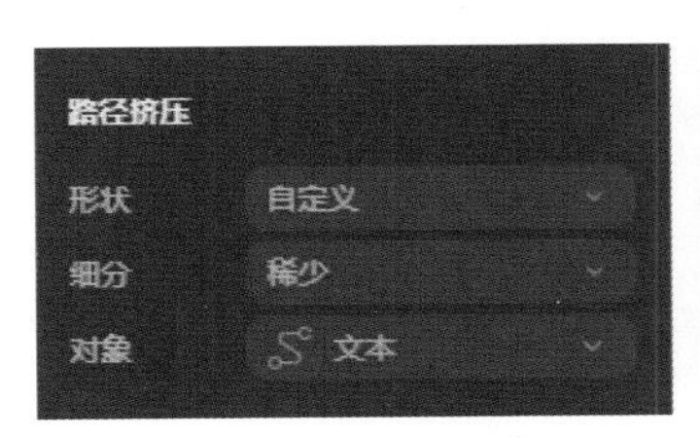

图 3-69　自定义形状

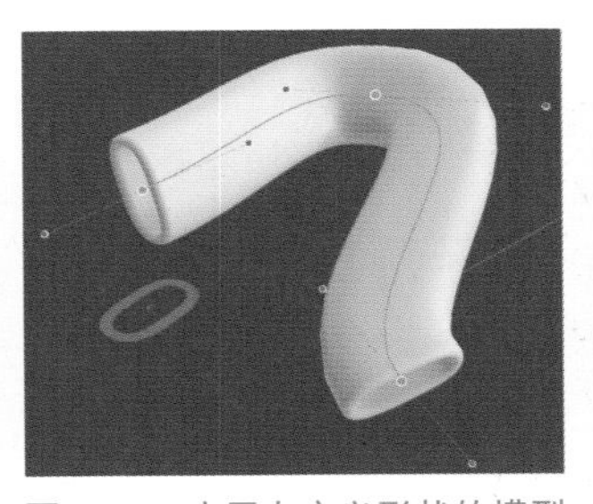

图 3-70　应用自定义形状的模型

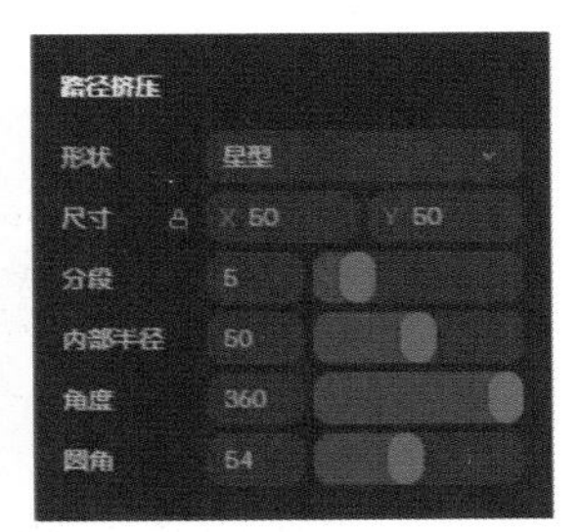

图 3-71　“路径挤压”参数

“深度”值用于设置沿路径的网格长度；“偏移”值用户设置沿路径偏移网格的起点；“角度”值用于设置路径形状的角度；“螺旋”值用户设置沿路径扭曲形状；“缩放起点”值用于设置路径起点处形状的比例；“缩放终点”值用户设置路径末端形状的比例。

用户可在“盖顶”选项右侧选择路径两端的封闭方式为“硬边”或“圆滑”，单击“圆滑”按钮，设置“圆角”和“圆角分段”参数，如图 3-73 所示。模型两端的效果如图 3-74 所示。

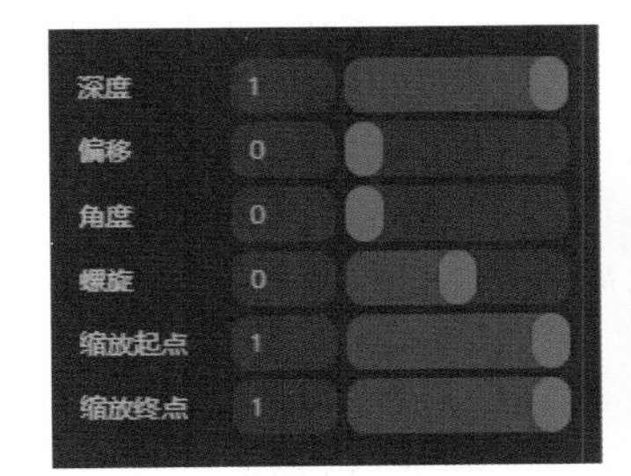

图 3-72　更多“路径挤压”参数

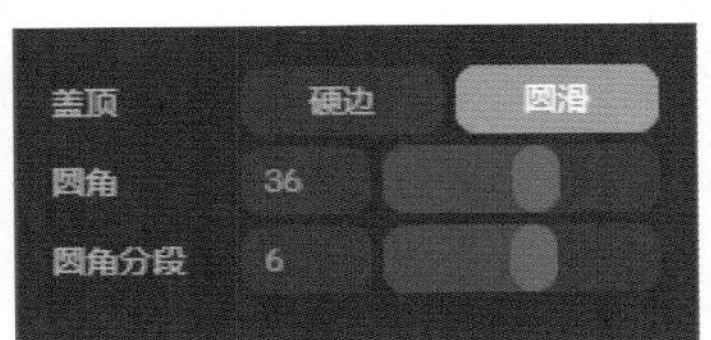

图 3-73　“圆滑”盖顶参数

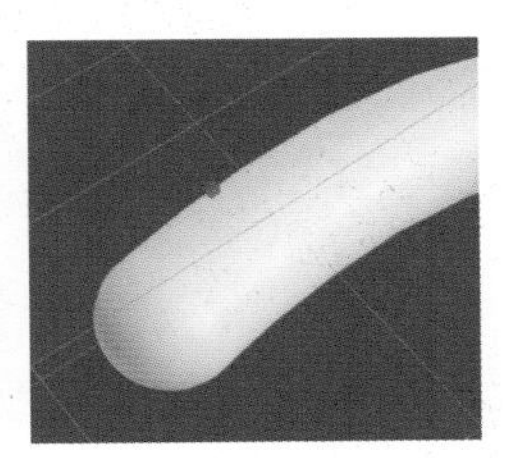

图 3-74　圆滑盖顶效果

课堂练习——制作文字书写动画

Step 01 新建一个 Spline 文件，单击工具栏中的“文本”按钮，在视图中拖曳创建文本框并输入文本，效果如图 3-75 所示。单击右侧属性栏中“文本”选项下的“转换为路径”按钮，效果如图 3-76 所示。

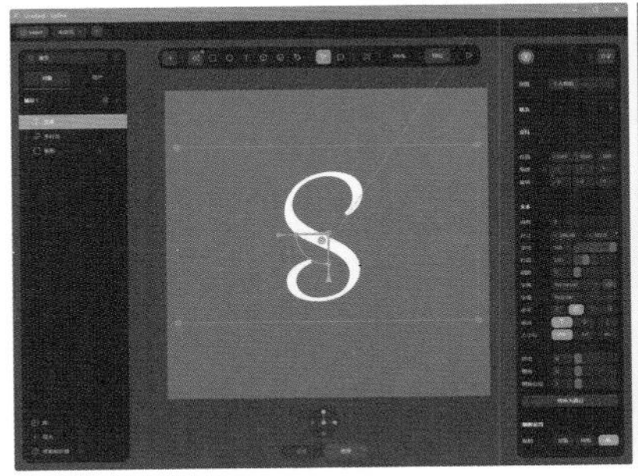

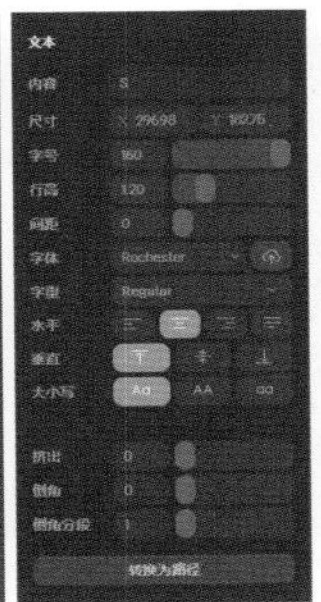

图 3-75　输入文本

图 3-76　转换为路径

Step 02 在左侧图层栏中选中文本图层，如图 3-77 所示。单击右侧属性栏中“形状”选项下的“转换为路径”按钮，效果如图 3-78 所示。

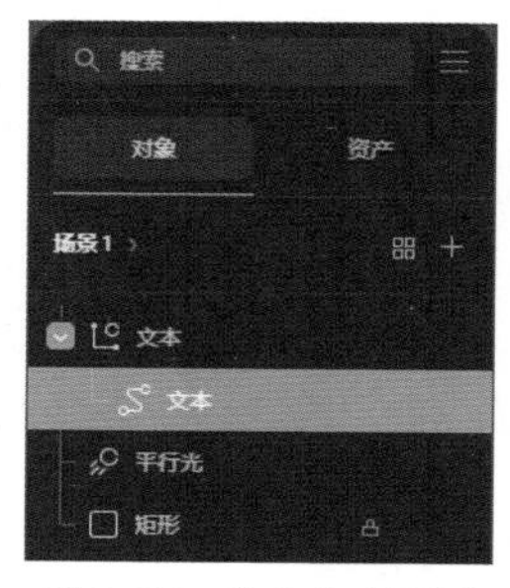

图 3-77 选中文本图层

图 3-78 转换为路径

Step 03 设置“形状”为“星形”，尺寸为 5×5，如图 3-79 所示。为其添加“渐变亮粉彩 04”渐变材质，如图 3-80 所示。

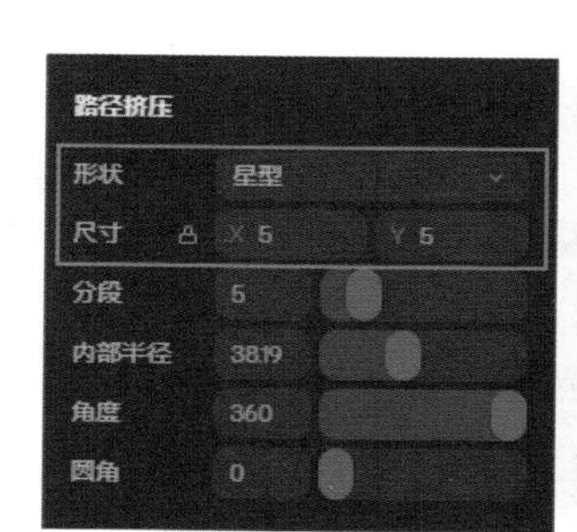

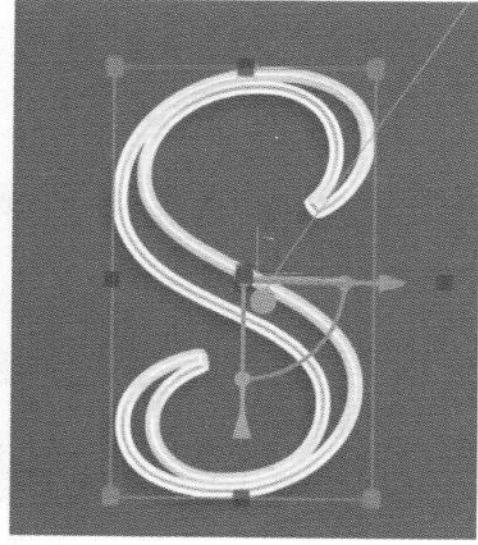
图 3-79 设置形状

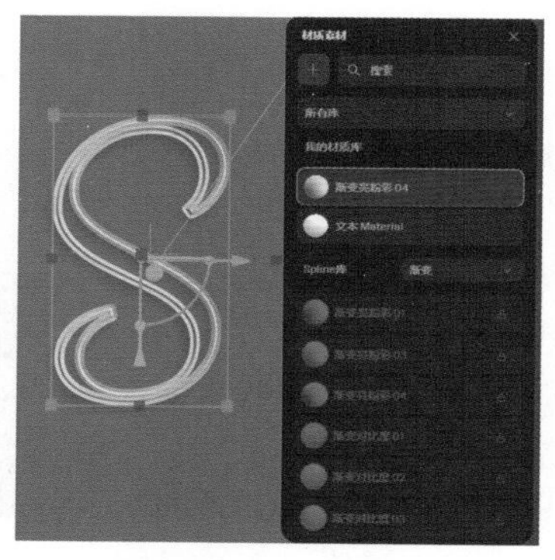
图 3-80 添加渐变材质

Step 04 为文本路径添加一个状态，设置“深度”为 0，如图 3-81 所示。添加交互，添加“过渡”动作，设置各项参数如图 3-82 所示。按【Shift+Space】组合键，播放动画，效果如图 3-83 所示。

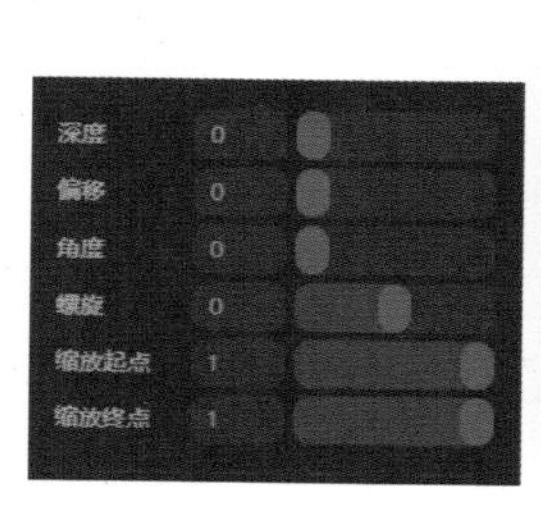

图 3-81 设置深度值

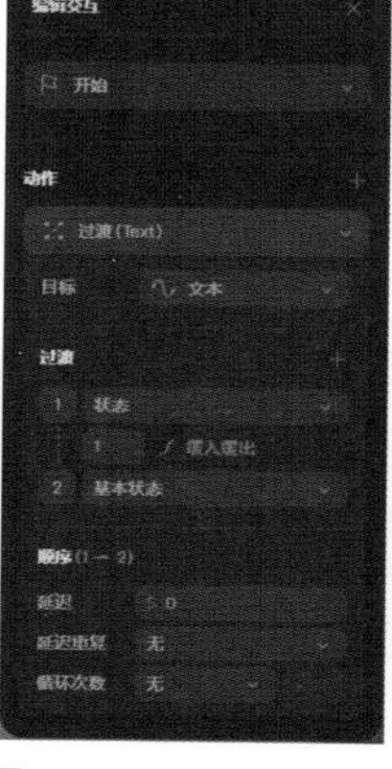

图 3-82 设置过渡参数

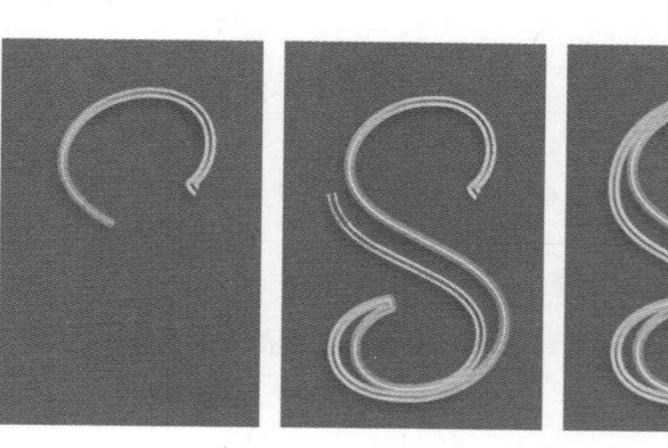
图 3-83 播放动画

3.2.3　编辑 3D 路径

选中 3D 路径模型，单击右侧属性栏中“路径”选项下的“编辑路径”按钮，即可返回路径编辑模式，再次对路径进行编辑。

与“矢量”编辑模型相同，用户可以使用工具栏中的“箭头工具”和“弯曲工具”调整路径的形状，如图 3-84 所示。选中路径锚点，可以在“Path Point”选项中设置锚点的“位置”和“圆角”，如图 3-85 所示。

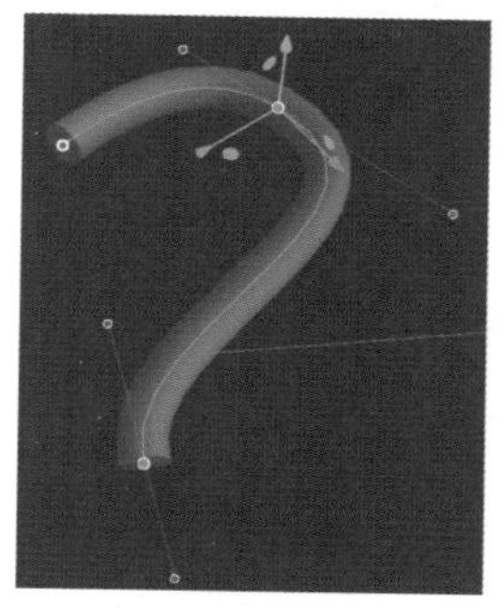

图 3-84　调整路径形状

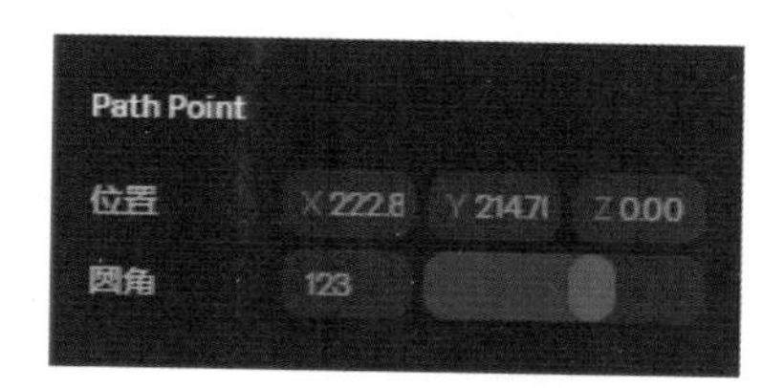

图 3-85　设置锚点的位置和圆角

使用“矢量工具”在视图中创建矢量图形后，单击“转换为路径”按钮，当前模型将转换为 3D 路径，效果如图 3-86 所示。

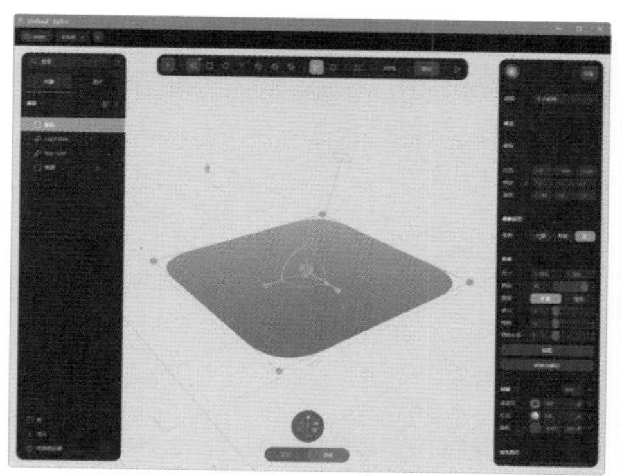

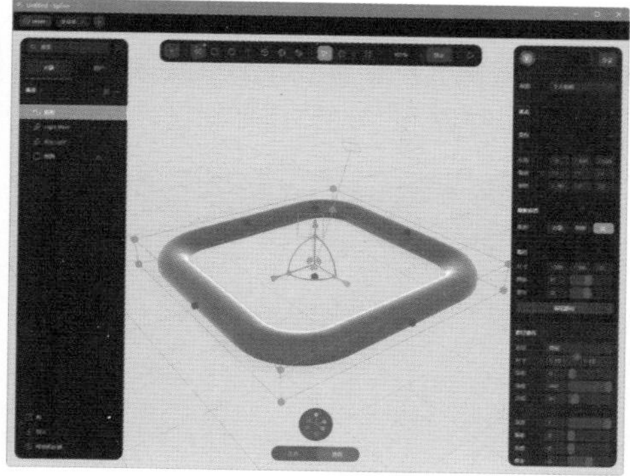

图 3-86　将矢量图形转换为 3D 路径

3.3 布尔运算

选中两个模型对象，如图 3-87 所示。在右侧属性栏的“布尔方案”选项中的“操作”选项后将显示相减、相交和联合 3 种布尔运算操作，如图 3-88 所示。

单击相减按钮，将从基本对象中移除重叠部分。基本对象始终在底层，并从中减去顶层，如图 3-89 所示。用户可以在左侧图层栏中通过拖曳的方法调整图层的顺序，实现不同的布尔运行效果，如图 3-90 所示。

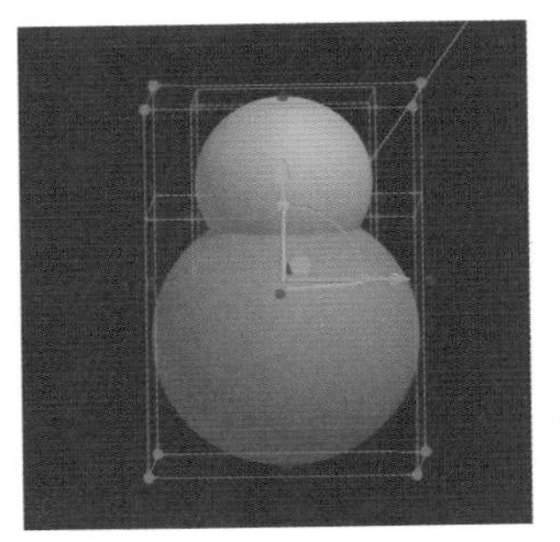
图 3-87　选中模型对象

图 3-88　3 种布尔运算操作

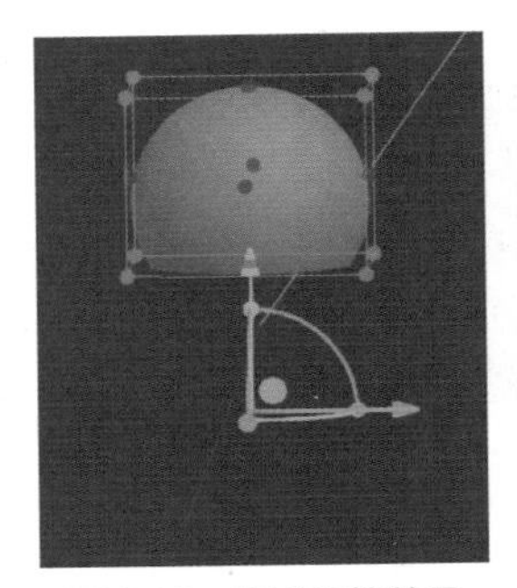
图 3-89　相减运算效果

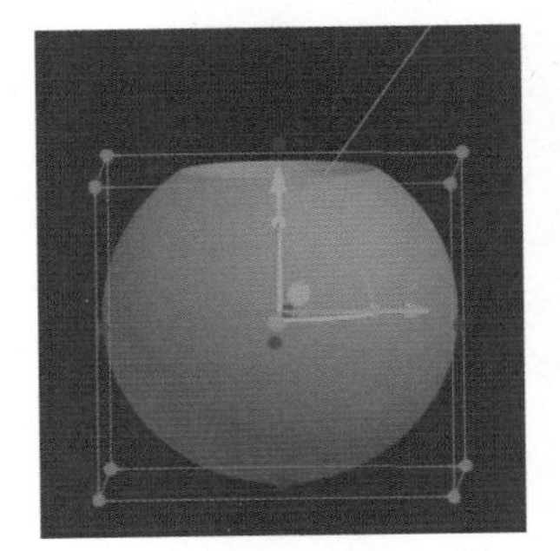
图 3-90　改变运算基本对象

创建布尔对象后，用户可以在图层栏中选择一个对象，然后在视图中调整对象的位置、大小和角度，获得想要的模型效果，如图 3-91 所示。选中布尔对象，单击“应用 & 编辑”按钮，烘焙布尔对象，此时的布尔对象将不能再通过属性栏调整，如图 3-92 所示。

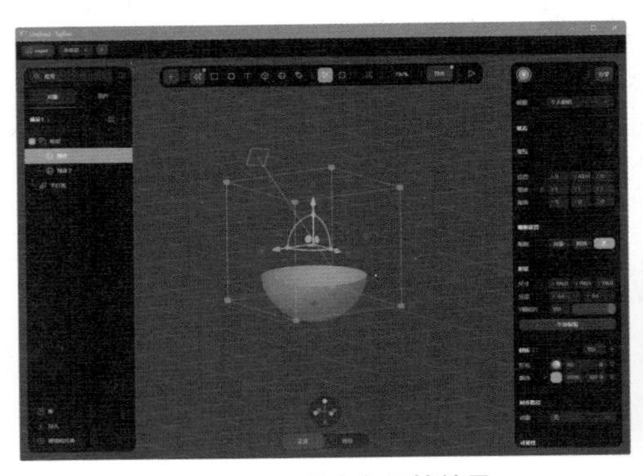
图 3-91　调整布尔运算效果

图 3-92　烘焙布尔对象

提示

为了便于对模型进行多次修改，在单击“应用 & 编辑”按钮前，可为布尔对象创建副本并将其隐藏起来。

单击“相交”按钮，将所选对象重叠的部分创建对象，如图 3-93 所示。单击联合按钮，将选定对象合并为一个对象，如图 3-94 所示。

通过布尔运算操作创建布尔对象后，用户可在右侧属性栏的“布尔方案”选项中随时更改操作类型，如图 3-95 所示。

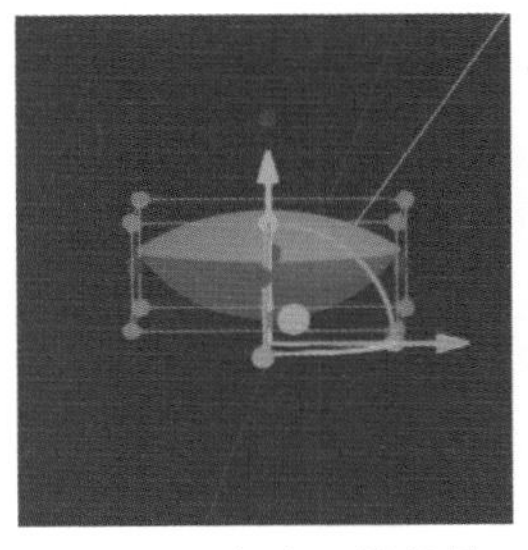
图 3-93　相交运算效果

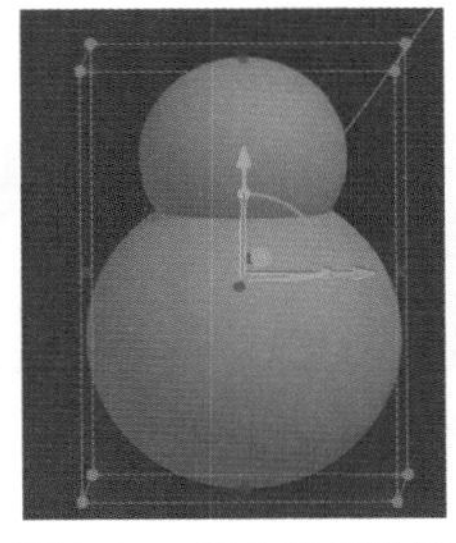
图 3-94　联合运算效果

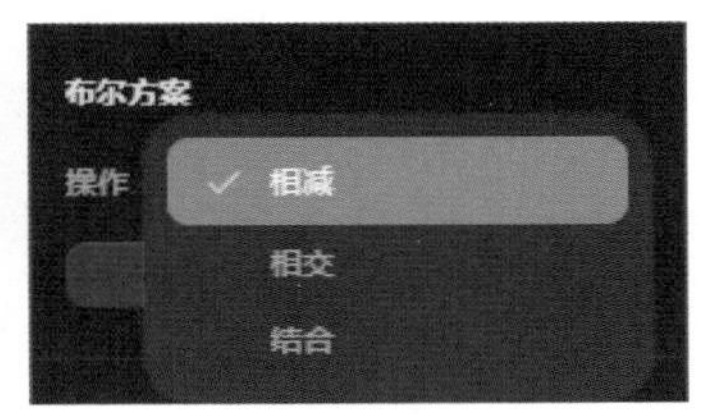

图 3-95　切换布尔运算操作

单击“合并几何对象”按钮，可以在保留所有对象结构的同时将选中对象合并为单个几何图形，如图 3-96 所示。

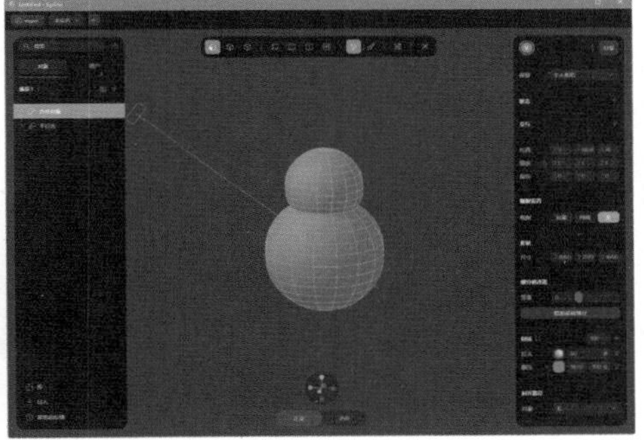
图 3-96　合并选中对象

提示

布尔运算会增加模型面数，降低工作效率。因此应减少布尔运算中涉及对象的分段，不要使用分段较多的模型。

3.4 使用组件

组件是设计中可复用的单元，能够在整个场景内被多次灵活应用。一旦对场景中的核心组件进行了更新，其所有实例将同步更新。组件不仅提升了设计效率，还确保了场景内设计风格的一致性和连贯性，为用户构建了一个高效且统一的设计系统。

3.4.1　创建组件和实例

在想要作为组件的对象上单击鼠标右键，在弹出的快捷菜单中选择“创建组件”命令或按 Shift+Ctrl+K 组合键，如图 3-97 所示。创建的组件将显示在“组件”选项下，如图 3-98 所示。

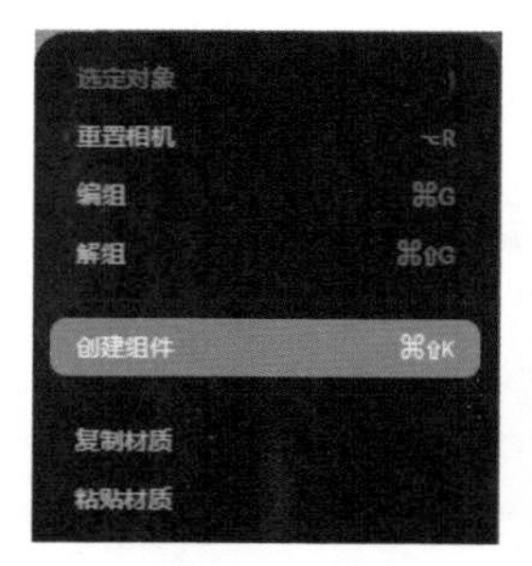

图 3-97 选择“创建组件”命令

图 3-98 完成组件的创建

按 Ctrl+D 组合键，即可快速复制主组件，创建实例，如图 3-99 所示。也可以通过复制和粘贴操作创建实例或在按住 Ctrl 键的同时拖曳主组件创建实例，如图 3-100 所示。

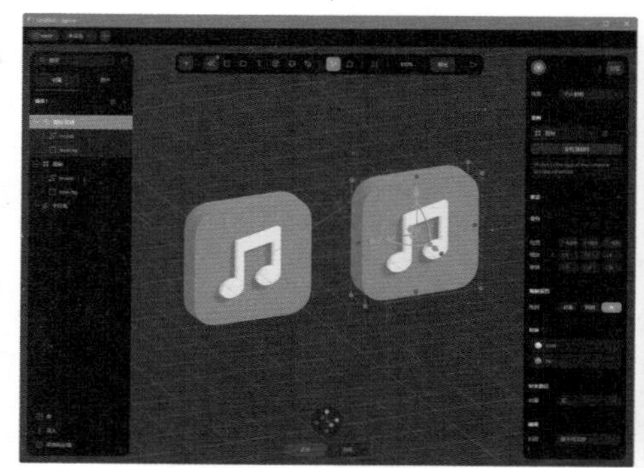

图 3-99 组合键创建实例

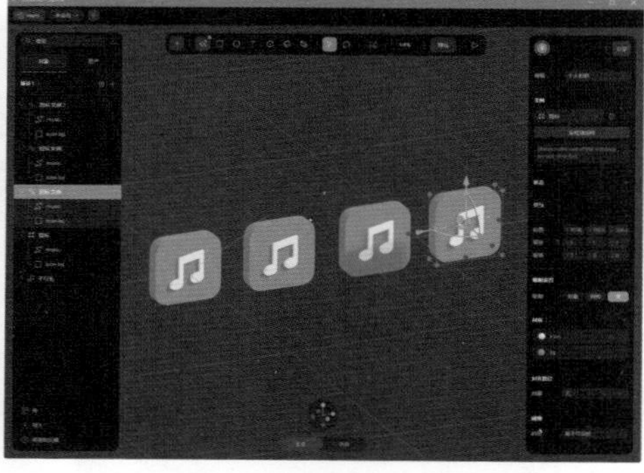

图 3-100 再创建几个实例

双击主组件，选中圆角矩形对象，修改其材质颜色，可以看到所有实例的颜色均发生变化，如图 3-101 所示。选中视图中的实例，单击“实例”选项中的“定位到组件”按钮，即可快速选中主组件，如图 3-102 所示。

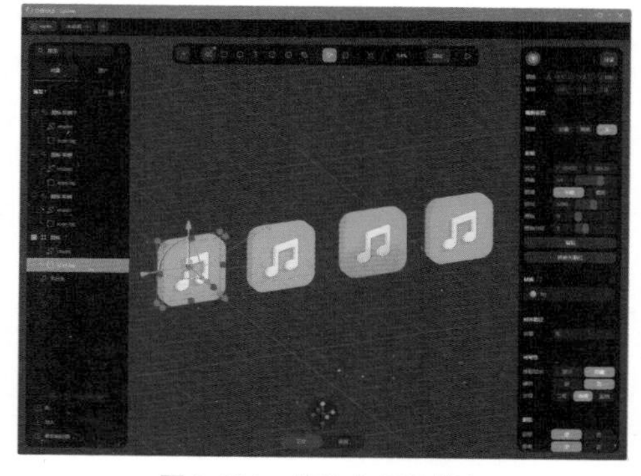

图 3-101 修改主组件颜色

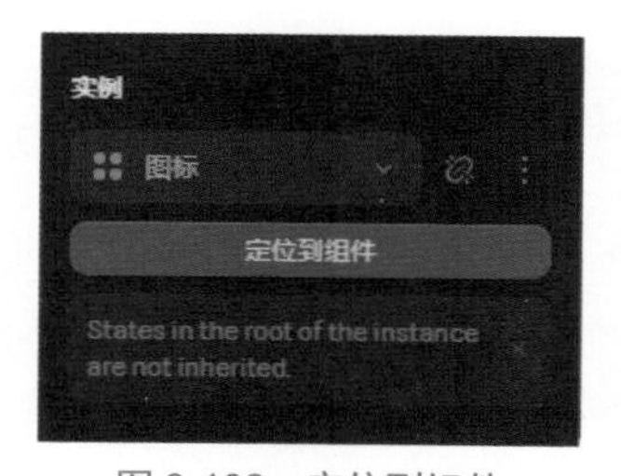

图 3-102 定位到组件

课堂练习——制作冰激凌卡通模型组件

Step 01 新建一个 Spline 文件，删除默认矩形并设置“背景色”为 #F3E8E0，效果如

图 3-103 所示。在视图中创建一个矩形，设置“形状”选项的中的参数如图 3-104 所示。在“材质”选项中设置“颜色”为 #F09393，效果如图 3-105 所示。

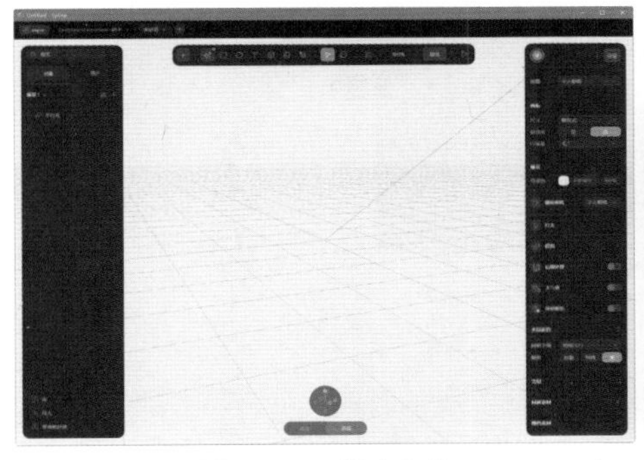

图 3-103　新建文件

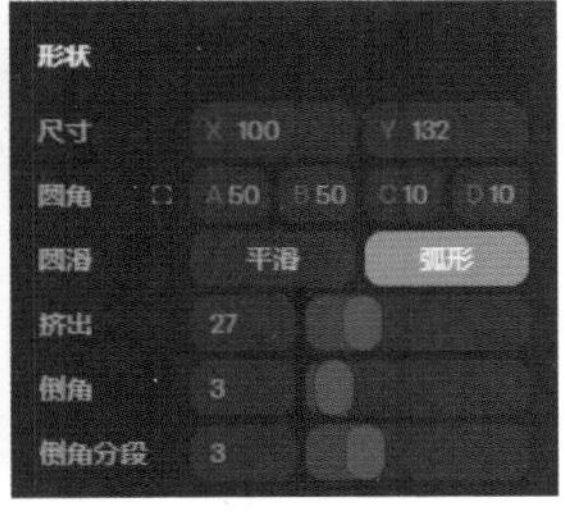

图 3-104　创建矩形

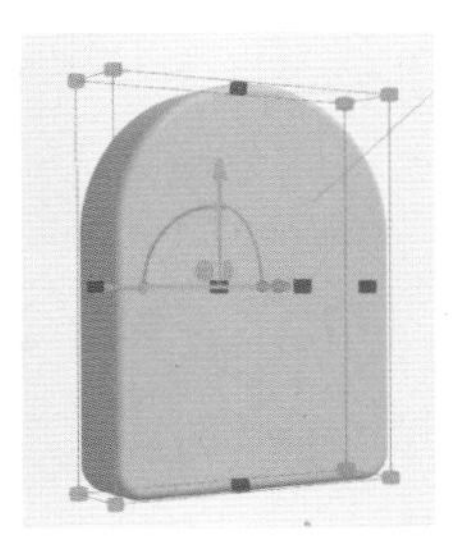

图 3-105　设置“颜色”

Step02 继续在视图中创建一个图形，效果如图 3-106 所示。拖曳选中两个对象，居中对齐到 Z 轴，效果如图 3-107 所示。

Step03 在左侧图层栏中修改两个对象的名称，如图 3-108 所示。在视图中创建一个矩形对象，效果如图 3-109 所示。复制对象并移动到如图 3-110 所示的位置。

Step04 单击工具栏中的“矢量”按钮，在视图中绘制如图 3-111 所示的图形。设置“形状”选项中的各项参数，图形效果如图 3-112 所示。

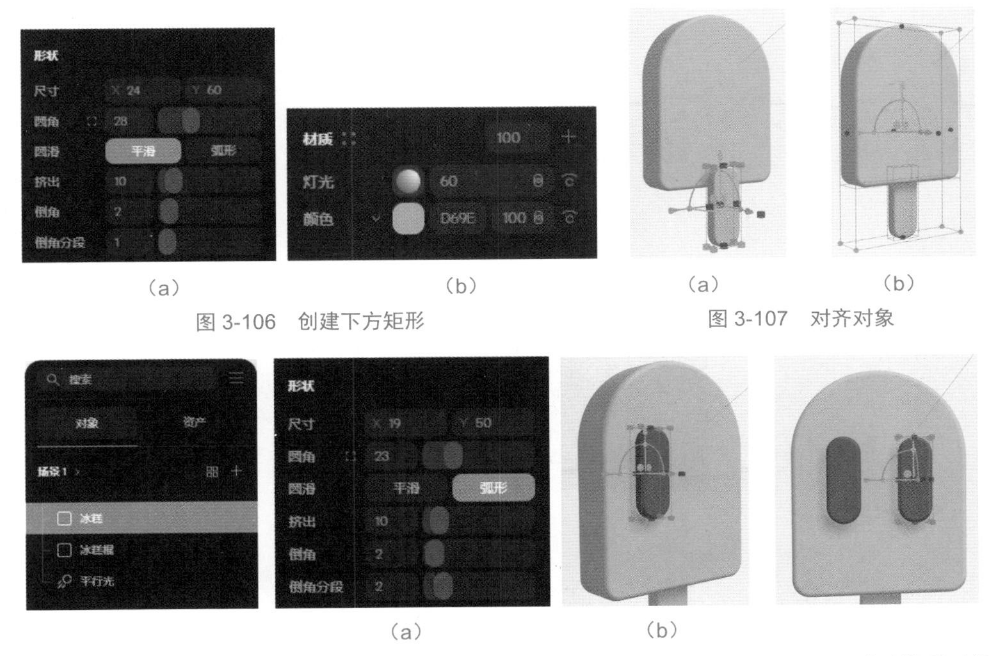

（a）　（b）

图 3-106　创建下方矩形

（a）　（b）

图 3-107　对齐对象

图 3-108　图层栏

（a）　（b）

图 3-109　创建矩形对象

图 3-110　复制矩形对象

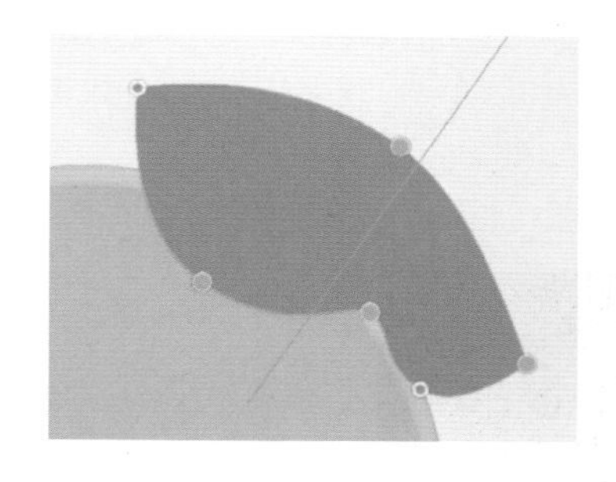

图 3-111　绘制图形

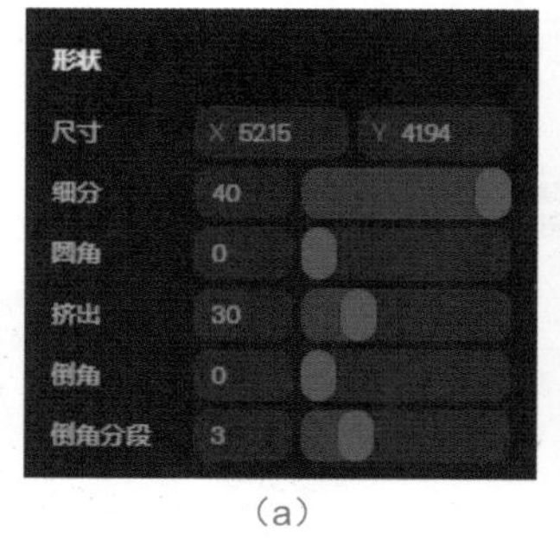

（a）

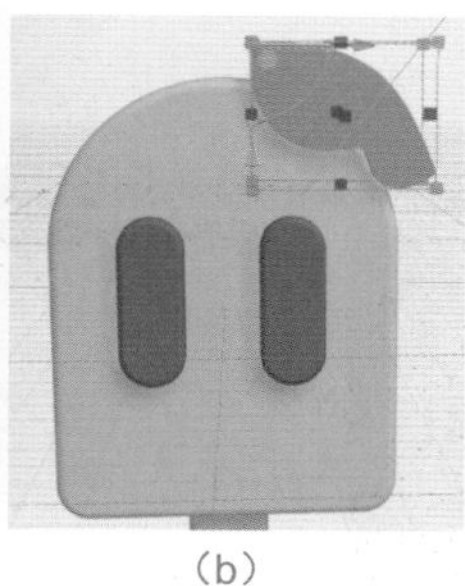

（b）

图 3-112　图形效果

Step05 拖曳选中除“冰糕棍”外的其他对象，单击“布尔方案”选项中“操作”选项后的“相减”按钮，效果如图 3-113 所示。使用“矢量”工具绘制图形，如图 3-114 所示。设置“形状”参数如图 3-115 所示。

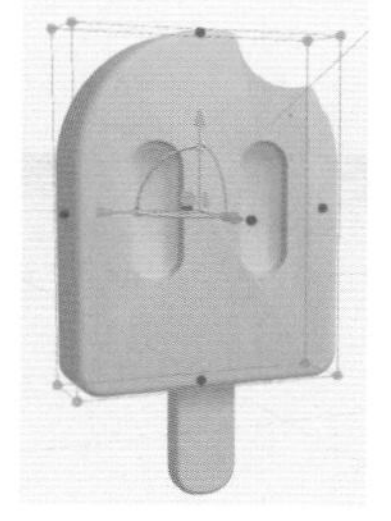

图 3-113　布尔操作效果

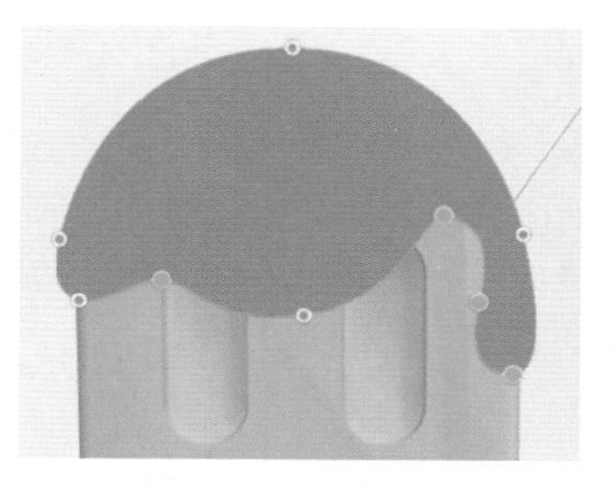

图 3-114　绘制图形

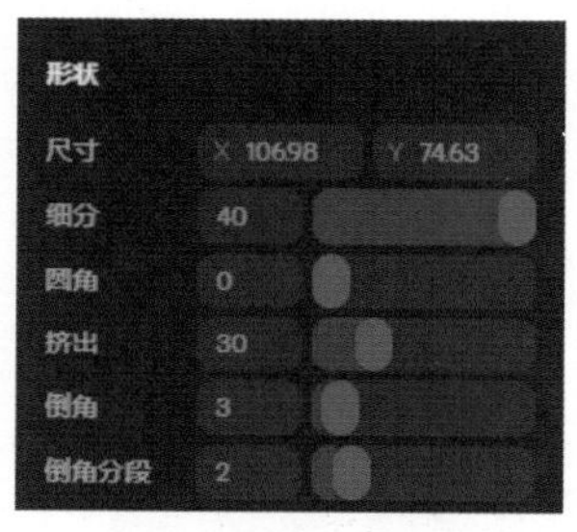

图 3-115　设置“形状”参数

Step06 设置材质“颜色”为 # F2D4D4，图形效果如图 3-116 所示。在视图中创建一个黑色的球体，如图 3-117 所示。

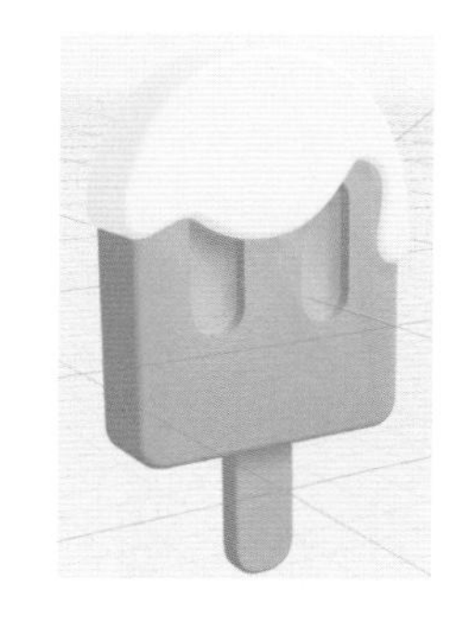

图 3-116　设置材质颜色

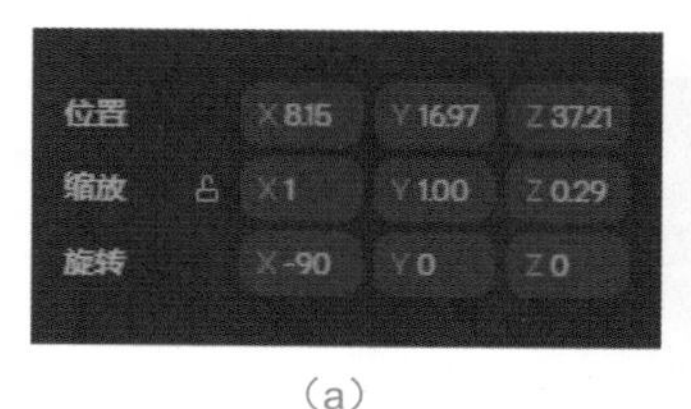

（a）

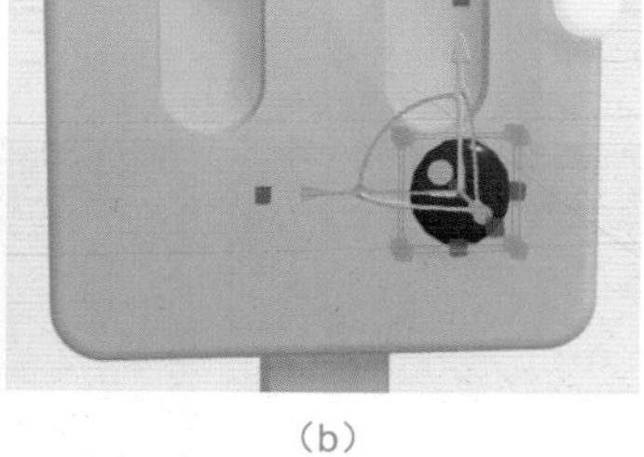

（b）

图 3-117　创建球体

Step07 继续在视图中创建一个“颜色”为 #FF8181 的椭圆，设置“形状”参数如图 3-118 所示。按住 Ctrl 键的同时拖曳复制椭圆对象到如图 3-119 所示的位置。

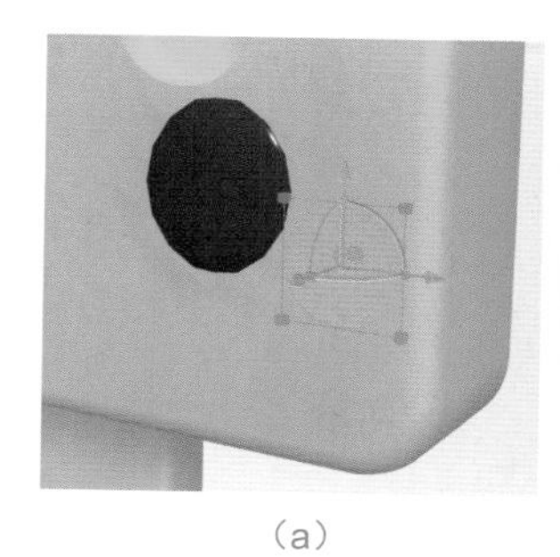

（a）

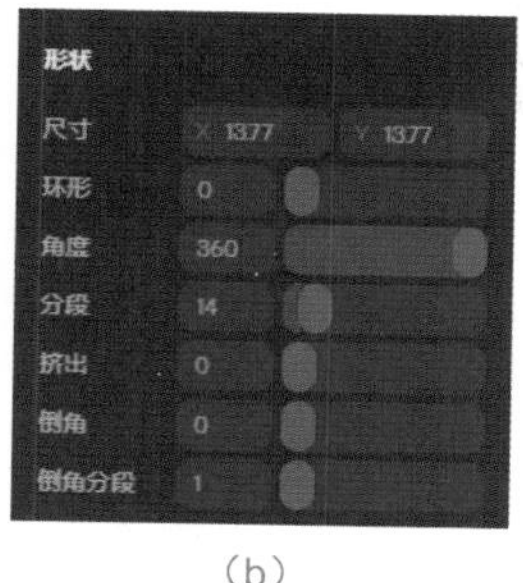

（b）

图 3-118　创建椭圆形状

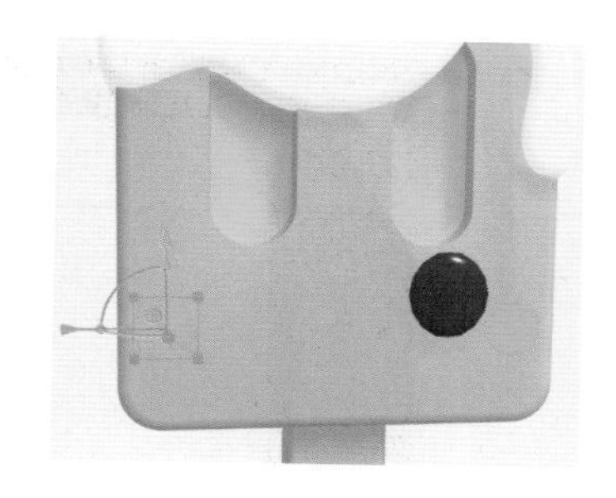

图 3-119　拖曳复制椭圆形状

Step08 使用“矢量”工具在视图中绘制如图 3-120 所示的图形。继续使用相同的方法，绘制如图 3-121 所示的图形。在图层栏中选中表情形状图层，按 Ctrl+G 组合键编组，修改组名为“表情 1”，如图 3-122 所示。

Step09 继续使用相同的方法，制作另外两个表情图层组，如图 3-123 所示。隐藏新建的两个表情图层组，选中除灯光以外的图层，按 Shift+Ctrl+K 组合键创建组件，如图 3-124 所示。

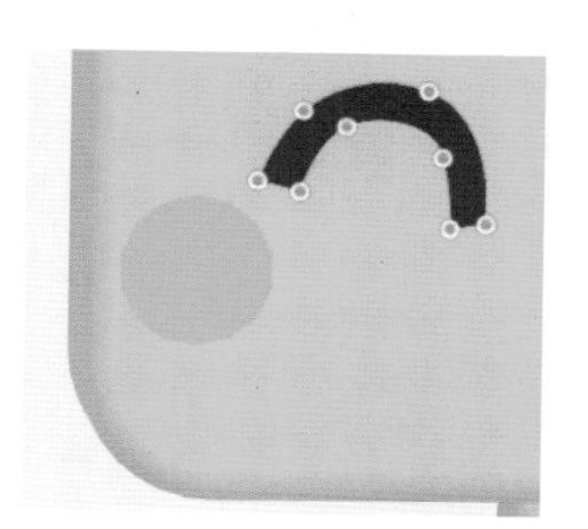

图 3-120　绘制矢量图形

图 3-121　绘制其他矢量图形

图 3-122　图层编组

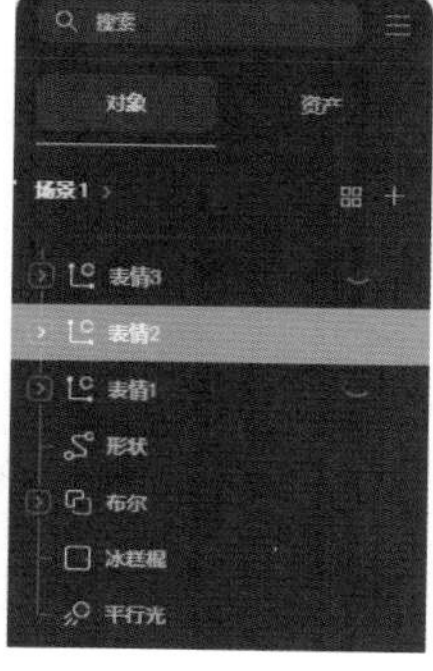

图 3-123　制作另外两个表情图层组

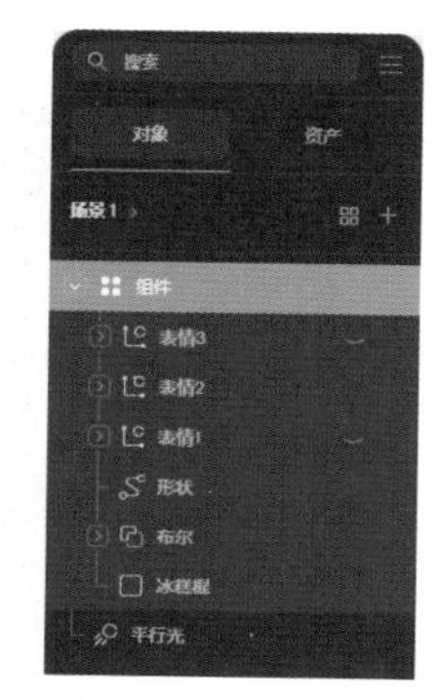

图 3-124　创建组件

Step10 按 Ctrl+D 组合键创建组件实例，移动到如图 3-125 所示的位置。在图层栏中隐藏实例中的图层组，效果如图 3-126 所示。

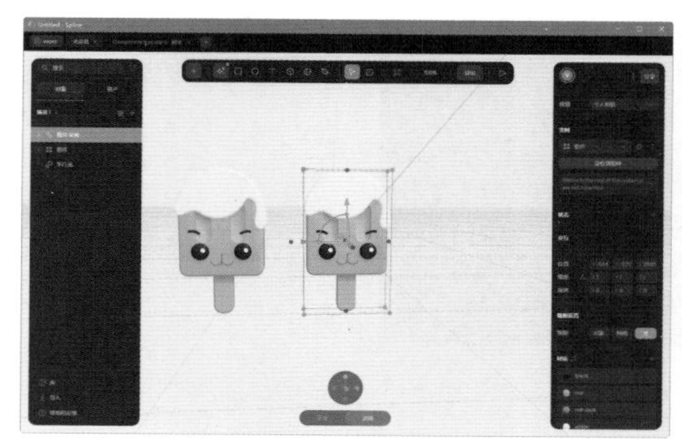

图 3-125　创建组件实例

图 3-126　变化组件

Step 11 再次创建一个组件实例并隐藏图层，效果如图 3-127 所示。使用相同的方法创建实例并选择性地显示图层，效果如图 3-128 所示。

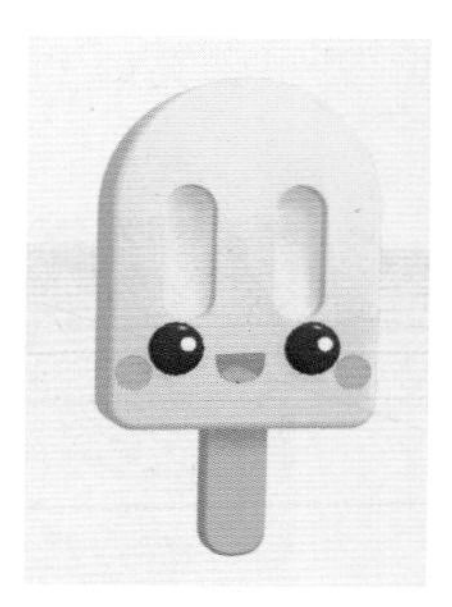

图 3-127　变化组件

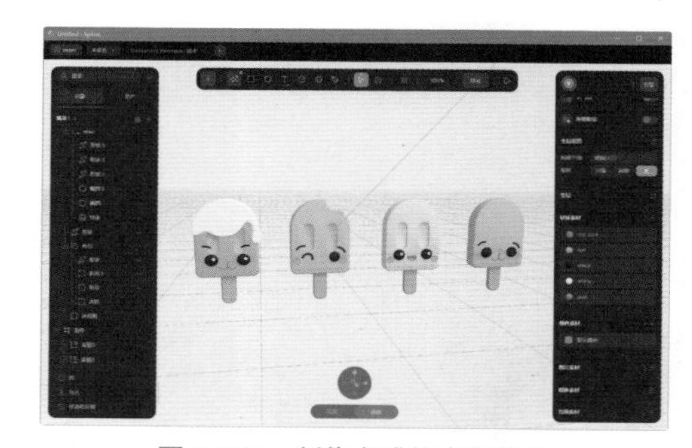

图 3-128　制作完成的实例效果

3.4.2　覆盖和分离实例

用户可以调整实例的大小、材质和事件等属性，覆盖实例对象的属性，而不会影响主组件，如图 3-129 所示。如果希望实例的属性应用到主组件上，可以先选中实例，再单击“实例”选项中的按钮，如图 3-130 所示。

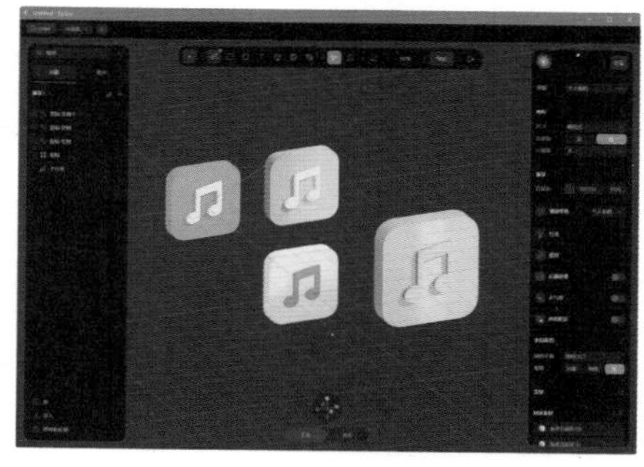

图 3-129　覆盖实例属性

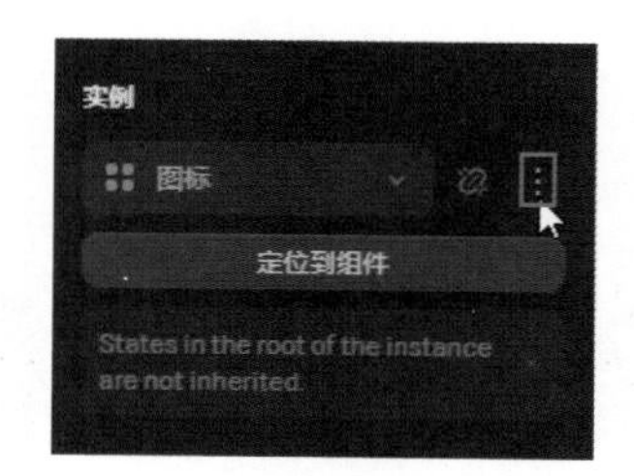

图 3-130　单击相应的按钮

在打开的下拉列表框中选择“应用到主组件”选项，如图 3-131 所示。即可将实例属性应用到主组件对象上，如图 3-132 所示。

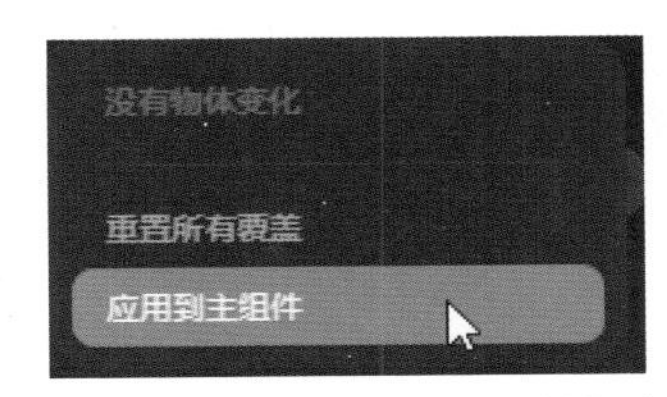

图 3-131　选择“应用到主组件”选项

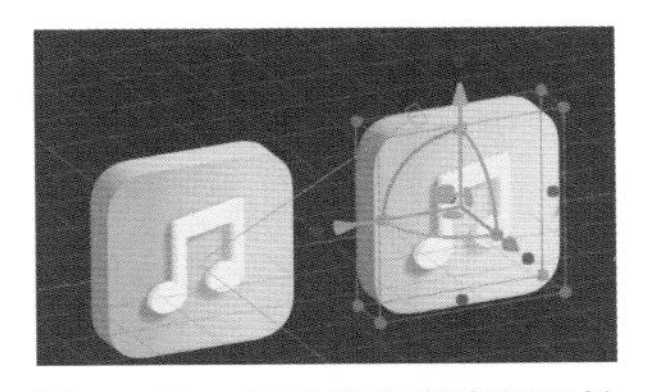

图 3-132　主组件应用实例属性

覆盖实例后，可通过单击“实例”选项中的■按钮，在打开的下拉列表框中选择“重置所有覆盖”选项，如图 3-133 所示。重置实例覆盖效果如图 3-134 所示。

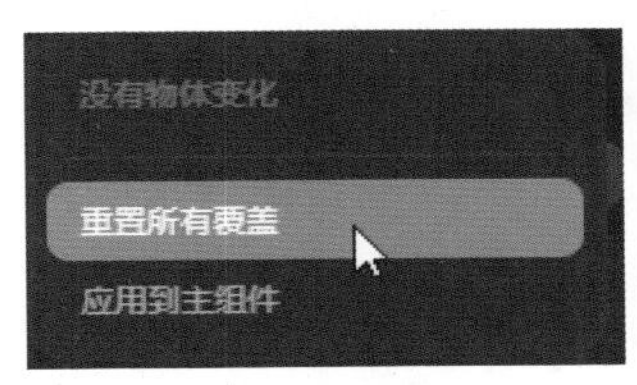

图 3-133　“重置实例覆盖”选项

图 3-134　重置实例覆盖效果

提示

选择实例对象本身或实例对象中的子对象，可分别执行不同的重置命令，实现重置对象覆盖、重置所有覆盖及重置单个属性（如变换、形状、材质等）等操作。

如果想在修改主组件时，不同步更新实例，可以将实例与主组件分离。在想要分离的实例对象上单击鼠标右键，在弹出的快捷菜单中选择“分离实例”命令或单击“实例”选项中的■按钮，即可将选中实例分离，如图 3-135 所示。

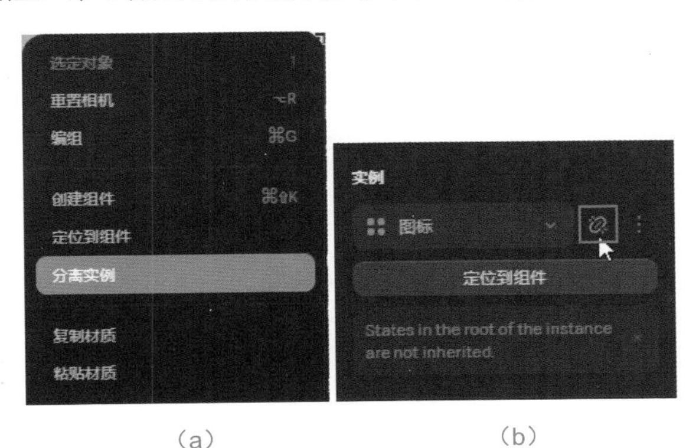

（a）　（b）

图 3-135　分离实例

提示

分离实例会将其转换为普通对象，它将不再引用主组件，并且主组件上的任何更改将不再反映到该对象上。

3.5 编辑 3D 模型

模型创建完成后，用户可以再对其进行编辑，制作更复杂的模型。选中视图中的模型，单击右侧属性栏中“形状”选项下的“平滑编辑”按钮，即可进入模型编辑模式，进一步对模型进行编辑优化，如图 3-136 所示。

单击模型编辑模式工具栏右侧的“退出模型编辑”按钮，如图 3-137 所示。即可退出模型编辑模式，返回创建模型界面。

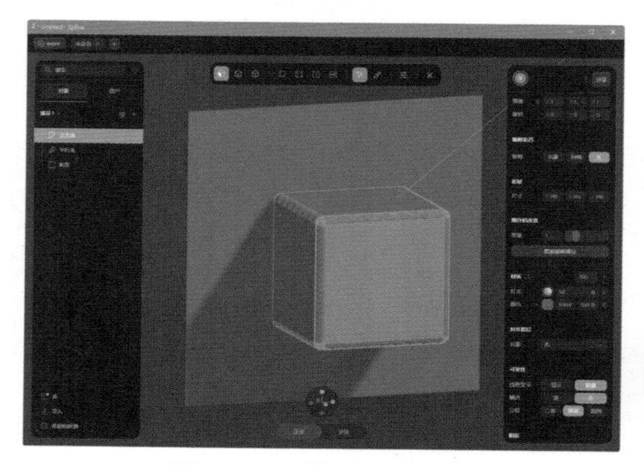

图 3-136　模型编辑模式

图 3-137　单击“退出模型编辑”按钮

3.5.1　使用 3D 建模工具

Spline 中允许用户对面、边和点进行编辑，用户通过使用挤出、内嵌、循环切割、边缘滑动和补洞等建模工具，对模型进行编辑。

1. 挤出和内嵌

挤出功能用于将模型的某个部分（如点、边或面）沿着其法线方向（或其他指定方向）向外或向内移动，从而创建新的几何体。内嵌功能用于在模型的某个面内部插入一个新的面，从而增加面的细节和深度。

选中要编辑的模型，如图 3-138 所示。单击右侧属性栏中的“平滑编辑”按钮，进入模型编辑模式，如图 3-139 所示。

设置“细分修改器”等级为 3，效果如图 3-140 所示。单击工具栏中的“面”按钮或按 F 键，使用“变形工具”选中顶部面，如图 3-141 所示。

单击“挤出”按钮或按 X 键，将光标移动到蓝色圆点位置，按住鼠标左键并向上拖曳挤出面，效果如图 3-142 所示。再次向上拖曳挤出面，效果如图 3-143 所示。使用相同的方法对其他两个面进行挤出操作，效果如图 3-144 所示。

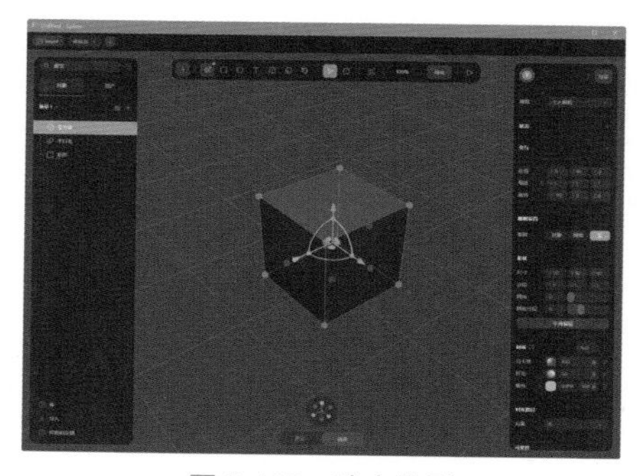

图 3-138　选中模型

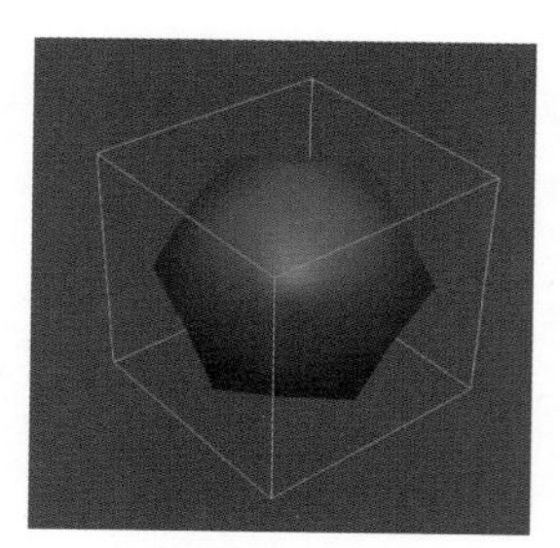

图 3-139　进入模型编辑模式

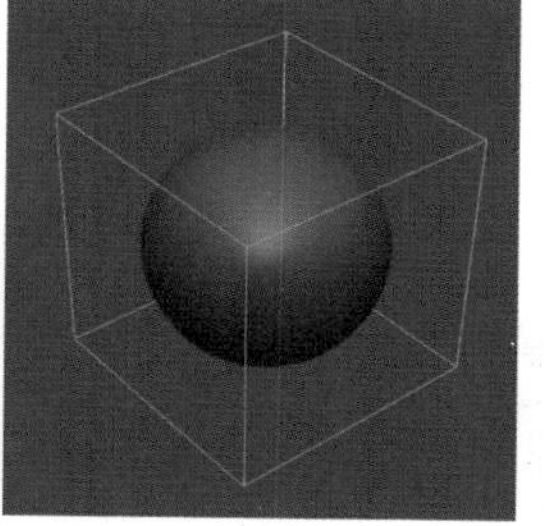

图 3-140　修改细分等级

图 3-141　选中顶部面

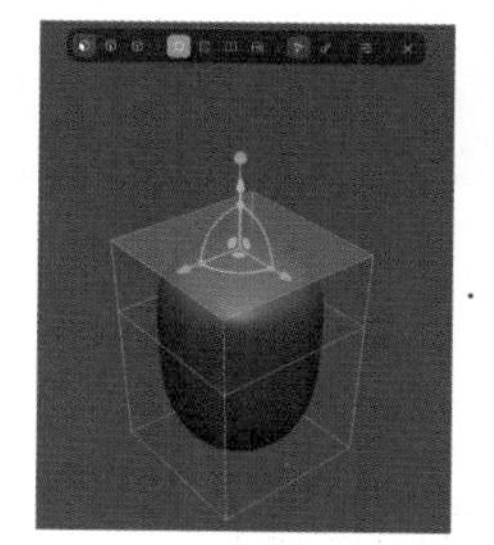

图 3-142　挤出面

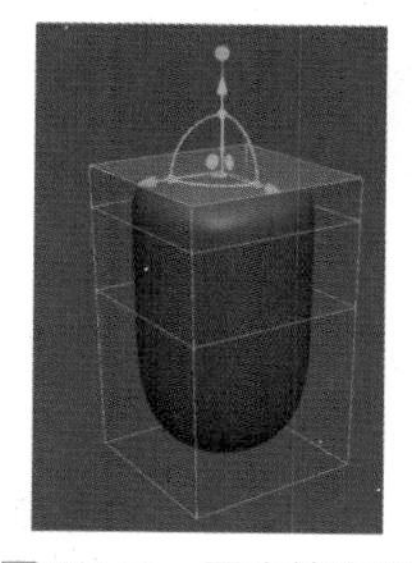

图 3-143　再次挤出面

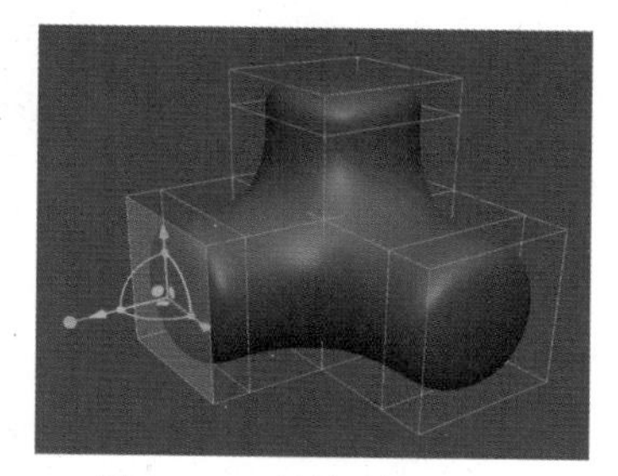

图 3-144　其他面挤出效果

按住 Shift 键的同时逐一单击 3 个面，同时选中多个面，如图 3-145 所示。单击工具栏中的“内嵌”按钮或按 A 键，将光标移动到坐标轴上的蓝色圆点上，按下鼠标左键并拖曳，内嵌面效果如图 3-146 所示。

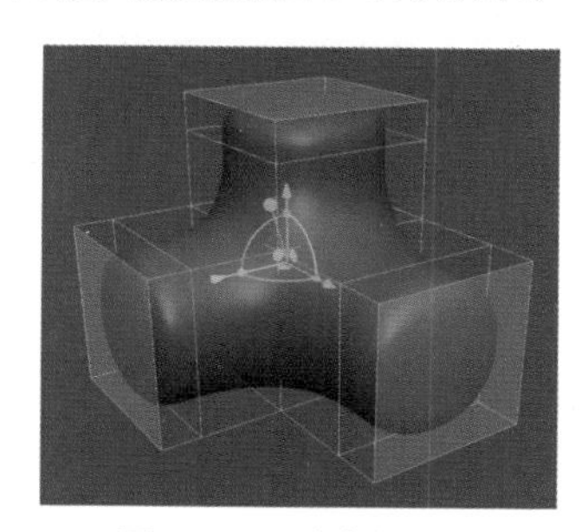

图 3-145　选中多个面

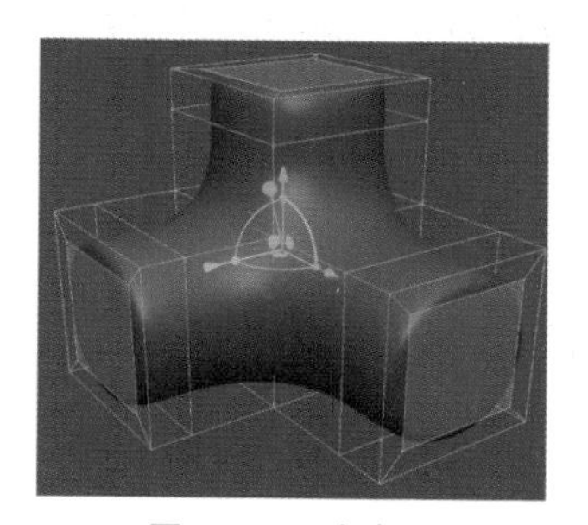

图 3-146　内嵌面

单击工具栏中的“挤出”按钮，选中一个面，拖曳蓝色圆点，效果如图 3-147 所示。使用相同的方法，向内挤出模型效果如图 3-148 所示。

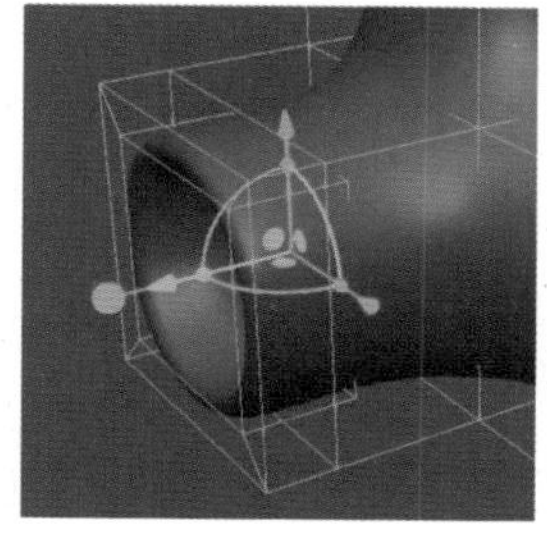

图 3-147　向内挤出效果

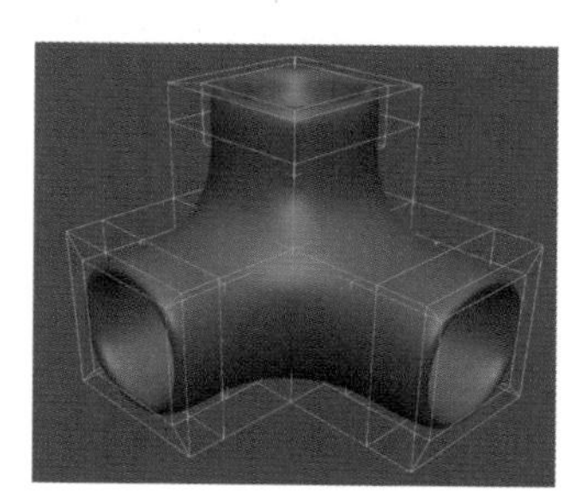

图 3-148　模型效果

在进行挤出和内插操作时，可以单击工具栏中的设置按钮，在打开的面板中设置选择的挤出和内插的模式，如图 3-149 所示。

选择“组”模式，则同时选中的面将作为整体挤出或内插，如图 3-150 所示。选择“独立”模式，则同时选中的面将分别作为个体挤出或内插，如图 3-151 所示。

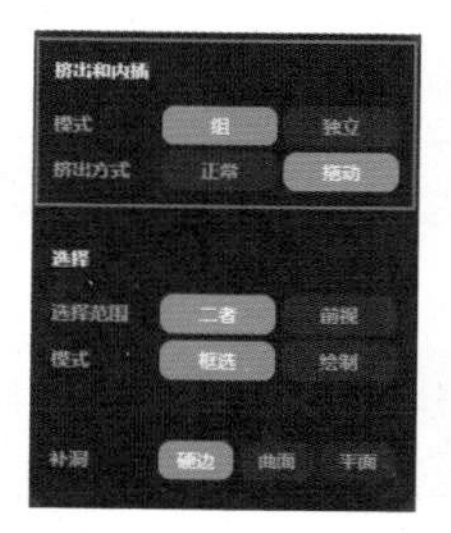

图 3-149 挤出和内插的模式

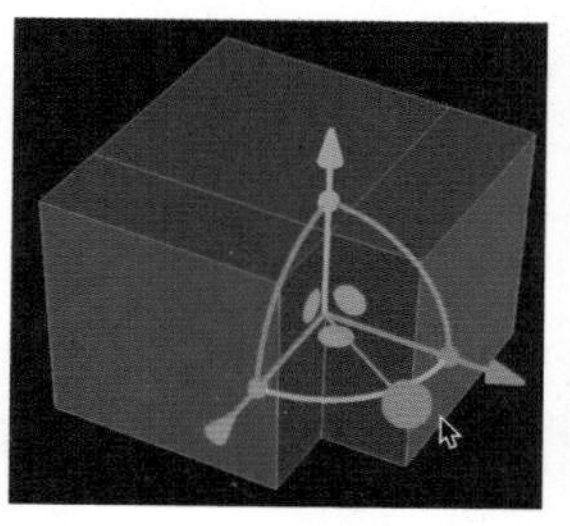

图 3-150 “独立”模式

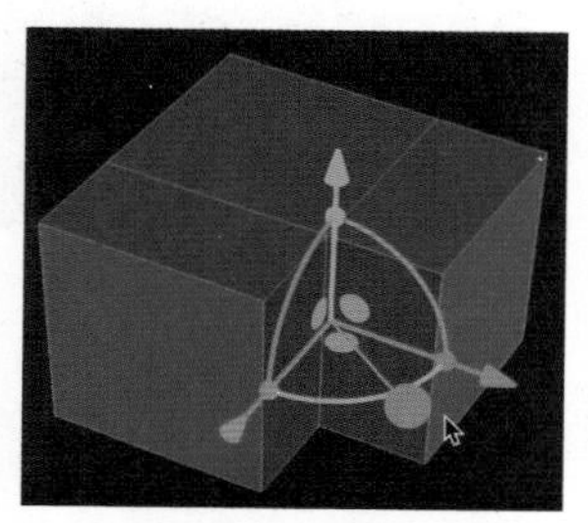

图 3-151 “组”模式

选择“正常”挤出方式，挤出的面将垂直于选中的面，如图 3-152 所示。选择“拖动”挤出方式，挤出的面将与拖动的方向一致，如图 3-153 所示。

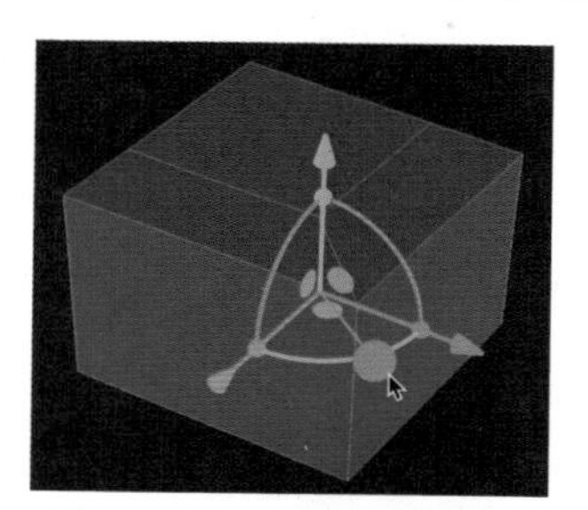

图 3-152 “正常”挤出方式

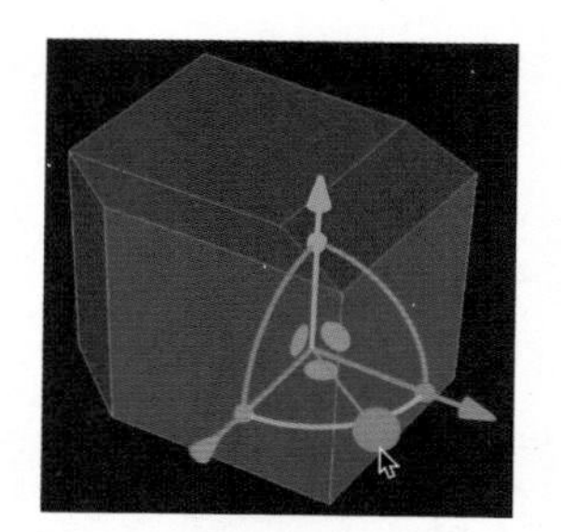

图 3-153 “拖动”挤出方式

2. 循环切割和边缘滑动

循环切割是在 3D 模型上沿着指定的路径或曲线进行切割的操作。它允许用户按照特定的形状或模式来分割模型，以便进行后续的编辑、细化或动画处理。边缘滑动是在 3D 模型的边缘或表面上滑动或移动几何元素的操作。它通常用于调整模型的形状、轮廓或细节，以便更好地满足设计要求。

单击工具栏中的“边”按钮或按 G 键，单击“循环切割”按钮或按 C 键，将光标移动到模型上，如图 3-154 所示。单击即可添加分段，如图 3-155 所示。

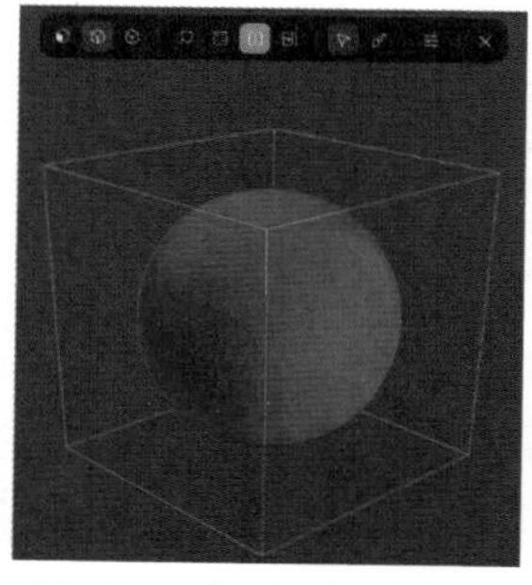

图 3-154 移动光标到模型上

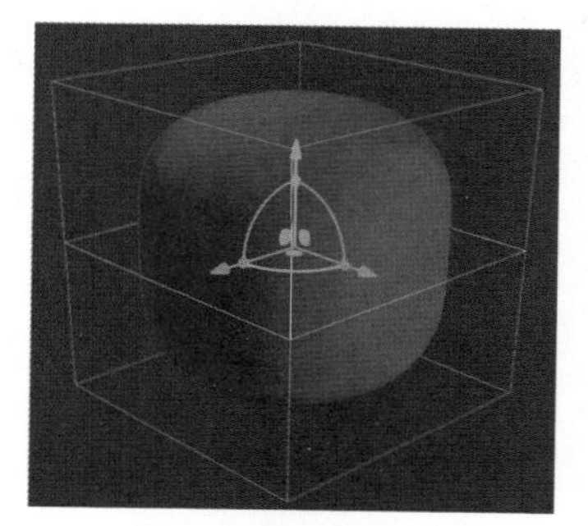

图 3-155 添加分段

单击工具栏中的“边缘滑动”按钮▣按 E 键，将光标移动到蓝色圆点上，按下鼠标左键并向下拖曳，模型效果如图 3-156 所示。使用相同的方法，添加分段并滑动边缘，效果如图 3-157 所示。使用相同的方法，通过“循环切割”添加多条分段，如图 3-158 所示。

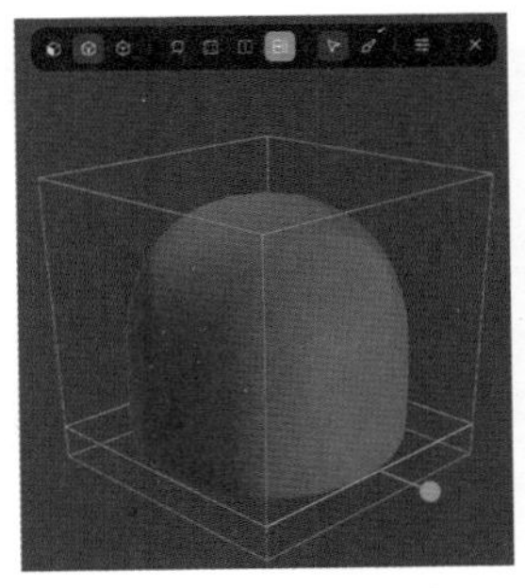
图 3-156　变换滑动效果

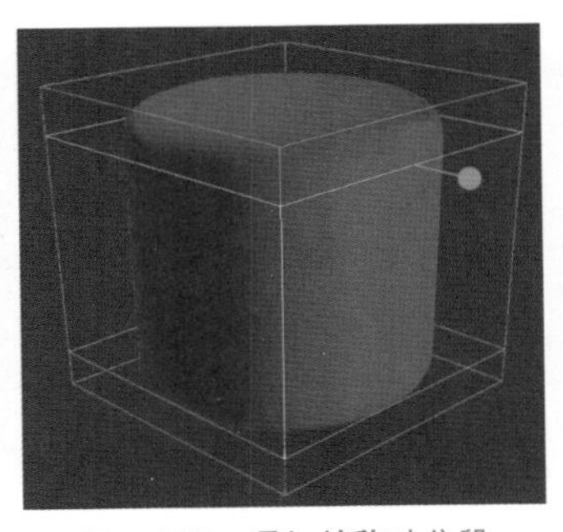
图 3-157　添加并移动分段

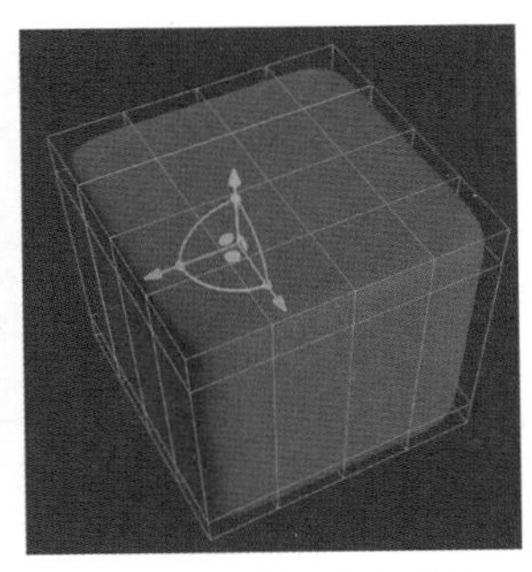
图 3-158　添加多条分段

单击工具栏中的“点”按钮▣或按 V 键，将光标移动到模型顶点上，按下鼠标左键并拖曳控制轴，即可调整顶点的位置，如图 3-159 所示。也可以通过框选的方式一次选择多个顶点调整，如图 3-160 所示。

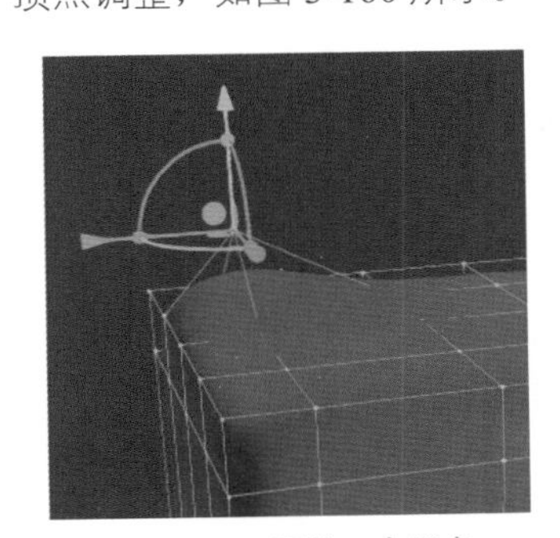
图 3-159　调整一个顶点

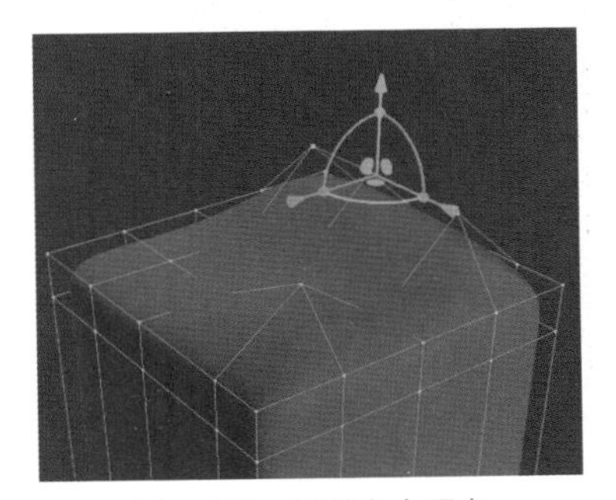
图 3-160　调整多个顶点

在选择面、边或顶点时，可以单击工具栏中的设置按钮▣，在打开的面板中设置选择的范围和模式，如图 3-161 所示。

用户可以指定选择时受影响的一侧为“二者”（正反面）或“前视”（仅正面）。“框选”模式是指用户拖曳创建的矩形选框为选中对象。“绘制”模式则是通过设置“半径”值，调整选中对象的范围，如图 3-162 所示。

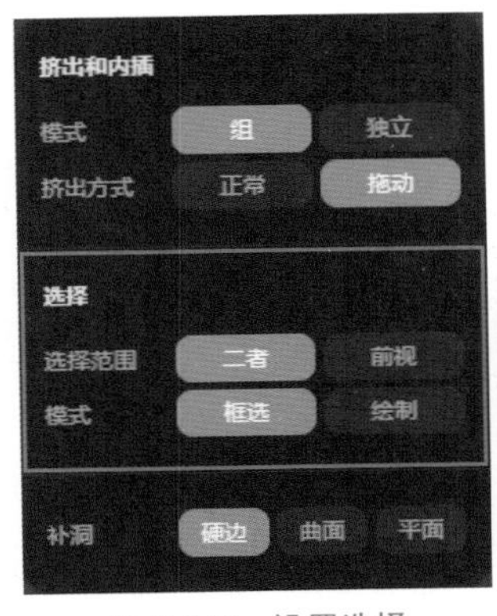

图 3-161　设置选择的范围和模式

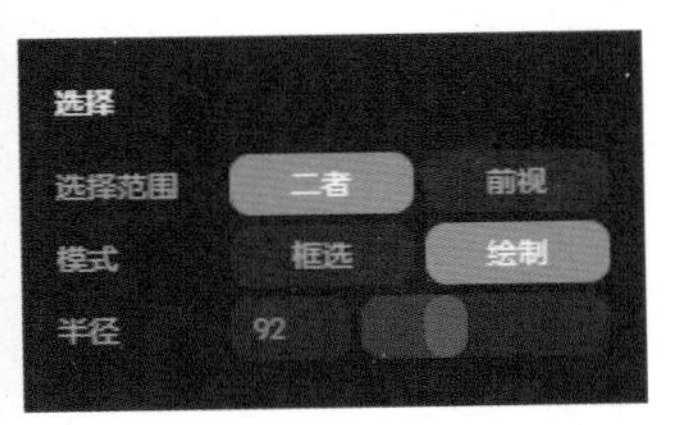

图 3-162　设置绘制半径

3. 补洞

补洞操作通常用于修复模型中的孔洞或缺失部分。用户可以通过软件的自动检测功能或手动检查识别模型中的孔洞，如图 3-163 所示。单击“边”按钮，按住 Shift 键的同时选中孔四周的边，如图 3-164 所示。单击工具栏中临时出现的“补洞”按钮或按 H 键，即可封闭模型上的孔，如图 3-165 所示。

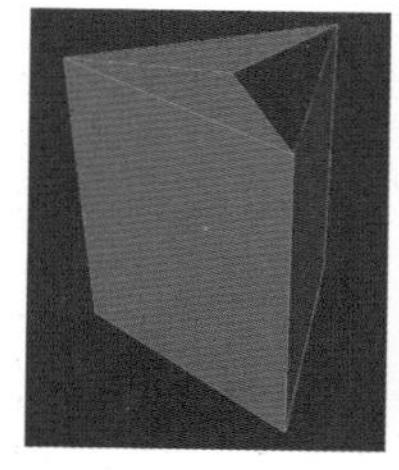

图 3-163　模型上的孔

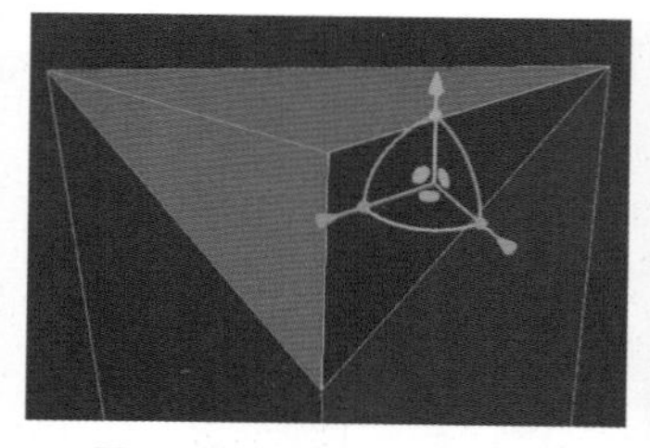
图 3-164　选中孔四周的边

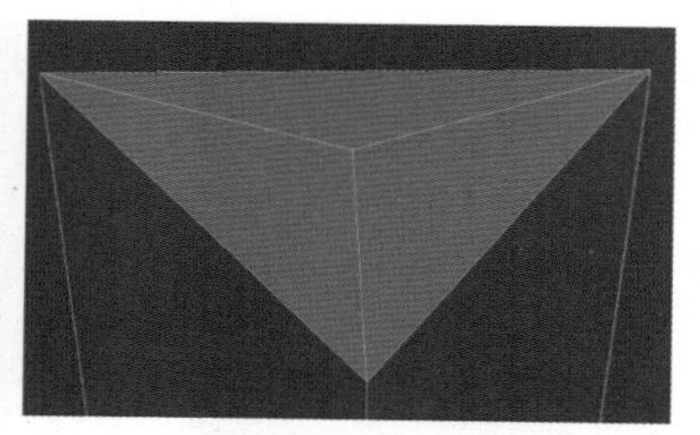
图 3-165　补洞效果

在填充孔时，可以单击工具栏中的设置按钮，在打开的面板中设置补洞的形状，以便获得更好的填充效果，如图 3-166 所示。用户可以根据孔的实际情况，选择填充孔的几何形状是“硬边”“曲面”或“平面”。图 3-167 所示为曲面补洞效果。

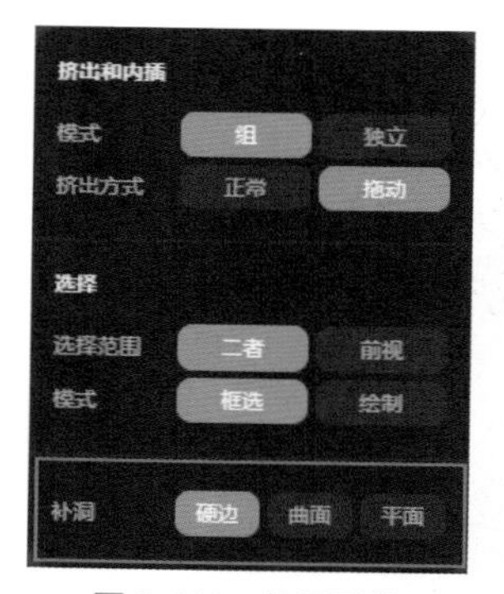

图 3-166　补洞形状

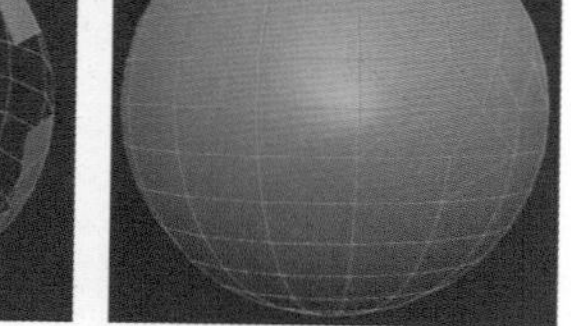
图 3-167　曲面补洞效果

课堂练习——制作卡通大树模型

Step01 新建一个 Spline 文件，在场景中创建一个“圆柱”模型，效果如图 3-168 所示。单击“平滑编辑”按钮，效果如图 3-169 所示。按住 Shift 键的同时依次选中相间边，如图 3-170 所示。

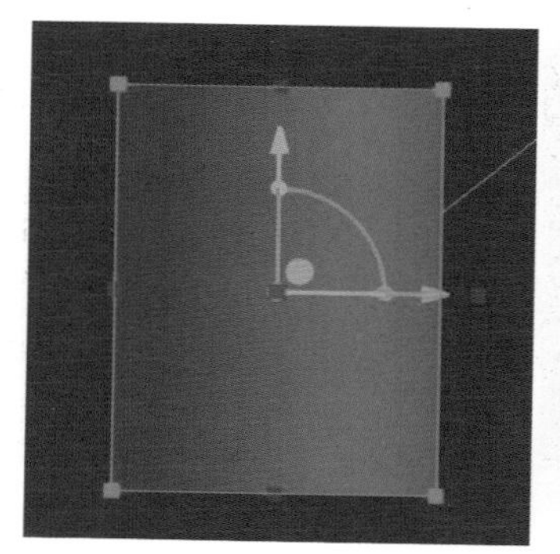
图 3-168　创建圆柱

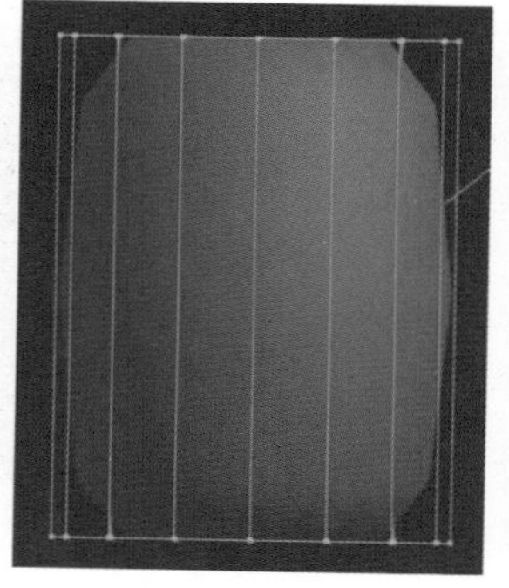
图 3-169　平滑编辑模型

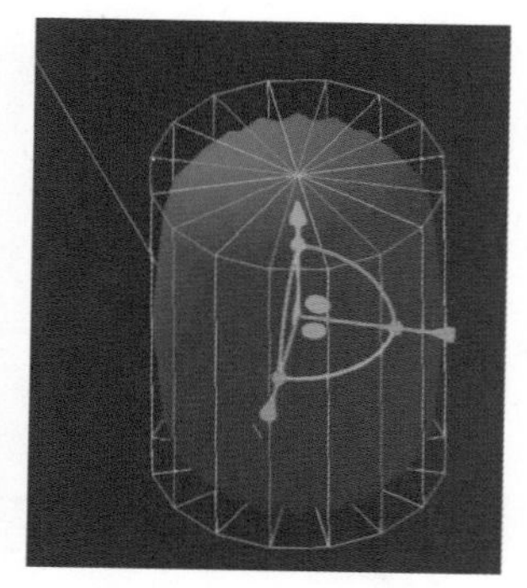
图 3-170　选中相间边

提示

在想要选中的边上单击，即可将其选中。在想要选中的边上双击，即可快速选中循环边。

Step 02 按住 Shift 键的同时缩放边，效果如图 3-171 所示。使用“变形工具”向上移动边，效果如图 3-172 所示。在属性栏中设置细分“等级”为 4，模型效果如图 3-173 所示。

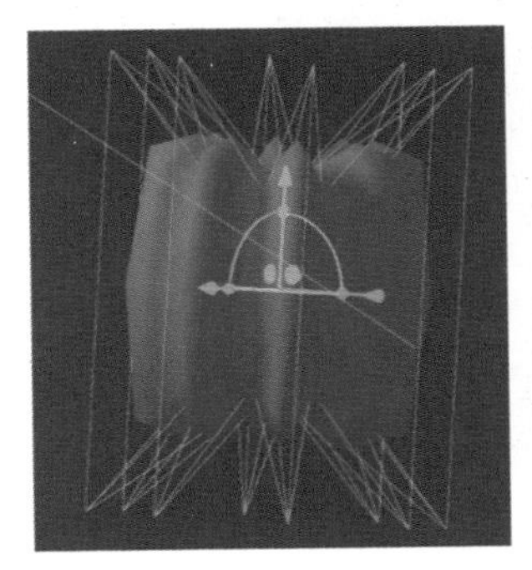

图 3-171　缩放边

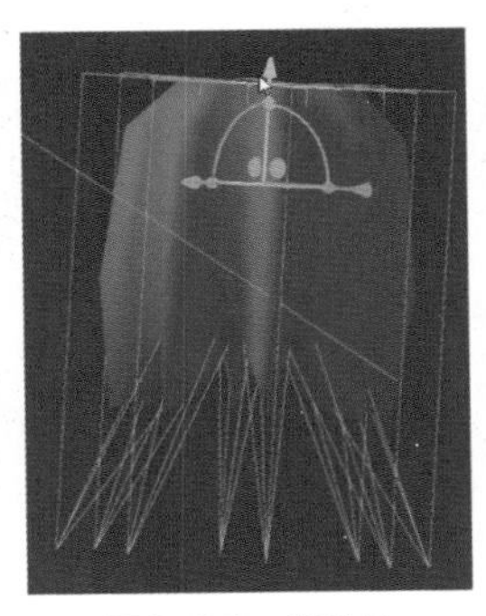

图 3-172　移动边

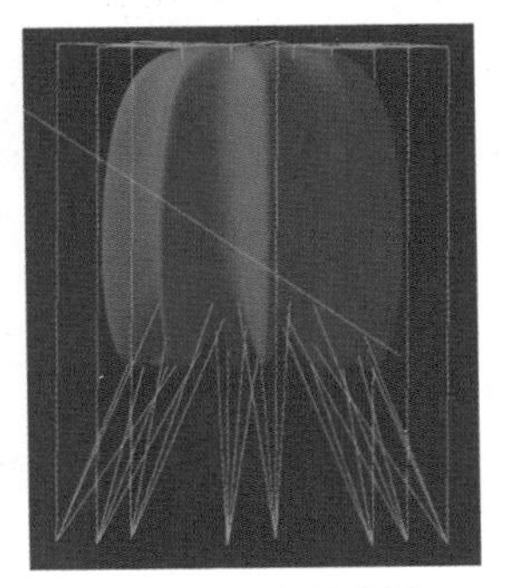

图 3-173　细分效果

Step 03 选中模型顶部的顶点并向上移动，效果如图 3-174 所示。拖曳选中模型下方的所有顶点并放大，效果如图 3-175 所示。

Step 04 退出模型编辑模式，按住 Ctrl 键的同时使用“选择工具”向下拖曳，复制模型效果如图 3-176 所示。将复制的模型等比例放大，效果如图 3-177 所示。

Step 05 继续使用相同的方法，复制模型并缩放，效果如图 3-178 所示。在场景中创建一个圆柱，用作松树的树干，完成后的松树模型效果如图 3-179 所示。

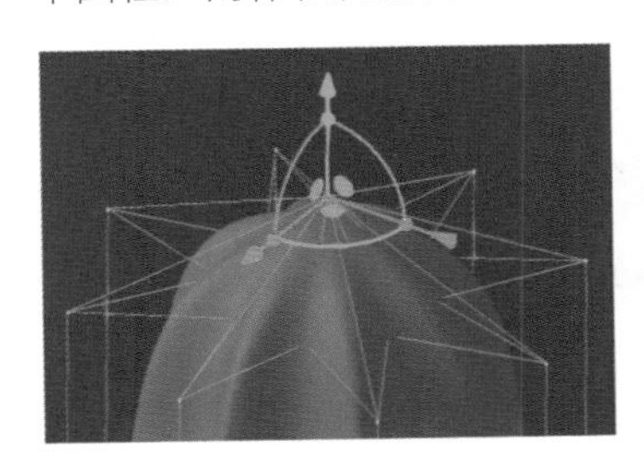

图 3-174　移动顶部顶点

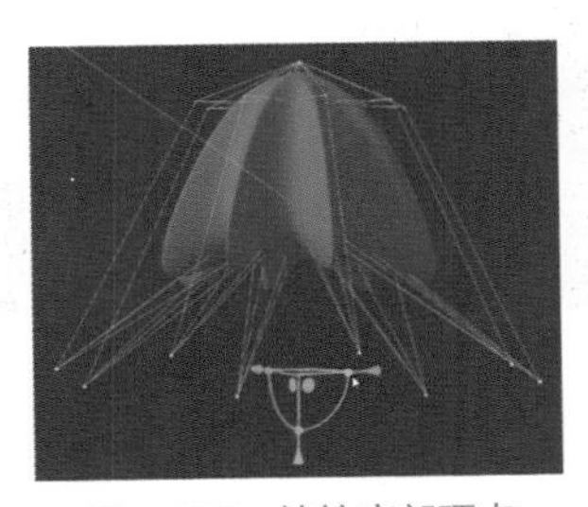

图 3-175　缩放底部顶点

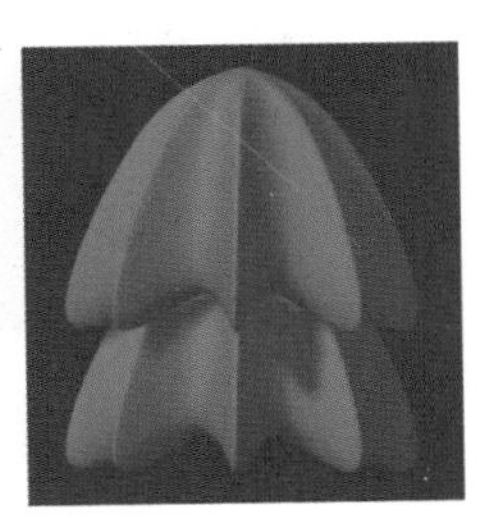

图 3-176　复制模型

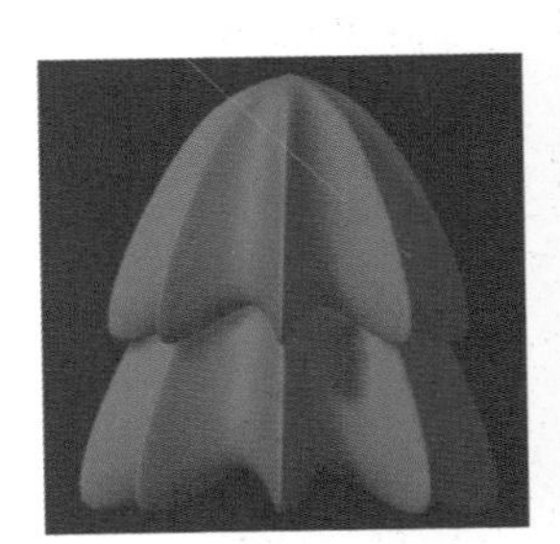

图 3-177　缩放模型

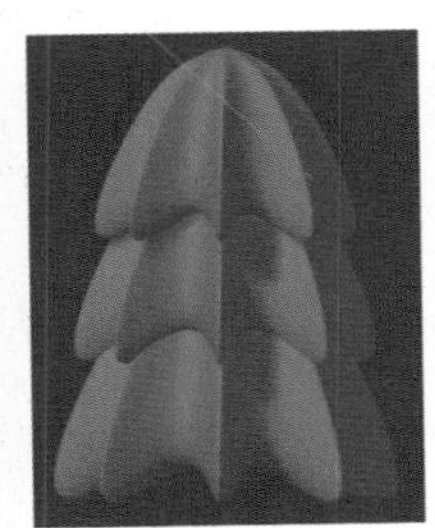

图 3-178　继续复制模型

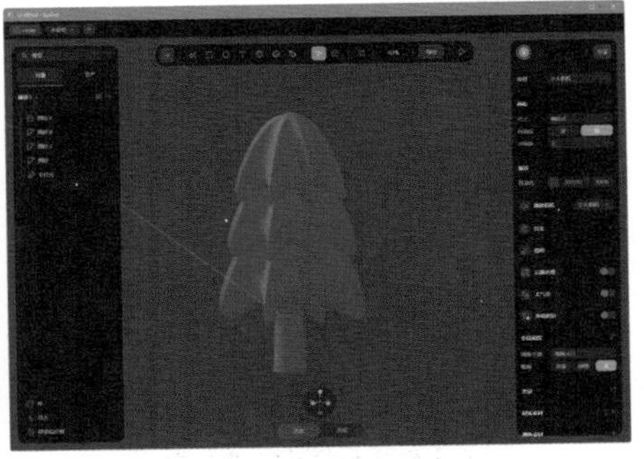

图 3-179　松树模型效果

3.5.2 3D 雕刻

用户可以使用雕刻工具对 3D 模型进行精细的塑形和雕刻。选中模型，单击“平滑编辑”按钮，进入模型编辑模式，如图 3-180 所示。单击界面顶部工具栏中的“雕刻”按钮，将光标移动到模型上，按下鼠标左键并拖曳，即可进行雕刻操作，如图 3-181 所示。

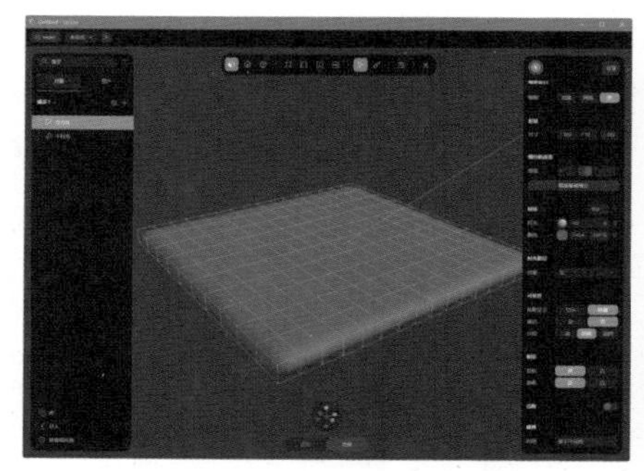

图 3-180 进入模型编辑模式

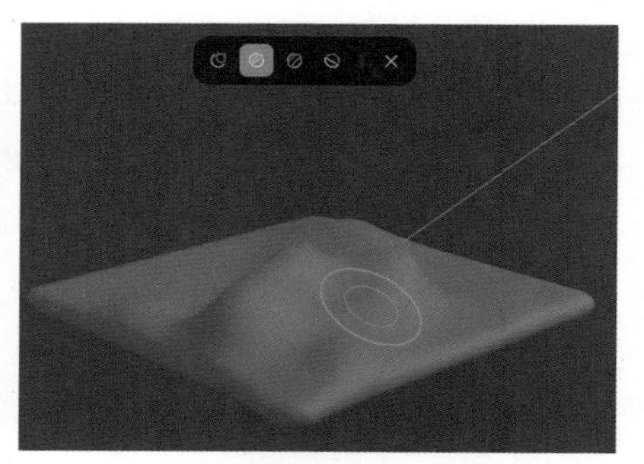

图 3-181 雕刻模型

提示

模型的分段将直接影响雕刻效果，分段越多，雕刻效果越平滑。同时，用户的按压力度和速度也会影响雕刻的深度和强度。

雕刻画笔的外圈代表画笔的半径，内圈代表画笔的强度，用户可以在右侧属性栏的“雕刻笔刷”选项中设置“雕刻”画笔的“半径”和“强度”，如图 3-182 所示。雕刻画笔工具栏中包括拉伸、按压、柔性按压和平滑 4 种操作方法，如图 3-183 所示。

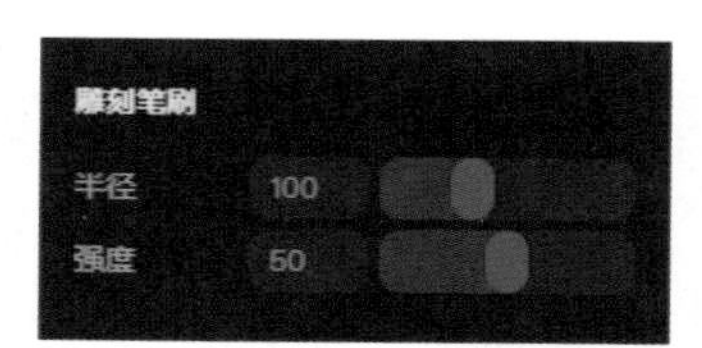

图 3-182 “雕刻笔刷”选项

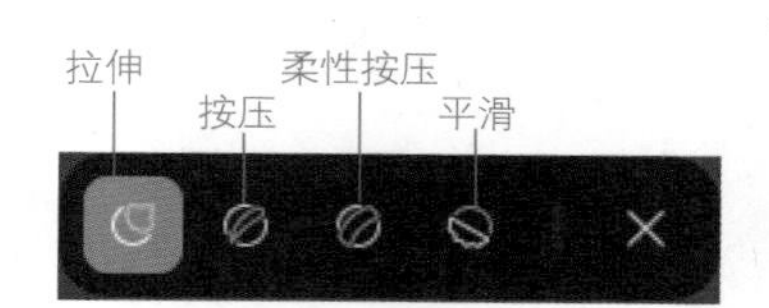

图 3-183 雕刻工具栏

1. 拉伸

通过拖曳鼠标的方法从起点提升曲面，如图 3-184 所示。按住 Ctrl 键的同时拖曳鼠标，可将曲面从起点内推曲面，如图 3-185 所示。

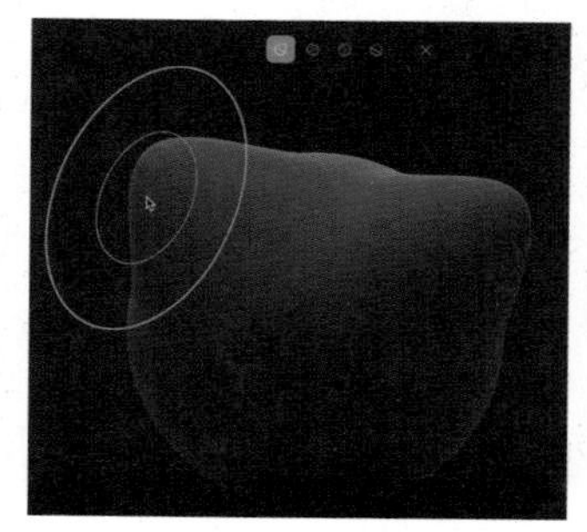

图 3-184 提升曲面

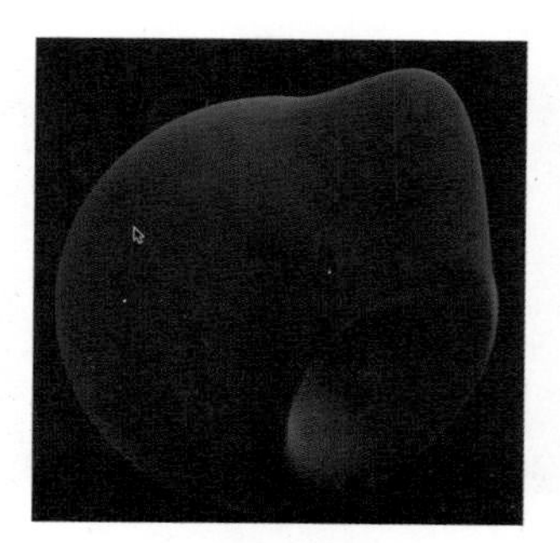

图 3-185 内推曲面

2. 按压

通过沿曲面拖曳鼠标，可以沿绘制的路径提升曲面，如图 3-186 所示。按住 Ctrl 键的同时沿曲面拖曳鼠标，可以沿绘制的路径降低曲面，如图 3-187 所示。

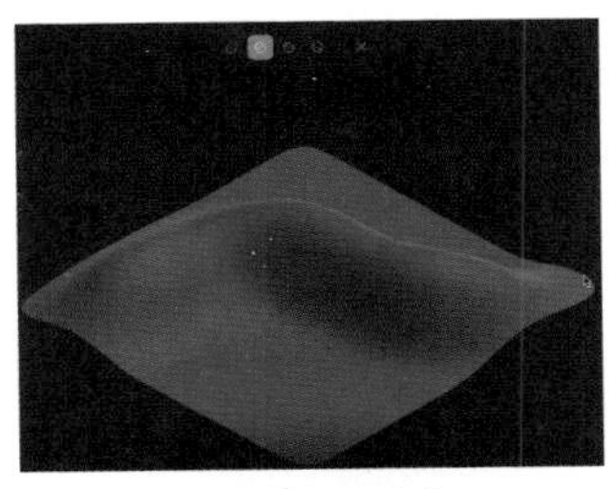

图 3-186　提升曲面

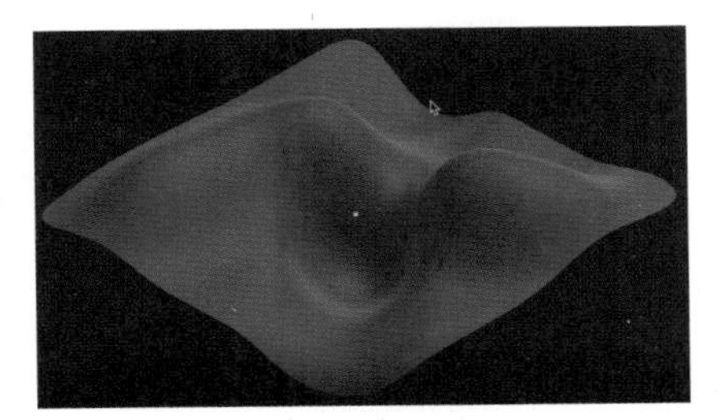

图 3-187　降低曲面

3. 柔性按压

与按压方法类似，区别在于柔性按压允许用户基于设定的半径进行绘制，绘制时可能会感受到一种“弹性”或“阻力”，有助于控制雕刻的精确度和流畅度。通过拖曳鼠标的方法，可以提升曲面，如图 3-188 所示。按住 Ctrl 键的同时拖曳鼠标，可以降低曲面，如图 3-189 所示。

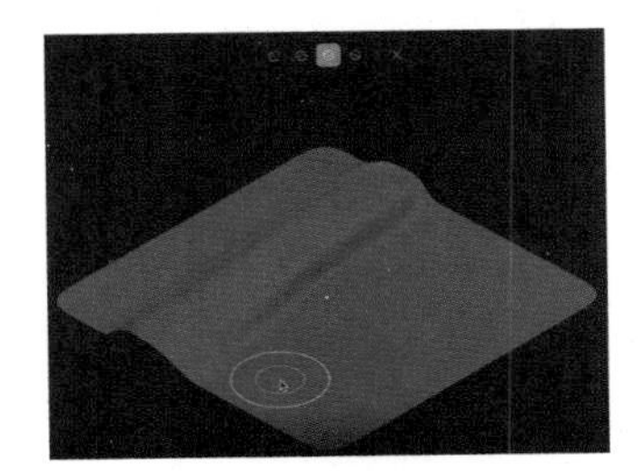

图 3-188　提升曲面

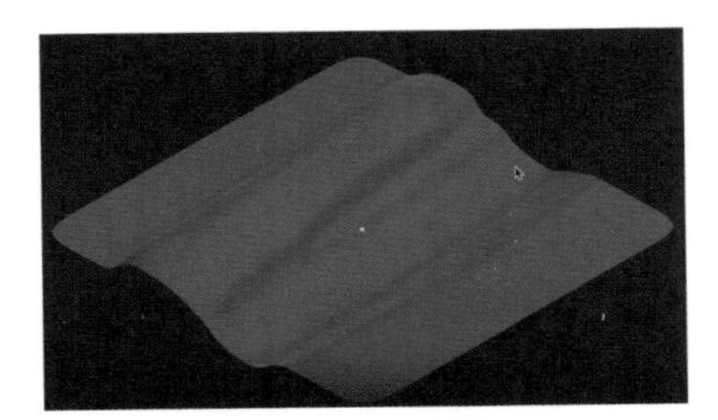

图 3-189　降低曲面

提示

柔性按压能够产生更加平滑和自然的雕刻效果，特别是在处理曲面和过渡区域时。通过柔性按压，可以避免在模型表面留下明显的“硬边”或“锯齿状”痕迹，实现更加精细和真实的雕刻效果。

4. 平滑

如果雕刻效果粗糙，用户可以选择“平滑”方式，通过拖曳鼠标使模型表面更加均匀和光滑，如图 3-190 所示。

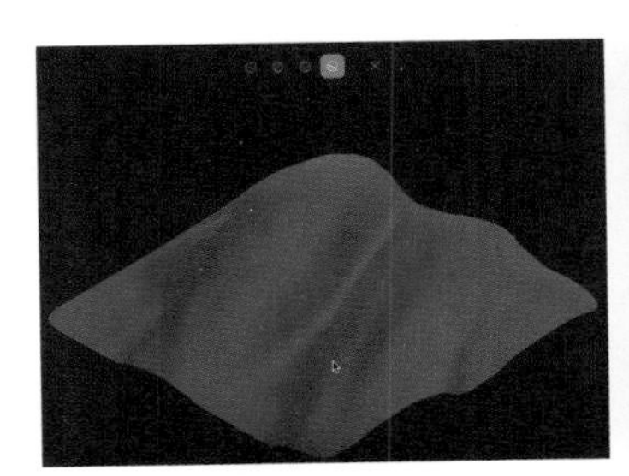

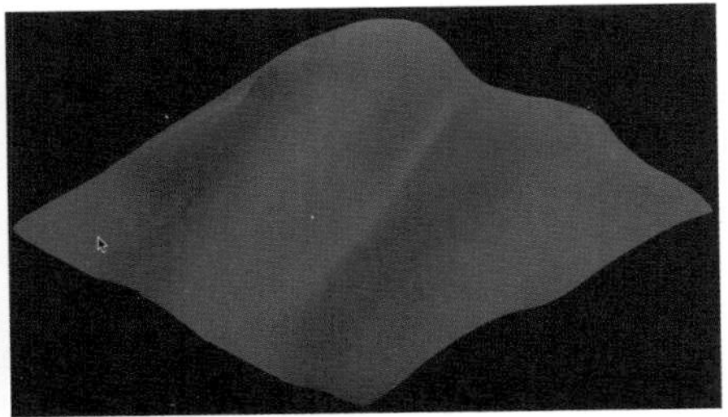

图 3-190　平滑雕刻效果

3.6 使用克隆器

克隆是 Spline 中一个非常快速且具有影响力的设计工具，能够帮助用户通过某种模式或基于另一个对象的形状复制和排列对象。

选中视图中的一个对象，如图 3-191 所示。单击右侧属性栏中“克隆”选项后面的启用按钮 ，启用克隆功能，如图 3-192 所示。

用户可以选择使用“径向”“线性”“网格”“对象”4 种克隆类型。每种类型都允许生成不同的模式，都可以通过打开并设置随机性，获得丰富的克隆对象效果。

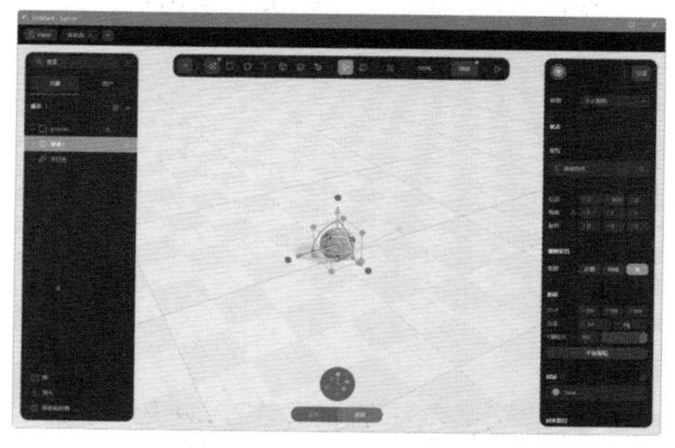

图 3-191　选中对象

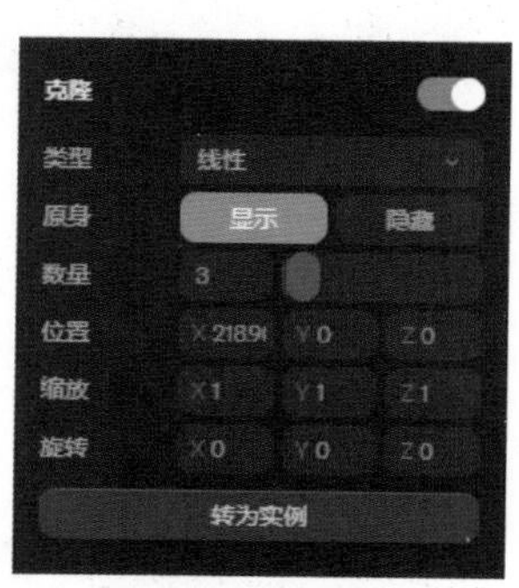

图 3-192　启用克隆

1. 径向

“径向”类型是以被克隆对象为中心，在指定“半径”的圆形上克隆对象。选择“径向”类型，各项参数如图 3-193 所示。径向克隆对象效果如图 3-194 所示。

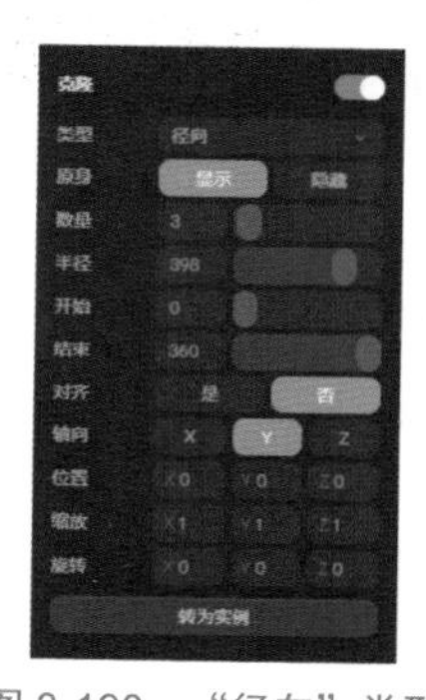

图 3-193　“径向”类型

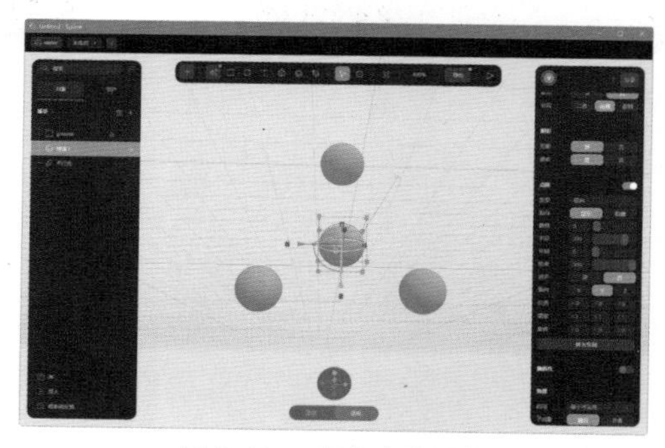

图 3-194　径向克隆对象

单击“原身”选项后的“隐藏”按钮，将隐藏被克隆对象，如图 3-195 所示。单击“显示”按钮，将重新显示被克隆对象。

用户可以通过输入或拖曳滑块来设置克隆对象的“数量”，图 3-196 所示为克隆 10 个对象的效果。

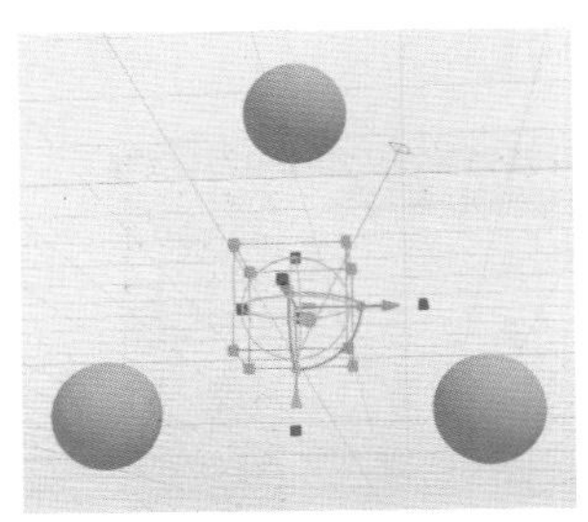

图 3-195　隐藏被克隆对象

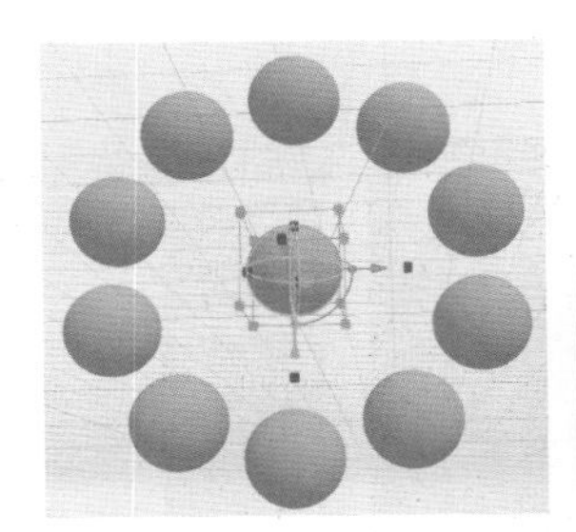

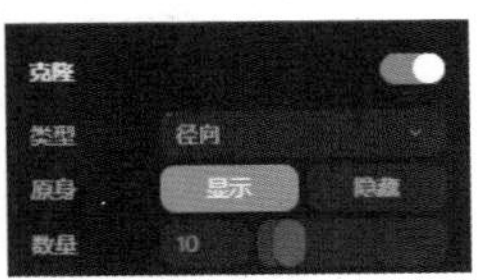

图 3-196　克隆 10 个对象

用户可以通过输入或拖曳滑块设置克隆对象的“半径”值，图 3-197 所示为设置半径为 600 的克隆效果。用户可以通过输入或拖曳滑块设置“开始”“结束”的数值，定义克隆对象扇区，如图 3-198 所示。默认设置为一个完整的圆形。

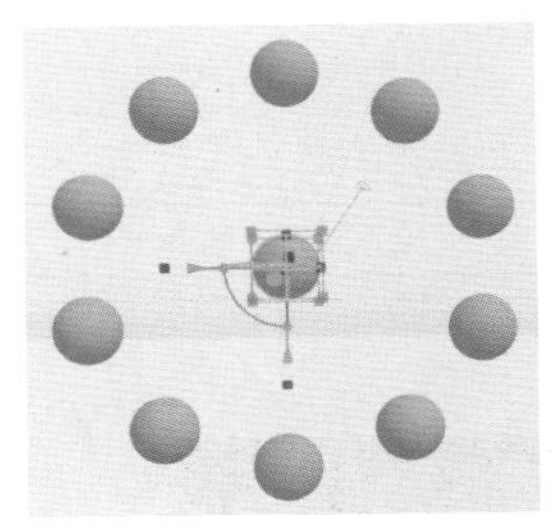

图 3-197　设置克隆半径

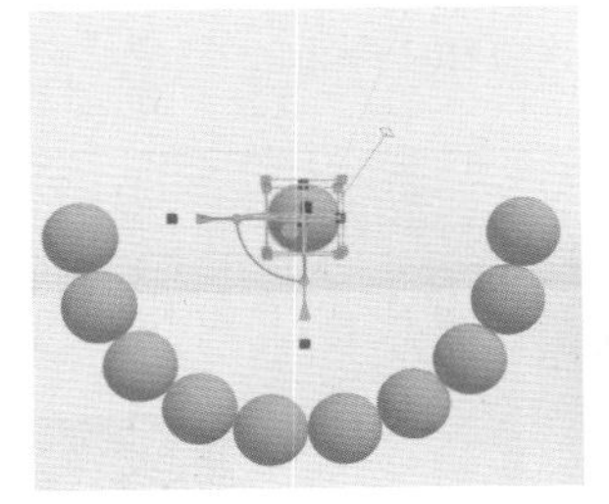

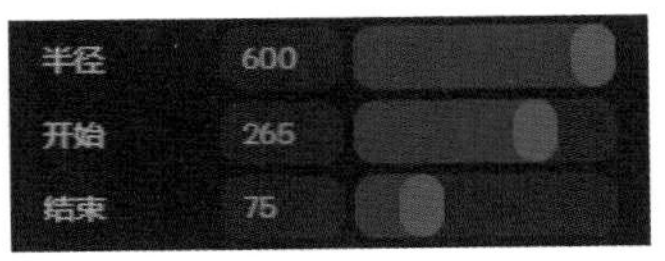

图 3-198　定义克隆对象扇区

用户可以通过单击“轴向”选项后的按钮，设置径向克隆对象的方向，如图 3-199 所示。

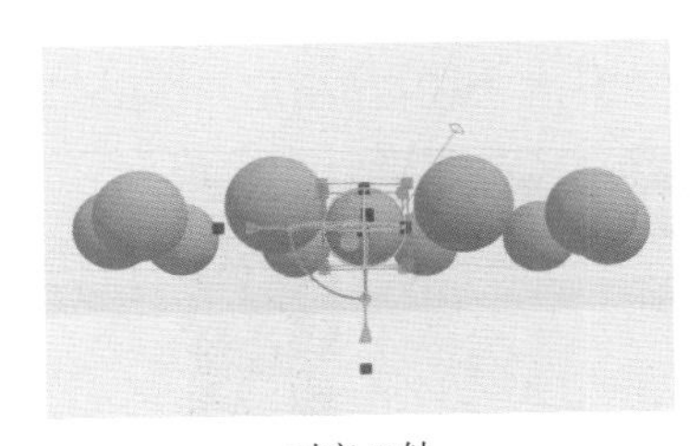

对齐 X 轴

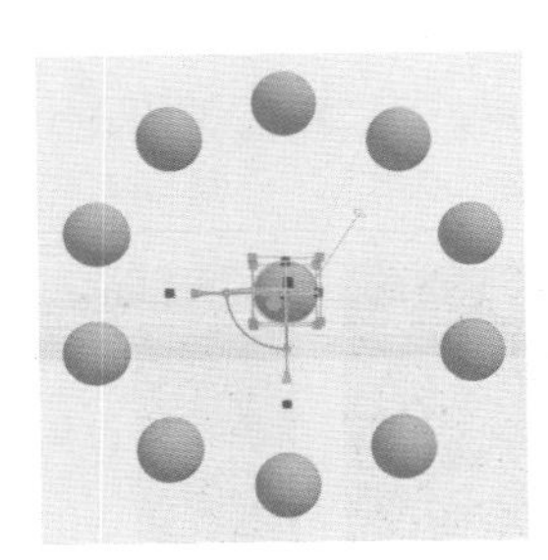

对齐 Y 轴

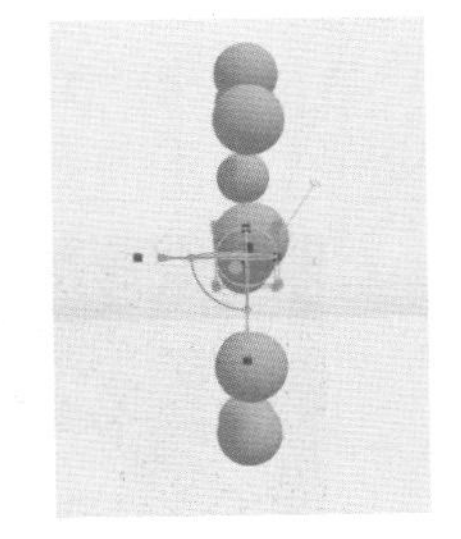

对齐 Z 轴

图 3-199　克隆对象对齐不同的方向

用户可以通过设置“位置”“缩放”“旋转”的数值，修改径向克隆对象的变换值（基本对象将保留原始变换），如图 3-200 所示。

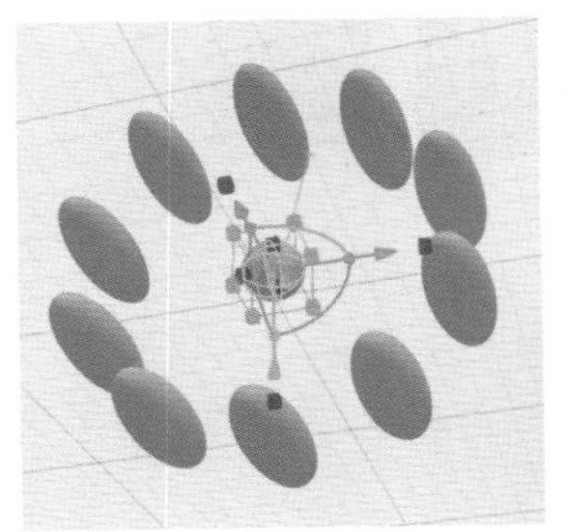

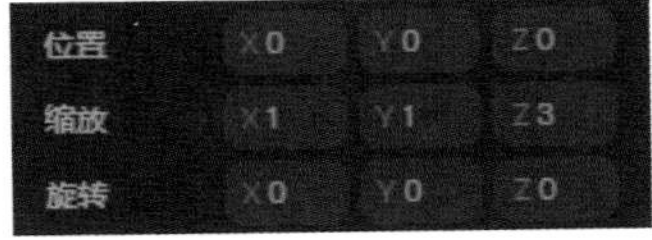

图 3-200　修改克隆对象的变换值

2. 线性

“线性”类型是基于被克隆对象方向的单向简单克隆。通过输入或拖曳滑块设置克隆对象的“数量”，完成对象线性克隆的操作，如图 3-201 所示。

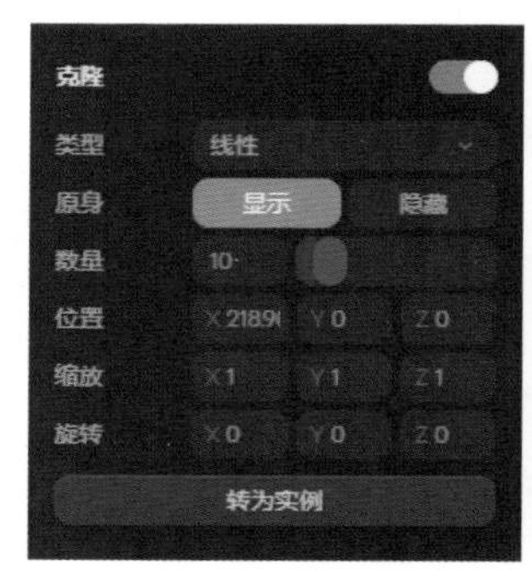

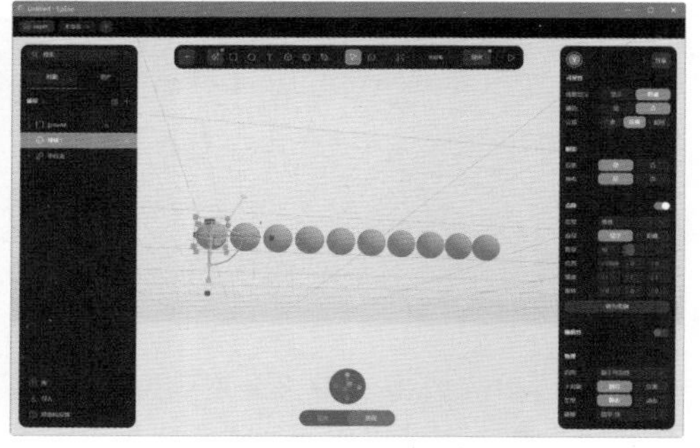

图 3-201　线性克隆对象

用户可以通过设置“位置”“缩放”“旋转”的数值，修改线性克隆对象的变换值（基本对象将保留原始变换），如图 3-202 所示。

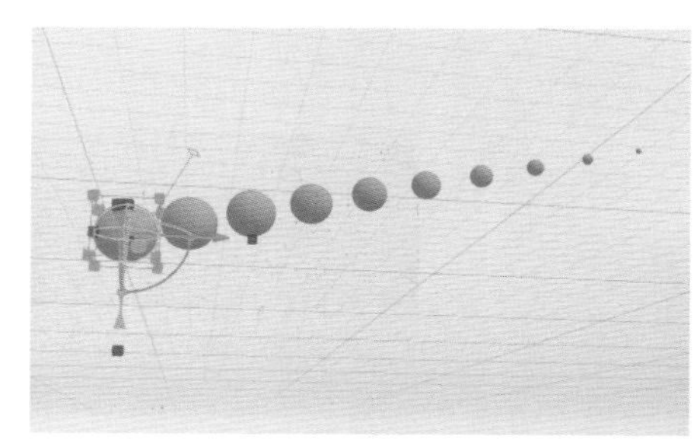

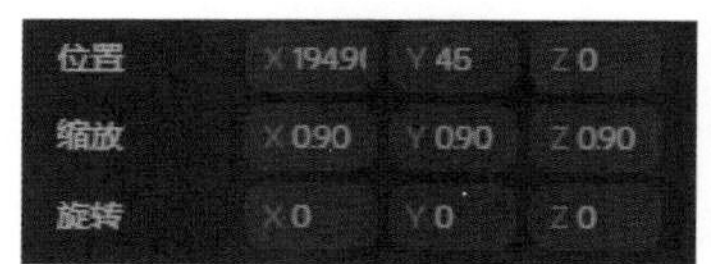

图 3-202　修改克隆对象的变换值

3. 网格

“网格”类型能够帮助用户沿 2D 或 3D 网格克隆对象。通过设置沿网格的每个轴（X、Y、Z）创建的克隆数量，完成对象网格克隆的操作，如图 3-203 所示。

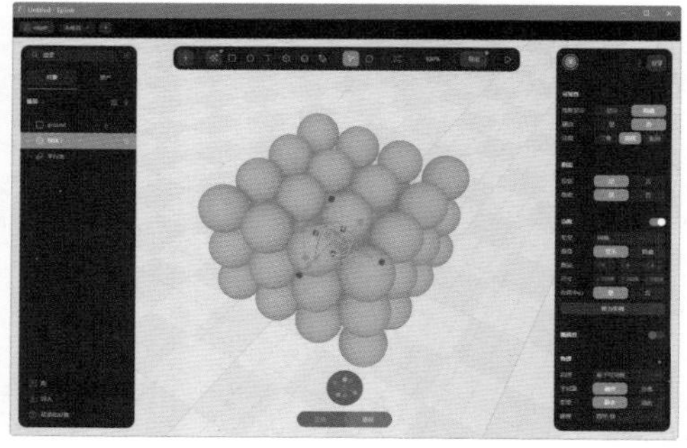

图 3-203　网格克隆对象

用户可以通过设置“尺寸”选项的数值，为每个轴（X、Y、Z）定义克隆对象之间的间距，如图 3-204 所示。单击“作用中心”选项后的“是”按钮，被克隆对象将与克隆对象网格的中心对齐；单击“否”按钮，被克隆对象作为克隆序列中的初始对象，如图 3-205 所示。

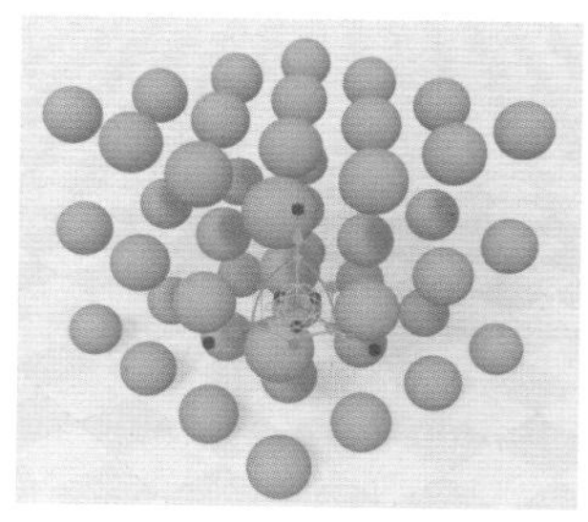

图 3-204　设置“尺寸”数值后的效果

图 3-205　被克隆对象作为克隆序列中的初始对象

4. 对象

“对象”类型能够使克隆对象对齐另一个对象的表面，帮助用户创建更高级的模型效果，如图 3-206 所示。

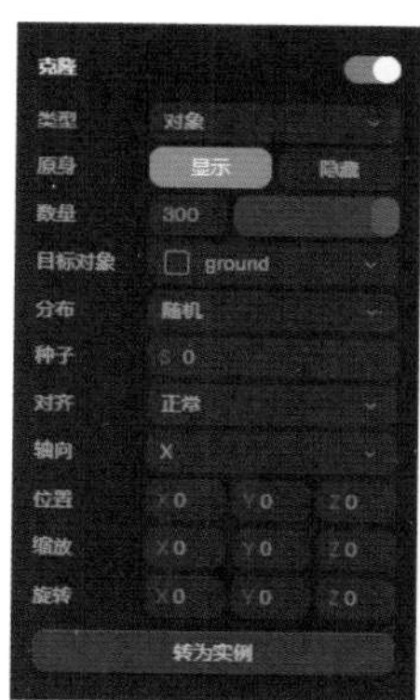

图 3-206　对象克隆对象

输入或拖曳滑块设置克隆对象的“数量”值，在“目标对象”选项后面的下拉列表框中选择克隆对象对齐的对象，如图 3-207 所示。

用户可在“分布”选项后面的下拉列表框中选择“随机”“面中心”“边”“点”4 种对齐方式，如图 3-208 所示。

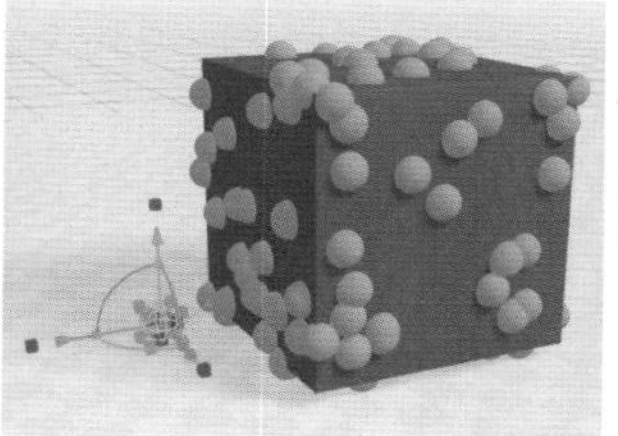

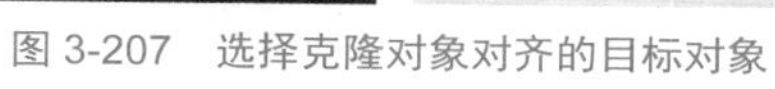

图 3-207　选择克隆对象对齐的目标对象

图 3-208　对齐方式

选择“随机”选项，将克隆对象随机放置到目标对象的表面上，可以输入或拖曳滑块设置克隆对象的“种子”值，以生成各种随机模式，如图 3-209 所示。

在“对齐”选项后面的下拉列表框中选择“正常”选项，克隆对象将与目标对象法线对齐；选择“轴向”选项，克隆对象将基于选定的世界轴，如图 3-210 所示。

图 3-209　设置克隆对象的“种子”值

图 3-210　“对齐”下拉列表框

在“轴向”选项后面的下拉列表框中可以选择“法线”和“轴向”的首选轴对齐类型，如图 3-211 所示。

完成克隆对象的操作后，单击“转为实例”按钮，克隆对象与被克隆对象将分别被放置到一个独立的图层组中，如图 3-212 所示。此时可选中克隆图层组中的对象，逐一对其进行各种编辑操作，而不会影响其他被克隆对象，如图 3-213 所示。

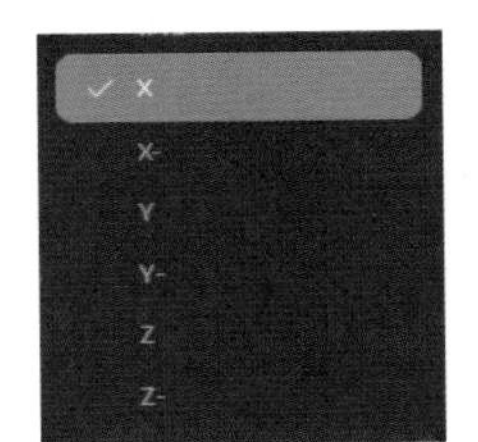

图 3-211　“轴向”下拉列表框

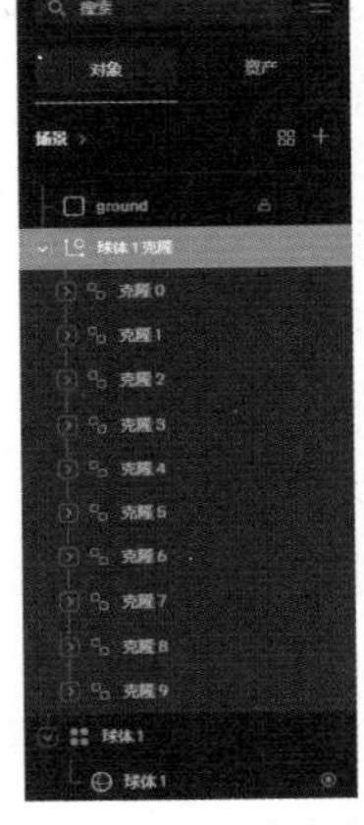

图 3-212　转为实例

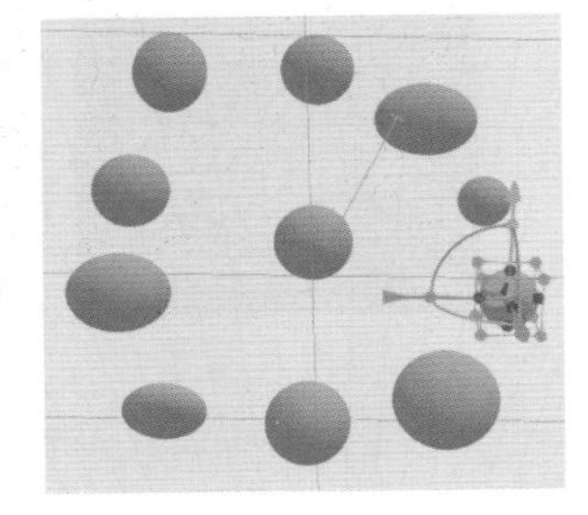

图 3-213　逐一编辑克隆对象

此时选中并编辑被克隆对象组中的对象，克隆对象组中的对象实例会一起变化，如图 3-214 所示。

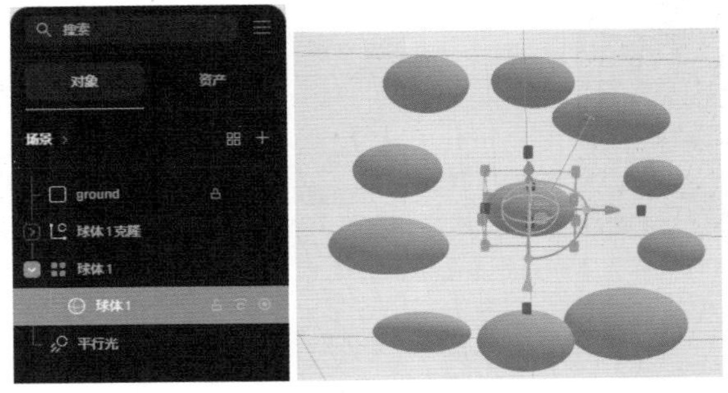

图 3-214　编辑被克隆对象

提示

用户在图层栏中选中被克隆图层组或克隆图层组后进行编辑，将不会影响其他克隆对象。

课堂练习——克隆制作草地图标

Step 01 新建一个 Spline 文件，选中视图中的矩形，在 X 轴方向旋转 −90°，如图 3-215 所示。设置“形状”各项参数，矩形效果如图 3-216 所示。

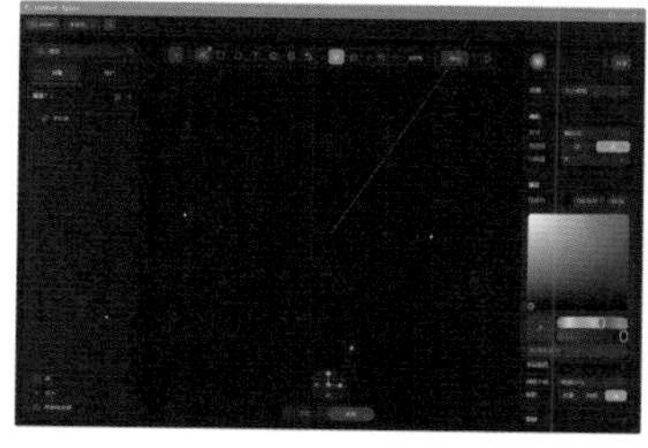

图 3-215　新建文件

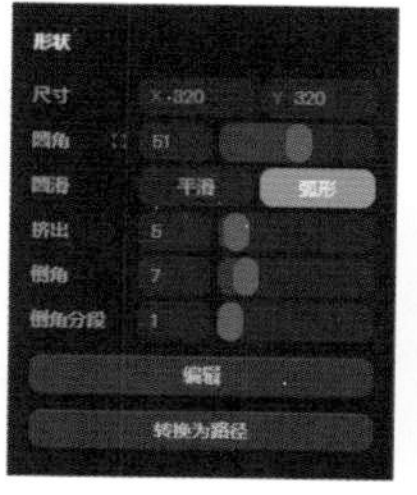

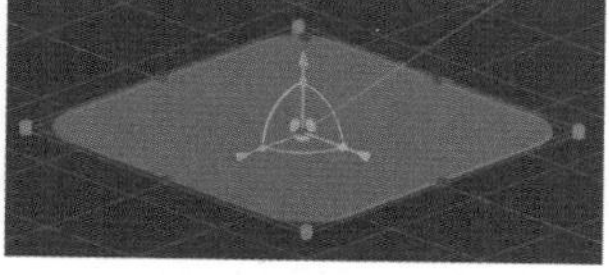

图 3-216　设置“形状”参数后的矩形

Step 02 在“材质”选项中设置“颜色”的值，效果如图 3-217 所示。在视图中拖曳鼠标创建一个棱锥模型，效果如图 3-218 所示。

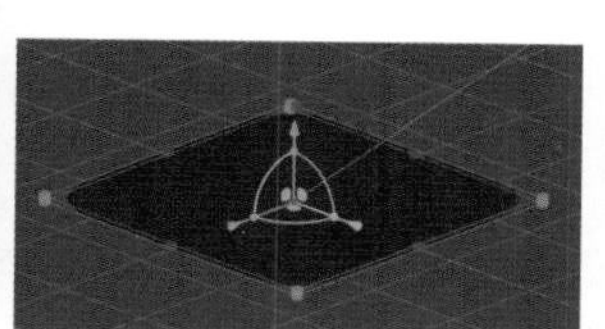

图 3-217　设置模型材质颜色

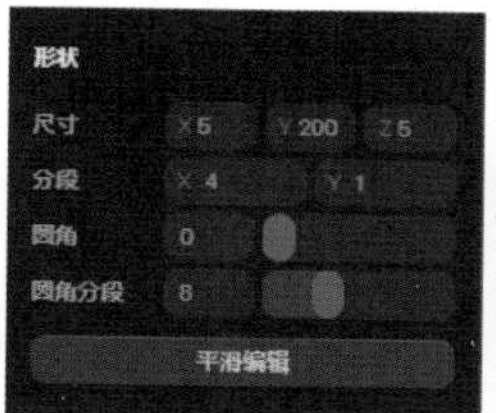

图 3-218　创建棱锥模型

Step 03 设置棱锥模型的材质颜色为绿色，效果如图 3-219 所示。打开“克隆”开关并设置各项参数，克隆效果如图 3-220 所示。

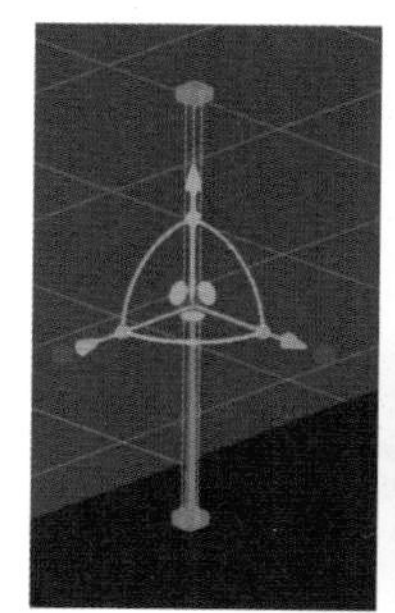

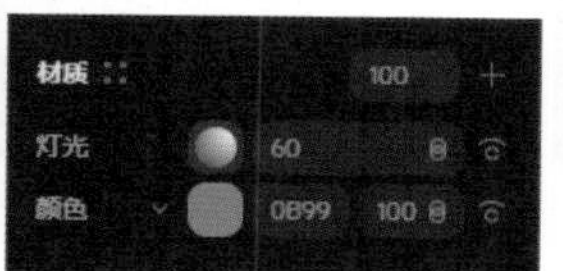

图 3-219　设置棱锥材质颜色

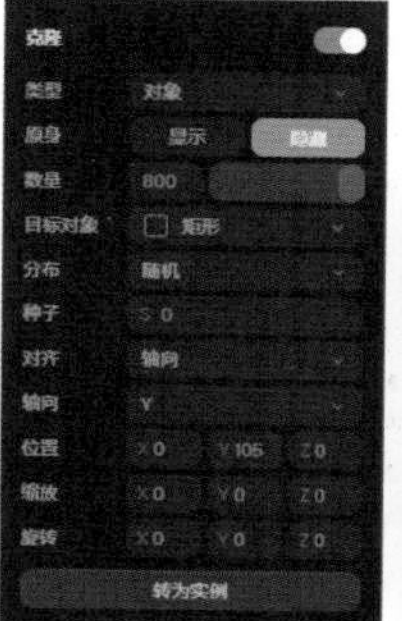

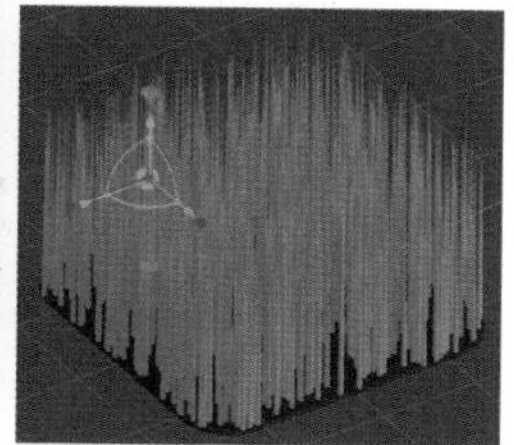

图 3-220　克隆对象效果

5. 随机性

如果“克隆”选项已经打开，则可以在“克隆”选项下方开启“随机性”开关，使用随机参数修改克隆效果，如图 3-221 所示。

随机性适用于所有克隆器类型，输入或拖曳滑块来设置“强度”值，可以控制克隆应用多强的随机性。如果设置为 0，则随机性将不可见。

用户可在“噪声”选项后的下拉列表框中选择“Perlin 佩林”或“Simplex 新普利斯”选项，如图 3-222 所示。“佩林”噪声类型相对于“新普利斯”类型具有更高的对比度，可产生更剧烈的效果。通过随机变换“位置”“旋转”“缩放”的 X、Y、Z 的数值，尝试获得不同的随机效果，如图 3-223 所示。

可以在“种子”选项后面的文本框中输入数值，以生成各种随机模式。可以在“移动”选项后面的文本框中输入数值，对随机性的噪声应用运动，从而为克隆的对象创建运动。可以输入或拖曳滑块设置“缩放”选项数值，以放大所施加噪声的大小。

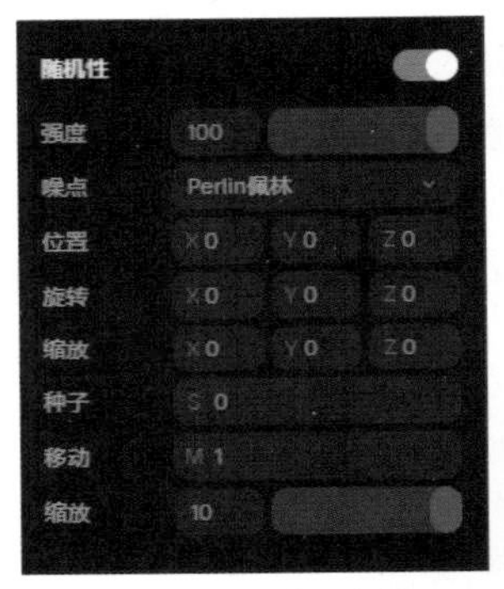

图 3-221 随机参数

图 3-222 “噪声”下拉列表框

图 3-223 变换数值

课堂练习——使用“随机性”功能制作交互动画

Step01 新建一个 Spline 文件，在视图中拖曳鼠标创建立方体，单击鼠标右键，在弹出的快捷菜单中选择“重置位置”命令，效果如图 3-224 所示。按 Ctrl+G 组合键，将矩形编组，按住 Alt 键的同时单击矩形组，向下拖曳鼠标调整调整轴的位置，如图 3-225 所示。

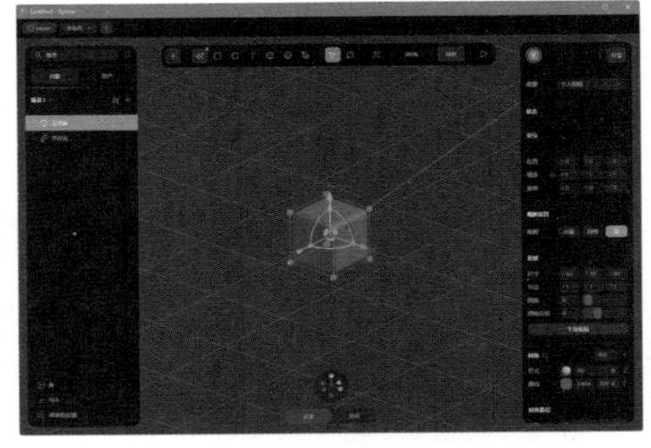

图 3-224 创建立方体

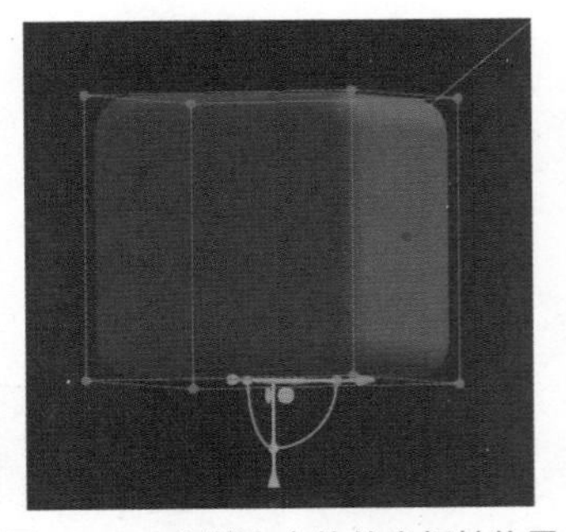

图 3-225 调整立方体的坐标轴位置

Step 02 开启右侧属性栏中的“克隆”开关，设置克隆各项参数，如图 3-226 所示。克隆效果如图 3-227 所示。

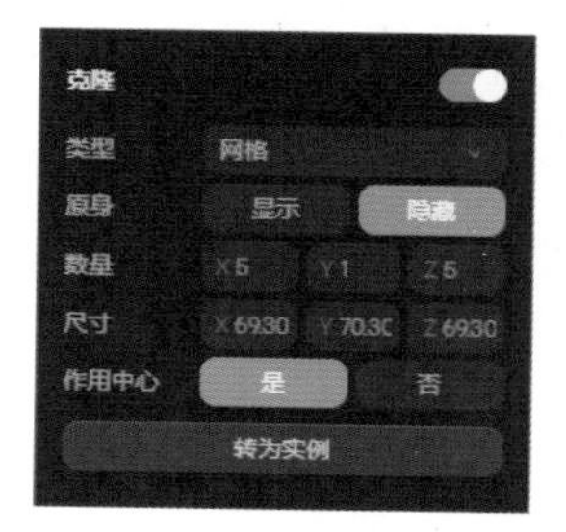

图 3-226　设置克隆选项的参数

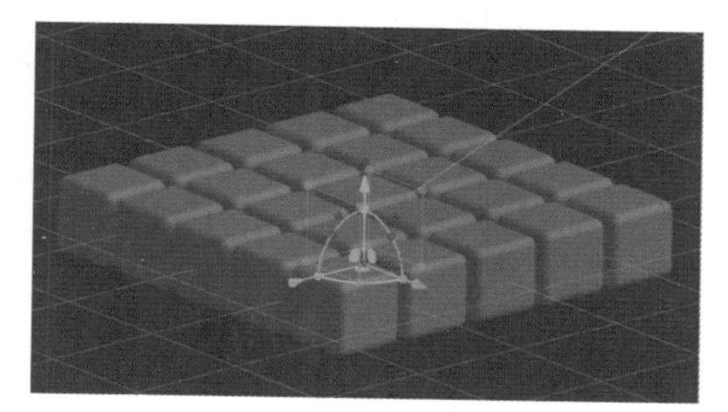

图 3-227　克隆效果

Step 03 在右侧属性栏中单击“状态”选项后的“+”按钮，添加一个状态，如图 3-228 所示。开启“随机性”开关，设置各项参数，如图 3-229 所示。

图 3-228　添加状态

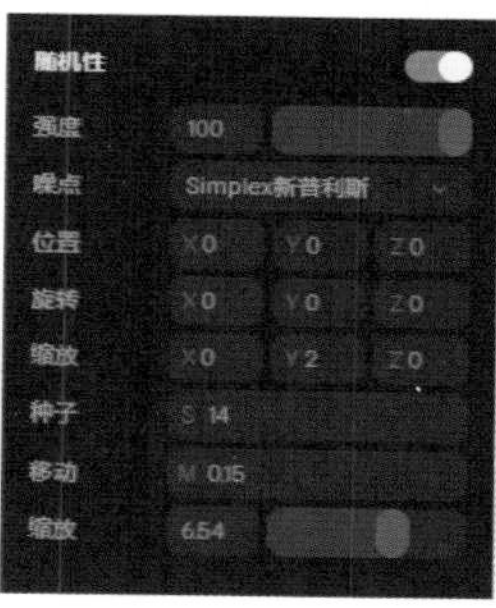

图 3-229　设置随机参数

Step 04 在右侧属性栏中单击“交互”选择后的“+”按钮，添加一个交互，如图 3-230 所示。选择“过渡”动作，设置“编辑交互”对话框中的参数，如图 3-231 所示。

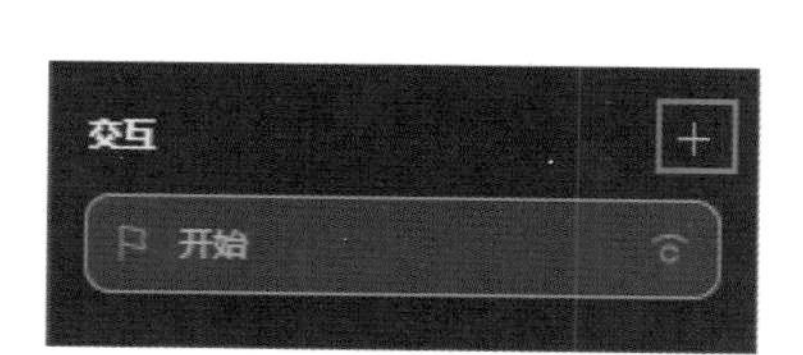

图 3-230　添加交互

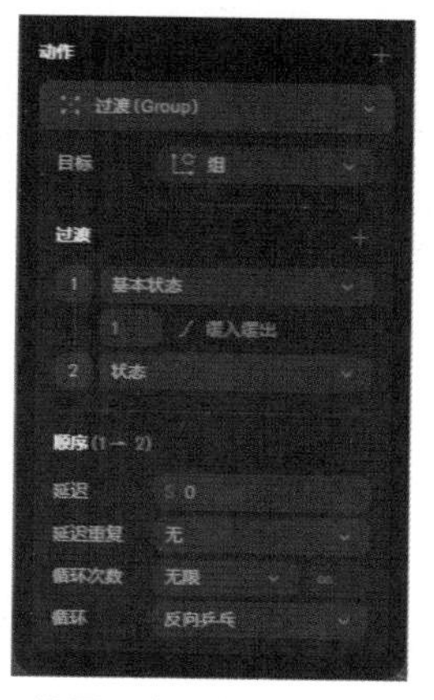

图 3-231　设置“编辑交互”对话框中的参数

Step 05 单击“编辑交互”对话框右上角的×按钮，关闭对话框。单击软件界面顶部工具栏中的“播放”按钮或按 Shift+Space 组合键，播放效果如图 3-232 所示。

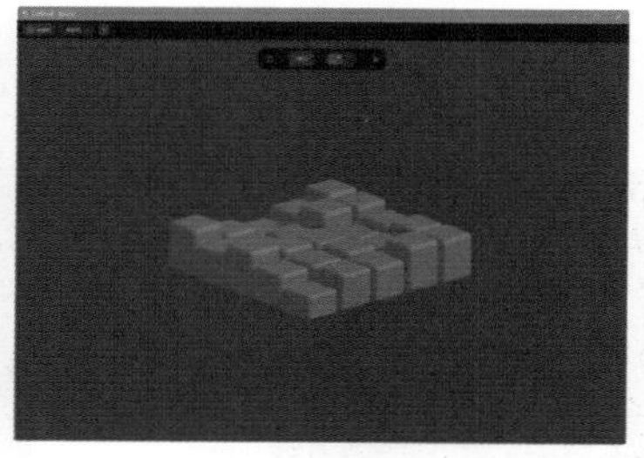

图 3-232 播放效果

3.7 使用粒子系统

粒子系统允许用户模拟复杂的自然现象，如火焰、烟雾、爆炸、下雪、下雨等。这些系统通常包含大量独立的粒子，每个粒子都有自己的属性（如位置、速度、颜色、大小等）和行为。

3.7.1 创建粒子发射器

发射器是粒子系统中的一个关键组件，其形状可以是平面或球体，也允许用户对其进行自定义。它可以通过控制粒子发射的持续时间，实现无限的、循环的或一次的粒子动画效果。

单击工具栏左侧的“创建新对象”按钮，在打开的下拉列表框中选择“粒子发射器”选项，如图 3-233 所示，即可在视图中创建一个粒子发射器，如图 3-234 所示。

图 3-233 选择“粒子发射器”选项

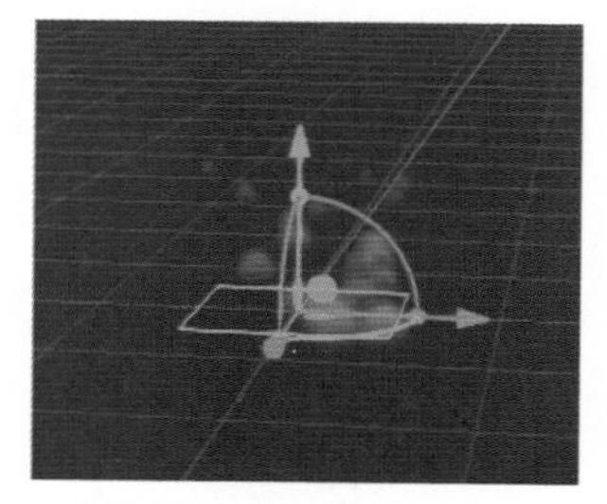

图 3-234 创建粒子发射器

提示

未选中粒子发射器时，在视图中将无法看到粒子发射器。用户可以在左侧图层栏中选择粒子发射器图层，使其在视图中显示。

选中粒子发射器，可以在右侧属性栏的“粒子发射器”选项中设置发射器的形状、尺寸、自动播放和发射时间，如图 3-235 所示。

1. 形状

粒子发射器的默认形状为“平面”，单击“形状”选项后面的下拉按钮，用户可以将粒子发射器形状转换为“球体”“圆环”“圆锥”或“框选”，如图 3-236 所示。图 3-237

所示为“框选”形状的粒子发射器。

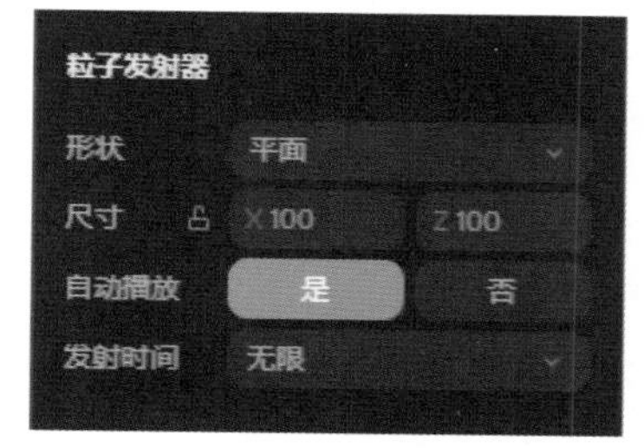

图 3-235　“粒子发射器”选项

图 3-236　“形状”下拉列表框

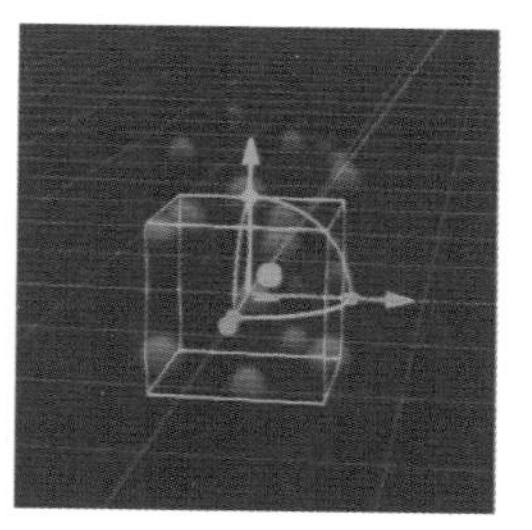

图 3-237　“框选”形状粒子发射器

选择“自定义对象”选项，在“形状”选项下方将出现“对象”选项，用户可以通过单击其右侧的下拉按钮，选择视图中的对象作为粒子发射器的形状，如图 3-238 所示。

2. 尺寸

在该选项后面的文本框中输入数值，用来控制发射器对象的大小，如图 3-239 所示。单击按钮，将等比例调整粒子发射器的尺寸。

3. 自动播放

确定粒子发射器是否自动播放。激活“是”按钮，粒子发射器将自动播放；激活“否”按钮，粒子发射器将不会自动播放，如图 3-240 所示。

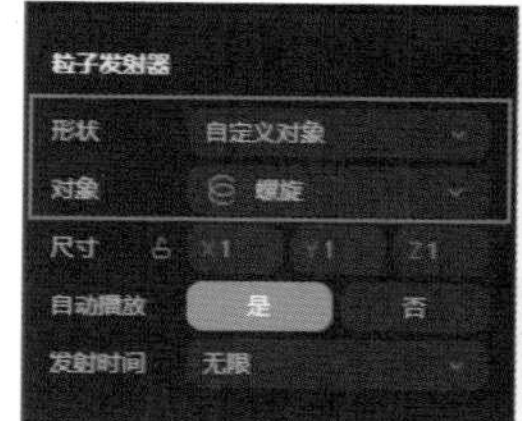

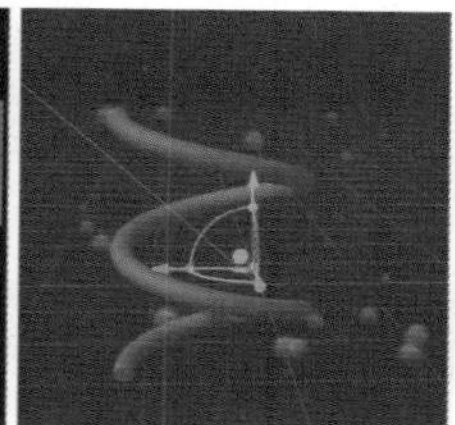

图 3-238　自定义粒子形状

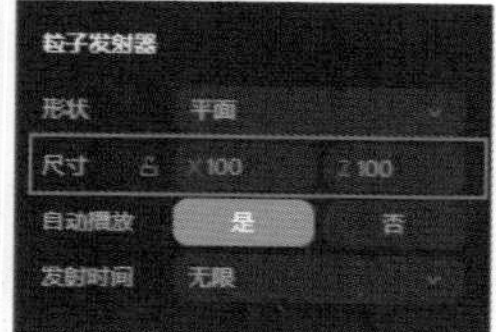

图 3-239　设置粒子发射器尺寸

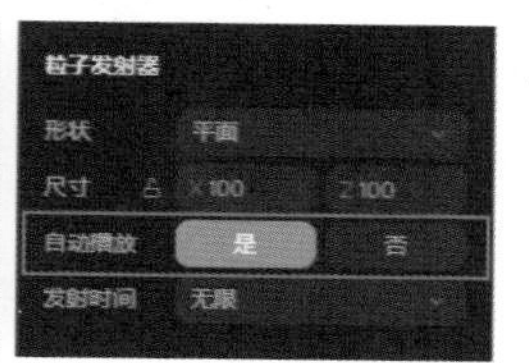

图 3-240　设置自动播放

4. 发射时间

用来设置粒子发射器发射粒子的时间，如图 3-241 所示。用户可以在“发射时间”选项后面的下拉列表框中选择“循环次数”“一次”或“无限”发射时间，如图 3-242 所示。

默认选择“无限”选项，粒子发射器将一直播放。选择“循环次数”选项，可以设置“延迟重复”时间和“持续”时间，如图 3-243 所示。选择“一次”选项，可以设置“持续”时间，如图 3-244 所示。

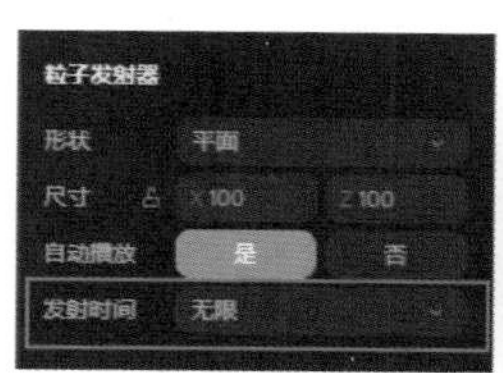

图 3-241　设置发射时间

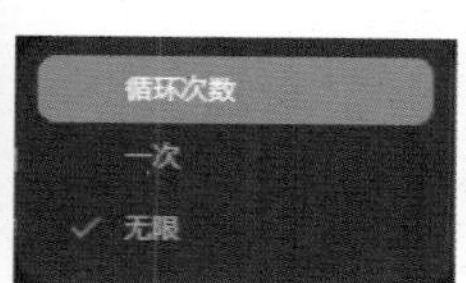

图 3-242　3 种发射时间

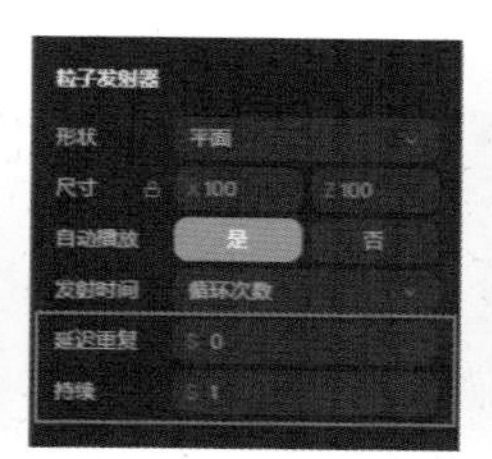

图 3-243　“循环次数”选项

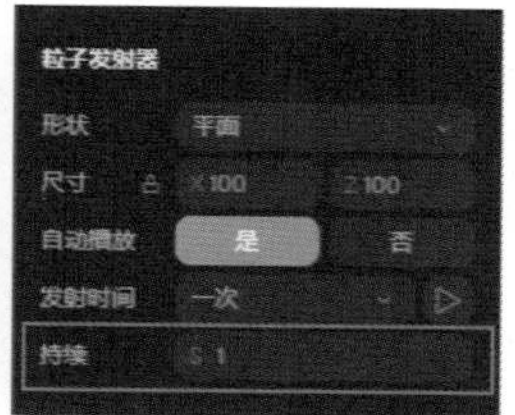

图 3-244　“一次”选项

3.7.2 自定义粒子属性

粒子系统允许用户自定义多种属性，包括颜色、尺寸、速度、出生率及生命周期等。通过调整这些属性，用户可以精细控制粒子在动画中的外观和动态行为，从而创建出丰富多样的视觉效果。

1. 颜色 A/ 颜色 B

用户可以在右侧属性栏的“粒子”选项中自定义粒子属性，如图 3-245 所示。用户可在“颜色 A”和“颜色 B”选项后设置粒子的颜色和不透明度，如图 3-246 所示。

2. 着色

“着色”选项用来设置粒子的颜色。用户可以选择“混合”或“随机”两种方式为粒子着色，如图 3-247 所示。

选择“混合”着色，则粒子的颜色在生命周期内显示从颜色 A 到颜色 B 的过渡，如图 3-248 所示。选择“随机”着色，则粒子的颜色将在颜色 A 和颜色之间随机显示，如图 3-249 所示。

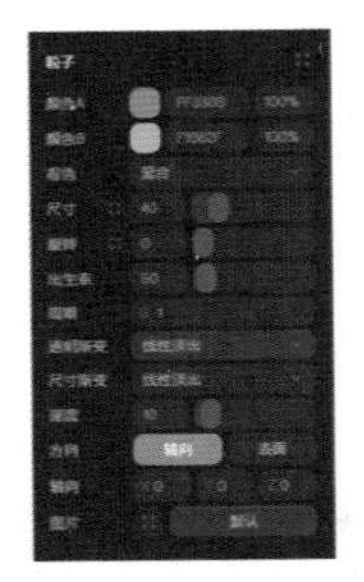

图 3-245 “粒子”选项

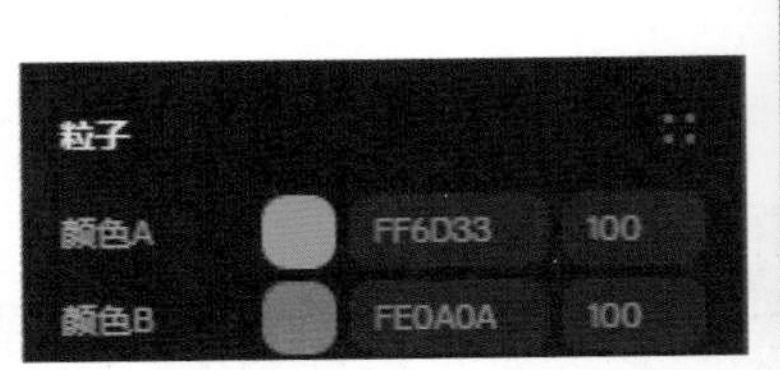

图 3-246 设置粒子的颜色和不透明度

图 3-247 着色方式

图 3-248 混合着色

图 3-249 随机着色

3. 尺寸

“尺寸”选项用来设置粒子的大小。用户可以通过输入数值或拖曳滑块的方式设置粒子的大小，如图 3-250 所示。单击按钮，用户可以分别设置粒子发射“开始”和“结束”时的粒子大小，如图 3-251 所示。再次单击按钮，将返回设置粒子大小状态。

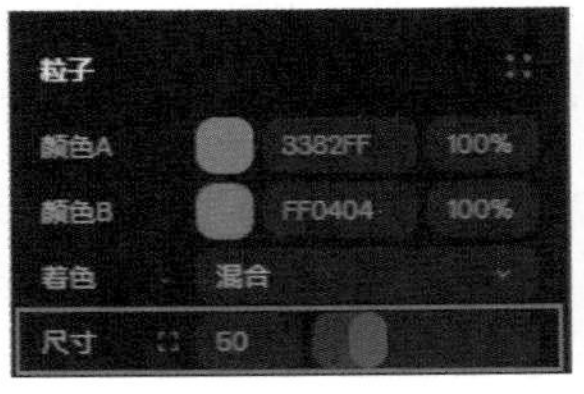

图 3-250 设置粒子大小

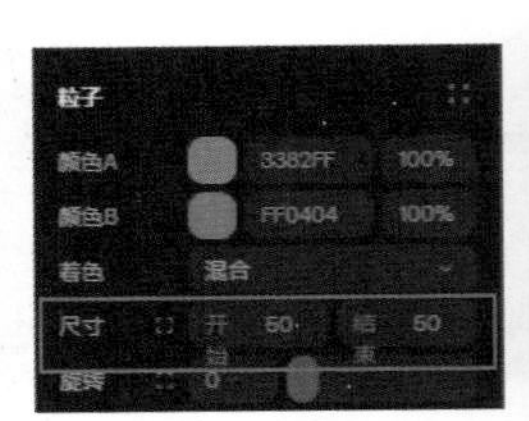

图 3-251 设置粒子发射“开始”和“结束”时的粒子大小

4. 旋转

"旋转"选项用来设置粒子的角度。用户可以通过输入数值或拖曳滑块的方式设置粒子的角度，如图 3-252 所示。单击按钮，用户可以分别设置粒子发射"开始"和"结束"时的粒子角度，如图 3-253 所示。再次单击按钮，将返回设置粒子角度状态。

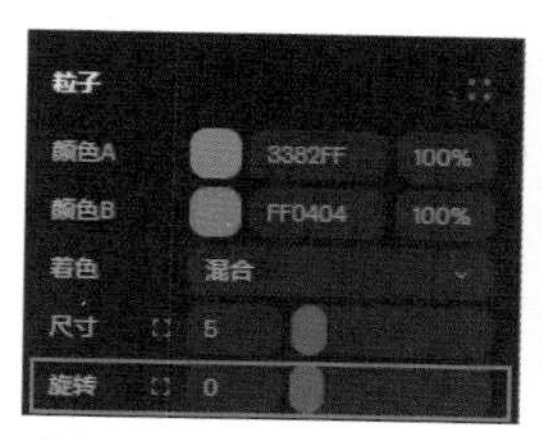

图 3-252　设置旋转角度

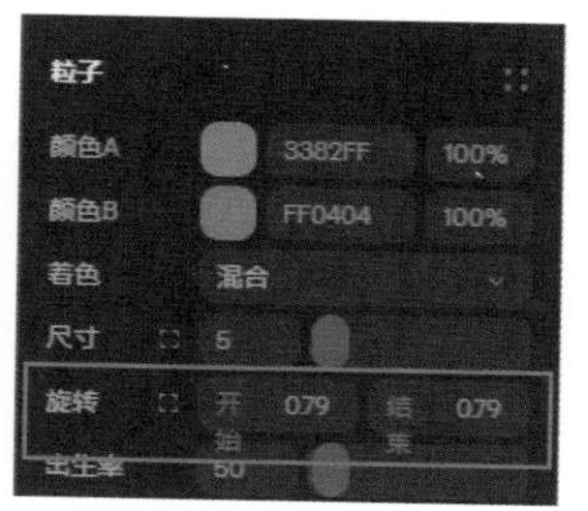

图 3-253　设置粒子发射"开始"和"结束"时的粒子角度

5. 出生率 / 周期

用户可以通过输入数值或拖曳滑块的方法设置粒子的"出生率"，即粒子发射开始时生成的粒子数，如图 3-254 所示。还可以在"周期"选项后面输入数值，用来控制粒子保持可见的时间，如图 3-255 所示。

6. 透明渐变 / 尺寸渐变

"透明渐变"选项用来设置粒子颜色的不透明度在粒子发射生命周期内如何变化，如图 3-256 所示。用户可以在下拉列表框中选择"线性淡入""线性淡出""线性淡入淡出""缓入缓出"或"恒定"方式，如图 3-257 所示。

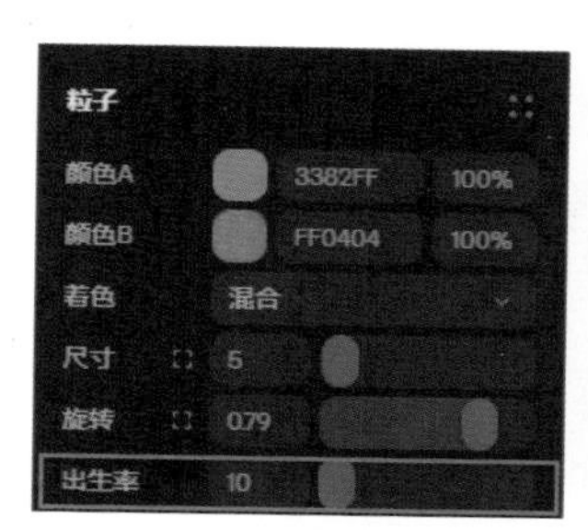

图 3-254　粒子"出生率"

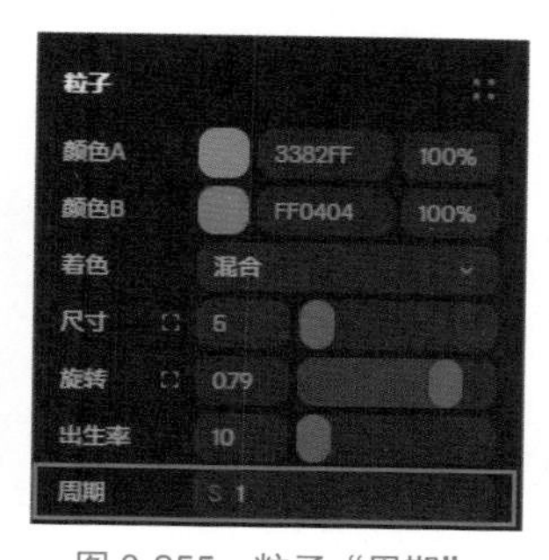

图 3-255　粒子"周期"

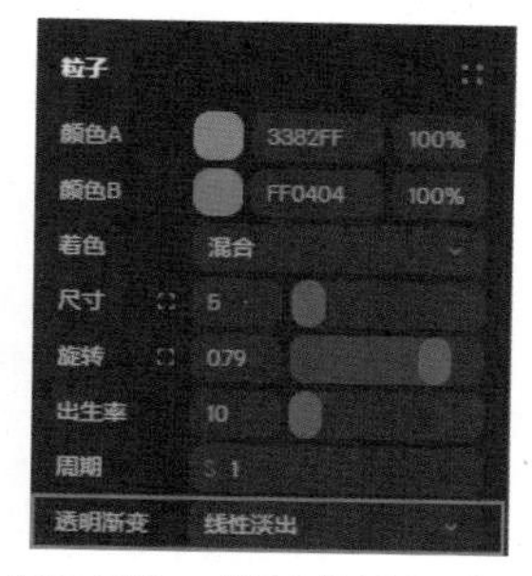

图 3-256　"透明渐变"选项

"尺寸渐变"选项用来设置粒子半径在生命周期内如何变化，如图 3-258 所示。用户可以在下拉列表框中选择"线性淡入""线性淡出""线性淡入淡出""缓入缓出"或"恒定"方式，如图 3-259 所示。

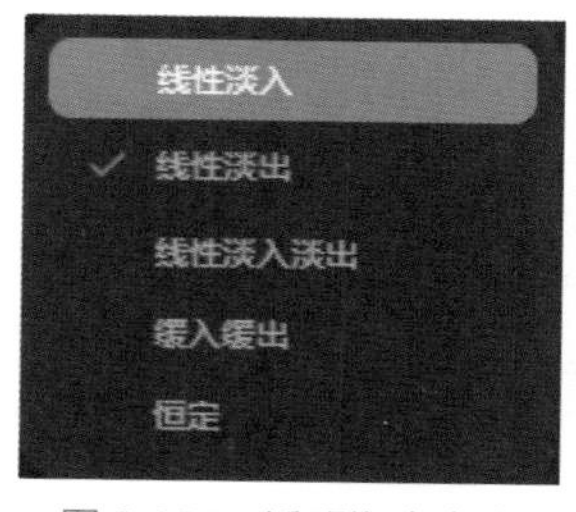

图 3-257　透明渐变方式

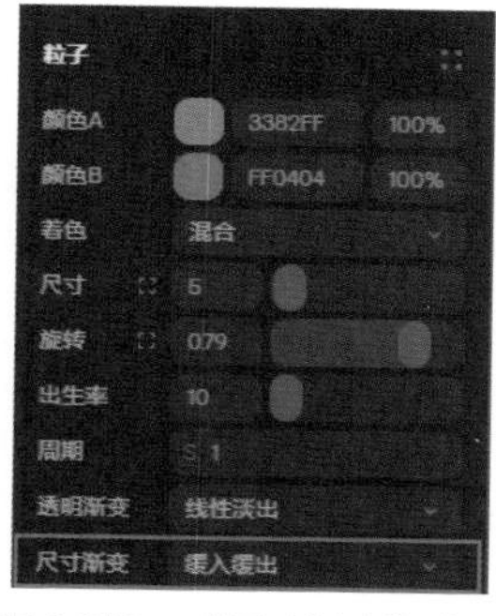

图 3-258　"尺寸渐变"选项

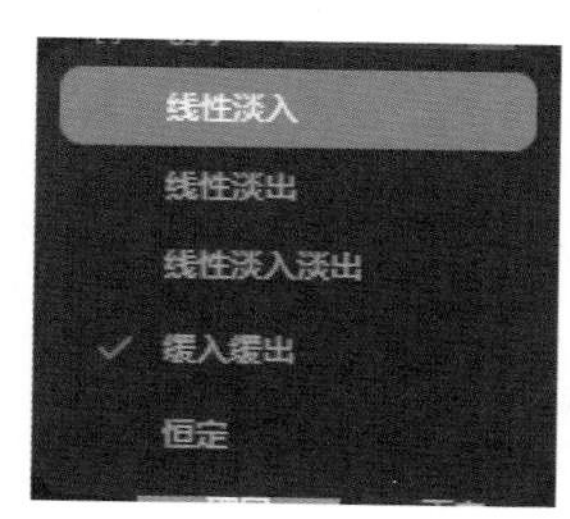

图 3-259　尺寸渐变方式

7. 速度/方向/轴向

用户可以通过输入数值或拖曳滑块的方法设置粒子的“速度”，即粒子发射的快慢，如图 3-260 所示。用户可以在“方向”选项后选择粒子发射的方向，如图 3-261 所示。激活“轴向”按钮，粒子将在世界轴上发射粒子；激活“曲面”选项，粒子将从发射器形状曲面发射粒子。

用户可以通过在“轴向”选项后的 X、Y、Z 文本框中输入数值，覆盖粒子的方向，如图 3-262 所示。单击“图片”选项后面的“默认”按钮，可以选择并上传图片，用作基本粒子，如图 3-263 所示。

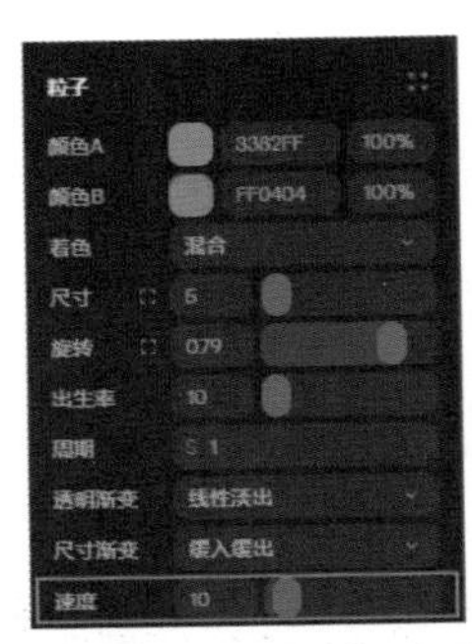

图 3-260　“速度”选项

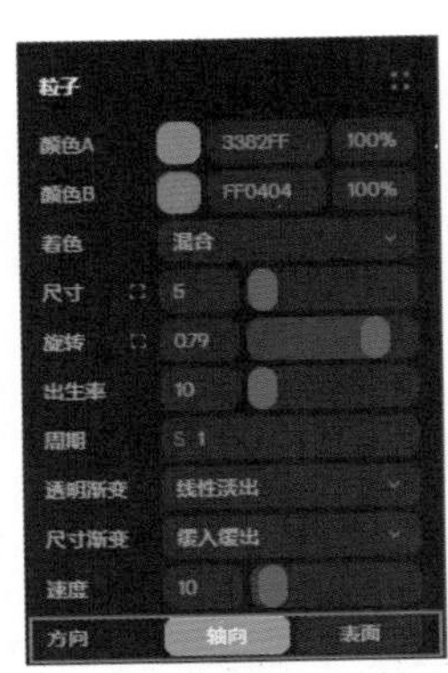

图 3-261　选择粒子发射方向

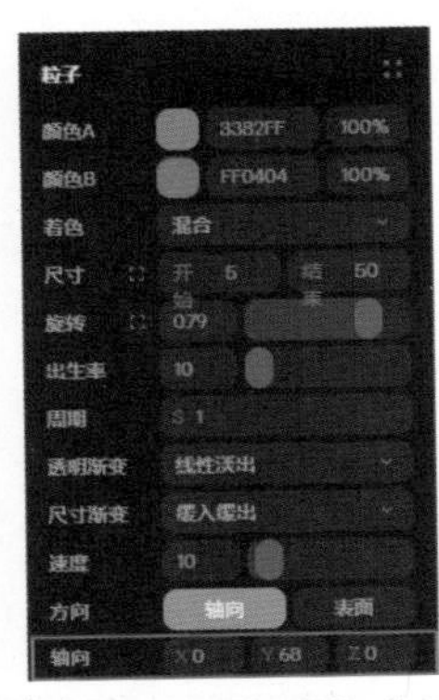

图 3-262　“轴向”选项

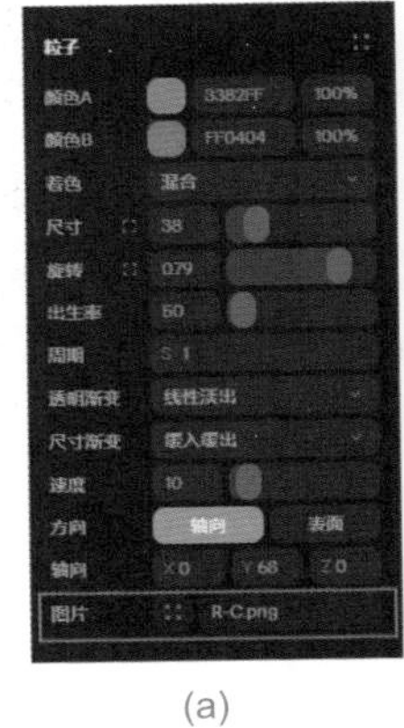

(a)

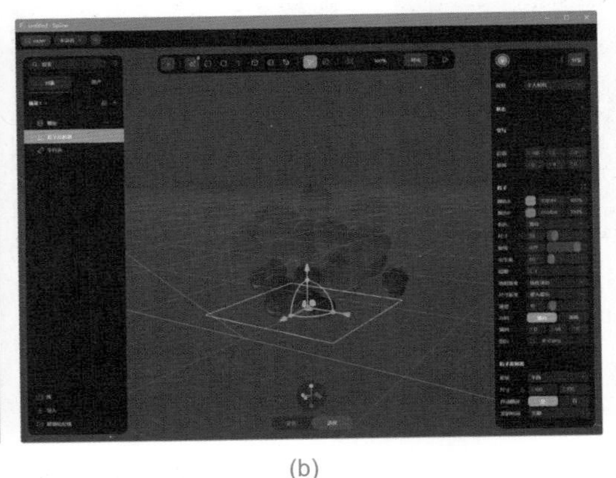

(b)

图 3-263　图片粒子

8. 图片

单击“图片”选项后的■按钮，弹出“图片素材”对话框，如图 3-264 所示。用户可以选择使用 Spline 库中的素材。单击■按钮，可以创建“本地图片”素材，如图 3-265 所示。

单击右侧的■按钮，在弹出的“编辑图片素材”对话框中单击“替换图片”按钮，选择本地图片，如图 3-266 所示。关闭对话框，应用本地图片素材粒子的效果如图 3-267 所示。

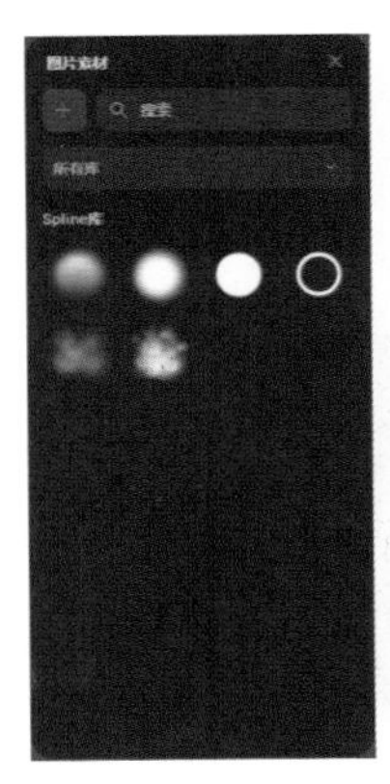

图 3-264　“图片素材”对话框

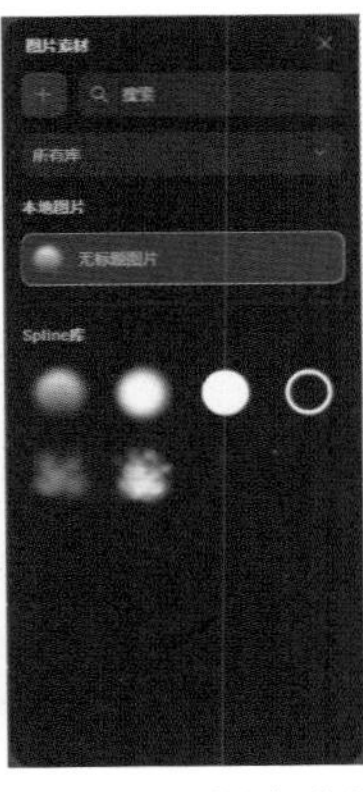

图 3-265　创建“本地图片”素材

图 3-266　替换图片

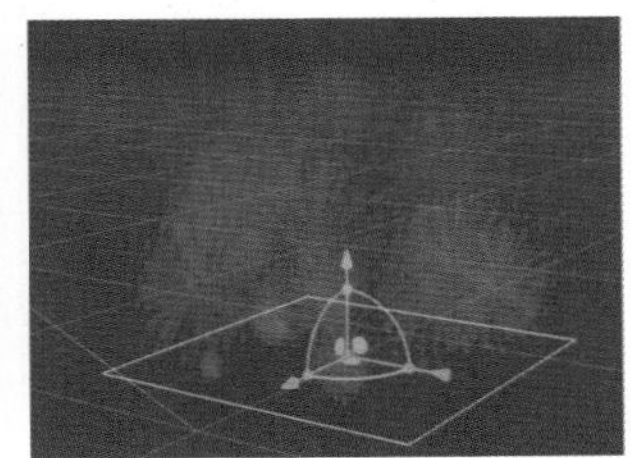
图 3-267　应用本地图片素材粒子的效果

课堂练习——制作粒子跟随动画效果

Step01 新建一个 Spline 文件，在视图中新建一个粒子发射器，如图 3-268 所示。在“粒子发射器”选项下设置“形状”为“球体”，尺寸为 15×15×15，效果如图 3-269 所示。

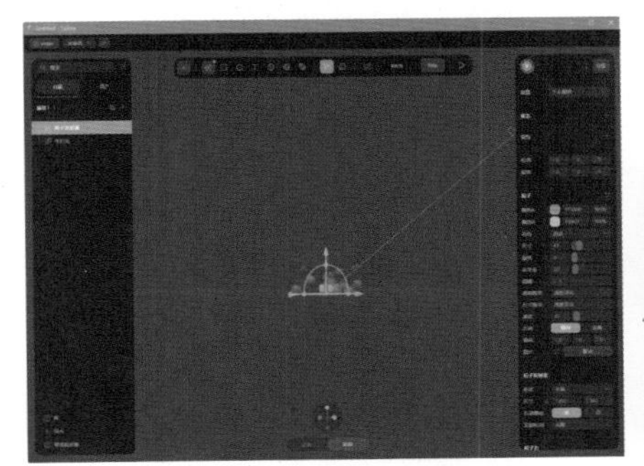
图 3-268　新建粒子发射器

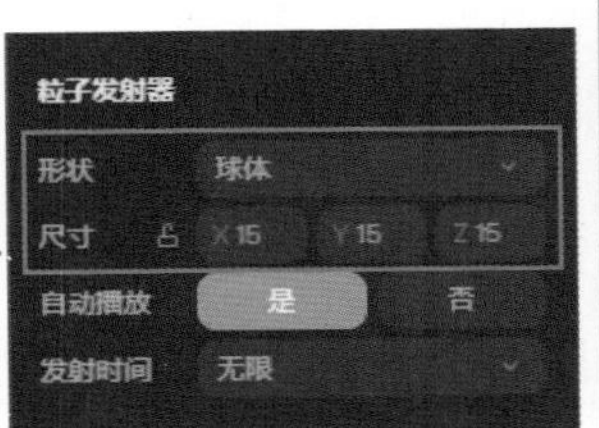

图 3-269　修改粒子的形状和尺寸

Step02 将“粒子力”选项中的“重力”设置为 0，将“粒子”选项中的“方向”设置为“表面”，粒子效果如图 3-270 所示。设置“颜色 A”为 #0F83FF，“颜色 B”为 #771AFE，“尺寸”为 5，效果如图 3-271 所示。

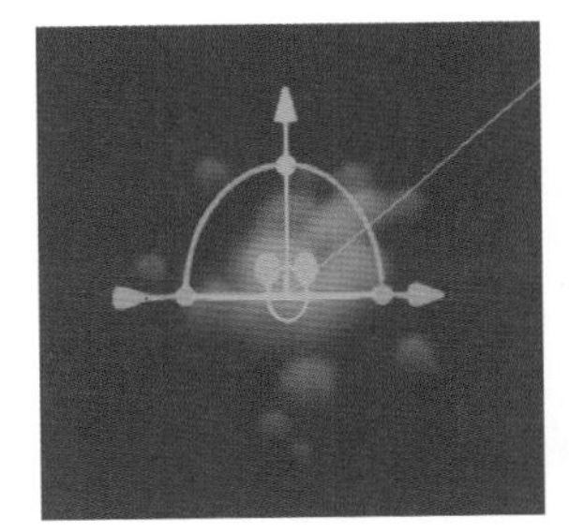
图 3-270　粒子效果

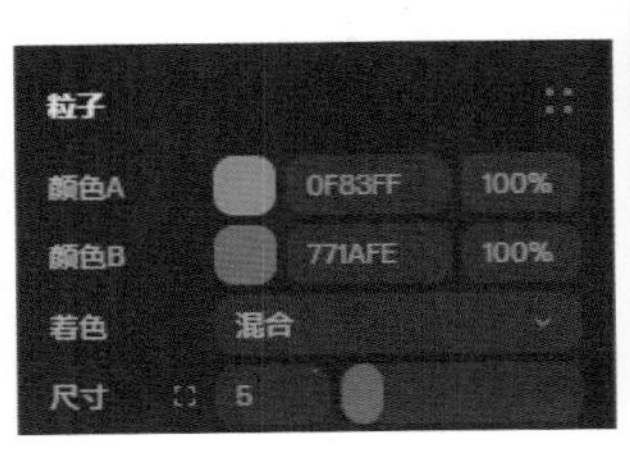

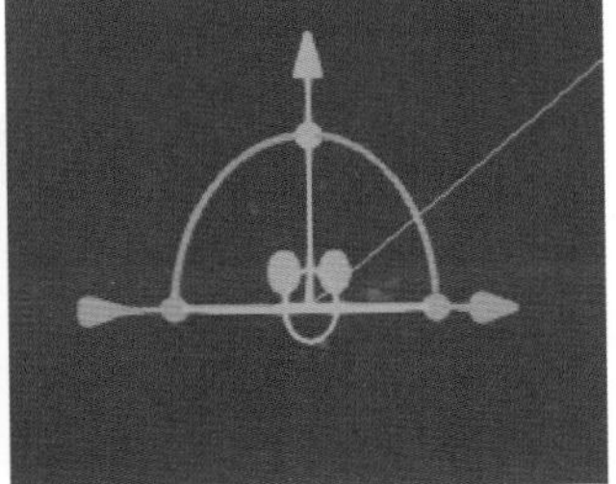
图 3-271　设置粒子的颜色和尺寸

Step 03 设置“出生率”为 5000，“周期”为 1.5 秒，效果如图 3-272 所示。在视图中新建一个“球体”模型，如图 3-273 所示。

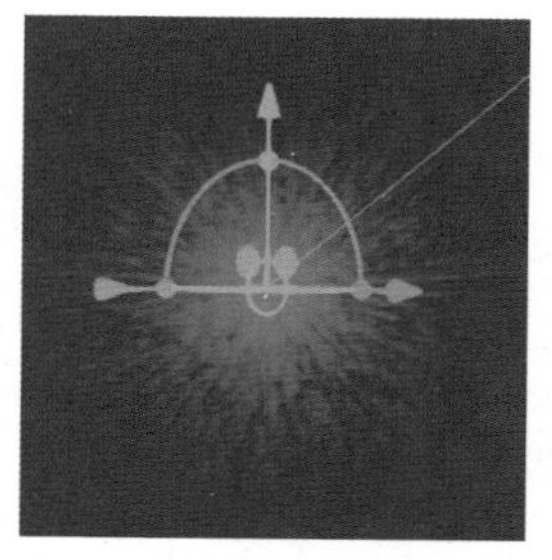

图 3-272　设置粒子的出生率和周期后的效果

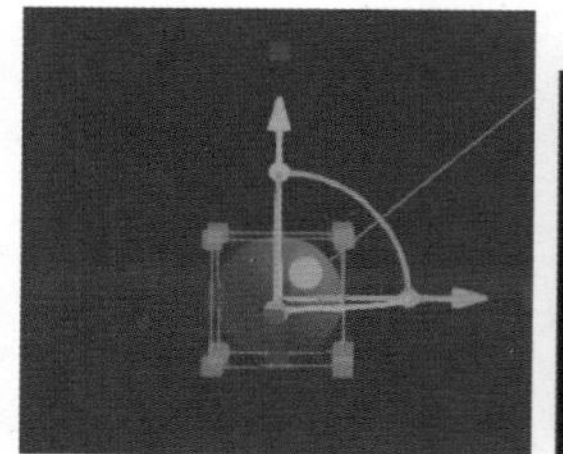

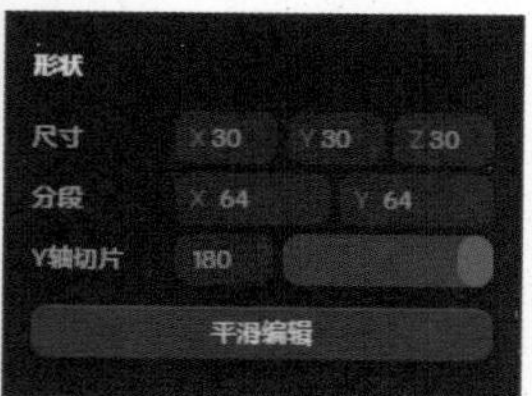

图 3-273　新建“球体”模型

Step 04 单击“交互”选项后面的“+”按钮，为其添加交互，设置交互类型为“拖拽”，“编辑交互”对话框的各项参数保持默认，如图 3-274 所示。选中粒子发射器，为其添加“跟随”球体交互，“编辑交互”对话框如图 3-275 所示。

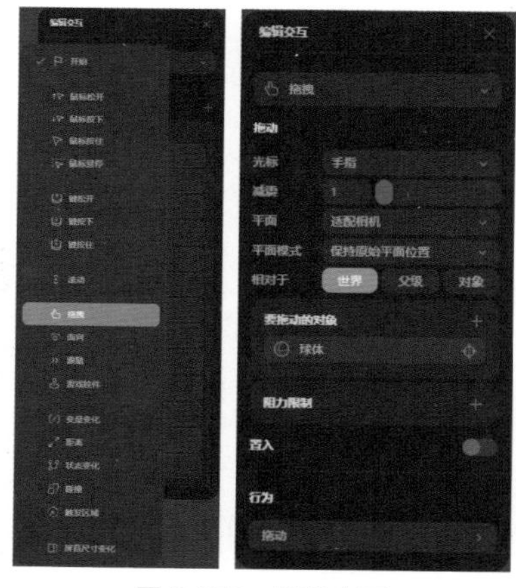

图 3-274　编辑交互

图 3-275　为粒子添加交互

Step 05 选中“球体”对象，将其“材质”不透明度设置为 0，隐藏球体，如图 3-276 所示。按 Shift+Space 组合键播放视图，拖曳隐藏的球体，粒子跟随效果如图 3-277 所示。

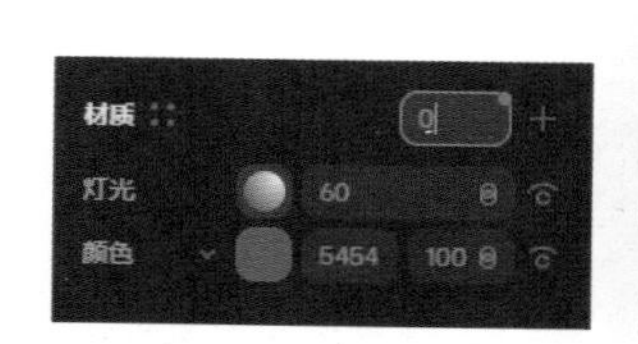

图 3-276　设置球体材质不透明度

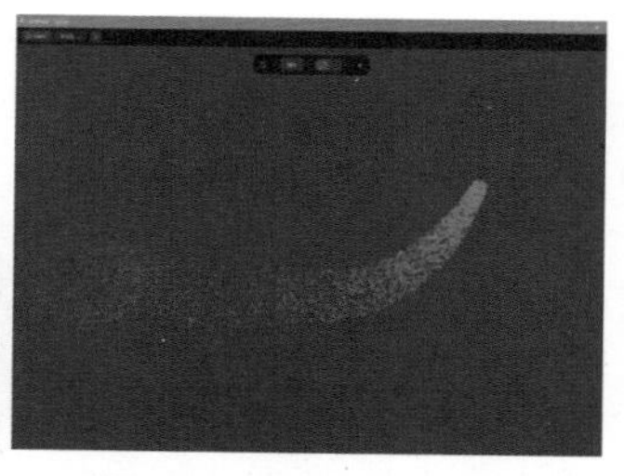

图 3-277　播放视图效果

3.7.3　粒子力

用户可以通过“粒子力”选项，添加控制影响发射粒子的力，如图 3-278 所示。用户可以通过输入数值或拖曳滑块的方式增加粒子的重力，设置为正值可以使粒子上升，设置为负值可以使粒子下降，如图 3-279 所示。

用户可以在“碰撞”选项后的下拉列表框中选择影响所选粒子发射器的粒子对撞机或力。单击工具栏左侧的“创建新对象”按钮，在打开的下拉列表框中选择“粒子力”选项，如图 3-280 所示，即可在视图中创建一个粒子力，如图 3-281 所示。

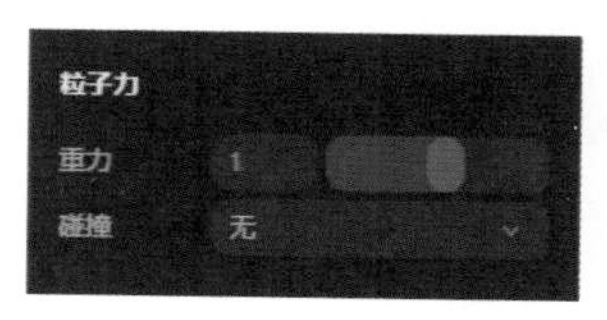

图 3-278　“粒子力”选项

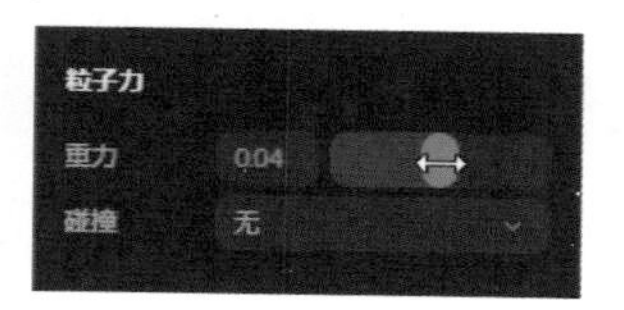

图 3-279　增加粒子的重力

图 3-280　选择“粒子力”选项

粒子力是与粒子相互作用并改变其行为方式的自定义区域。选择粒子力，用户可以在“属性”面板的“碰撞”选项中自定义粒子力将如何改变粒子的行为，如图 3-282 所示。Spline 为用户提供了“碰撞”“吸引器”和“漩涡”3 种力类型，如图 3-283 所示。

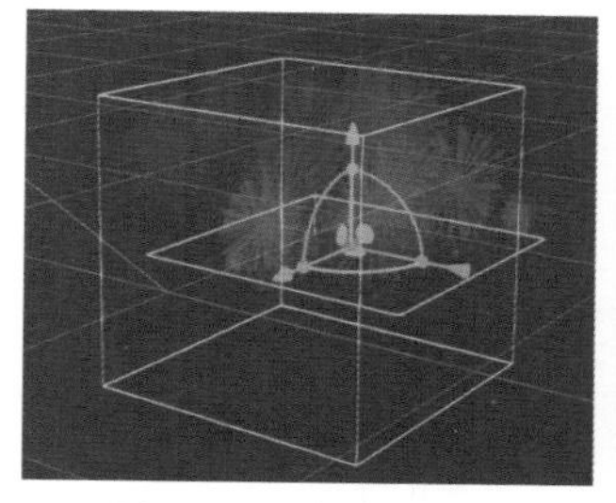
图 3-281　创建粒子力

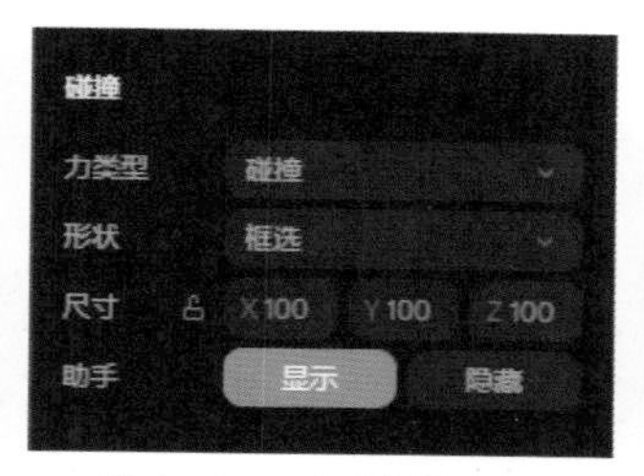

图 3-282　“碰撞”选项

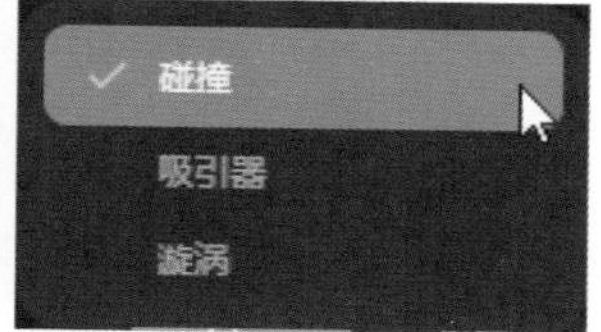

图 3-283　力类型

选择“碰撞”力类型，可以在“形状”选项后的下拉列表框中选择“框选”和“球体”两种力区域的形状，图 3-284 所示为“球体”力区域的形状。通过“大小”选项设置力区域的面积，在“助手”选项中可以选择“显示”或“隐藏”助手，如图 3-285 所示。

选择“吸引器”力类型，可以在 Range 选项后选择“无限”或 Inside Area 范围，如图 3-286 所示。通过输入数值或拖曳滑块的方式改变粒子力的“强度”及“减震”值，如图 3-287 所示。

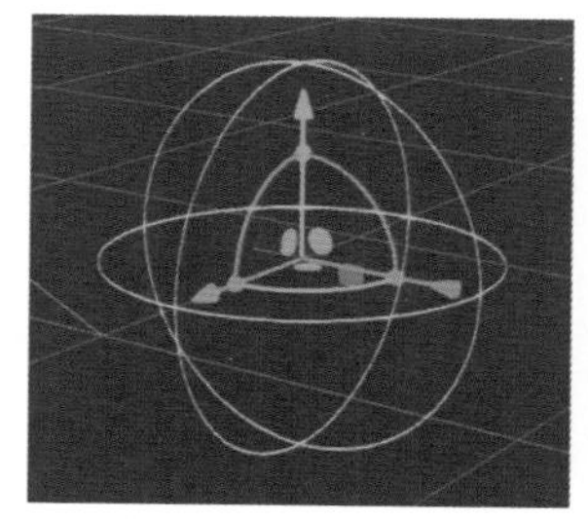
图 3-284　球体力形状

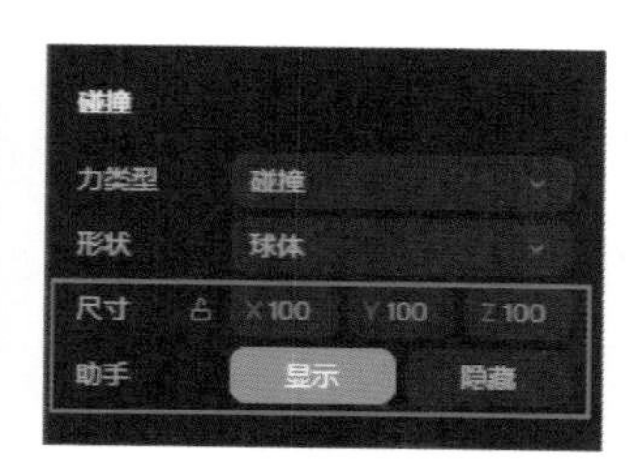

图 3-285　“尺寸”和“助手”选项

图 3-286　选择“吸引器”的范围

选择“旋涡”力类型，可以通过输入数值或拖曳滑块的方式在 Aperture 选项后设置旋涡中心的大小，如图 3-288 所示。

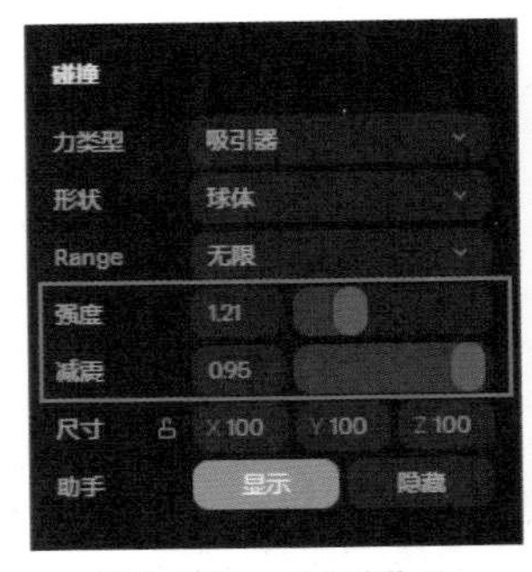

图 3-287 “强度”和“减震”选项

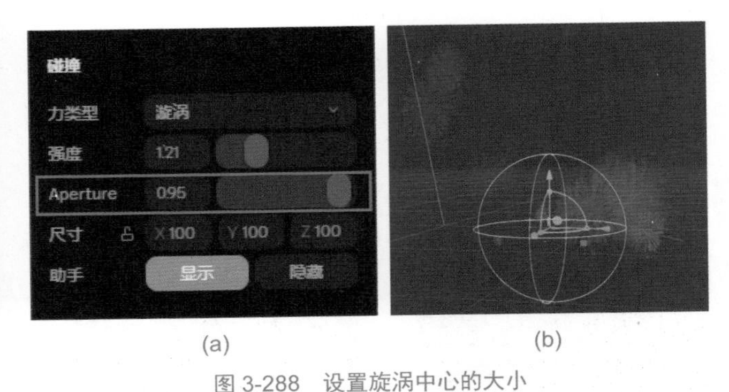

(a) (b)

图 3-288 设置旋涡中心的大小

3.7.4 粒子噪波

用户可以通过设置“粒子噪波”选项的各项参数，影响粒子在不同类型噪波中移动的方式，如图 3-289 所示。单击“类型”选择后的下拉按钮，在打开的下拉列表框中可以选择“Curl 卷曲”“Simplex 新普利斯”和“FBM 分形布朗运动”3 种粒子噪波类型，如图 3-290 所示。

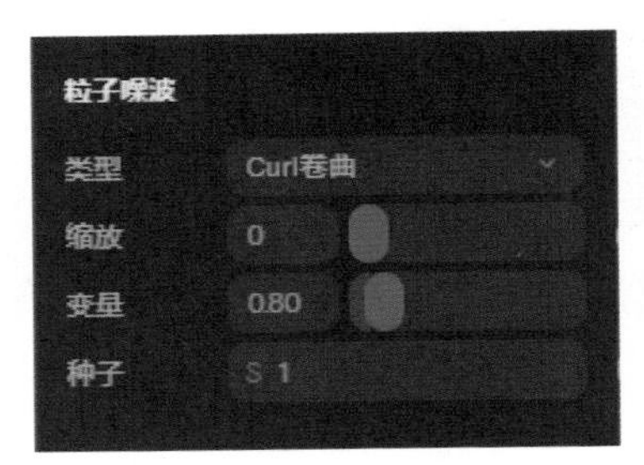

图 3-289 “粒子噪波”选项

图 3-290 粒子噪波类型

可以通过输入数值或拖曳滑块的方式在“缩放”选项后设置粒子噪波的大小，从而影响噪波的整体视觉效果。通过输入数值或拖曳滑块的方式在“变量”选项后改变噪波中的多样性和随机性，允许不同程度的复杂性和不规则性。在“种子”选项后的文本框中输入数值，确保每次运行模拟或渲染时，噪波的模式都是相同的。

提示

粒子噪波用于给粒子系统或动画效果添加随机性和复杂性，而“种子”选项用于控制噪波生成的随机性，通过设定一个特定的种子值，可以确保每次运行模拟或渲染时，噪波的模式都是相同的。

3.7.5　粒子随机性

用户可以通过设置“粒子随机性”选项的各项参数，为粒子的行为或显示方式添加随机性，如图 3-291 所示。可以通过输入数值或拖曳滑块的方式在“缩放”选项后为粒子的比例添加随机性；在“旋转”选项后为粒子的旋转添加随机性；在“阻力”选项后增加粒子阻力的随机性。

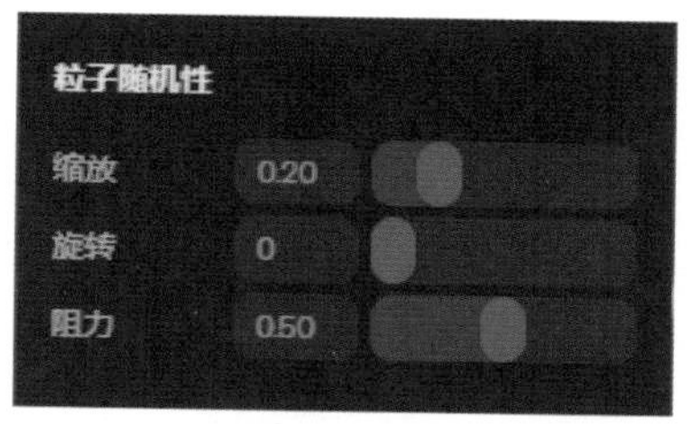

图 3-291　“粒子随机性”选项

3.7.6　粒子预设

使用粒子预设，用户可以保存选中的粒子属性，以便以后在多个不同的粒子发射器中重复使用。

课堂练习——创建并使用粒子预设

Step01 在视图中创建一个粒子发射器，设置“粒子发射器”选项的各项参数，如图 3-292 所示。设置“粒子”选项的各项参数，如图 3-293 所示。设置“粒子力”选项的各项参数，如图 3-294 所示。

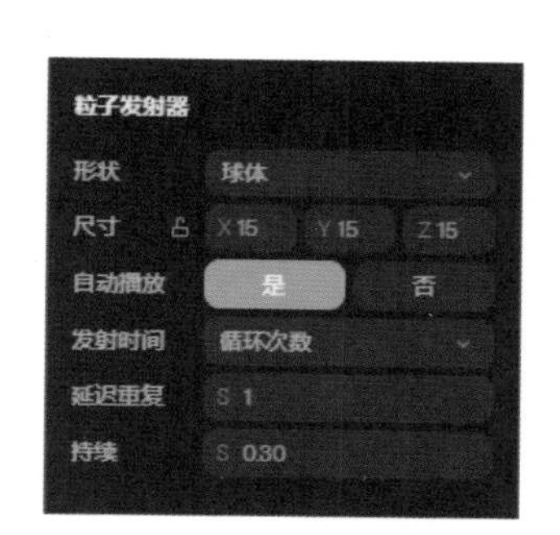

图 3-292　“粒子发射器”选项

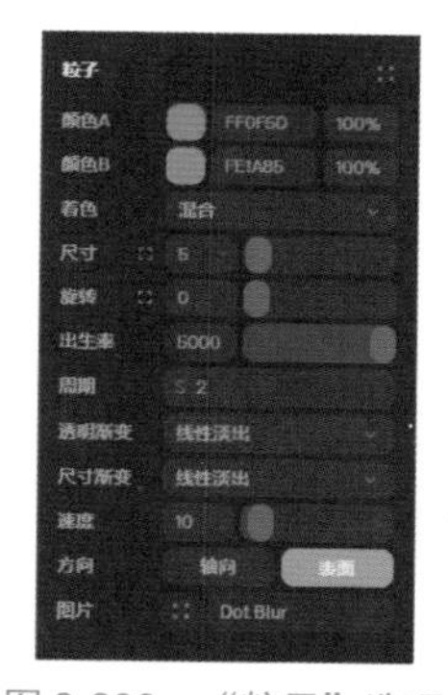

图 3-293　“粒子”选项

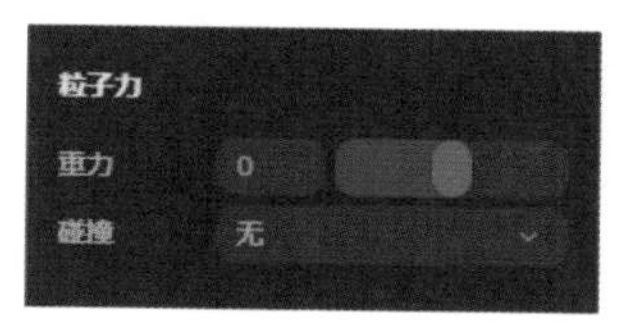

图 3-294　“粒子力”选项

Step02 单击“粒子”选项后的按钮，在弹出的“粒子预设”对话框中单击按钮，创建一个名为“烟花”的“本地粒子”，如图 3-295 所示。在视图中新建一个粒子发射器，如图 3-296 所示。

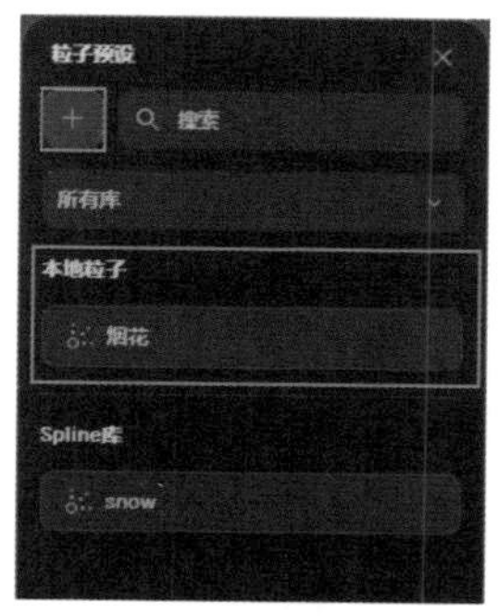

图 3-295　新建粒子预设

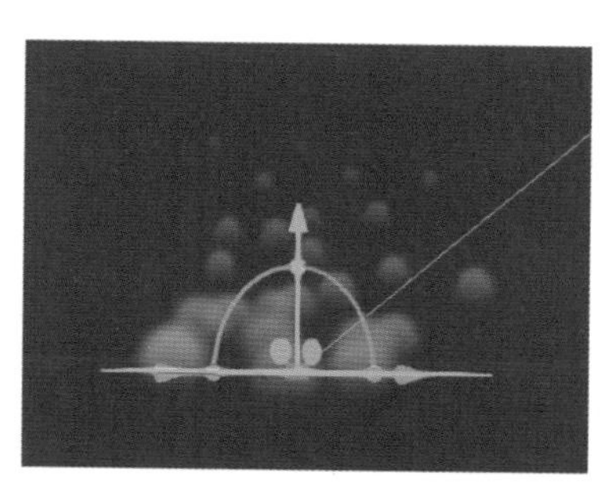

图 3-296　新建粒子发射器

Step 03 单击“粒子”选项后的■按钮，在弹出的“粒子预设”对话框的“本地粒子”中单击“烟花”粒子，快速应用粒子预设，效果如图 3-297 所示。修改粒子颜色，粒子效果如图 3-298 所示。

图 3-297　应用粒子预设

图 3-298　修改粒子颜色后

3.8 本章小结

本章详细阐述了利用 Spline 工具创建与编辑 3D 模型的一系列方法和实用技巧，旨在帮助读者全面掌握 Spline 建模技术。通过课堂练习的实践操作，读者能够深刻理解和熟练运用这些建模技巧。为了进一步提升软件操作熟练度，积累丰富的建模经验，建议读者在课后多观察、勤思考，并持续进行练习。

3.9 课后习题

完成本章内容学习后，接下来通过几道课后习题测验读者的学习效果，加深读者对所学知识的理解。

一、选择题

在下面的选项中，只有一个是正确答案，请将其选出来并填入括号内。

1. 在拖曳创建 3D 模型时，按住键盘上的（　　）键，将创建等比例模型。

A. Ctrl　　B. Alt　　C. Shift　　D. Esc

2. 进入矢量编辑模式，下列选项中不能编辑矢量形状的工具是（　　）。

A. 选择工具　　B. 评论工具　　C. 钢笔工具　　D. 弯曲工具

3. 将光标移动到视图中的某个对象上，当出现（　　）的平面时，意味着将捕捉到另一个对象表面的点。

A. 红色　　B. 蓝色　　C. 绿色　　D. 黑色

4. 用户可在“盖顶”选项右侧选择路径两端的封闭方式为“硬边”或（　　）。

A. 平滑 B. 圆滑 C. 光滑 D. 倒角

5. 下列选项中，不属于布尔运算方式的是（ ）。

A. 相减 B. 相交 C. 联和 D. 求交

二、判断题

判断下列各项叙述是否正确，正确的打“√”，错误的打“×”。

1. 平滑点通常包括两条用来调整曲线形状的方向点，连接平滑点可以形成平滑的路径。（ ）

2. 组件是设计中可复用的单元，能够在整个场景内被一次性应用。（ ）

3. 分离实例会将其转换为普通对象，同时继续引用主组件，并且主组件上的更改会反映到该对象上。（ ）

4. Spline 中允许用户对面、边和点进行编辑，用户可以通过使用挤出、内嵌、循环切割、边缘滑动和补洞等建模工具，对模型进行编辑。（ ）

5. 使用克隆器能够帮助用户通过某种模式或基于另一个对象的形状复制和排列对象。（ ）

三、创新实操

使用本章所学的内容，参考如图 3-299 所示的案例，新建文件，使用各种建模方式，制作多个道具模型，并将文件保存为“道具 .spline”。

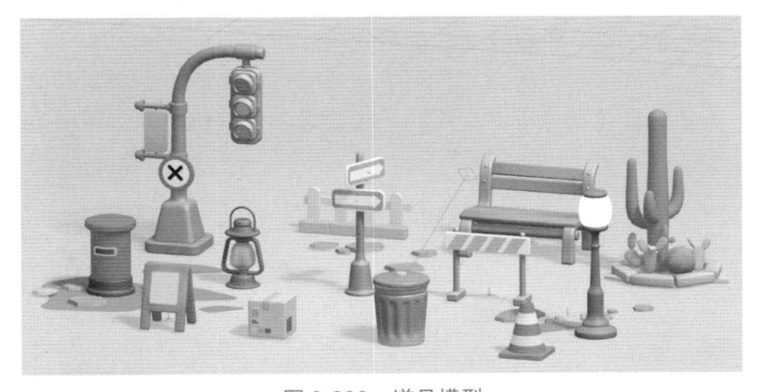

图 3-299 道具模型

第4章
材质与着色

Spline 允许用户通过分层和组合不同的材质效果来创建出丰富的视觉表现。无论是简单的颜色填充还是复杂的反射、折射效果，Spline 都能提供丰富的选项和参数供用户调整。同时，材质可以保存到资产库中，方便后续项目的重复使用。通过熟练掌握 Spline 的材质与着色系统，用户可以大大提高 3D 设计的效率和质量。

学习目标

- 掌握基本材质的创建与使用方法。
- 掌握不同材质类型的创建与设置方法。
- 掌握图层遮罩、凹凸和粗糙度的使用方法。
- 理解并应用材质与着色技术，提高学生的空间想象能力和创新思维。
- 组织学生分组进行建模实践，培养学生的团队协作能力和沟通能力。

学习导图

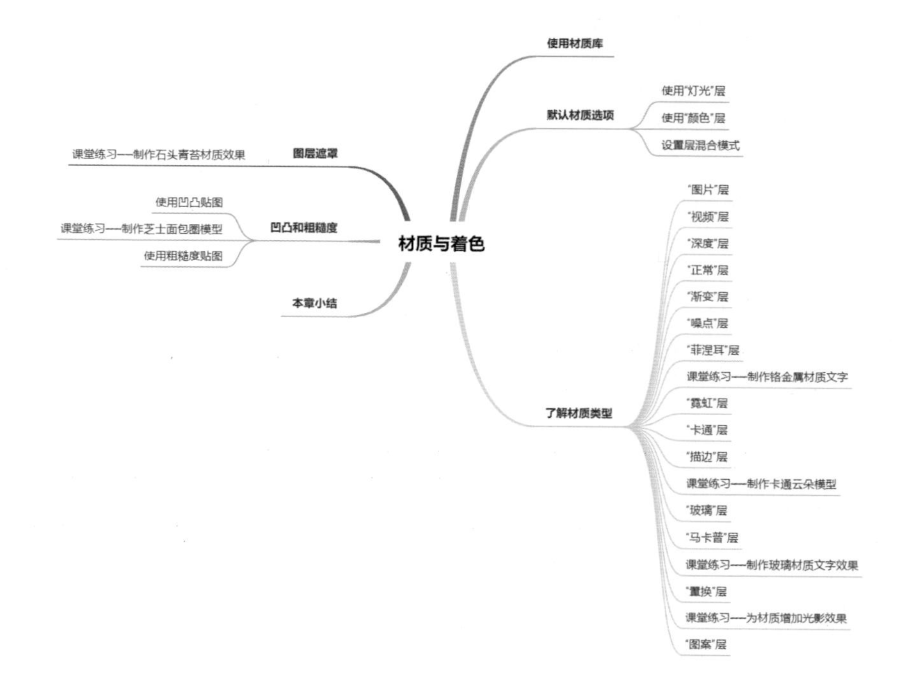

4.1 使用材质库

Spline 中的材质库包含数百种风格各异的精美材质，能够帮助用户迅速应用多种预设材质，如图 4-1 所示。用户只需在材质库中挑选所需的类别，即可将材质轻松应用到场景中，再根据个人需求进行个性化的定制和调整即可。

图 4-1　Spline 材质库

提示

材质库的每个类别中都包含数量有限的免费材质，如果要想使用完整的材质库，需要付费成为超级版或超级团队版。

选中视图中的一个对象，单击右侧属性栏中“材质”选项右侧的■按钮，如图 4-2 所示。弹出“材质素材”对话框，如图 4-3 所示。

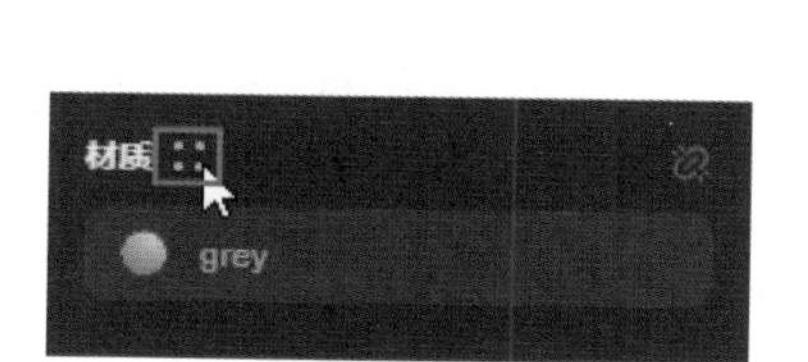

图 4-2　单击相应的按钮

图 4-3　“材质素材”对话框

“材质素材”对话框中包含“我的材质库”和“Spline 库”两种材质库。用户可在 Spline 材质库选项后面的下拉列表框中选择要使用的材质库类别，包含“风格化”和“真实世界”两种。

“风格化”材质库中包含渐变、次表面放射、图案、噪点、卡通/线稿和多彩金属 6 种，如图 4-4 所示。“真实世界”材质库中包含金属、陶瓷和大理石、反光、透明、混泥土、石头、砖块、木纹、织物和自然 10 种，如图 4-5 所示。

用户可以在“材质素材”对话框顶部的文本框中输入想要使用材质的关键字，如 Stone、wood、metal、gold 等，按 Enter 键，即可快速找到想要的材质，如图 4-6 所示。

图 4-4　风格化类别材质库

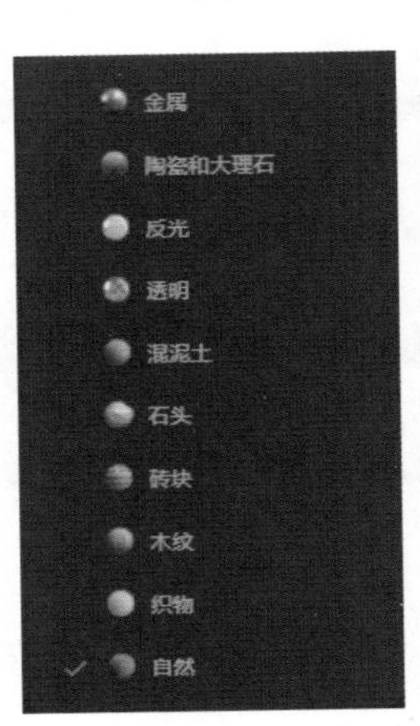

图 4-5　真实世界类别材质库

图 4-6　查找材质

选择“渐变”材质库中的“渐变亮粉彩 01”，模型效果如图 4-7 所示。应用给模型的材质将显示在“我的材质库”选项中，如图 4-8 所示。

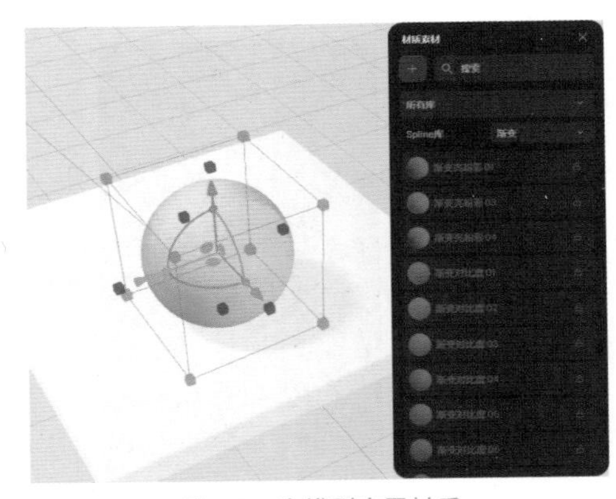

图 4-7　为模型应用材质

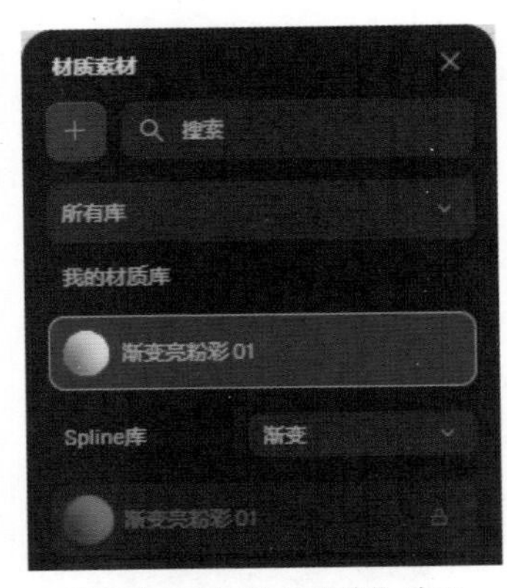

图 4-8　“我的材质库”选项

单击材质右侧的按钮，可以在弹出的“编辑材质球”对话框中对材质进行调整，以创建更具个性的材质，如图 4-9 所示。单击“材质素材”对话框顶部的按钮，即可在“我的材质库”中新建一种材质，如图 4-10 所示。单击材质右侧的按钮，即可对新建材质进行编辑，如图 4-11 所示。

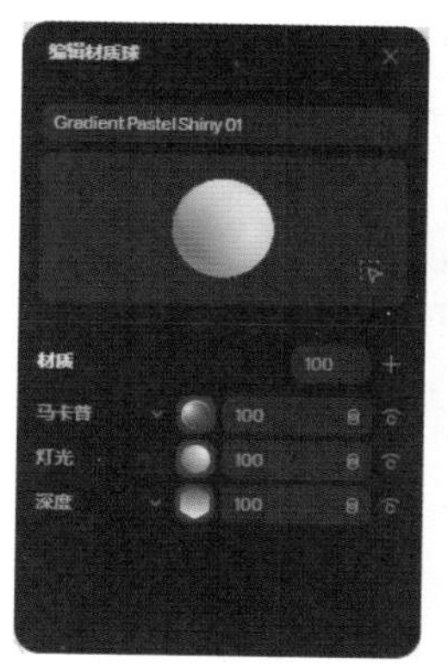

图 4-9 编辑现有材质

图 4-10 新建材质

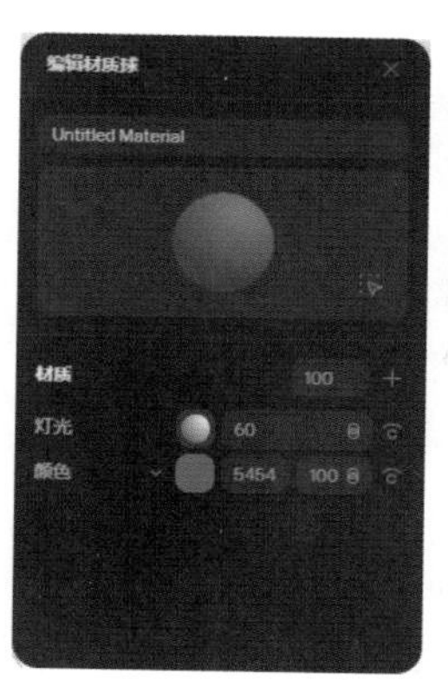

图 4-11 编辑新建材质

4.2 默认材质选项

在 Spline 中，材质是采用基于层的方法工作，用户可以在垂直堆栈上创建或编辑层来控制对象的外观。

选择对象，默认情况下“材质”选项中包含“灯光”和“颜色”两个材质层，用户还可以通过在“材质”选项右侧的文本框中输入数值来控制材质的不透明度，如图 4-12 所示。

4.2.1 使用“灯光”层

“灯光”层可以模拟真实世界中的光照效果，为模型提供真实感和立体感。单击“灯光”选项后的图标，用户可在弹出的对话框中设置灯光的“类型”“颜色”“光泽度”“凹凸贴图”和“遮蔽”参数，如图 4-13 所示。

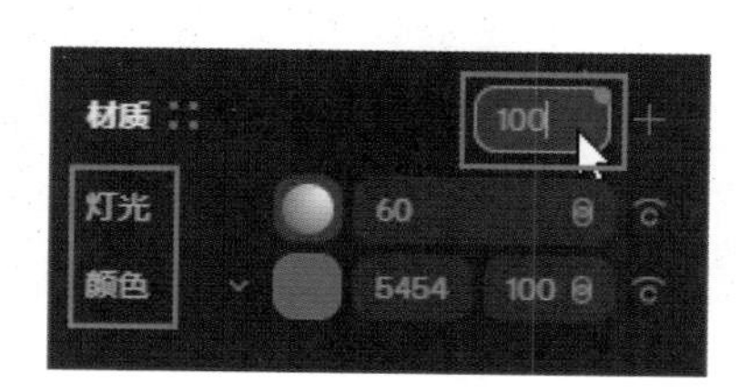

图 4-12 “材质”选项

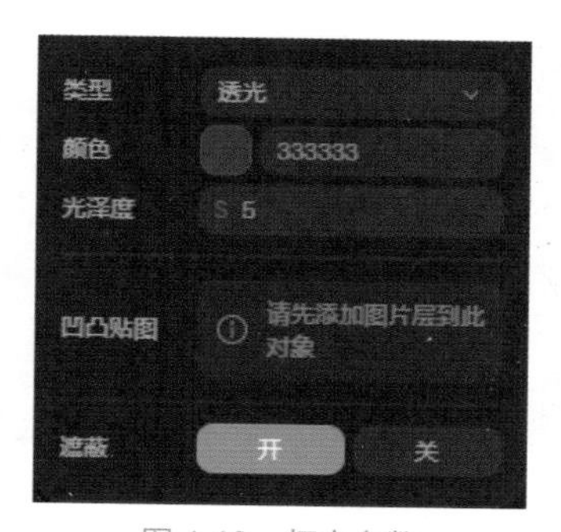

图 4-13 灯光参数

Spline 为用户提供了“漫反射”“透光”“自然”和“卡通”4 种类型的灯光，如图 4-14 所示。“漫反射”类型是一种没有高光的灯光，适合表现混凝土、砂石等材质，如图 4-15 所示。

图 4-14　灯光类型

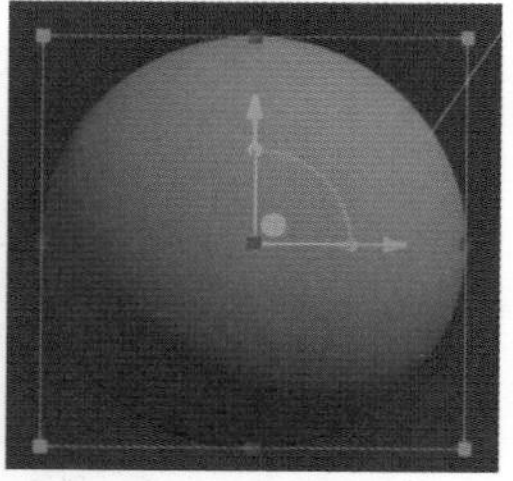

图 4-15　“漫反射”灯光类型参数与效果

“透光”类型可以为材质添加镜面反射，适合表现塑料、皮肤等材质，如图 4-16 所示。“自然”类型类似“透光”类型，但有更多的控制参数，适合表现金属、陶瓷等材质，如图 4-17 所示。

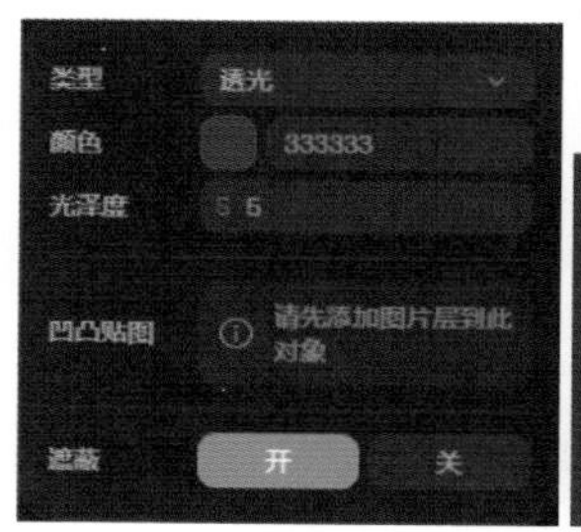

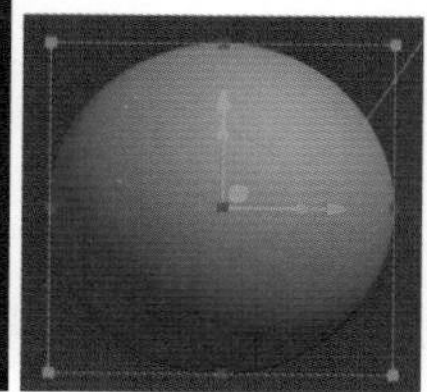

图 4-16　“透光”灯光类型参数与效果

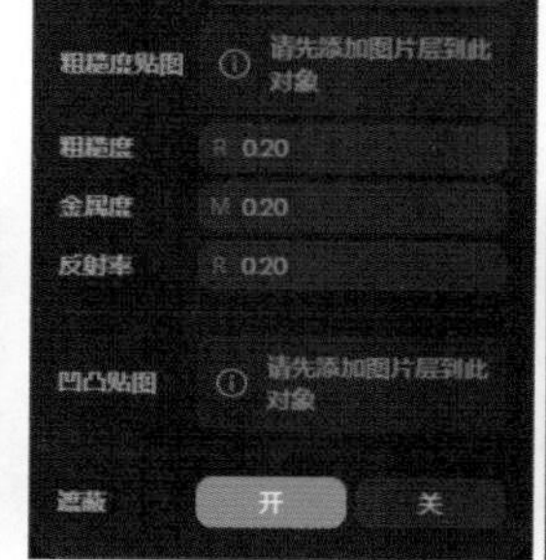

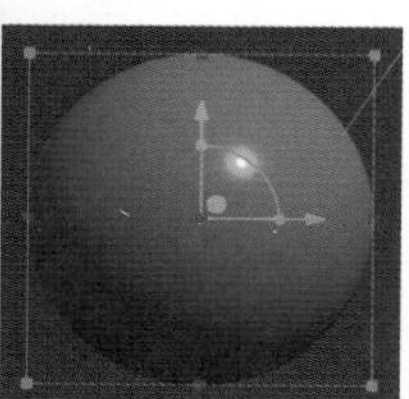

图 4-17　“自然”灯光类型参数与效果

“卡通”类型能够为材质添加卡通效果，使模型呈现非逼真的外观，如图 4-18 所示。用户可在“灯光”选项后面的文本框中输入数值，控制灯光的不透明度，如图 4-19 所示。

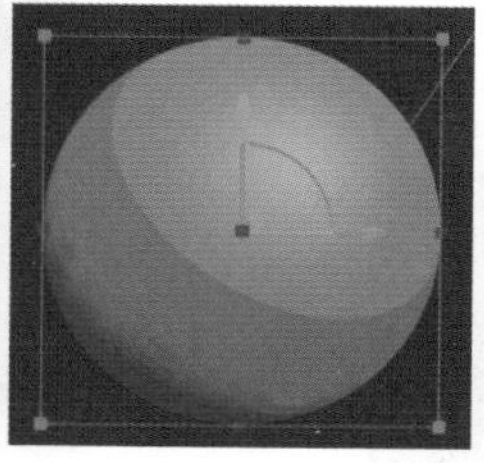

图 4-18　“卡通”灯光类型参数与效果

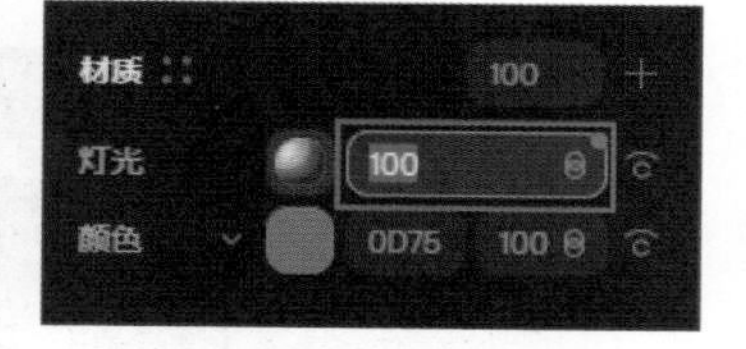

图 4-19　控制灯光的不透明度

提示

将光标移动到文本框左侧，当光标变成双箭头⟷时，按住鼠标左键并左右拖曳，可以快速调整文本框中文本的数值。

4.2.2 使用“颜色”层

单击“颜色”选项后的色块，在打开的“拾色器”面板中拖曳选择颜色，即可设置材质的颜色和不透明度。单击拾色器面板中的吸管按钮，可直接吸取场景中任意颜色作为灯光的颜色。在“拾色器”面板底部的文本框中输入数值，可以准确设置材质颜色，如图4-20所示。

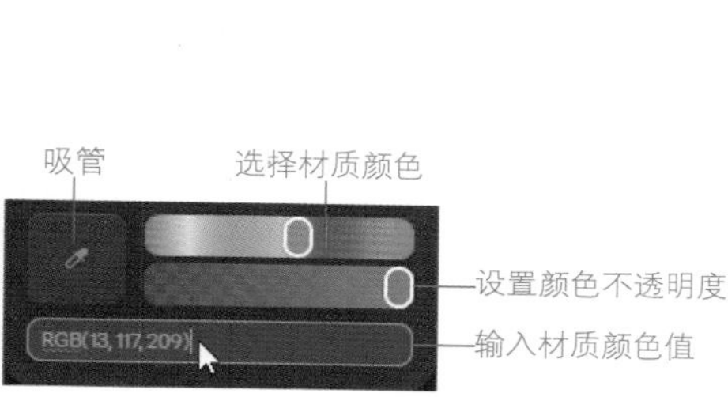

图 4-20 “拾色器”面板

选中对象，单击右侧属性栏中“材质”选项右侧的“+”按钮，将为当前材质添加一个“颜色”层，帮助用户实现更加丰富的材质效果，如图4-21所示。默认情况下，一种材质中必须包含一个“颜色”层，当包含多个“颜色”层时，单击最右侧的“×”按钮，即可将其删除，如图4-22所示。

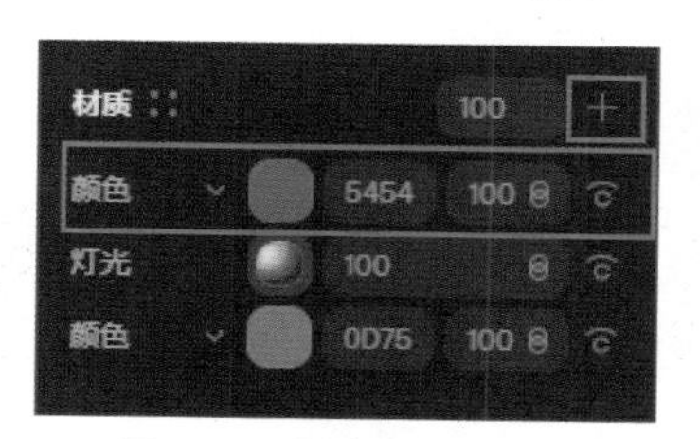

图 4-21 新建“颜色”层

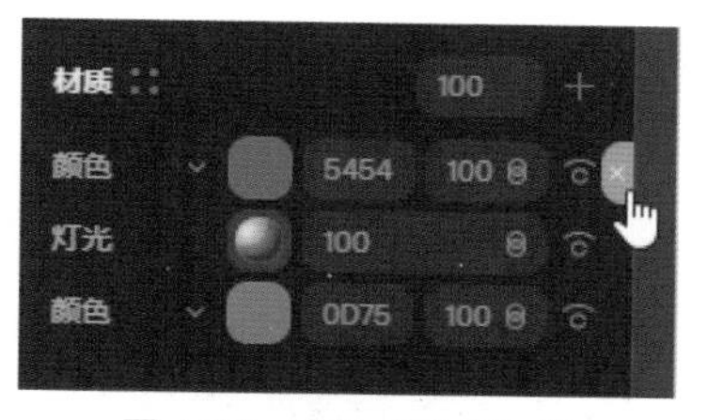

图 4-22 删除“颜色”层

与“灯光”层相同，用户也可以为“颜色”层设置不同的混合模式，以获得更加丰富的材质效果。

4.2.3 设置层混合模式

单击“灯光”选项中文本框右侧的按钮，用户可在打开的下拉列表框中选择一种混合模式，以获得更加自然的材质效果，如图4-23所示。

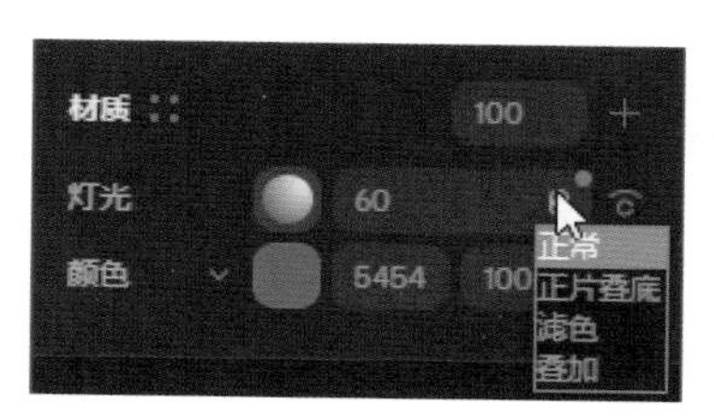

图 4-23 层混合模式

“正常”模式是最基本的混合模式，不进行任何特殊的颜色混合。“正片叠底”模式是将基色和混合色的颜色值相乘再除以255，使得材质颜色加深。

这种混合模式常用于模拟灯光照射在物体上产生的阴影效果。“滤色”模式是将当前图层的颜色与下层图层的互补色进行相除，从而产生较亮的显示效果。“叠加”模式是根据下层图层的亮度值来调整上层的颜色，从而产生出高反差、高饱和度的材质效果。

单击“灯光”层右侧的眼睛图标■，图标变成■，当前层中的对象将被隐藏。再次单击该图标，将显示隐藏层。

4.3 了解材质类型

在属性栏的“材质”选项中，除了默认的“灯光”和“颜色”以外，用户还可以通过新建“图片”“视频”“深度”“正常”“渐变”“噪点”“菲涅耳”“霓虹”“卡通”“描边”“玻璃”“马卡普”“置换”和“图案”层，实现更丰富的材质效果。

4.3.1 “图片”层

“图片”层允许用户上传或使用 AI 生成图像，从而对模型对象进行纹理处理。

选择场景中的某个对象，在右侧属性栏中新建一个“颜色”层，如图 4-24 所示。单击“颜色”选项右侧的下拉按钮，在打开的下拉列表框中选择“图片”选项，对象效果如图 4-25 所示。

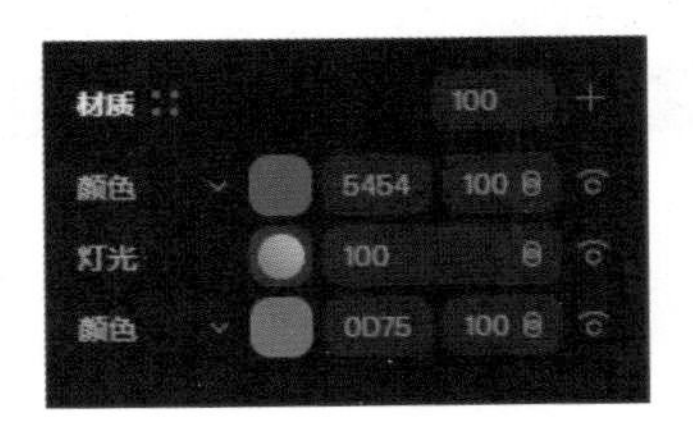

图 4-24 新建“颜色”层

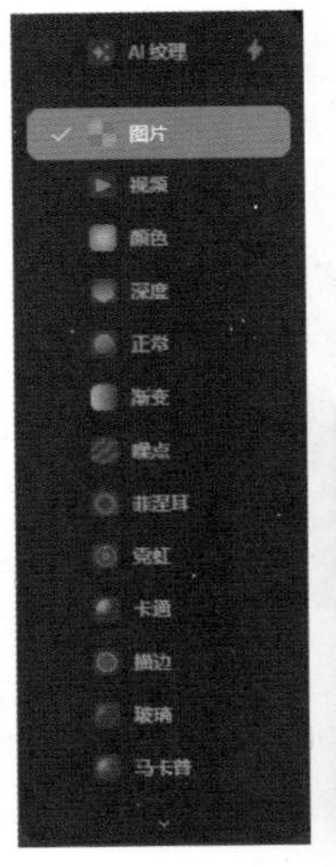

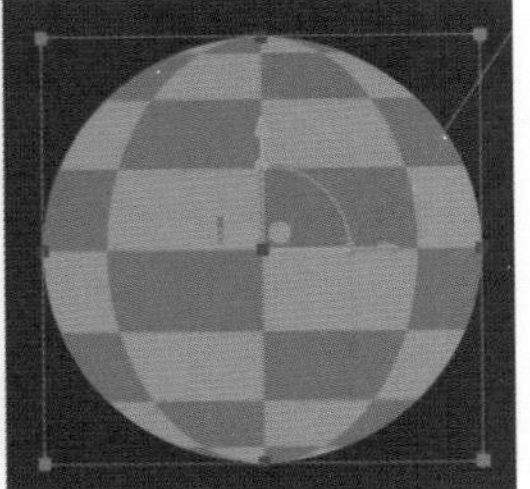

图 4-25 添加“图片”层后的对象效果

单击图层缩览图，即可显示图片层参数栏，如图 4-26 所示。同时会弹出“图片素材”对话框，用户可以选择 Spline 库中的图片或本地图片作为材质图片，如图 4-27 所示。

单击属性栏中的“上传图片”按钮，如图 4-28 所示。在弹出的“打开”对话框中选择图片素材，单击“打开”按钮，即可添加材质纹理，效果如图 4-29 所示。

用户可以将上传的图片另存为资源，以便在其他“图片”层上重复使用。单击“图片素材”对话框左上角的■按钮，即可将当前“图片”层中的图片保存到“图片素材”对话框中，如图 4-30 所示。单击本地图片右侧的■按钮，可在弹出的“编辑图片素材”

对话框中完成修改图片名称或替换图片的操作，如图 4-31 所示。

图 4-26　“图片”层参数栏

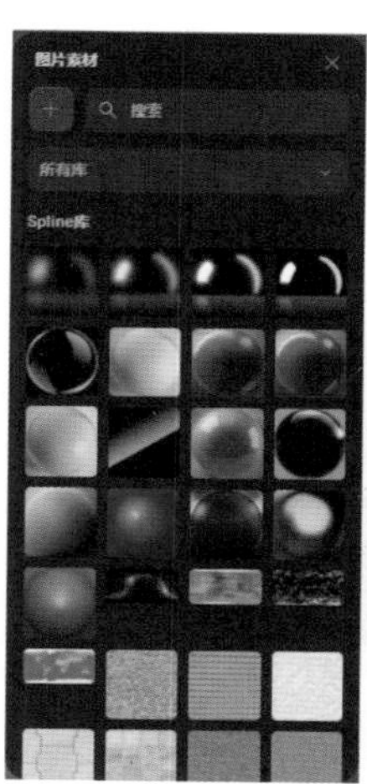

图 4-27　“图片素材”对话框

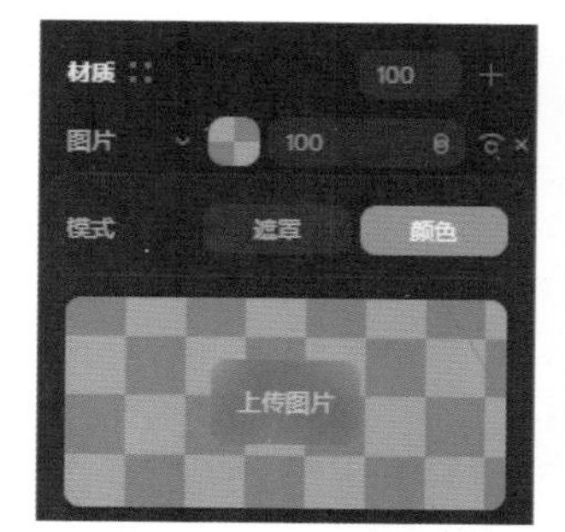

图 4-28　“上传图片”按钮

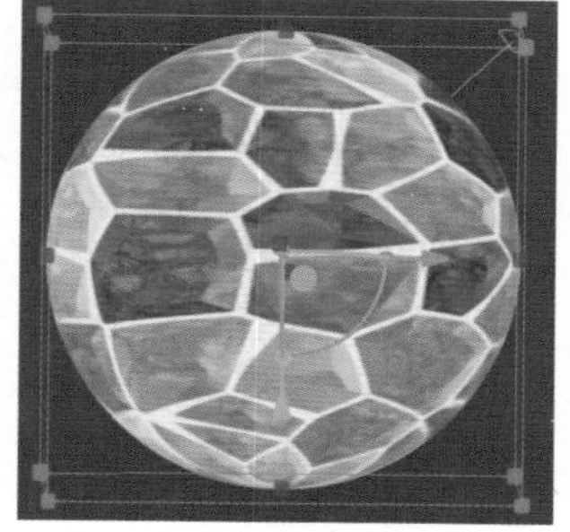

图 4-29　材质纹理效果

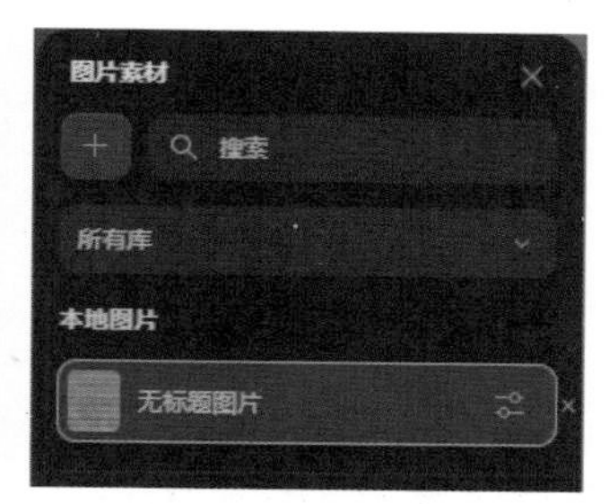

图 4-30　另存图片为资源

提示

选择“本地图片”库中的图片作为贴图素材后，在属性栏中将无法上传图片。单击本地图片素材右侧的按钮与“本地图片”库断开连接，即可重新上传图片。

1. 投影

用户可在“投影”选项后的下拉列表框中选择纹理适合模型的表面，确保贴图与模型形状完美契合，如图 4-32 所示。

图 4-31　“编辑图片素材”对话框

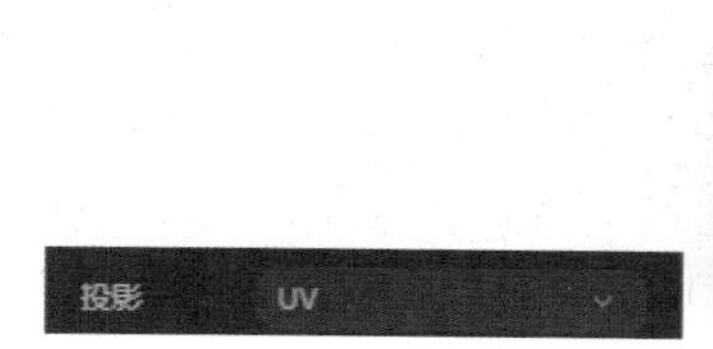

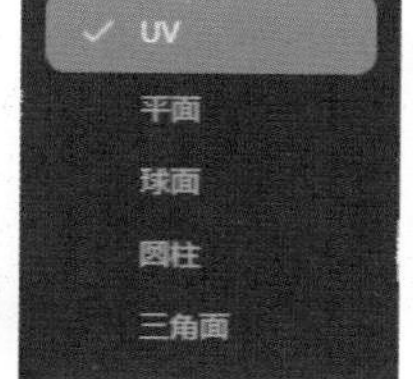

图 4-32　“投影”选项

选择“UV”选项，纹理将根据模型的UV坐标映射纹理。选择“平面”选项，纹理将从单个方向投影到模型上。选择“球面”选项，纹理将包裹在模型周围，就像它是一个地球仪一样，非常适合圆形模型对象。选择“圆柱”选项，纹理将应用在模型周围，就像罐头上的标签一样，非常适合圆柱形模型对象。选择“三角面”选项，将从3个方向投射纹理并将它们混合，非常适合没有明确方向的复杂表面。

2. 包裹方式

用户可以在“包裹方式”选项后的下拉列表框中选择纹理在表面边缘的行为方式是裁剪、重复还是镜像，如图4-33所示。

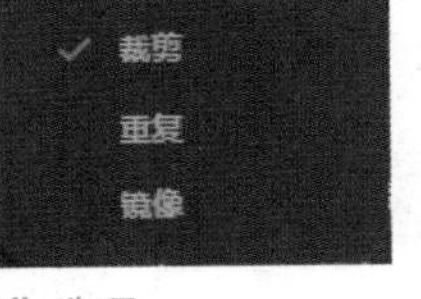

图4-33 “包裹方式”选项

采用“裁剪”方式时，纹理的边缘会被平滑地扩展到曲面的边界，从而避免纹理的平铺现象，但需要注意这种方式可能引发边缘像素的轻微拉伸，如图4-34所示。

“重复”方式则是直接在曲面上进行纹理的平铺，通过水平和垂直方向上的连续复制，实现纹理的无缝衔接，如图4-35所示。

“镜像”方式与“重复”方式类似，不同之处在于它每重复一次纹理，图块都会以镜像的方式出现，从而创建出一种独特的对称纹理效果，如图4-36所示。

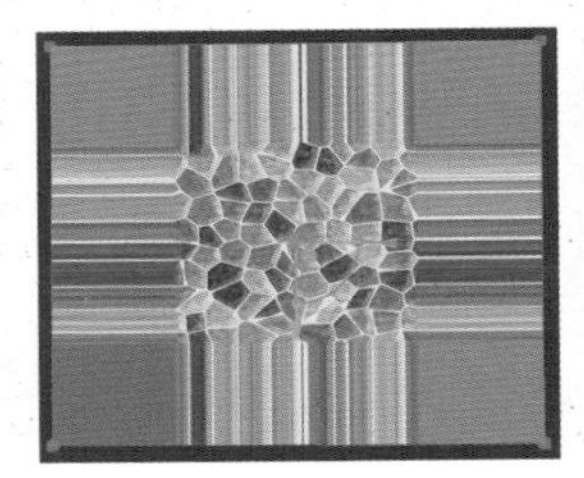

图4-34 “裁剪”方式

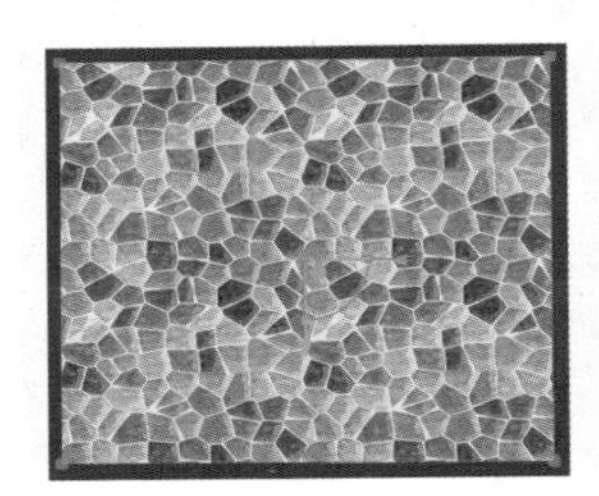

图4-35 “重复”方式

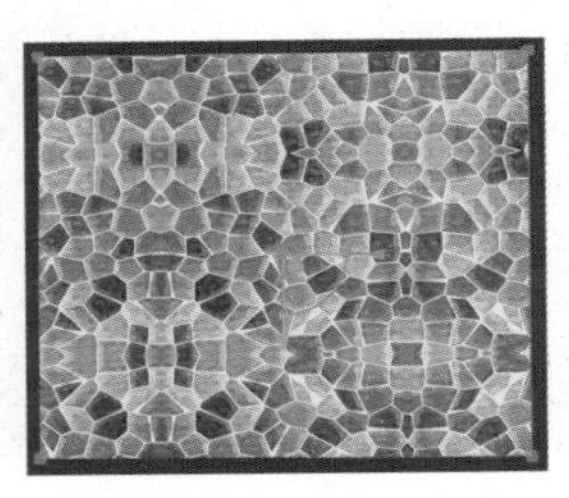

图4-36 “镜像”方式

3. 锐度

用户可以在“锐度”选项后的下拉列表框中选择Pixelated（像素化）、清晰或平滑的锐度，以调整纹理的清晰度，如图4-37所示。

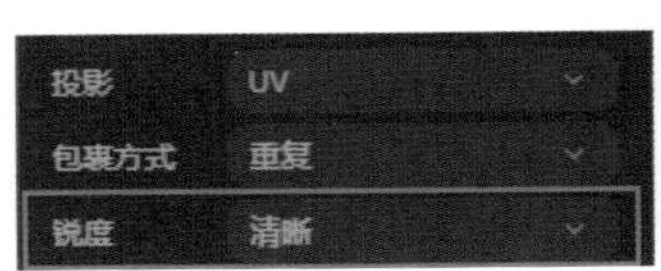

图4-37 “锐度”选项

4. 切割/缩放/偏移/旋转

单击“切割”选项后面的“是”按钮，纹理将仅在模型对象的一部分上使用纹理，而不对其进行拉伸，如图4-38所示。

用户可以在“缩放”“偏移”和“旋转”选项的文本框中输入数值，更改模型对象表面上纹理的大小、位置和角度，如图4-39所示。

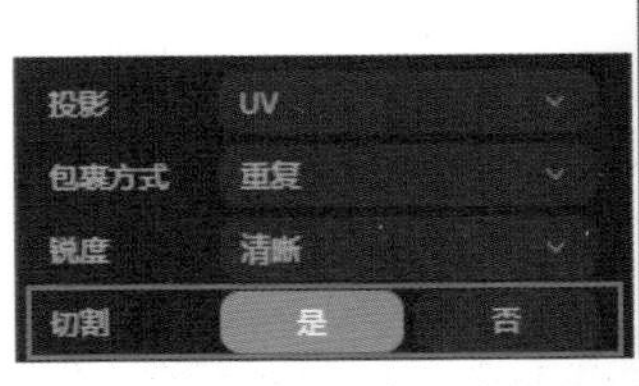

图4-38 “切割”选项

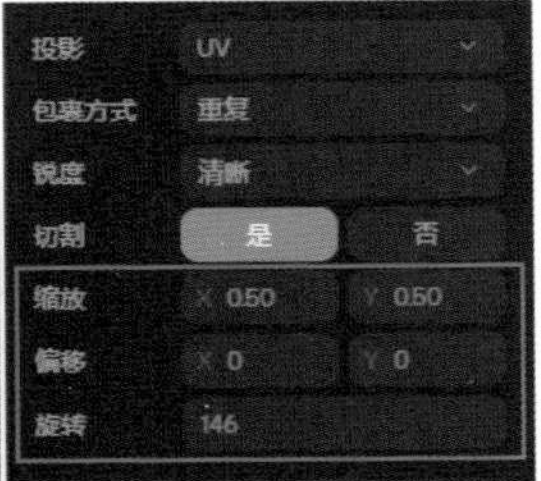

图4-39 缩放、偏移和旋转纹理

4.3.2 “视频”层

“视频”层允许用户上传视频并且可将其当作 2D 和 3D 对象上的视频纹理来使用。

选择场景中的某个对象，在右侧属性栏中新建一个“颜色”层，单击“颜色”选项右侧的下拉按钮，在打开的下拉列表框中选择“视频”选项，如图 4-40 所示。

单击“上传视频”按钮，在弹出的“打开”对话框中选择视频素材，单击“打开”按钮，即可将视频添加到选中对象，效果如图 4-41 所示。

图 4-40　选择“视频”选项

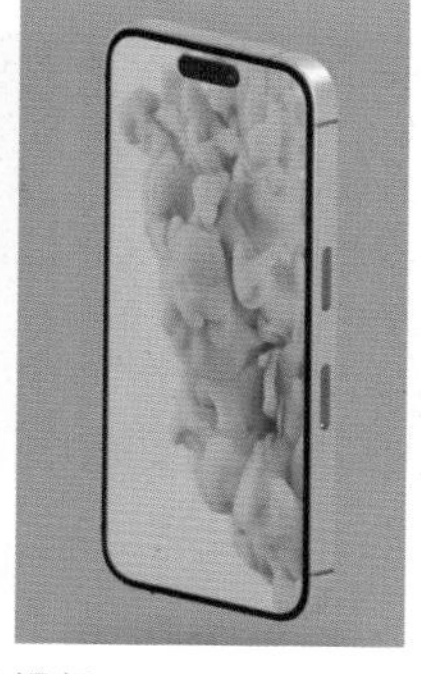

图 4-41　上传视频

提示

上传视频是一项付费功能，用户需要拥有有效的超级或超级团队订阅才能使用它。目前 Spline 仅支持上传 MP4 格式的视频。

4.3.3 “深度”层

“深度”层允许用户在 3D 空间中创建渐变，通过控制渐变的光阑来实现模拟灯光、创建假光照和阴影、创建颜色变化、模拟光色散等效果。

选择场景中的某个对象，在右侧属性栏中新建一个“颜色”图层，单击“颜色”选项右侧的下拉按钮，在打开的下拉列表框中选择“深度”选项，对象效果如图 4-42 所示。单击图层缩览图，即可显示“深度”层参数栏，如图 4-43 所示。

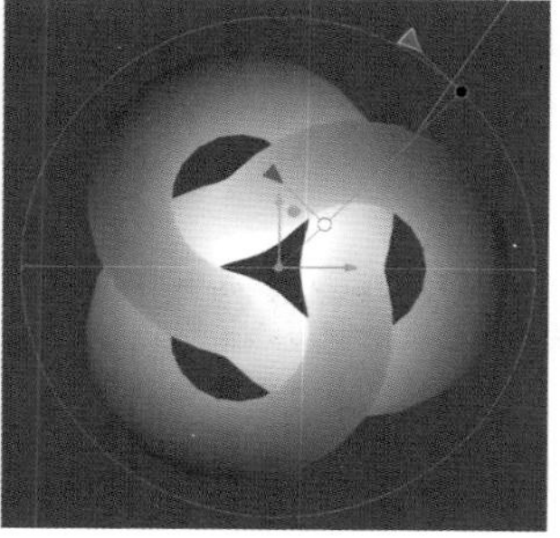

图 4-42　添加“深度”层效果

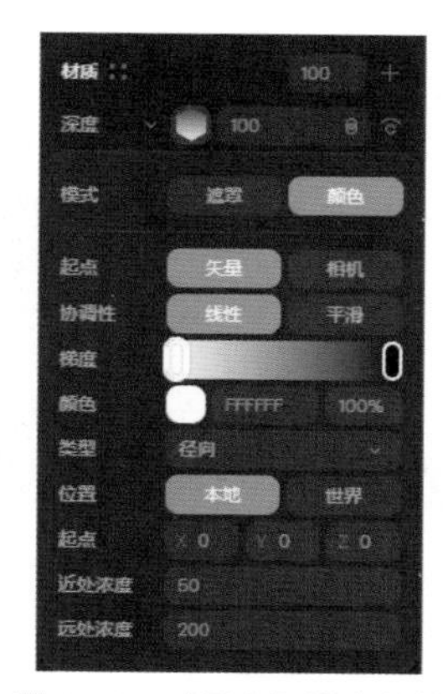

图 4-43　“深度”层参数栏

单击“起点”选项后的“矢量”按钮，表示在世界空间中定义深度；单击“相机”按钮，表示深度将受相机距离和角度的影响。单击“协调性”选项后的“线性”按钮，将以线性的方式设置颜色间的过渡；单击“平滑”按钮，可在设置的颜色之间实现更平滑的过渡。

单击“梯度”后的渐变上的色标，可在打开的“拾色器”面板中修改渐变颜色。颜色值和透明度将显示在下方“颜色”选项后的文本框中，如图 4-44 所示。拖曳渐变条上的色标或模型上深度圈的原点，可改变选中色标的深度范围，如图 4-45 所示。

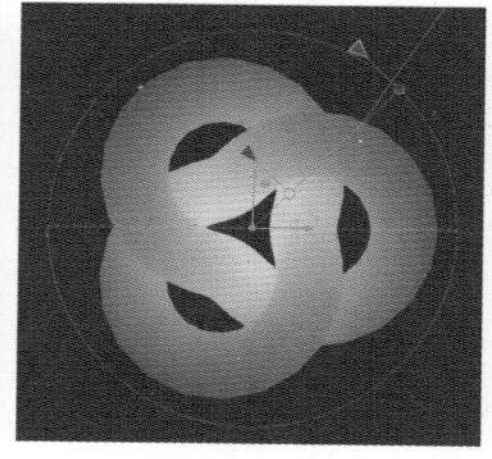

图 4-44　设置梯度颜色

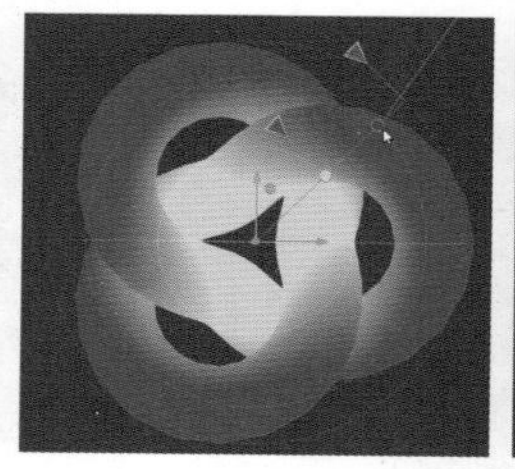

图 4-45　改变梯度的范围

将光标移动到渐变条上，当光标变成时，单击即可添加一个新的色标，如图 4-46 所示。用户可以在梯度上添加多个色标，用来丰富材质效果，如图 4-47 所示。

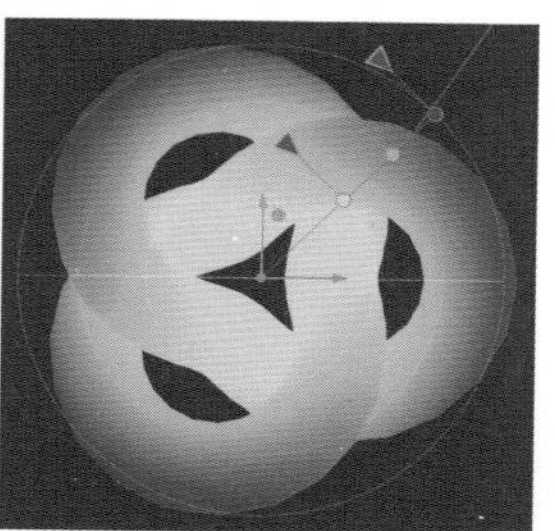

图 4-46　添加一个色标

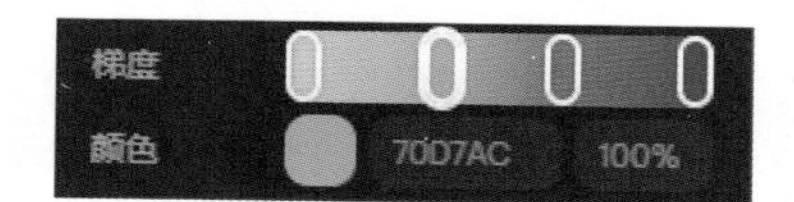

图 4-47　添加多个色标

从右侧拖曳渐变条上的一个色标到另一个色标上，该色标将作为背景显示在另一个色标下方，如图 4-48 所示。从左侧拖曳渐变条上的一个色标到另一个色标上，另一个色标将作为背景显示在该色标下方，如图 4-49 所示。

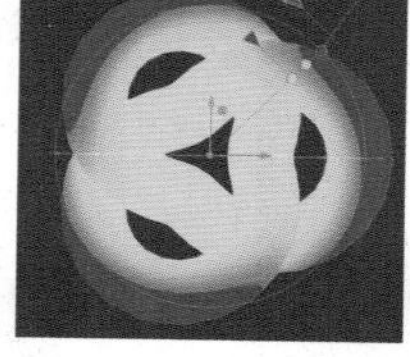

图 4-48　从右侧拖曳色标

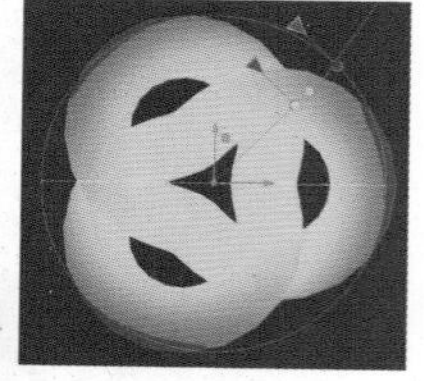

图 4-49　从左侧拖曳色标

将光标移动到色标上，按住鼠标左键并向下拖曳，当色标出现红色边框后，松开鼠标左键，即可删除该色标，如图 4-50 所示。选中某个色标，按下键盘上的【Delete】

键，即可将其删除。

用户可以在“类型”选项后的下拉列表框中选择深度类型为“径向”或“线性”，如图 4-51 所示。

图 4-50　删除色标

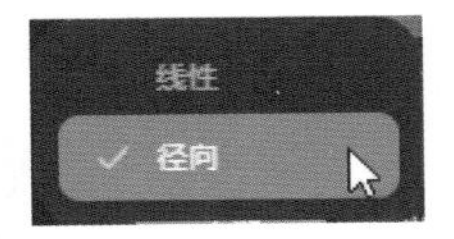

图 4-51　“类型”下拉列表框

单击“位置”选项右侧的“本地”或“世界”按钮，可以设置梯度的坐标位置。在“起点”选择右侧的文本框中输入数值，将准确定位梯度的中心位置。在“近处浓度”和“远处浓度”选项后的文本框中输入数值，将准确控制渐变起点和终点的范围。

4.3.4　“正常”层

在 3D 几何图形中，法线可以定义形成形状的每个三角形面的方向。

选择场景中的某个对象，在右侧属性栏中新建一个“颜色”层，单击“颜色”选项右侧的下拉按钮，在打开的下拉列表框中选择“正常”选项，对象效果如图 4-52 所示。

“正常”层的颜色来自通道 Y（绿色）、X（红色）和 Z（蓝色）的混合。单击“轴向”选项后的 X、Y、Z 按钮，可选择不同的通道混合颜色，如图 4-53 所示。通过使用不同层混合模式，将基于方向的色调更改添加到 3D 模型中。图 4-54 所示为选择“叠加”模式后的效果。

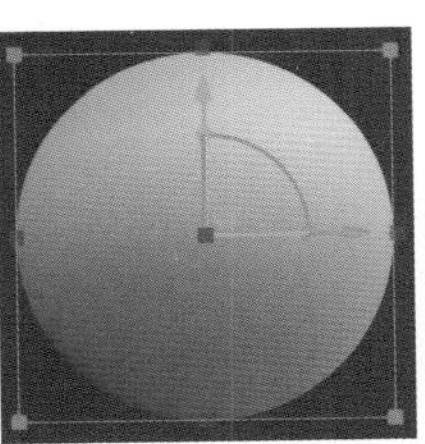
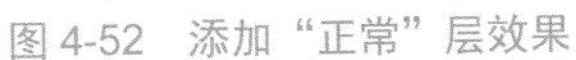
图 4-52　添加“正常”层效果

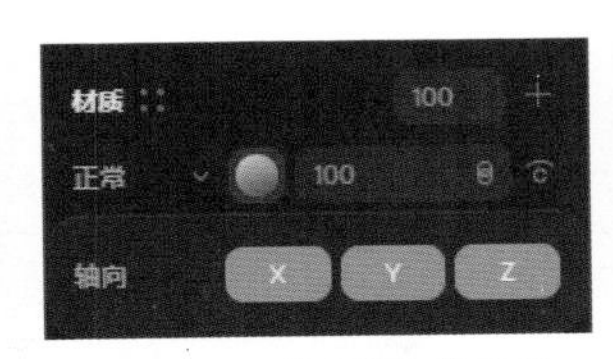

图 4-53　“正常”层参数

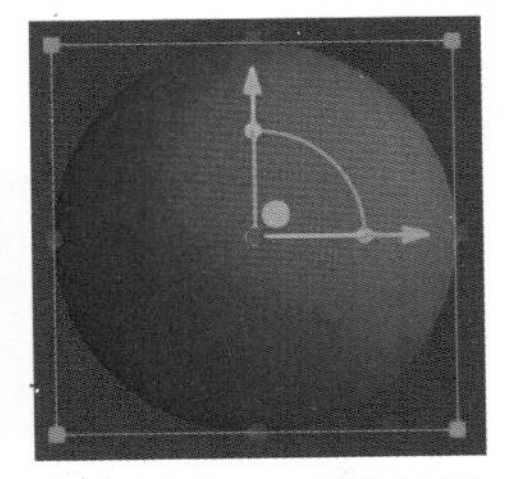
图 4-54　“叠加”效果

4.3.5　“渐变”层

渐变色能够显示两种或多种颜色之间的过渡。

选择场景中的某个对象，在右侧属性栏中新建一个“颜色”层，单击“颜色”选项右侧的下拉按钮，在打开的下拉列表框中选择“渐变”选项，对象效果如图 4-55 所示。

用户可在“类型”选项右侧下拉列表框中选择渐变类型，如图 4-56 所示。在“角度”选项后的文本框中输入数值，控制渐变的角度。图 4-57 所示为 90° 渐变效果。

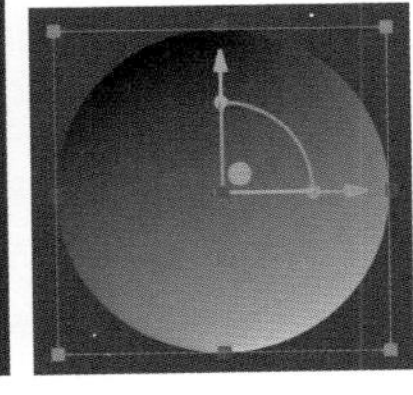

图 4-55　添加“渐变”层效果

图 4-56　渐变类型

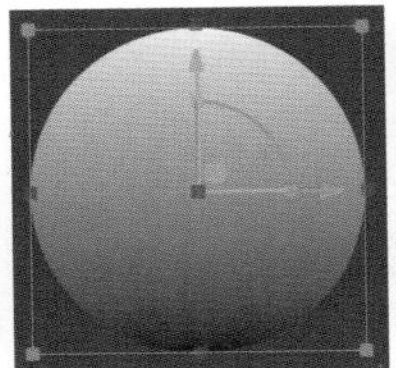

图 4-57　90° 渐变效果

在“偏移”和“变形”选项后的文本框中输入数值，可以控制渐变的位置和形状。

4.3.6 “噪点”层

使用“噪点”层能够模拟模型表面颜色的变化。

选择场景中的某个对象，在右侧属性栏中新建一个“颜色”层，单击“颜色”选项右侧的下拉按钮，在打开的下拉列表框中选择“噪点”选项，对象效果如图 4-58 所示。用户可以在“类型”选项右侧的下拉列表框中选择 Simplex 新普利斯、简单分层、Ashima 阿诗玛、FBM 分形布朗、Perlin 佩林和 Vorono 沃罗诺伊 6 种噪点类型，如图 4-59 所示。

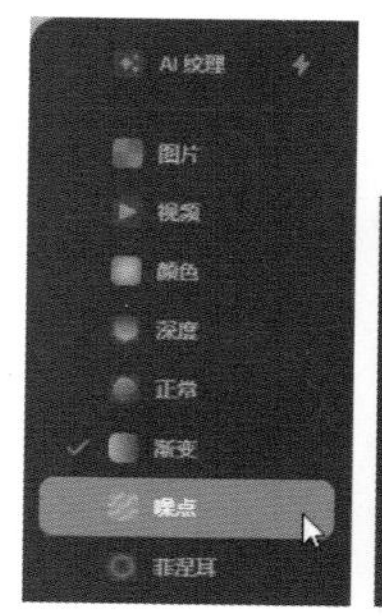

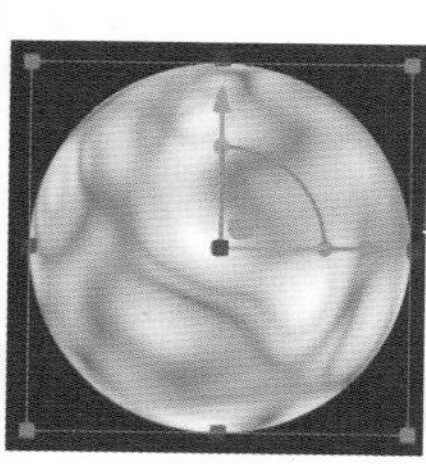

图 4-58 添加“噪点”层效果

图 4-59 “噪点”下拉列表框

在“样式”选项后的下拉列表框中选择噪点样式，如图 4-60 所示。用户可通过设置 4 种噪点颜色，获得色彩丰富的噪点效果，如图 4-61 所示。

图 4-60 “样式”下拉列表框

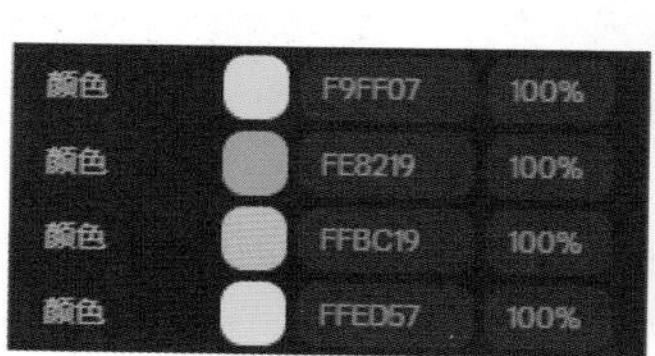

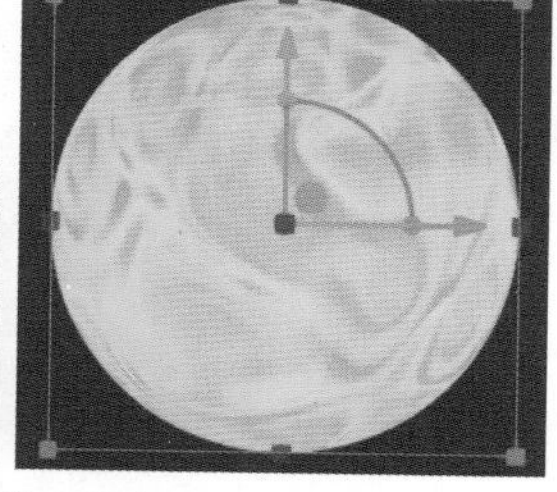

图 4-61 设置噪点颜色

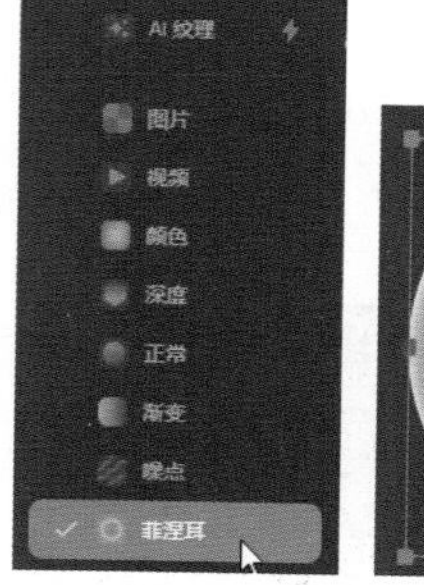

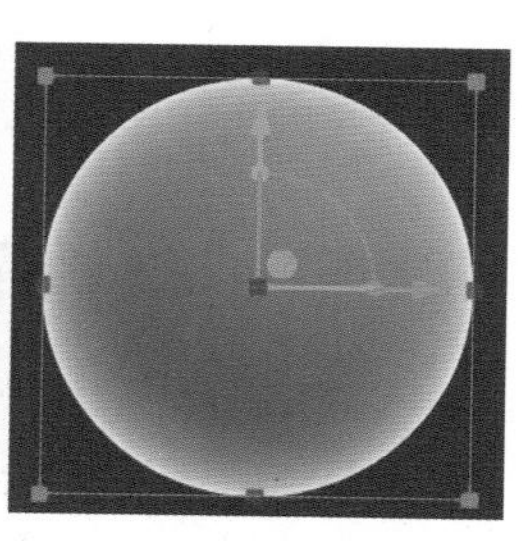

图 4-62 添加“菲涅耳”层效果

4.3.7 “菲涅耳”层

“菲涅耳”层会显示一种颜色，当它接近平行于相机的角度（现实生活中可以是眼睛）时，颜色会逐渐消失，模拟了人们如何根据光的角度感知模型表面上的反射，常用来表现闪亮或金属表面。

选择场景中的某个对象，在右侧属性栏中新建一个“颜色”层，单击“颜色”选项右侧的下拉按钮，在打开的下拉列表框中选择“菲涅耳”选项，对象效果如图 4-62 所示。

用户可在“向光性”选项后的文本框中输入数值，控制颜色的过渡效果，如图 4-63 所示。可以通过在“缩放”“强度”“因子”文本框中输入数值，实现更丰富的材质效果，如图 4-64 所示。

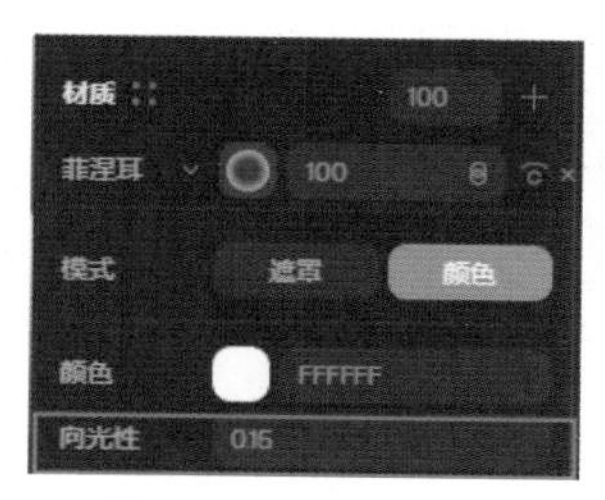

图 4-63　设置向光性

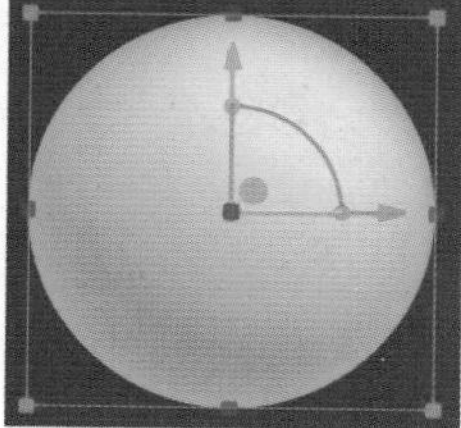

图 4-64　材质效果

课堂练习——制作铬金属材质文字

Step01 新建一个 Spline 文件，使用“矢量”工具在场景中创建一个如图 4-65 所示的对象。单击属性栏中的“转换为路径”按钮，将对象转换为路径，效果如图 4-66 所示。

图 4-65　使用“矢量”工具创建对象

图 4-66　将对象转换为路径

Step02 使用“箭头工具”和“弯曲工具”调整文字路径，效果如图 4-67 所示。退出路径模式，将属性栏的“材质”选项中的“颜色”层删除并新建一个“马卡普”层，将“铬 .png”图片上传，效果如图 4-68 所示。

图 4-67　调整文字路径

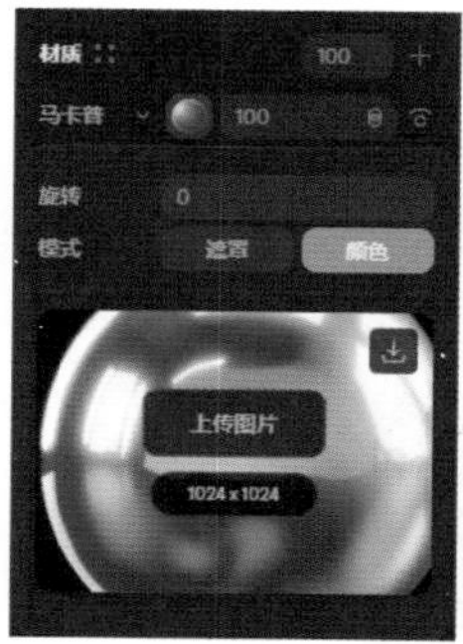

图 4-68　新建“马卡普”层

Step03 新建一个“菲涅耳”层，设置各项参数，修改层不透明度为 50%，效果如

图 4-69 所示。再次新建一个“菲涅耳”层，设置各项参数，修改层不透明度为 60%，效果如图 4-70 所示。

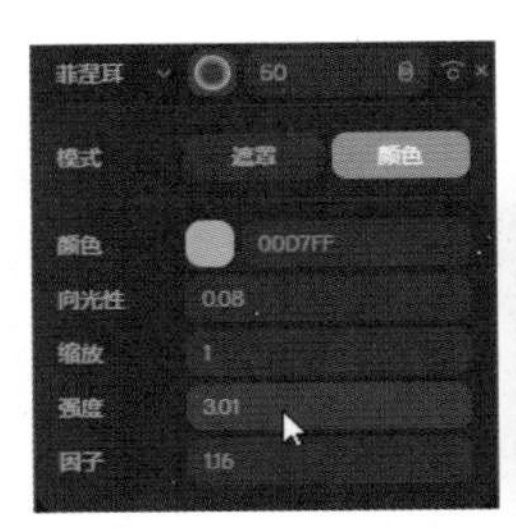

图 4-69 新建“菲涅耳”层效果

图 4-70 新建“菲涅耳”层效果

Step 04 设置“灯光”层的“光泽度”为 10，如图 4-71 所示。铬材质吸管模型效果如图 4-72 所示。

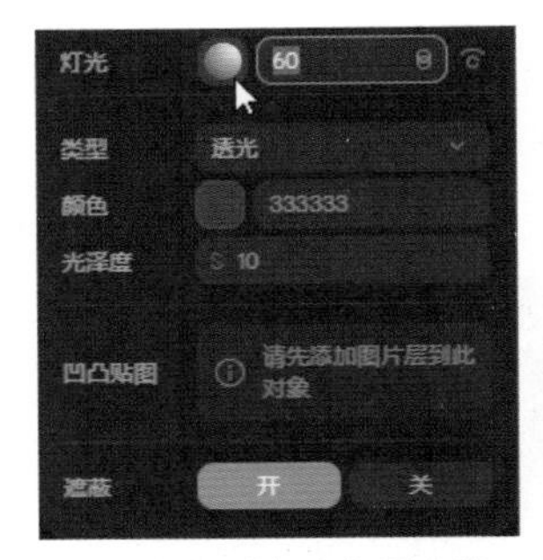

图 4-71 “灯光”层参数

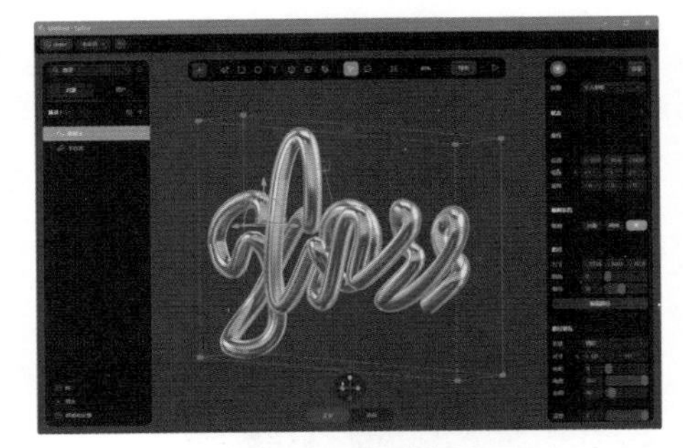

图 4-72 模型效果

4.3.8 “霓虹”层

“霓虹”层可创建根据视角或照明变化逐渐改变颜色的曲面。可以用来模拟彩虹或气泡的彩虹色效果。

选择场景中的某个对象，在右侧属性栏中新建一个“颜色”层，单击“颜色”选项右侧的下拉按钮，在打开的下拉列表框中选择“霓虹”选项，对象效果如图 4-73 所示。单击图层缩览图，即可显示“霓虹”层参数栏，如图 4-74 所示。

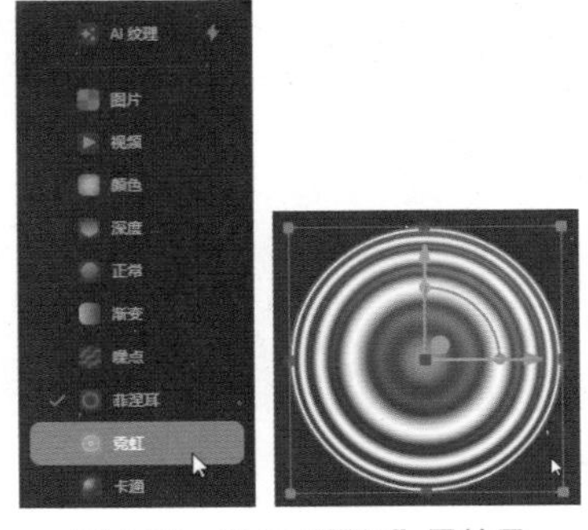

图 4-73 添加“霓虹”层效果

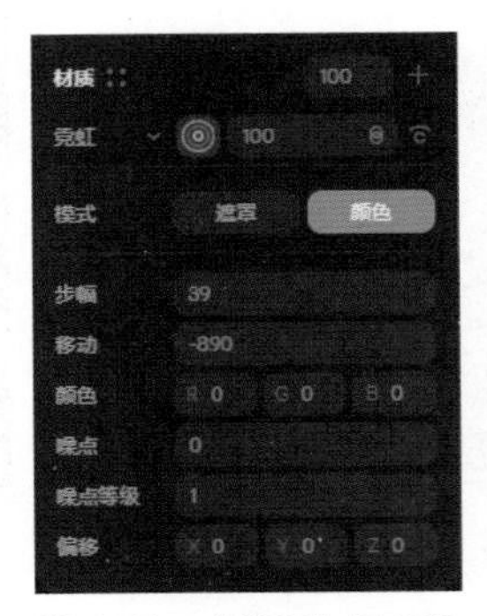

图 4-74 “霓虹”层参数

用户可以在“颜色”选项后的文本框中输入数值，改变“霓虹”层的颜色。通过在属性栏中设置“步幅”“移动”“噪点”“噪点等级”“偏移”等参数，实现更丰富的材质效果。

4.3.9　“卡通”层

“卡通”层可以模拟传统手绘动画或赛璐璐风格的视觉效果，通过强调光照强度和颜色来模拟卡通效果中的明暗对比。

提示

赛璐璐风格其实是一种极致的平涂风格，由动画制作演变而来，通常是先铺主体色块，再加暗部颜色。具有线条描边清晰、色块分明、有明暗两种颜色对比三大特点。

选择场景中的某个对象，在右侧属性栏中新建一个“颜色”层，单击“颜色”选项右侧的下拉按钮，在打开的下拉列表框中选择“卡通”选项，如图 4-75 所示。单击图层缩览图，即可显示“卡通”层参数栏，如图 4-76 所示。

用户可在“位置”选项后的下拉列表框中选择“灯光”“静态”或“相机”选项，设置明暗对比。再通过设置“颜色”“偏移”和“噪点”的数值，增强材质的卡通感。

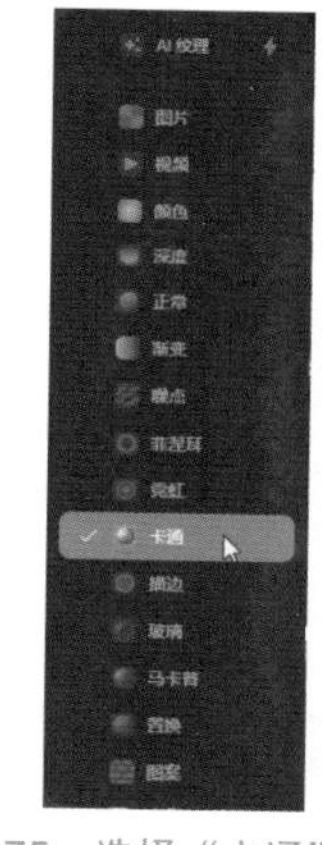

图 4-75　选择“卡通”选项

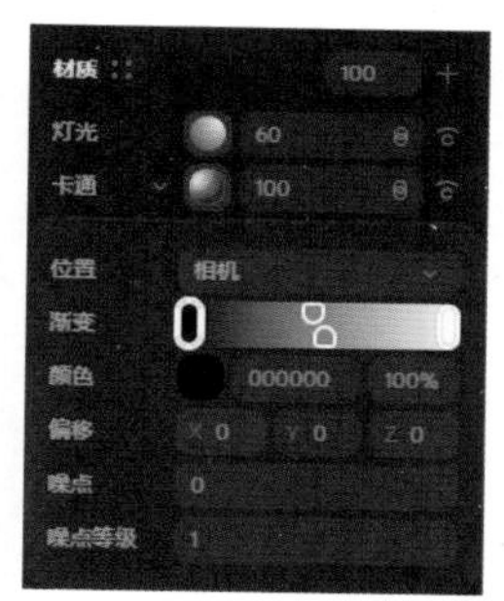

图 4-76　“卡通”层参数

4.3.10　“描边”层

“描边”层可以识别模型对象的边缘并为其添加额外的描边和轮廓，选择场景中的某个对象，在右侧属性栏中新建一个“颜色”层，单击“颜色”选项右侧的下拉按钮，在打开的下拉列表框中选择“描边”选项，对象效果如图 4-77 所示。单击图层缩览图，即可显示“描边”层参数栏，如图 4-78 所示。

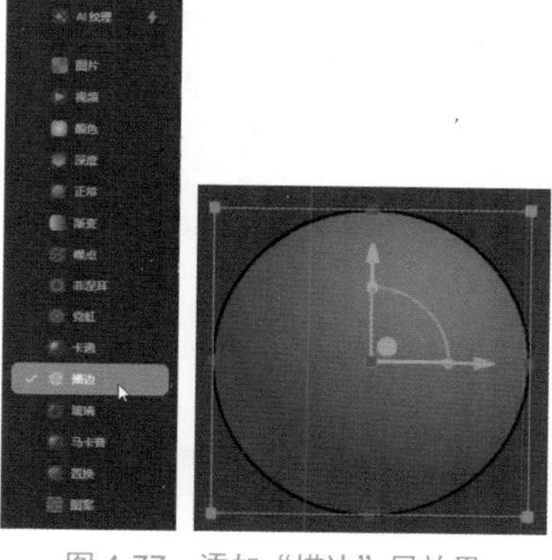

图 4-77　添加“描边”层效果

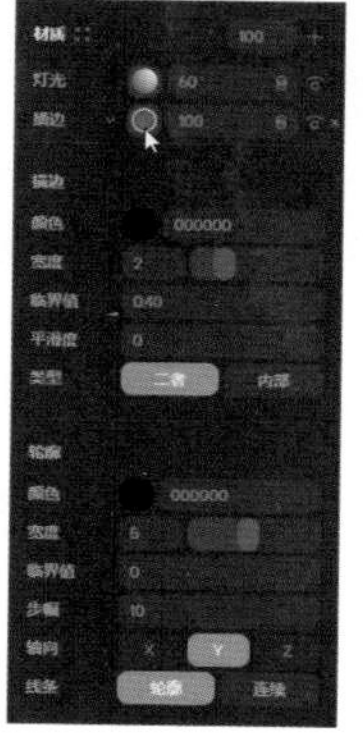

图 4-78　“描边”层参数

课堂练习——制作卡通云朵模型

Step 01 新建一个 Spline 文件，在场景中创建一个“立方体”模型，如图 4-79 所示。单击“平滑编辑”按钮，效果如图 4-80 所示。

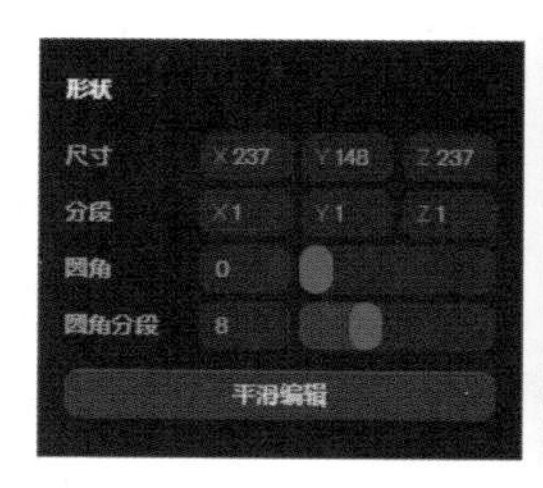

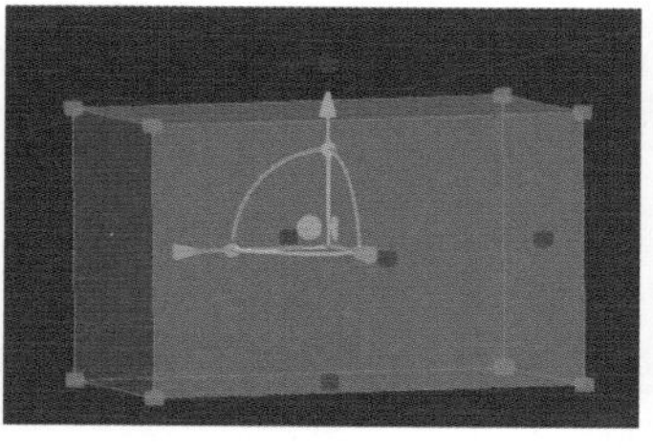

图 4-79　创建立方体模型

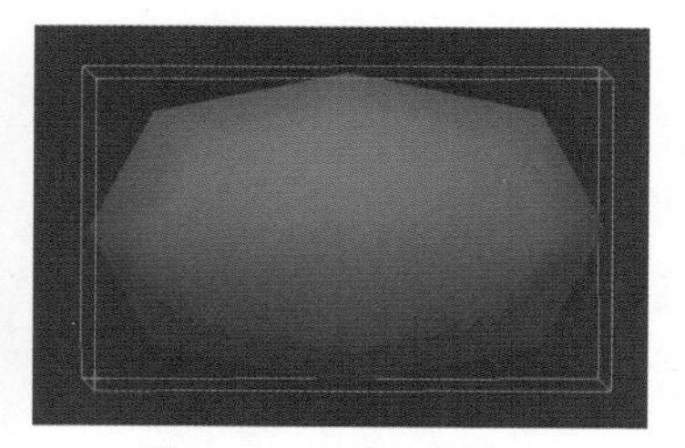

图 4-80　平滑编辑效果

Step 02 单击“增加基础细分”按钮，设置“等级”为 2，再次单击“增加基础细分”按钮，模型效果如图 4-81 所示。使用“变形工具”拖曳调整顶点，模型效果如图 4-82 所示。

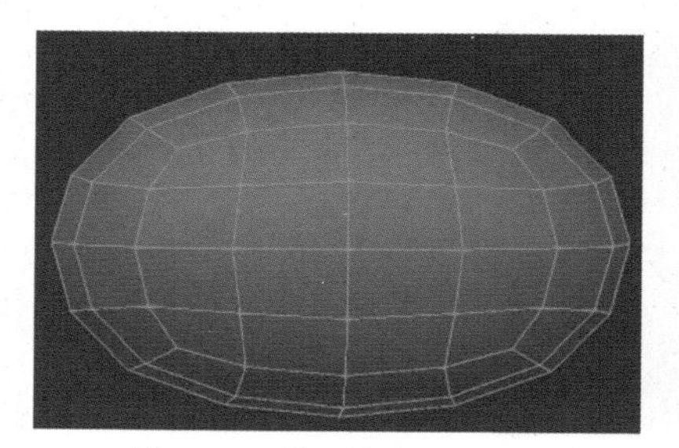

图 4-81　增加基础细分效果

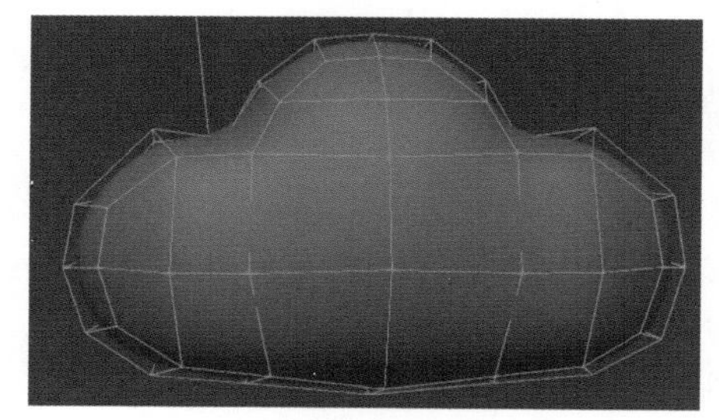

图 4-82　调整模型效果

Step 03 设置“颜色”层的颜色为 # 9CB5B3，不透明度为 90%，效果如图 4-83 所示。单击“灯光”层缩览图，设置“类型”为“卡通”，“光泽度”为 10，效果如图 4-84 所示。

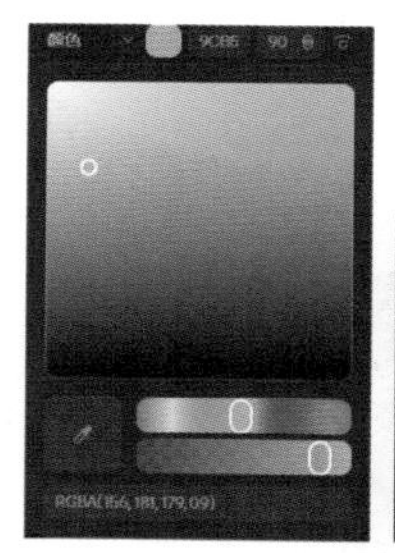

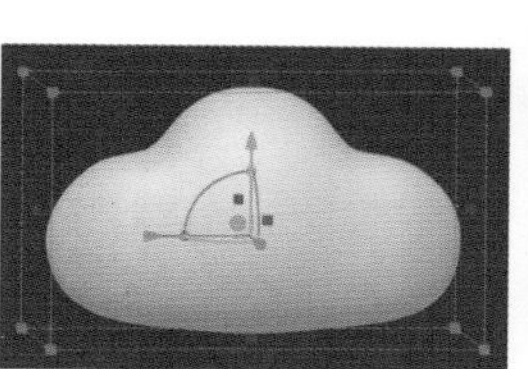

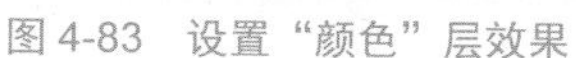

图 4-83　设置“颜色”层效果

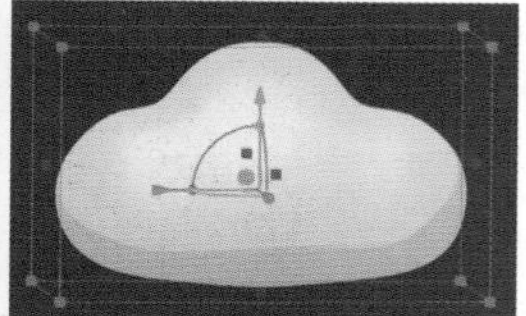

图 4-84　设置“灯光”层效果

Step 04 新建一个“描边”层，单击图层缩览图，设置“描边”层各项参数，效果如图 4-85 所示。按住 Ctrl 键的同时拖曳复制一个模型对象并调整位置，效果如图 4-86 所示。

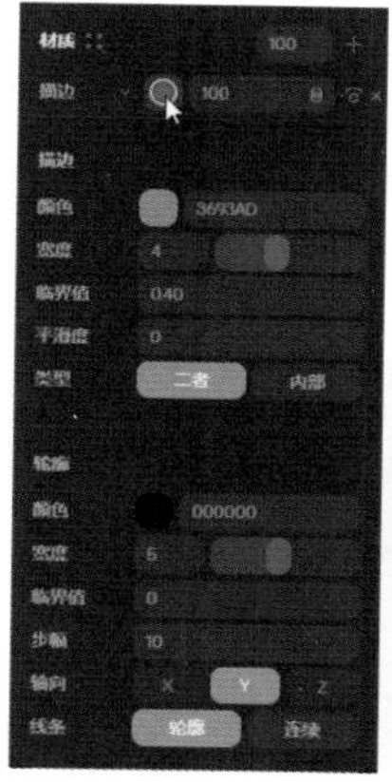
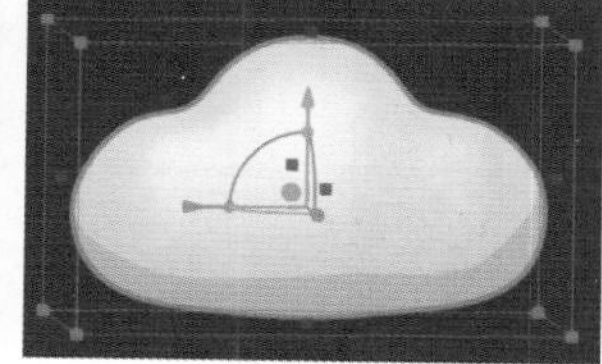

图 4-85 设置“描边”层参数

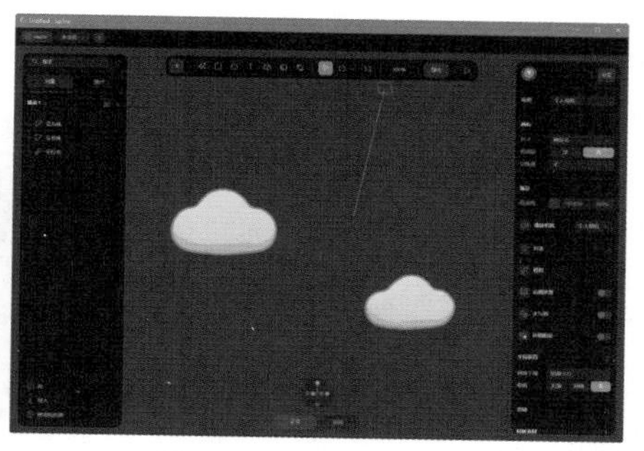

图 4-86 复制模型效果

4.3.11 “玻璃”层

使用“玻璃”层能够模拟真实世界中玻璃的外观和特性。

选择场景中的某个对象，在右侧属性栏中新建一个“颜色”层，单击“颜色”选项右侧的下拉按钮，在打开的下拉列表框中选择“玻璃”选项，如图 4-87 所示。单击图层缩览图，即可显示“玻璃”层参数栏，通过赋予模型模糊、厚度和折射率等属性来模仿玻璃与光的相互作用，如图 4-88 所示。

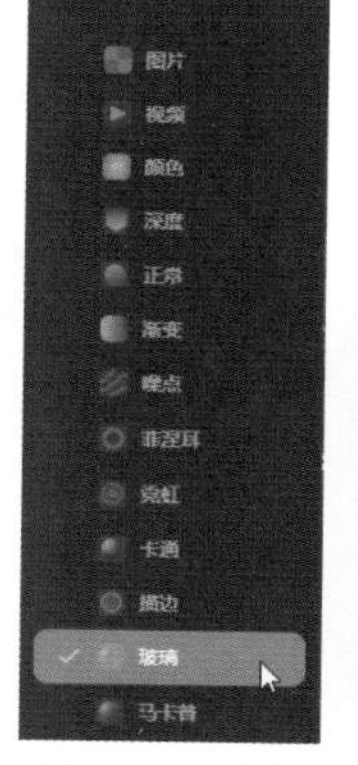

图 4-87 选择“玻璃”选项

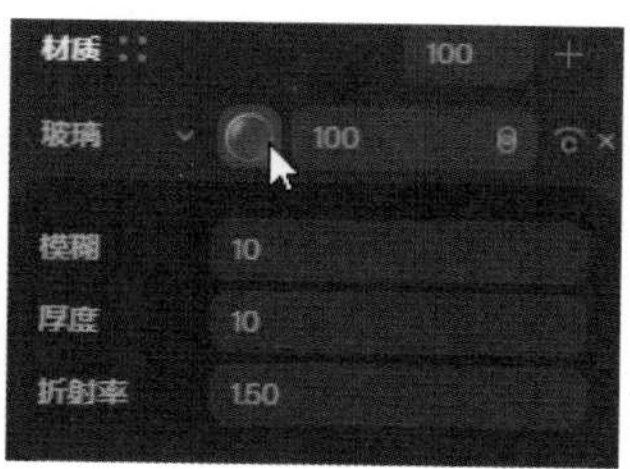

图 4-88 “玻璃”层参数栏

在“模糊”选项后的文本框中输入数值，使透过玻璃看到的物体模糊不清，就像透过磨砂玻璃看一样。在“厚度”文本框中输入数值，增加玻璃厚实感的同时，还会影响材质弯曲光线和扭曲视图。在“折射率”文本框中输入数值，能改变玻璃后面物体的清晰或扭曲程度。

4.3.12 “马卡普”层

“马卡普”层对于生成复杂的材料表面非常有用，其工作原理是在几何体上投影纹理。

选择场景中的某个对象，在右侧属性栏中新建一个“颜色”层，单击“颜色”选项右侧的下拉按钮，在打开的下拉列表框中选择“马卡普”选项，如图 4-89 所示。单击图层缩览图，即可显示“马卡普”层参数栏，如图 4-90 所示。

图 4-89 选择“马卡普”选项

图 4-90 “马卡普”层参数栏

课堂练习——制作玻璃材质文字效果

Step01 新建一个 Spline 文件，修改场景中的矩形的尺寸为 5000×5000 并在 X 轴上旋转 -90°，如图 4-91 所示。在“材质”选项中修改矩形的“颜色”为 #D1DDFB，如图 4-92 所示。

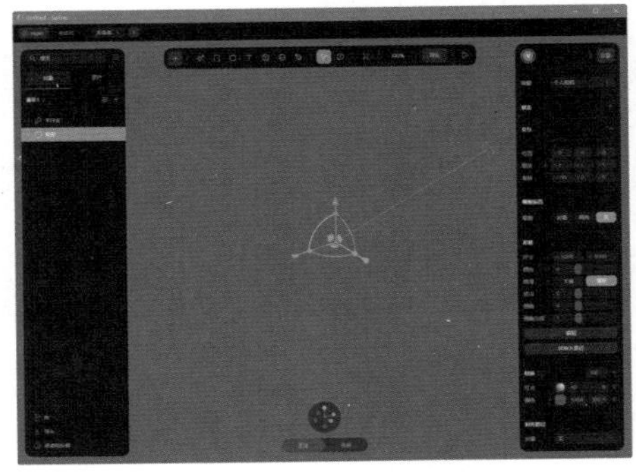

图 4-91 新建文件

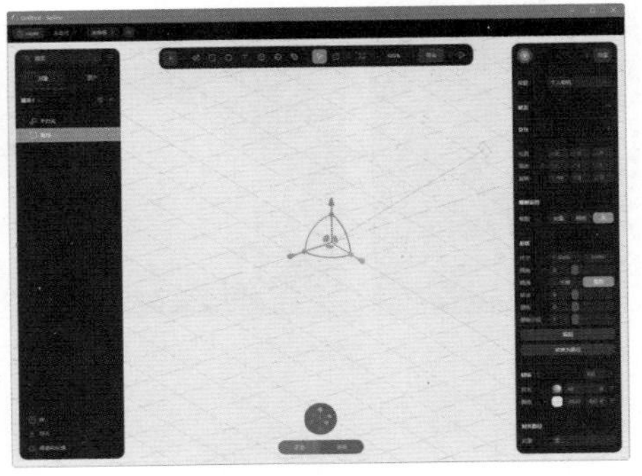

图 4-92 修改矩形颜色

Step02 单击工具栏中的“矢量”按钮，在场景中绘制如图 4-93 所示的形状。设置“圆角”“挤出”和“倒角”参数，效果如图 4-94 所示。

图 4-93 绘制形状

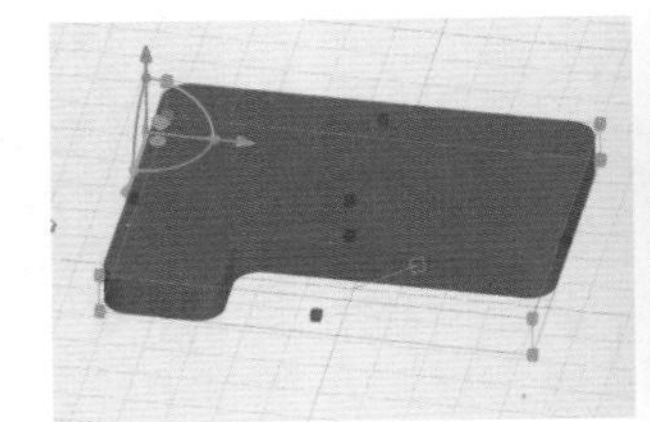

图 4-94 设置“形状”参数

Step03 继续使用“矢量”工具绘制形状并设置参数，效果如图 4-95 所示。将模型向下移动，选中两个对象，单击右侧“布尔方案”选项中的相减按钮，效果如图 4-96 所示。

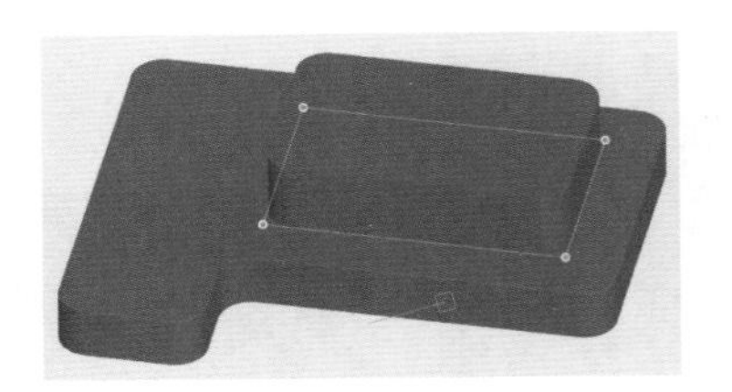

图 4-95 创建形状

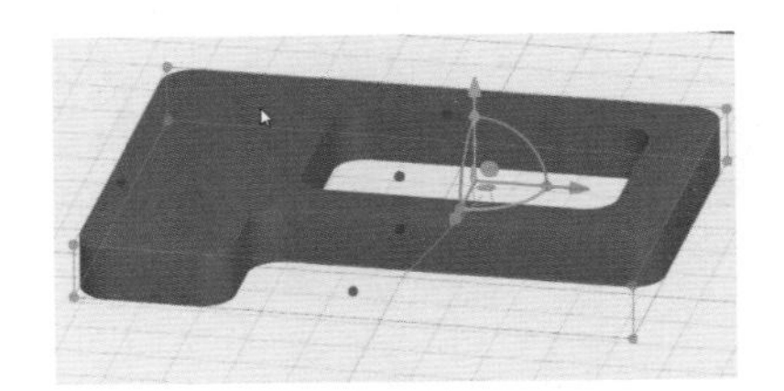

图 4-96 相减效果

Step04 设置“材质”选项中“颜色”的不透明度为 10% 的 #00C2FF，并将混合模式设置为“叠加”，如图 4-97 所示。新建一个“玻璃”层并设置各项参数，如图 4-98 所示。

Step05 新建一个“菲涅尔”层并设置各项参数，如图 4-99 所示。设置该层的混合模式为“叠加”，模型对象效果如图 4-100 所示。

Step06 新建一个“马卡普”层，在“图片素材”对话框的 Spline 库中选择如图 4-101 所示的图片。设置该层的混合模式为“滤色”，模型对象效果如图 4-102 所示。

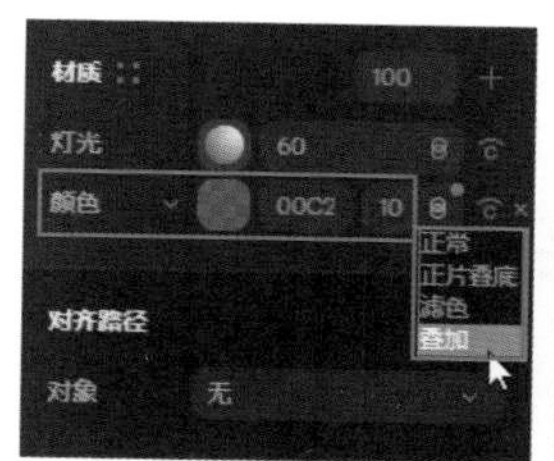

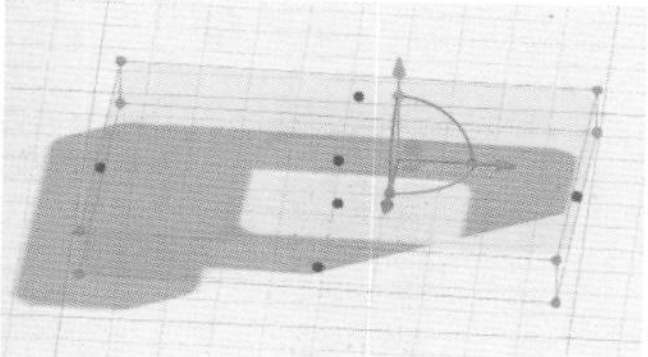

图 4-97 设置“颜色”效果

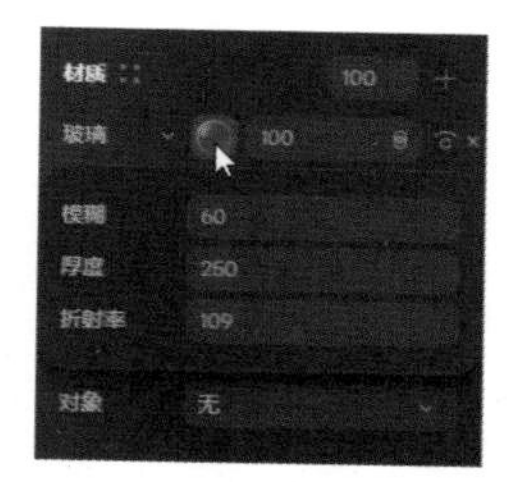

图 4-98 设置“玻璃”层参数

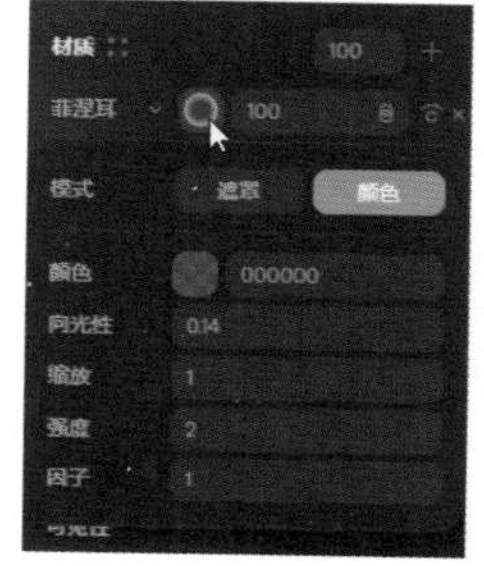

图 4-99 设置“菲涅尔”层参数

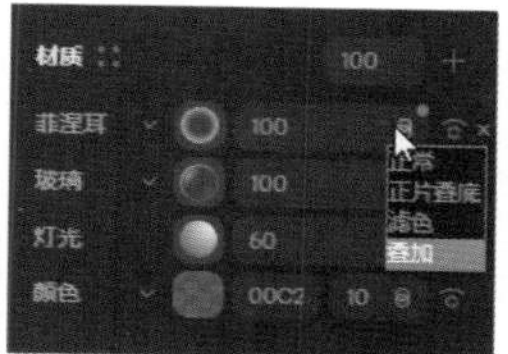

图 4-100 模型对象效果

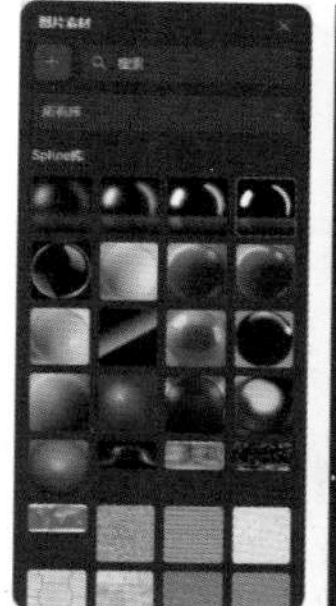

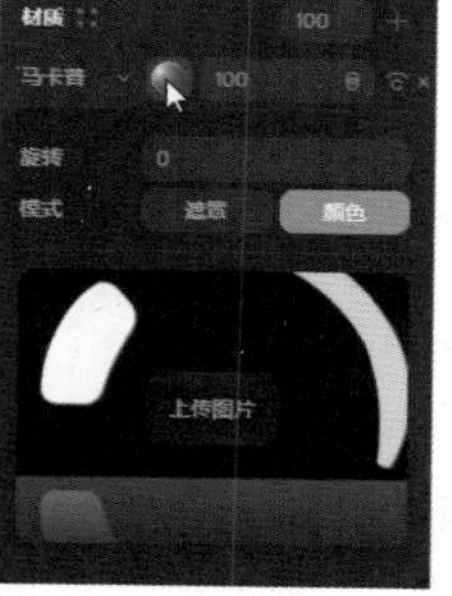

图 4-101 设置“马卡普”层参数

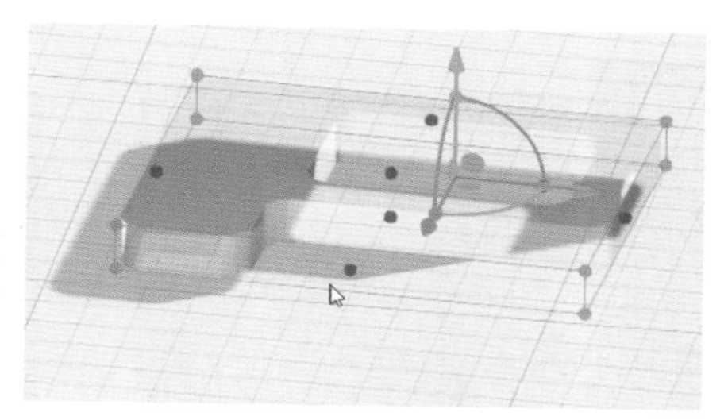

图 4-102 模型对象效果

Step 07 新建一个“噪点”层，修改该层的不透明度为 12%，混合模式为“叠加”，其他各项参数如图 4-103 所示。新建一个“霓虹”层并设置各项参数，如图 4-104 所示。修改该层的不透明度为 12%，混合模式为“叠加”，完成玻璃材质的制作，效果如图 4-105 所示。

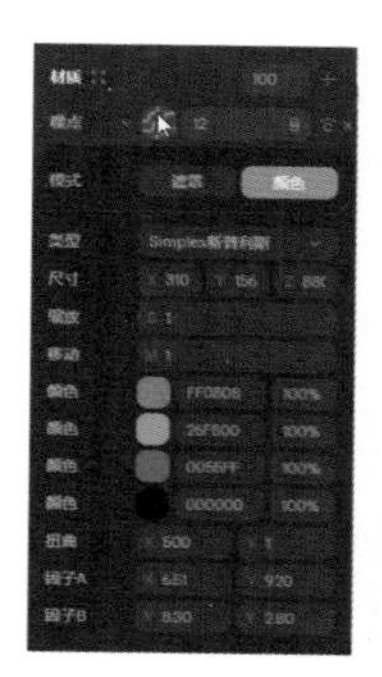

图 4-103 设置“噪点”层参数

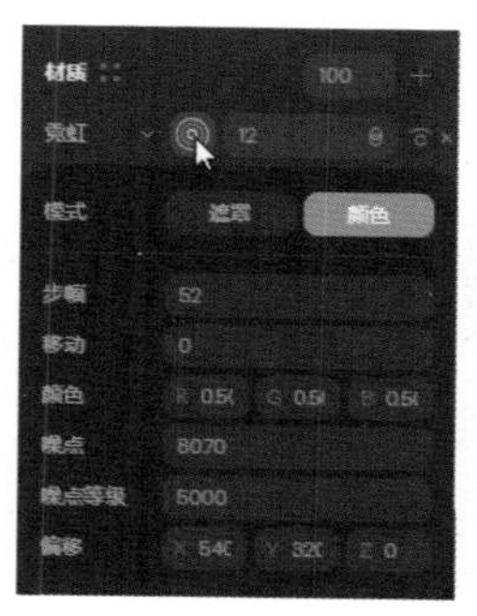

图 4-104 “霓虹”层参数

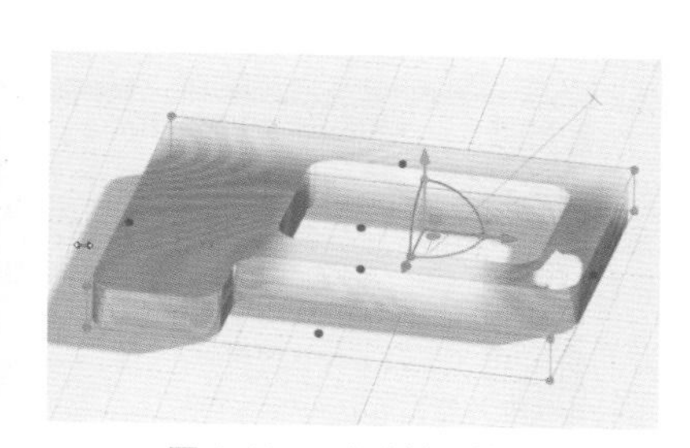

图 4-105 玻璃材质效果

Step 08 将该材质存储到“我的材质库”，并重命名为“制作玻璃材质文字”，如图 4-106 所示。按 Ctrl+Shift+S 组合键，将文件存储为“玻璃 .spline”文件，如图 4-107 所示。

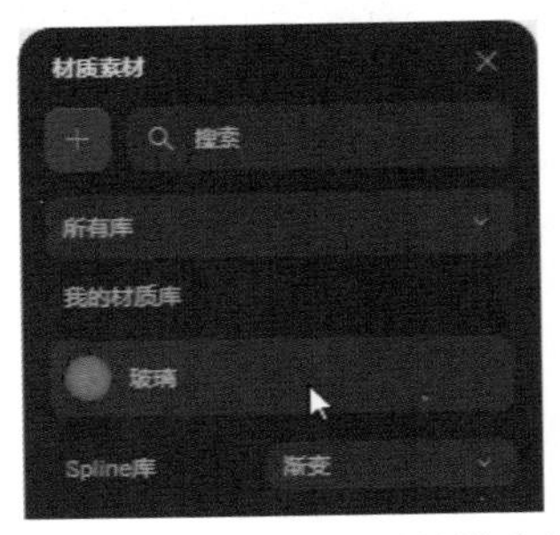

图 4-106 存储材质到“我的材质库”

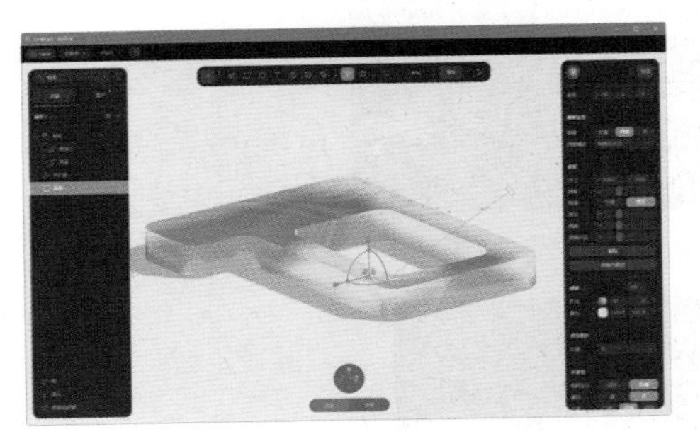

图 4-107 存储文件

4.3.13 “置换”层

“置换”层会扭曲模型对象的几何图形。

选择场景中的某个对象，在右侧属性栏中新建一个“颜色”层，单击“颜色”选项右侧的下拉按钮，在打开的下拉列表框中选择“置换”选项，对象效果如图 4-108 所示。

“置换”层使用噪声置换（类似于“噪点”层的工作方式，但只会扭曲几何体），用户可以在“类型”选项后的下拉列表框中选择不同类型的噪声类型，如图 4-109 所示。

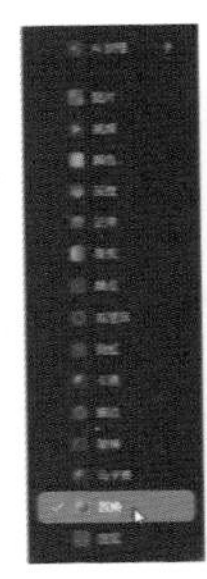

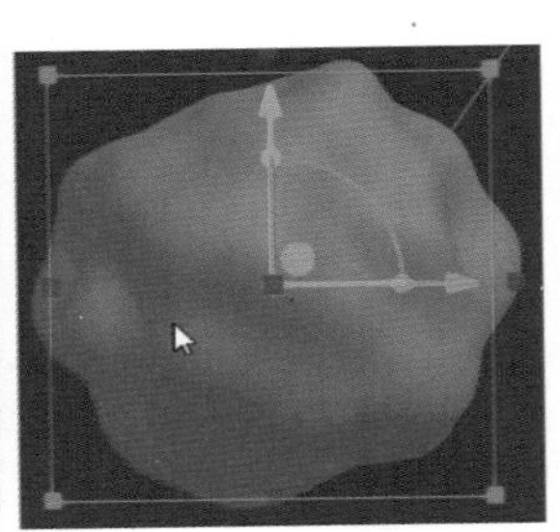

图 4-108 添加“置换”层对象效果

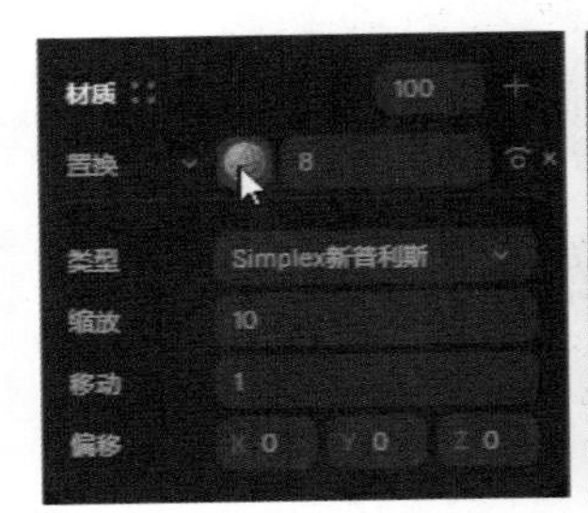

图 4-109 选择置换的类型

课堂练习——为材质增加光影效果

Step 01 单击软件界面顶部的“导入”按钮，将“制作玻璃材质文字 .spline”文件打开，如图 4-110 所示。按 Ctrl+D 组合键复制模型对象，向上移动复制的对象，如图 4-111 所示。

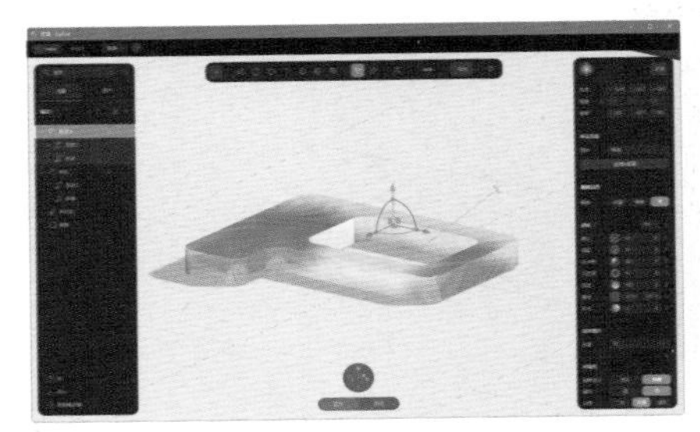

图 4-110 打开文件

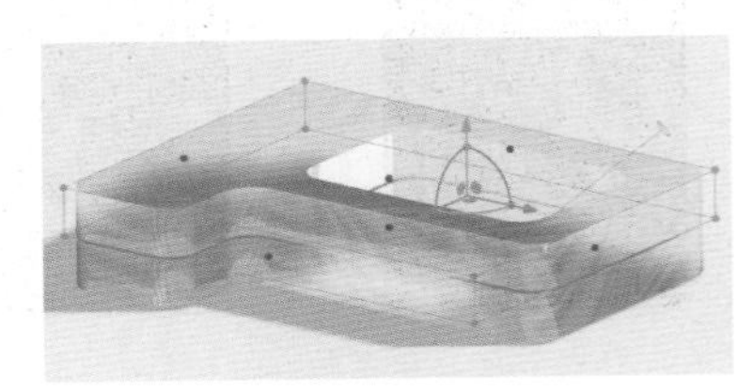

图 4-111 复制并移动对象

Step 02 单击“材质”选项右侧的按钮，断开连接。删除除“颜色”和“灯光”以外的其他材质层并将“灯光”层隐藏，修改“颜色”层的颜色为 # 001EFF，不透明度为 100%，混合模式为“滤色”，效果如图 4-112 所示。新建一个“深度”层并设置各项参数，如图 4-113 所示。

Step 03 设置该图层的混合模式为“正片叠底”，模型对象效果如图 4-114 所示。新建一个“菲涅耳”层，设置不透明度为 10%，混合模式为“叠加”，其他各项参数如图 4-115 所示。

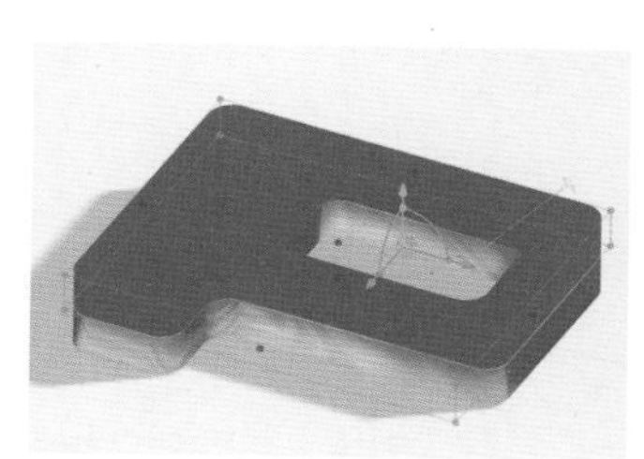

图 4-112　修改材质参数效果

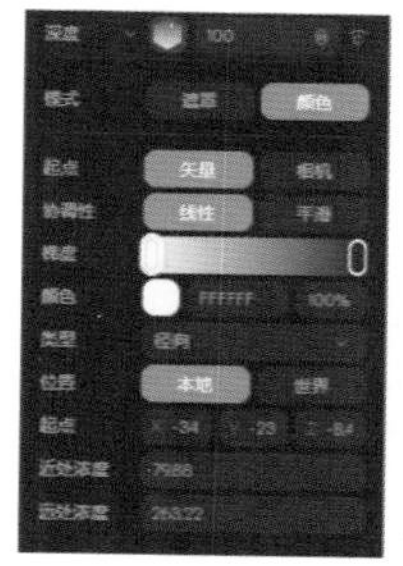

图 4-113　设置“深度”层参数

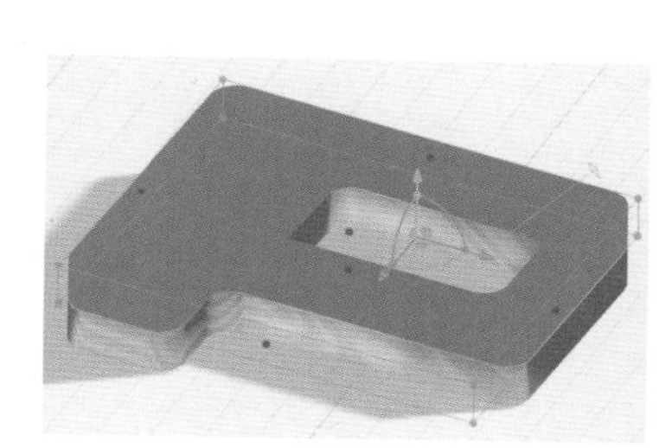

图 4-114　添加“深度”层材质效果

Step 04 新建一个“马卡普”层，设置不透明度为 83%，混合模式为“滤色”，在“图片素材”对话框中选择图片，效果如图 4-116 所示。新建一个“霓虹”层，设置不透明度为 18%，混合模式为“叠加”，其他各项参数如图 4-117 所示。

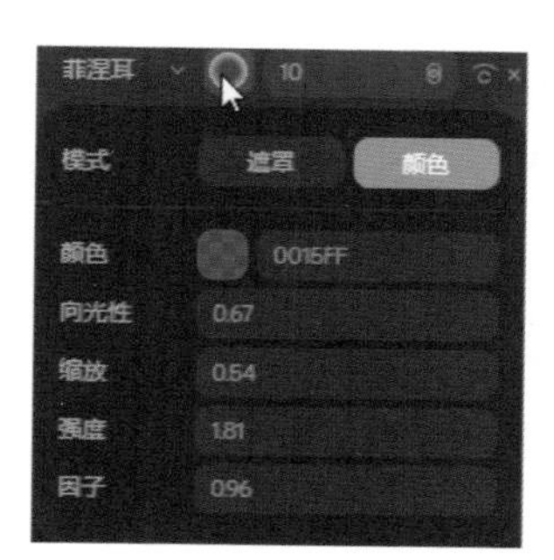

图 4-115　设置“菲涅耳”层参数

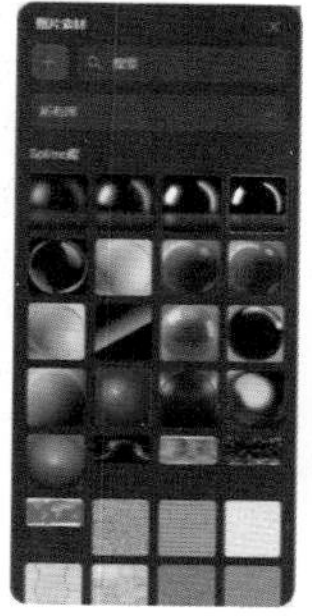

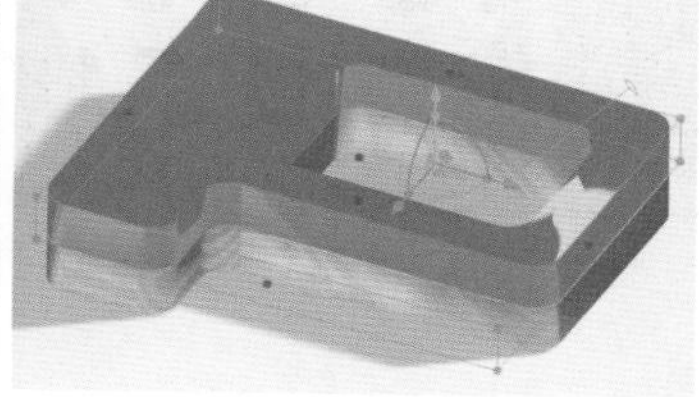

图 4-116　“马卡普”层效果

Step 05 新建“噪点”层，设置不透明度为 40%，混合模式为“叠加”，其他各项参数如图 4-118 所示。材质效果如图 4-119 所示。

图 4-117　设置“霓虹”层参数

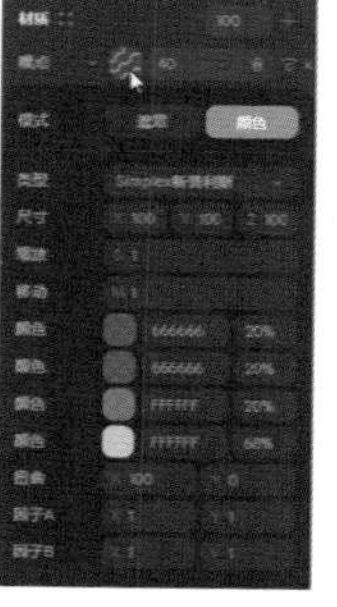

图 4-118　设置“噪点”层参数

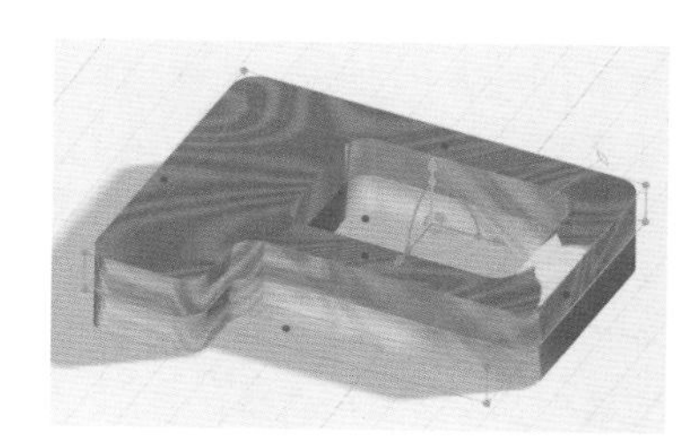

图 4-119　材质效果

Step 06 按 Ctrl+Shift+S 组合键，将文件存储为“为材质增加光影 .spline”文件。单击工具栏右侧的“播放”按钮，效果如图 4-120 所示。

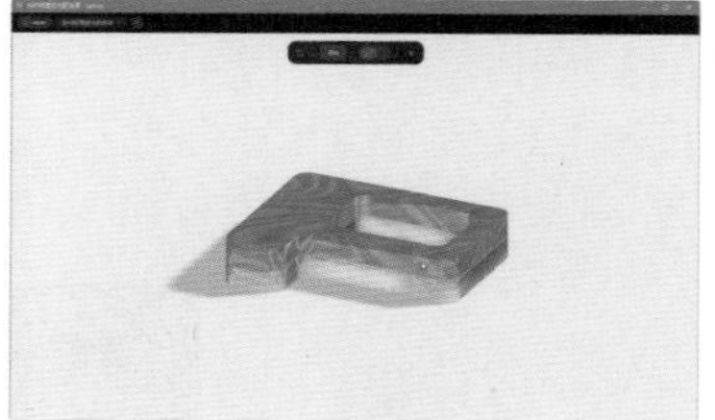

图 4-120　播放效果

4.3.14　“图案”层

使用“图案”层可以在模型对象上生成不同类型的图案。

选择场景中的某个对象，在右侧属性栏中新建一个“颜色”层，单击“颜色”选项右侧的下拉按钮，在打开的下拉列表框中选择“图案”选项，对象效果如图 4-121 所示。

用户可在“样式”选项后的下拉列表框中选择图案样式，如图 4-122 所示。每种图案样式都有自己的参数设置，用户可通过调整这些参数，获得丰富的图案效果，如图 4-123 所示。

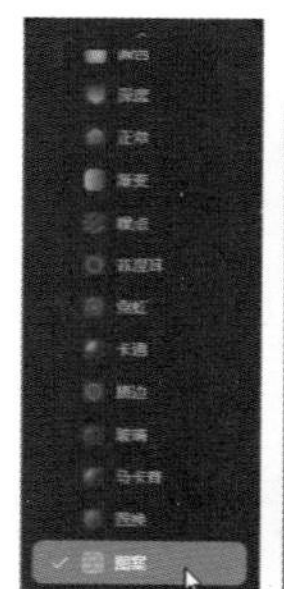
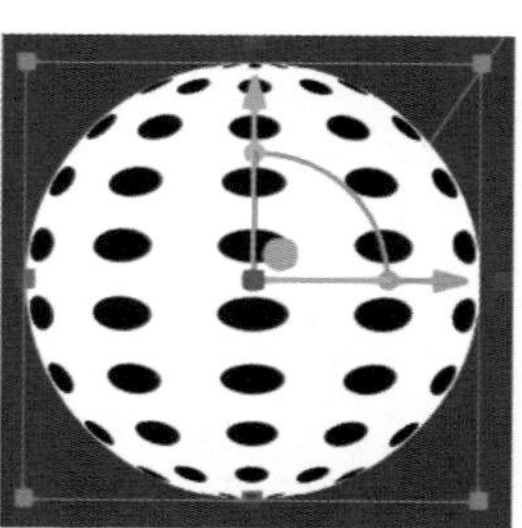

图 4-121　添加“图案”层对象效果

图 4-122　图案样式

图 4-123　图案效果

提示

用户可以通过堆叠多个“图案”层，实现许多不同的组合并创建出风格独特的图案效果。

4.4 图层遮罩

图层遮罩允许有选择地控制材质中特定区域的可见性或透明度。通过使用灰度可以确定遮罩图层的哪些部分是可见的或隐藏的。越接近白色会更明显，越接近黑色会更隐蔽。图层遮罩有助于纹理化、合成和创建复杂的视觉效果，以纹理化 3D 对象。

提示

在所有的材质图层类型中，“图片”层、“噪点”层、“图案”层、“视频”层、“马卡普”层、“深度”层、“渐变”层、“菲涅耳”层和“霓虹”层支持使用遮罩模式。

选择支持遮罩模式的层或在“材质”选项中添加新图层，单击“模式”选项后的“遮罩”按钮，如图 4-124 所示。在“遮罩”模式层的下方添加要遮罩的层，如图 4-125 所示。

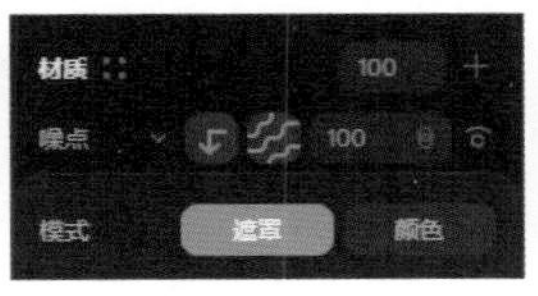

图 4-124　选择“遮罩”模式

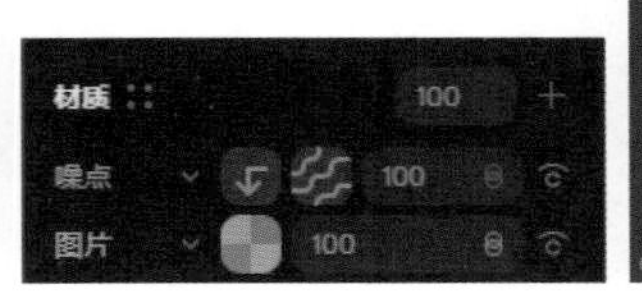

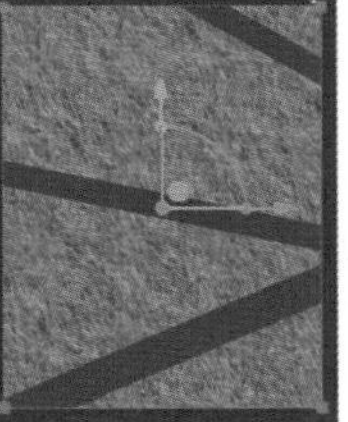

图 4-125　添加要遮罩的层

当材质层处于“遮罩”模式时，将显示为紫色，如图 4-126 所示。并有一个箭头指向其下方的图层，也就是被遮罩的图层。

“遮罩”模式层中的白色是希望遮罩层中可见的部分，黑色则是遮罩层中被隐藏的部分。“遮罩”模式层只会遮罩其下方的一层，如果需要多个遮罩效果，则需要创建多个“遮罩”模式层，如图 4-127 所示。

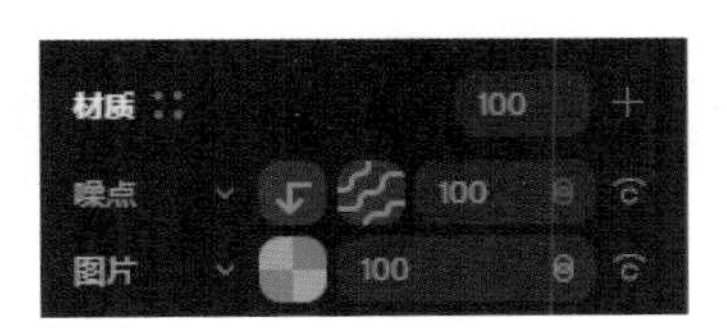

图 4-126　紫色显示“遮罩”模式层

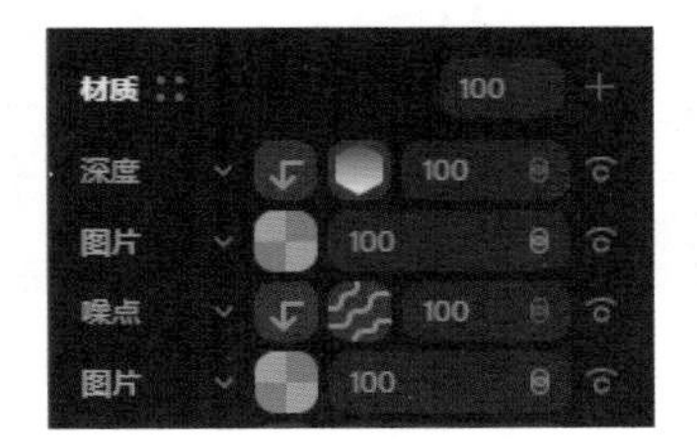

图 4-127　使用多个“遮罩”模式层

课堂练习——制作石头青苔材质效果

Step01 新建一个 Spline 文件，在场景中创建一个球体，效果如图 4-128 所示。新建一个“置换”层，设置各项参数后，效果如图 4-129 所示。

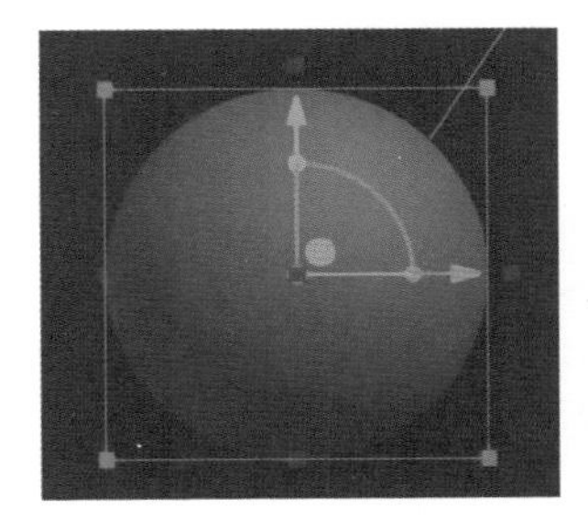

图 4-128　创建球体效果

图 4-129　“置换”层效果

Step02 新建一个“图片”层，将“岩石 .jpg”素材上传并设置各项参数，效果如图 4-130 所示。新建一个“图片”层，将“青苔 .jpg”素材上传并设置各项参数，效果如图 4-131 所示。

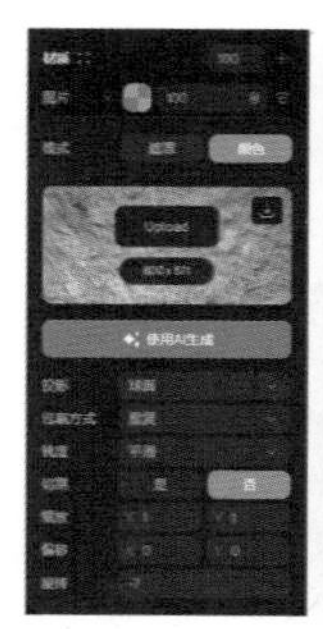

图 4-130　岩石图片层效果

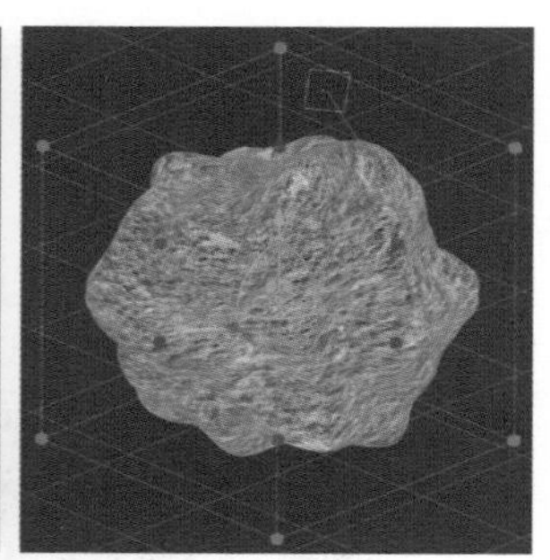

图 4-131　青苔图层层效果

Step 03 新建一个“噪点”层，设置各项参数，效果如图 4-132 所示。单击“模式”选项后的“遮罩”按钮，按 Shift+Space 组合键，播放效果如图 4-133 所示。

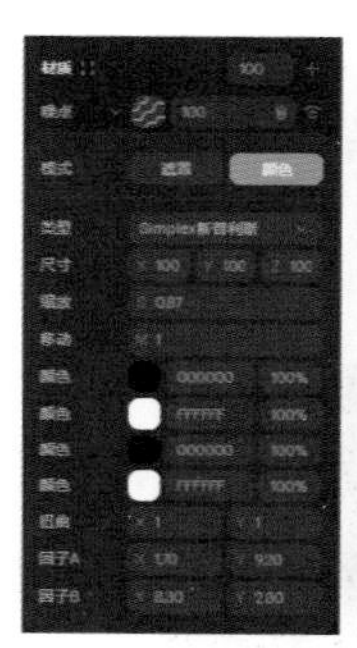
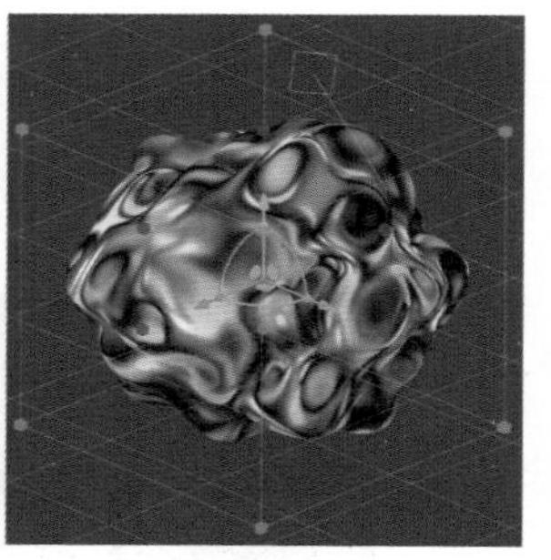

图 4-132　“噪点”层效果

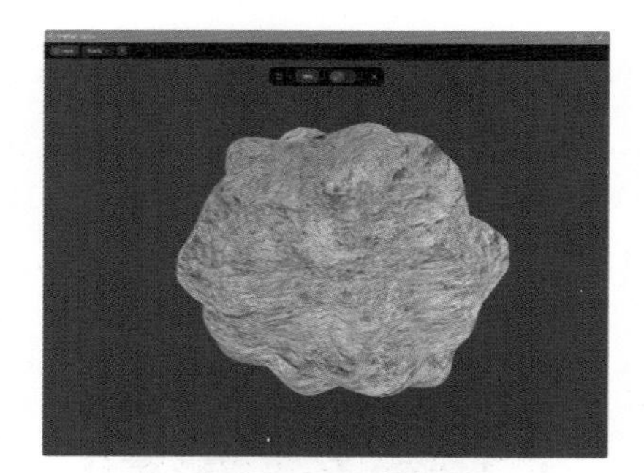

图 4-133　播放效果

4.5 凹凸和粗糙度

“凹凸贴图”和“粗糙度贴图”可创建深度和细节的错觉，使材质看起来更逼真，而无须更改模型对象的几何形状。用户可以在不增加多边形和影响场景性能的情况下向对象添加细节。

4.5.1　使用凹凸贴图

凹凸贴图的原理主要是通过纹理方法来模拟模型表面的凹凸不平效果，而无须改变模型的几何形状。用作凹凸贴图的图片通常为一个灰度图像，常被称为高度图或凹凸图。

提示

凹凸贴图中的灰度值表示表面在该位置的高度或深度信息。灰度值越亮，表示表面越高；灰度值越暗，表示表面越低。

首先，使用凹凸贴图创建一个“图片”层，如图 4-134 所示。将“灯光”层拖曳到要应用凹凸贴图层的上方，选择“透光”“自然”或“卡通”灯光类型，在“凹凸贴图”

选项后的下拉列表框中选择凹凸贴图，用户可通过在“强度”选项后的文本框中输入数值来控制凹凸的强度，如图 4-135 所示。

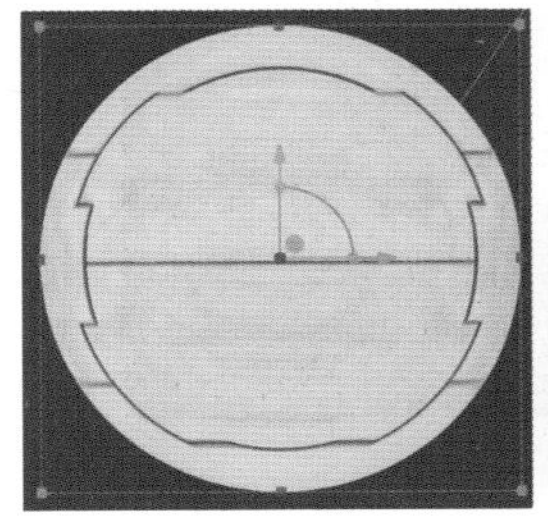
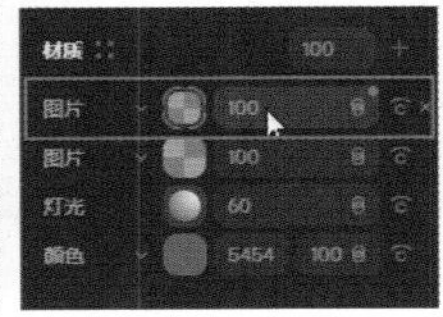

图 4-134　创建“图片”层

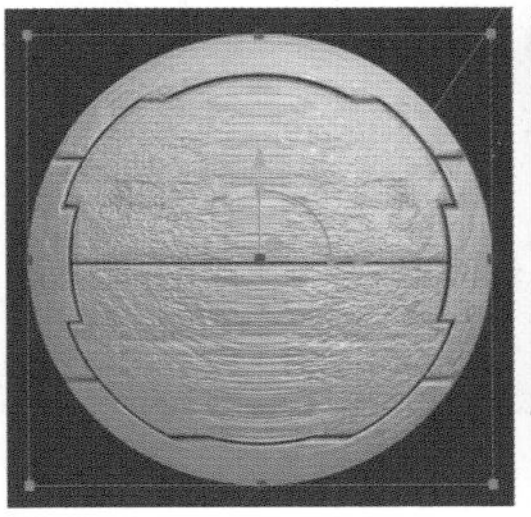
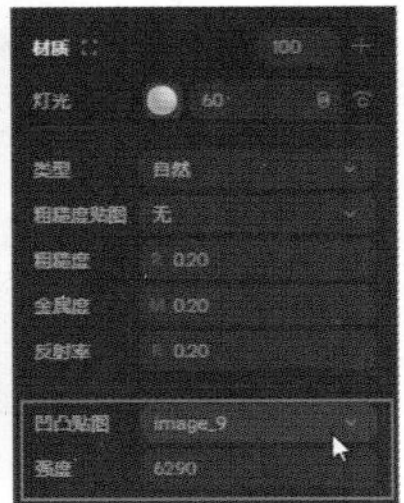

图 4-135　凹凸贴图效果

课堂练习——制作芝士面包圈模型

Step 01 新建一个 Spline 文件，在场景中创建一个圆环模型，效果如图 4-136 所示。设置“颜色”层的颜色为 # 5E5D4C，效果如图 4-137 所示。

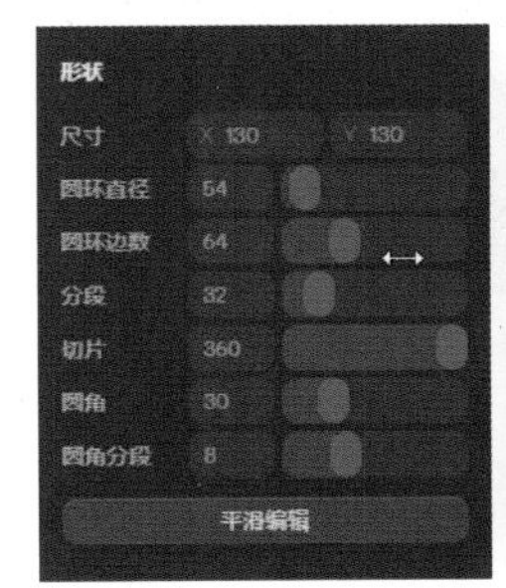

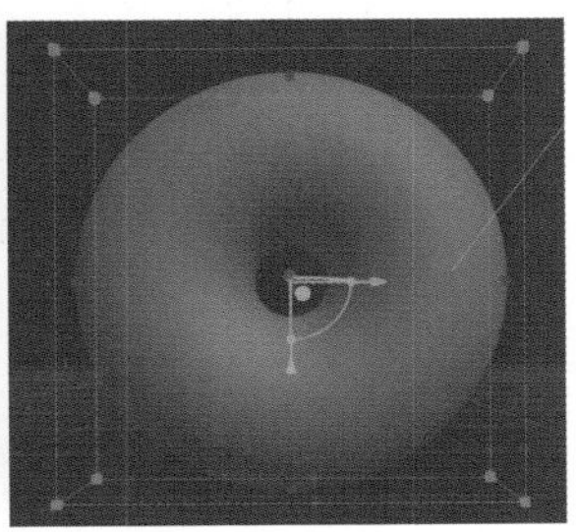

图 4-136　创建圆环模型

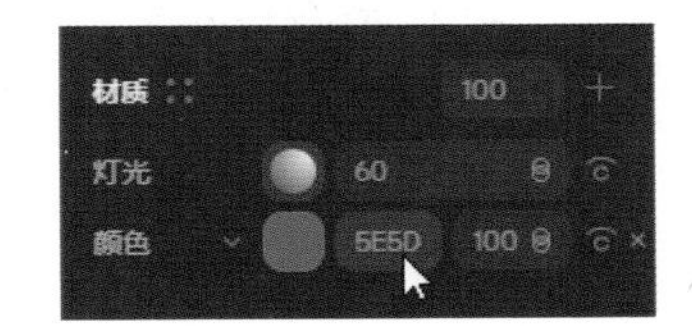

图 4-137　设置“颜色”层参数

Step 02 新建一个“图片”层，将“芝士 .png”素材上传并设置参数，效果如图 4-138 所示。修改该图层的混合模式为“正片叠底”，效果如图 4-139 所示。

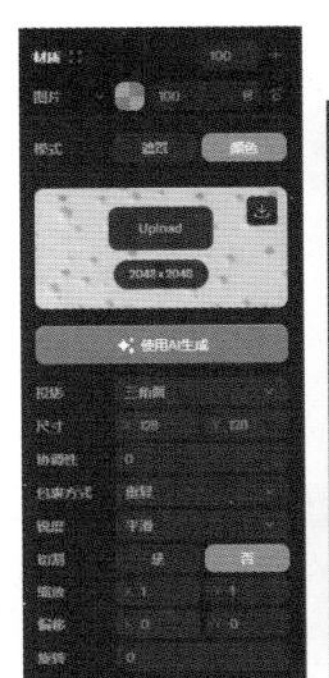
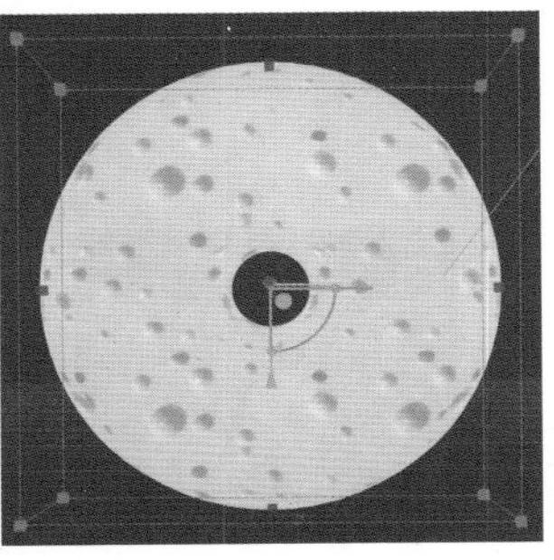

图 4-138　上传图片效果

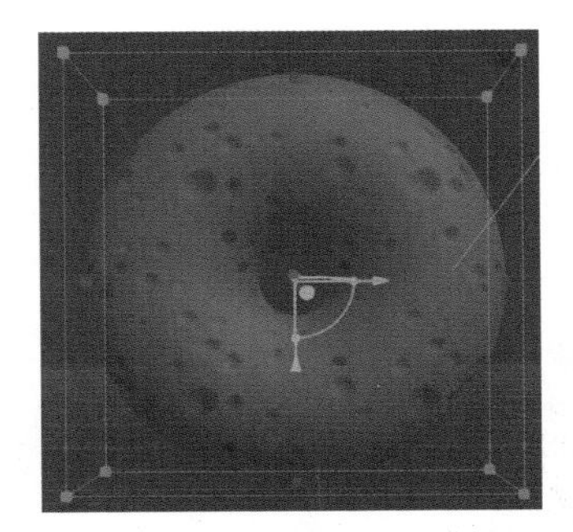

图 4-139　“正片叠底”混合效果

Step 03 设置“灯光”层的类型为“透光”，在“凹凸贴图”下拉列表框中选择“芝士 .png”，设置“强度”为 2，效果如图 4-140 所示。新建一个“卡通”层，设置“渐变”色从 #461B00 到 #F6D477，如图 4-141 所示。

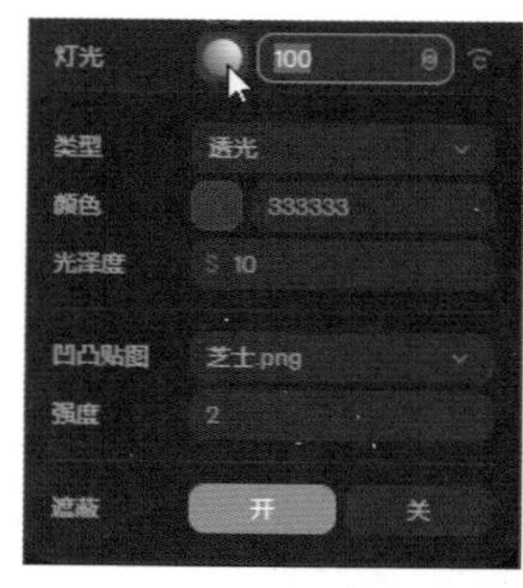

图 4-140 “灯光”层效果

图 4-141 设置“卡通”层参数

Step04 设置“卡通”层的混合模式为“叠加”，模型效果如图 4-142 所示。按 Shift+Space 组合键，播放效果如图 4-143 所示。

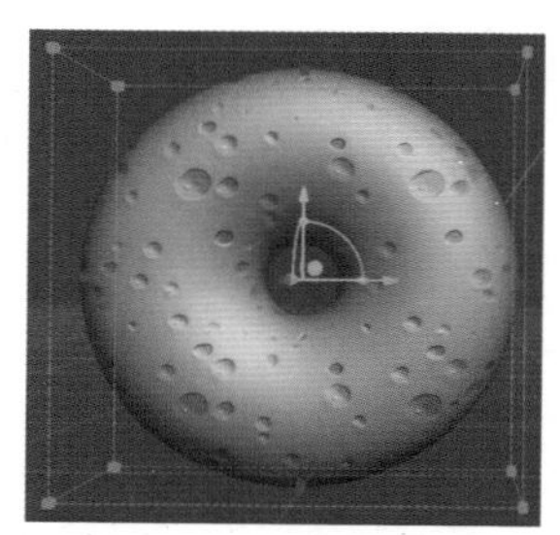

图 4-142 “卡通”层混合效果

图 4-143 播放效果

4.5.2 使用粗糙度贴图

粗糙度贴图是一种用于模拟物体表面粗糙程度的贴图技术，它通过控制光线在物体表面的散射程度来实现不同粗糙度的效果，是创建逼真纹理的关键。粗糙度贴图通常使用灰度图像来表示不同部分的粗糙度，白色表示较光滑的表面，黑色表示较粗糙的表面，灰度值在白色和黑色之间的区域表示中间粗糙度的过渡。

首先，使用粗糙度贴图创建一个“图片”层，如图 4-144 所示。将“灯光”层拖曳到要应用粗糙度贴图层的上方，选择“透光”灯光类型，在“粗糙度贴图”选项后的下拉列表框中选择粗糙度贴图，用户可通过控制“粗糙度”“金属度”和“反射率”的数值，实现不同的粗糙度效果，如图 4-145 所示。

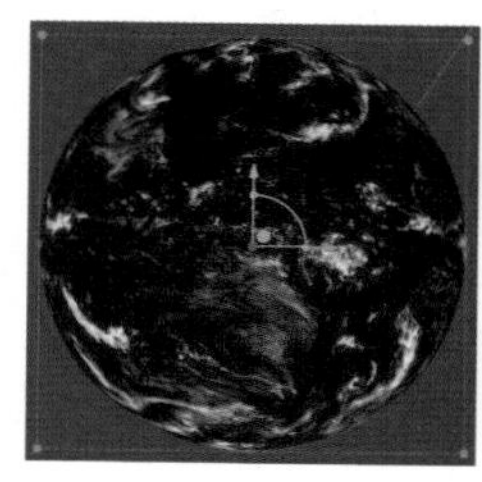

图 4-144 创建“图片”层

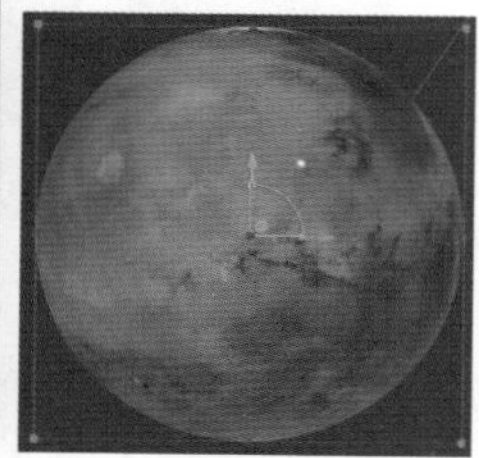

图 4-145 粗糙度贴图效果

提示

凹凸贴图和粗糙度贴图制作完成后，需要将凹凸贴图的“图片”层和粗糙度贴图的“图片”层隐藏，才能正确显示凹凸和粗糙度效果。

4.6 本章小结

本章主要讲解了 Spline 中材质与着色的创建与使用方法，详细讲解了材质库的使用、默认材质选项、材质类型等内容，并对图层遮罩及凹凸和粗糙度进行了讲解。通过完成课堂练习，帮助读者理解并掌握 Spline 中创建不同类型材质的方法和技巧，为完成各种复杂的 UI 场景打下基础。

4.7 课后习题

完成本章内容学习后，接下来通过几道课后习题测验读者的学习效果，加深读者对所学知识的理解。

一、选择题

在下面的选项中，只有一个是正确答案，请将其选出来并填入括号内。

1. 下列选项中，不属于“灯光”层中提供的灯光类型的是（　　）。
   A. 漫反射　B. 透光　C. 卡通　D. 金属
2. 下列层混合模式中，哪种模式常用于模拟灯光照射在物体上产生的阴影效果（　　）。
   A. 正常　B. 正片叠底　C. 滤色　D. 叠加
3. 下列材质类型中，能够模拟光色散等效果的是（　　）。
   A. 图片　B. 视频　C. 深度　D. 渐变
4. 图层遮罩中，哪种颜色会使遮罩图层更明显（　　）。
   A. 黑色　B. 白色　C. 灰色　D. 绿色
5. 粗糙度贴图通常使用灰度图像来表示不同部分的粗糙度（　　）。
   A. 黑色表示较光滑的表面　B. 白色表示较粗糙的表面
   C. 灰度值在白色和黑色之间的区域表示中间粗糙度的过渡
   D. 灰度值不影响材质的粗糙度

二、判断题

判断下列各项叙述是否正确，正确的打“√”，错误的打“×”。

1. 默认情况下，“材质”选项中包含“灯光”和“颜色”两个材质层。（　　）
2. “滤色”模式是将当前图层的颜色与下层图层的互补色进行相除，从而产生较暗的显示效果。（　　）
3. “遮罩”模式层中的白色是遮罩层中可见的部分，黑色则是遮罩层中被隐藏的部分。（　　）

4. 用作凹凸贴图的图片通常为一个透底图像，常被称为高度图或凹凸图。（　　）

5. “置换”层使用噪声置换（类似于“噪点”层的工作方式，但只会扭曲几何体）。（　　）

三、创新实操

使用本章所学的内容，读者充分发挥自己的想象力和创作力，参考如图 4-146 所示的材质，制作金属板材质效果。

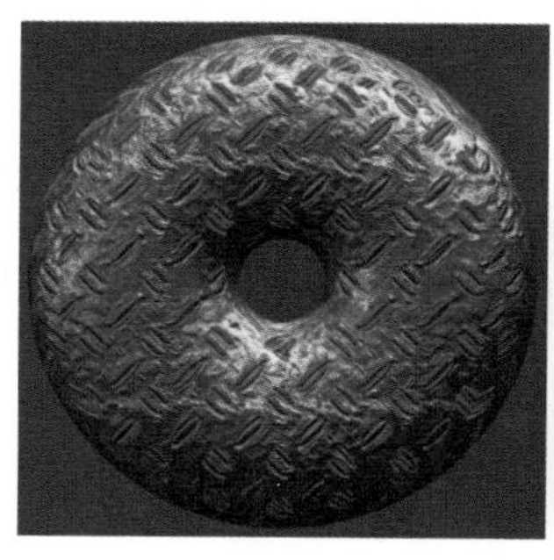

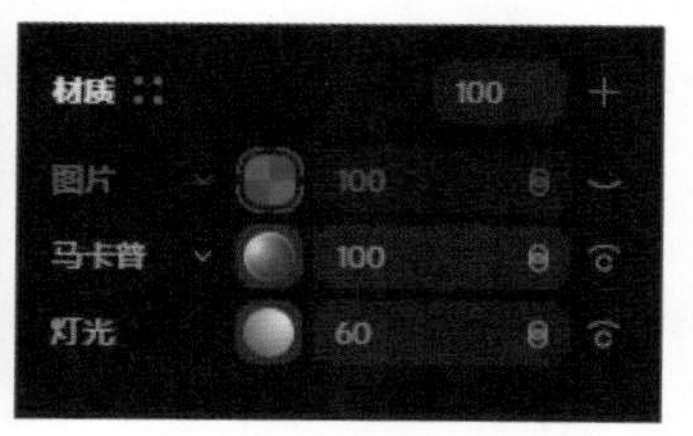

图 4-146　金属板材质

第5章 灯光、相机与动画制作

在Spline中，灯光不仅是提升场景逼真度的关键，还能巧妙地营造多样化的氛围，细腻地展现物体的每一个细节。用户通过精心调整相机的位置与角度，能够探索并创造出丰富多变的视觉效果与沉浸式视角体验。此外，Spline赋予用户强大的动态效果创作能力，包括旋转、平移、缩放乃至复杂的物体变形等，让创意无限延伸。本章将详细阐述灯光的创建策略与运用技巧、相机的配置与添加方法，以及动画制作的详细步骤。

学习目标

- 掌握灯光的分类及创建方法。
- 掌握相机的创建与设置方法。
- 掌握不同类型动画的制作方法。
- 了解全局效果与大气雾的设置方法。
- 组织学生分组进行动画实践，培养学生的团队协作能力和沟通能力。
- 通过制作复杂的模型场景，提高学生的空间想象能力和创新思维。

学习导图

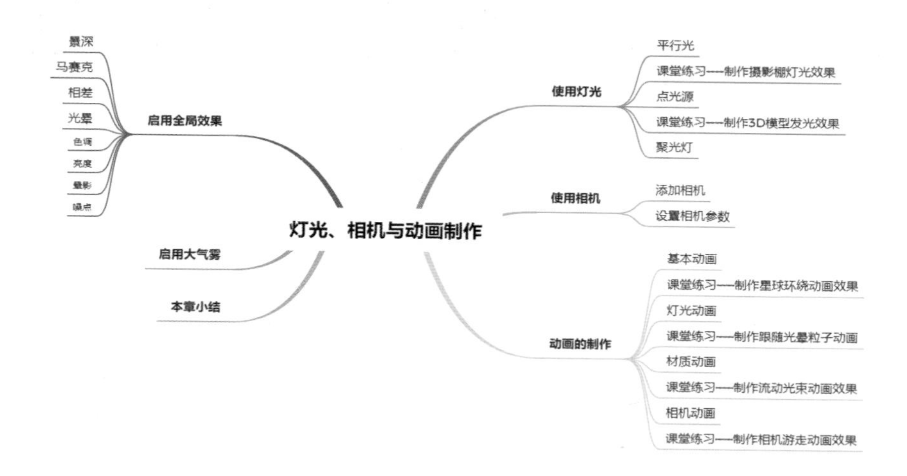

5.1 使用灯光

默认情况下，新建文件的场景中都包含一个平行光源和环境光源，用来设置任何对象的默认光照。

在未选中任何对象的情况下，单击右侧属性栏中的“灯光”选项，用户可在打开的面板中设置环境光的环境遮罩、颜色、强度和阴影，如图 5-1 所示。单击“环境遮罩”选项后的“否”按钮，可以暂时关闭环境光，如图 5-2 所示。

图 5-1 设置环境光属性

图 5-2 关闭环境光

在 Spline 中，用户可以创建平行光、点光源和聚光灯 3 种光源，为场景生成不同的照明效果。单击工具栏左侧的按钮，在打开的下拉列表框底部选择想要创建的灯光，如图 5-3 所示。选择创建的灯光，用户可拖曳调整灯光的位置和角度，如图 5-4 所示。

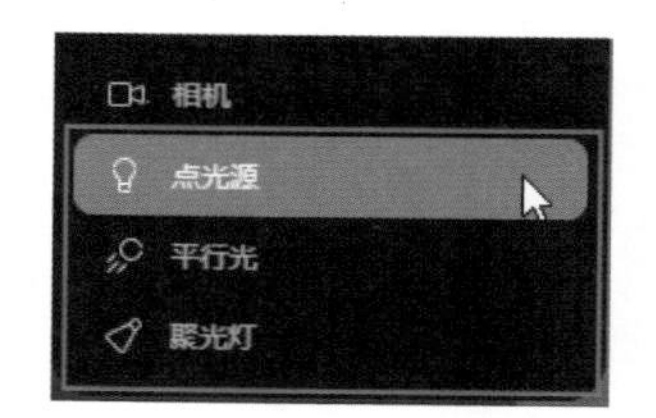

图 5-3 选择想要创建的灯光

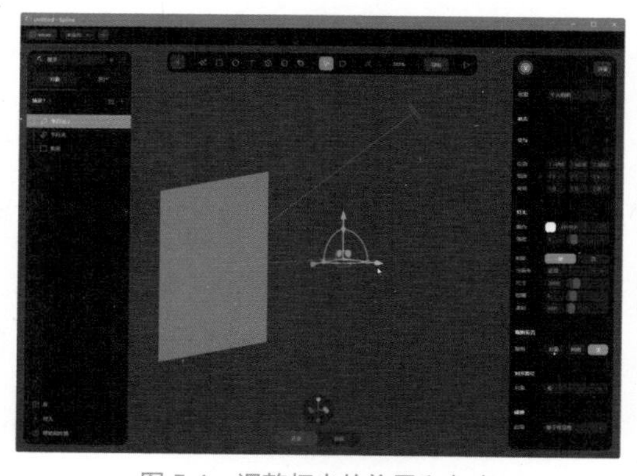

图 5-4 调整灯光的位置和角度

提示

选择不同类型的光源，用户可在右侧属性栏的“灯光”选项中设置其属性。每个光源都包含共享属性和唯一属性。

5.1.1 平行光

平行光是一种模拟无限远光源的光照类型，如图 5-5 所示。其发出的光线几乎平行，无论物体和观察者的位置如何，光线都似乎来自同一方向。平行光不依赖于光源的具体位置，因为它被设置为无限远，因此其光线方向在场景中保持不变。

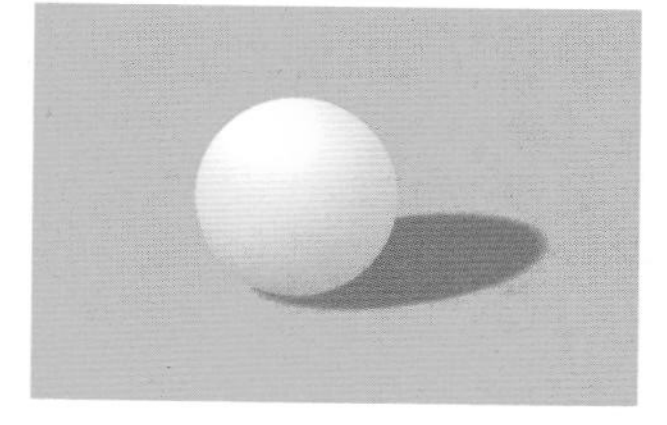

图 5-5 平行光

平行光通常作为全局光使用，能够照亮整个场景，为场景提供基础的光照环境。同时，平行光还能够产生明显的阴影和明暗对比，增强场景的立体感和真实感。用户通过调整平行光的角度和强度，可以灵活地控制场景中物体的光照效果。

在场景中创建一个平行光，用户可以通过旋转平行光来改变其照射方向，从而模拟不同时间段的日光方向或调整场景中光源的照射角度，如图 5-6 所示。通过在右侧属性栏的“灯光”选项中设置平行光的各项参数，实现更丰富的光源效果，如图 5-7 所示。

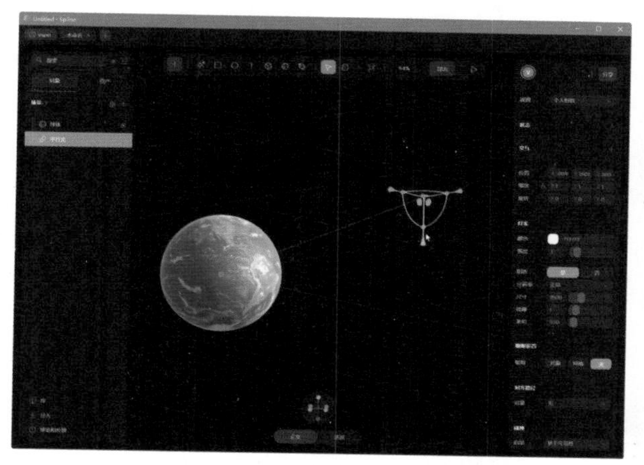

图 5-6 旋转平行光

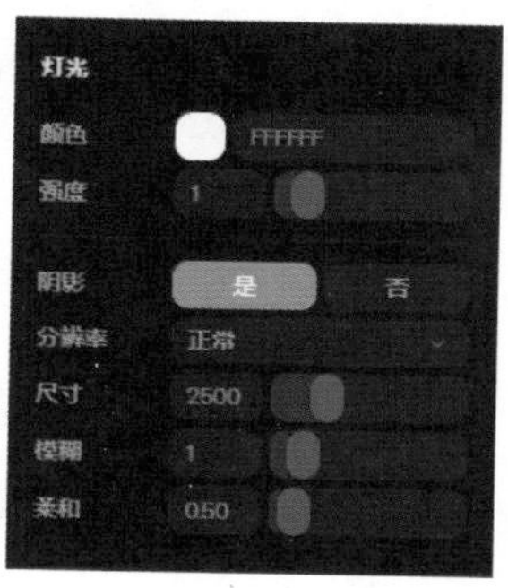

图 5-7 设置平行光参数

课堂练习——制作摄影棚灯光效果

Step 01 新建一个 Spline 文件，选中并删除场景中的全部对象。在场景中新建一个背景幕布，如图 5-8 所示。在场景中创建一个平行光，拖曳调整其位置，如图 5-9 所示。

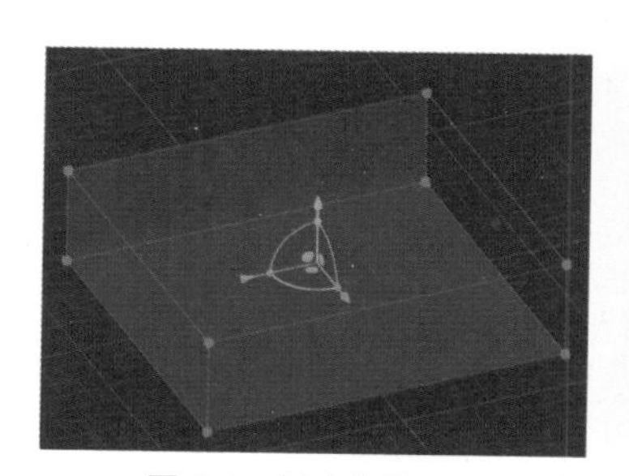

图 5-8 创建背景幕布

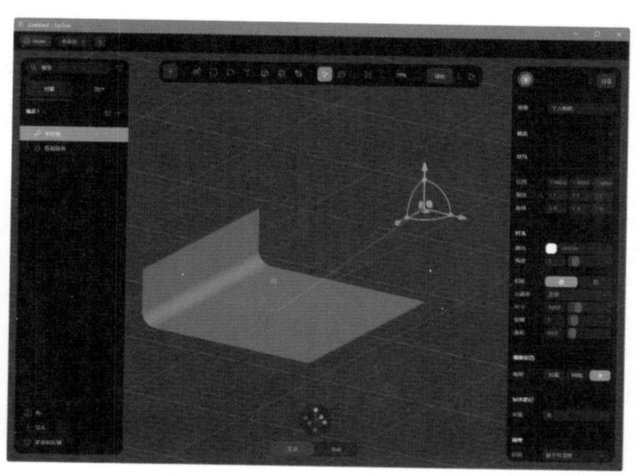

图 5-9 创建平行光并调整位置

Step 02 在场景中创建一个兔子模型并调整其大小和位置，效果如图 5-10 所示。将模型材质中的“灯光”混合模式设置为“叠加”，将“光泽度”设置为 0，将“颜色”设置为 # F46CB9，效果如图 5-11 所示。

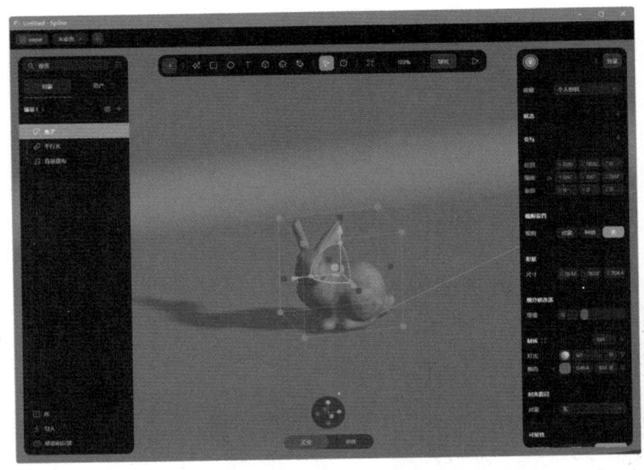

图 5-10　创建兔子模型

图 5-11　设置兔子模型材质

Step 03 选择背景幕布，设置其材质中的“灯光”混合模式设置为“叠加”，“颜色”为 # F46CB9，“光泽度”为 0，效果如图 5-12 所示。选择平行光，在属性栏的“灯光”选项中设置“模糊”和“柔和”参数，效果如图 5-13 所示。

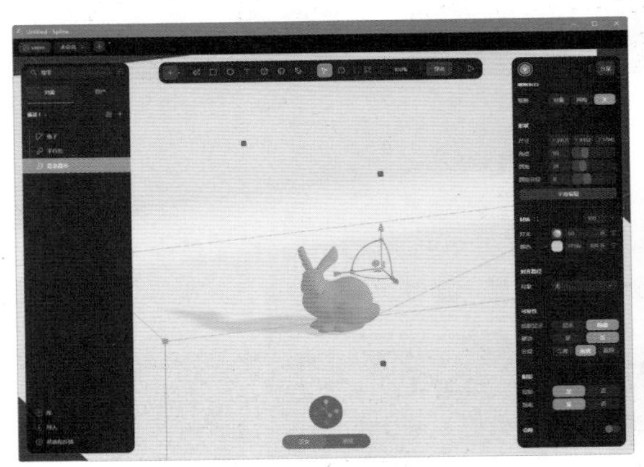

图 5-12　设置背景幕布材质

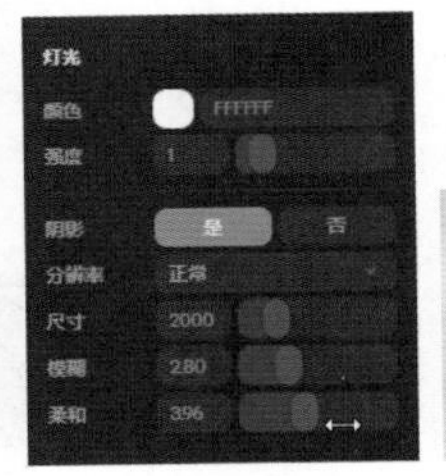

图 5-13　平行光效果

5.1.2　点光源

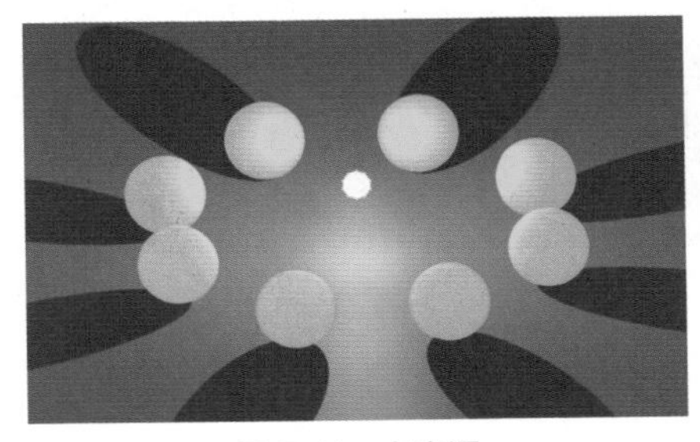

图 5-14　点光源

点光源是指从空间中的某个点发光，并随着距离的增加而逐渐消失，用于模拟从一个点向周围空间均匀发光的光源效果，如图 5-14 所示。点光源可用来表示世界上各种灯光的发射效果，如房屋灯、交通灯、汽车灯等。

在场景中创建一个点光源，用户可通过拖曳坐标轴调整其位置，如图 5-15 所示。可在右侧属性栏的“灯光”选项中设置点光源的各项参数，光源效果如图 5-16 所示。

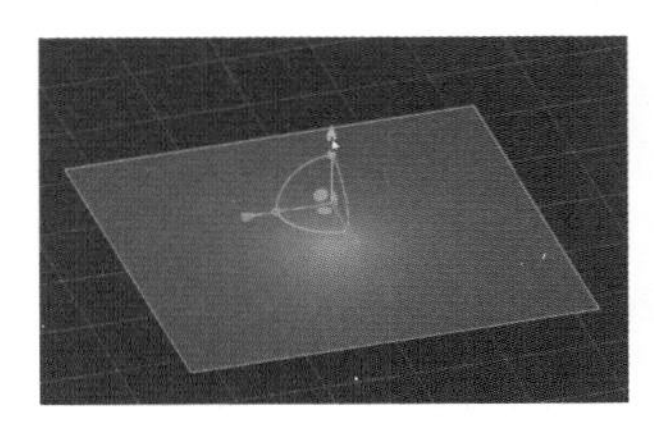

图 5-15　创建点光源并调整位置

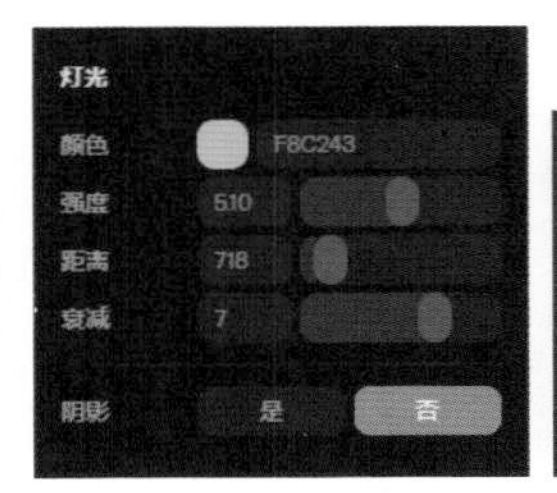

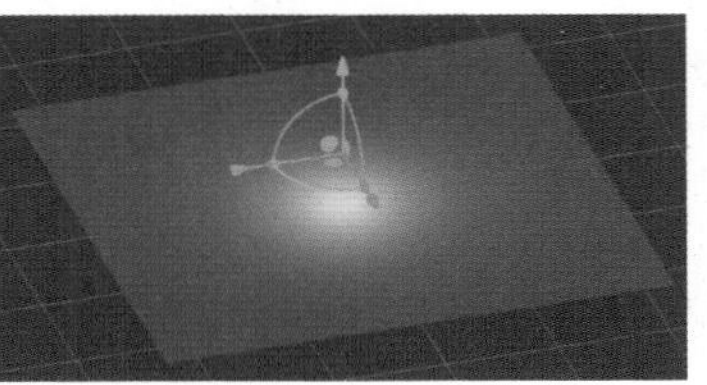

图 5-16　设置点光源参数效果

课堂练习——制作 3D 模型发光效果

Step 01 新建一个 Spline 文件，选中并删除场景中的全部对象。在场景中新建一个球体，设置其材质颜色为 #FFC653，如图 5-17 所示。在场景中创建一个点光源并与球体模型对齐，效果如图 5-18 所示。

Step 02 设置场景“背景色”为黑色，启用“后期处理”功能，如图 5-19 所示。单击“光晕”选项最右侧的按钮，显示“光晕”效果，灯光效果如图 5-20 所示。

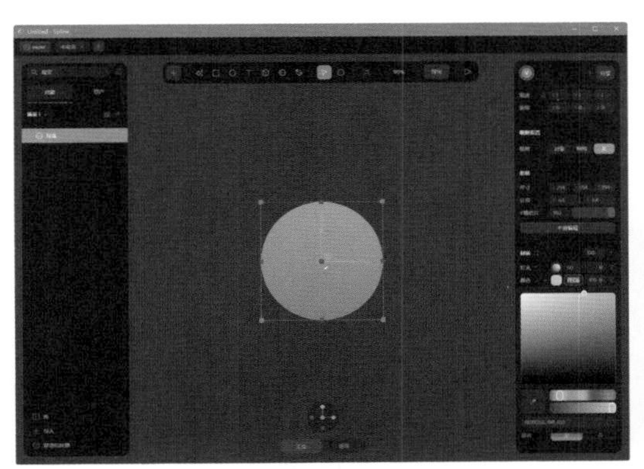

图 5-17　创建球体模型

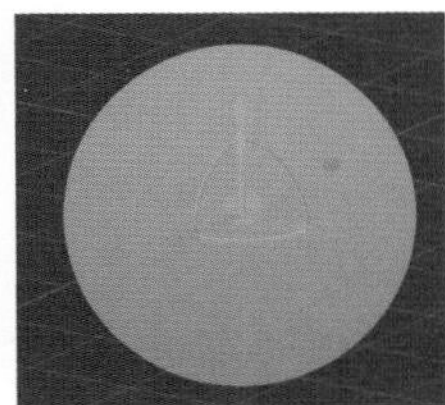

图 5-18　创建点光源

图 5-19　启用“后期处理”功能

Step 03 单击“光晕”右侧的按钮，在打开的面板中设置各项参数，如图 5-21 所示。球体模型发光效果如图 5-22 所示。

图 5-20　光晕效果

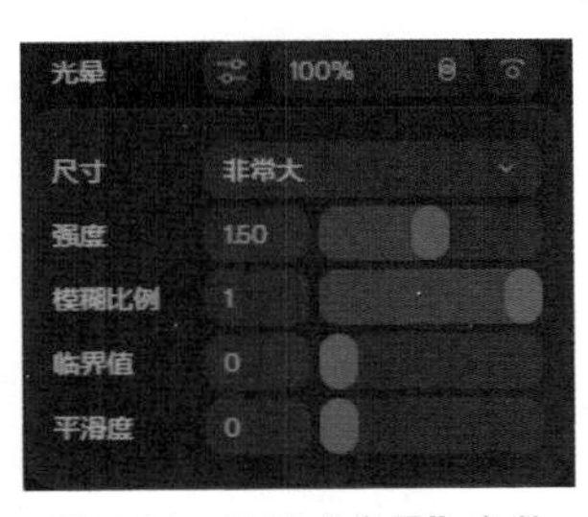

图 5-21　设置“光晕”参数

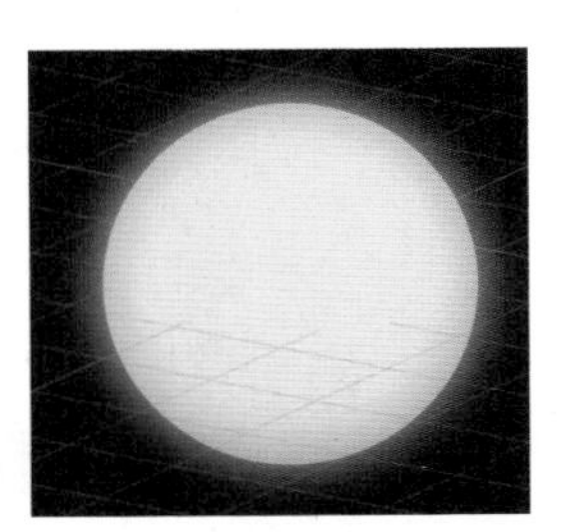

图 5-22　球体模型发光效果

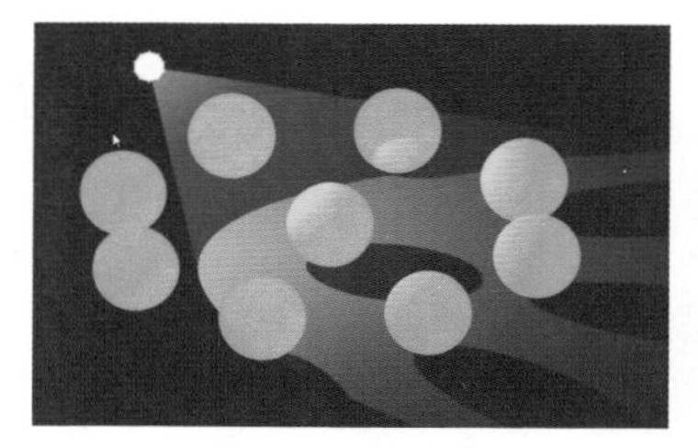

图 5-23 聚光灯

5.1.3 聚光灯

聚光灯是锥形灯，如图 5-23 所示，通常用来模拟灯具或路灯等物体的人工照明。

在场景中创建一个聚光灯，用户可通过拖曳坐标轴调整其位置，如图 5-24 所示。可在右侧属性栏的“灯光”选项中设置聚光灯的各项参数，光源效果如图 5-25 所示。

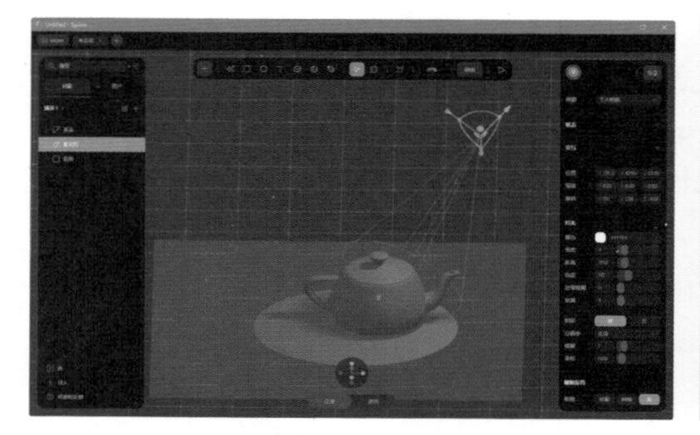

图 5-24 创建聚光灯并调整位置

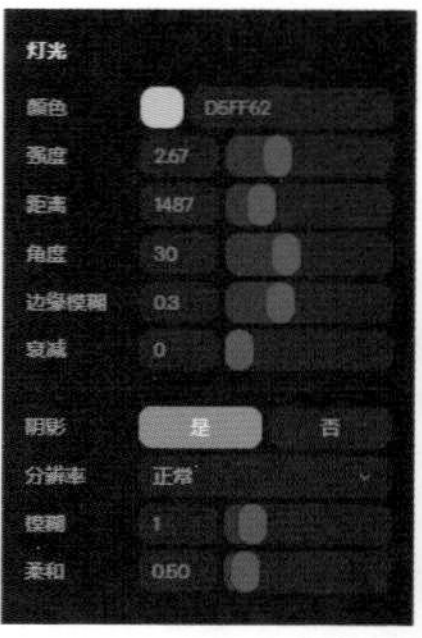

图 5-25 设置聚光灯参数效果

5.2 使用相机

Spline 中的相机是一个重要的设计工具，它允许用户从不同的视角展示和动画化 3D 场景。通过调整摄像机视角，可以让用户从不同的角度观察 3D 场景，创造出更加丰富的视觉效果。同时，通过摄像机的动画效果，如平移、旋转、缩放等，可以制作出流畅的 3D 动画，提升场景的动态感和观赏性。

默认情况下，新建文件的场景中都包含一个个人相机，个人相机将不显示在图层栏中，用户可以在属性栏顶部的“视图”选项右侧看到，如图 5-26 所示。用户可以通过使用窗口底部的相机控件或键盘快捷键控制相机，如图 5-27 所示。

图 5-26 个人相机

图 5-27 控制相机

提示

关于相机控件的使用，已在本教材第 1 章第 1.5 节中详细讲解过，感兴趣的读者可自行阅读。

5.2.1　添加相机

在 Spline 中，用户可以直接在场景中添加相机。单击工具栏左侧的■按钮，在打开的下拉列表框中选择“相机”选项，如图 5-28 所示。添加相机后，用户可以在场景中看到相机的图标，并可以通过拖动或调整参数来改变相机的位置和朝向，如图 5-29 所示。

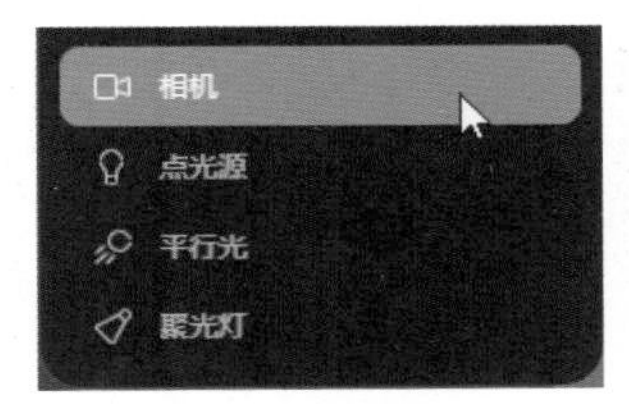

图 5-28　选择“相机”选项

图 5-29　添加相机

在场景中添加相机后，用户可在“相机”面板中看到相机的视图，如图 5-30 所示。单击“捕捉到相机”按钮，将高亮显示场景中相机的位置，拖曳调整相机的位置和角度，获得满意的相机视图后，单击“使用此相机”按钮，即可使用相机视图显示当前场景，如图 5-31 所示。

图 5-30　相机视图

图 5-31　使用相机视图

用户也可以在“视图”选项后的下拉列表框中选择“添加新相机（共享）”选项，创建一个新相机，如图 5-32 所示。当场景中包含多个相机时，用户可通过属性栏顶部“视图”选择右侧的下拉列表框选择在不同的相机间切换，如图 5-33 所示。

图 5-32　选择“添加新相机（共享）”选项

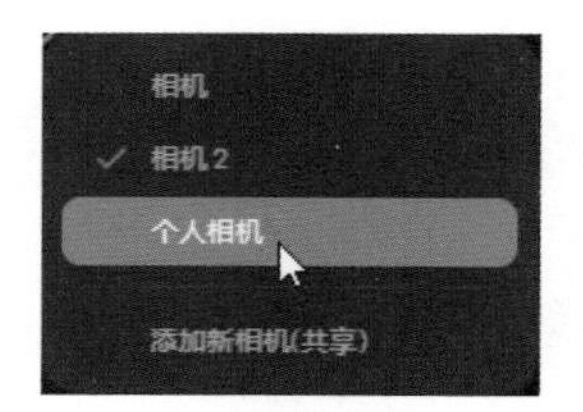

图 5-33　选择不同的相机

提示

当通过移动和旋转相机获得满意的场景效果后，如果还需要对场景对象进行微调，可以单击图层栏中相机右侧的锁定图标，将相机锁定，然后再到个人相机中进行调整。调整完成后，可再返回相机视口。

在场景中单击鼠标右键，在弹出的快捷菜单中选择“重置相机”命令或按 Alt+R 组合键，如图 5-34 所示。即可将当前相机视口重置为初始状态，如图 5-35 所示。

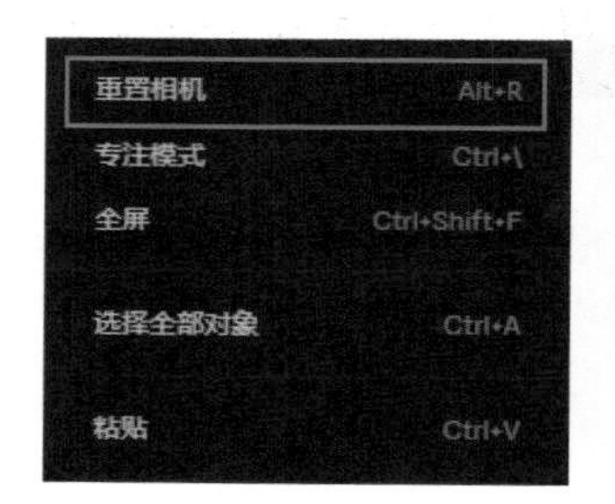

图 5-34　选择“重置相机”命令

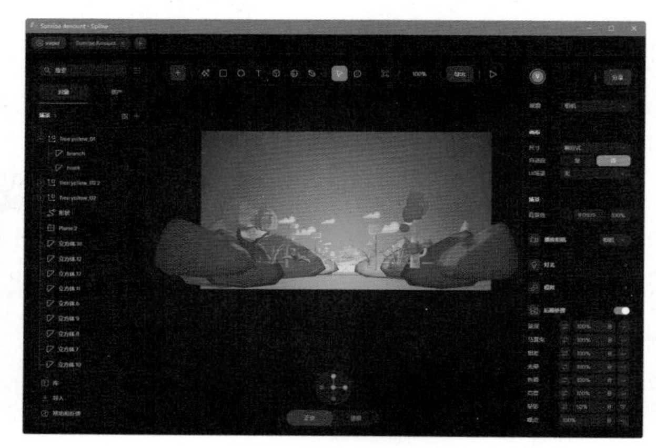

图 5-35　重置相机视口效果

5.2.2　设置相机参数

选中相机后，用户可在属性栏的“相机”选项中设置相机的各项参数，如类型、近处浓度、远处浓度和缩放等，如图 5-36 所示。这些设置将影响相机捕捉到的画面效果。

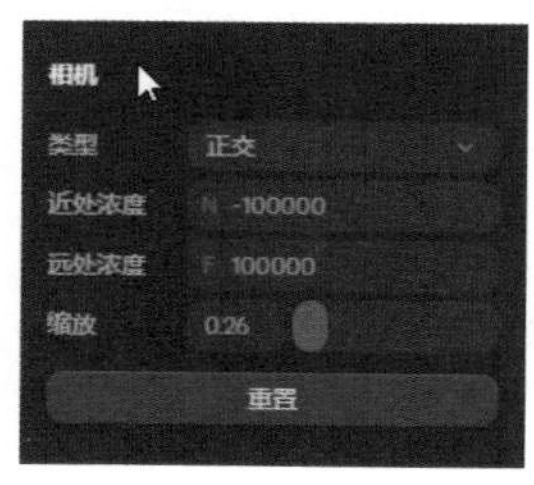

图 5-36　设置相机参数

用户可在“类型”选项右侧的下拉列表框中选择相机类型为“正交”或“透视”，如图 5-37 所示。

用户可在“缩放”选项后的文本框中输入数值或拖曳滑块，设置相机的焦距，焦距的调整可以改变画面的景深，如图 5-38 所示。在“近处浓度”选项后的文本框中输入数值，能够定义相机清晰渲染或捕捉到的最近距离。在“远处浓度”选项后的文本框中输入数值，能够定义相机清晰渲染或捕捉到的最远距离。

在“视场”选项后的文本框中输入数值，将会影响场景视口的宽广度，如图 5-39 所示。单击“重置”按钮，将重置选中相机的所有属性。

图 5-37　正交视图和透视视图

图 5-38　改变画面的景深

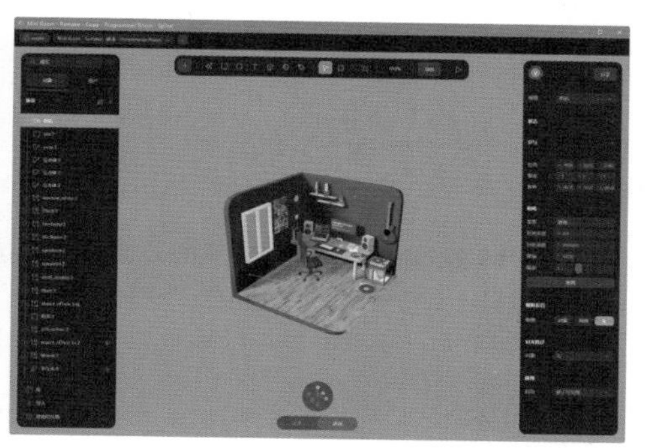

图 5-39　改变视口的宽广度

5.3 动画的制作

在 Spline 中制作动画，用户可以利用其丰富的功能和直观的界面，创建出令人印象深刻的动态效果。

对于所有对象来说，都可以通过设置位置、角度、规模、尺寸和材质等属性实现动画效果。对于相机对象，还可以通过设置不同的焦距和位置实现动画效果。按照动画对象的不同，可将动画分为基本动画、灯光动画、材质动画和相机动画，下面逐一进行讲解。

5.3.1 基本动画

用户可以通过为对象添加不同的动画状态来实现动画效果。可以自定义动画的起始和结束状态，以及它们之间的过渡效果。

选中场景中的某个对象，如图 5-40 所示。单击右侧属性栏中“状态”选项右侧的“+”按钮，为当前场景添加一个状态，此时原状态将显示为“基本状态”，如图 5-41 所示。

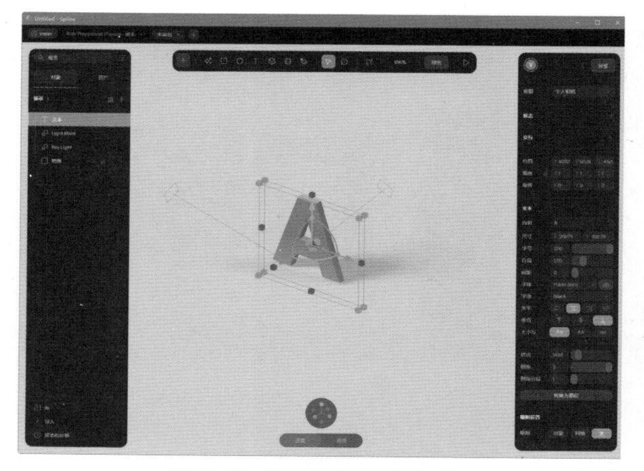

图 5-40　选中制作动画的对象

图 5-41　添加一个状态

拖曳调整对象到如图 5-42 所示的位置。在“材质”选项中修改对象的颜色为 #FB8E3B，效果如图 5-43 所示。

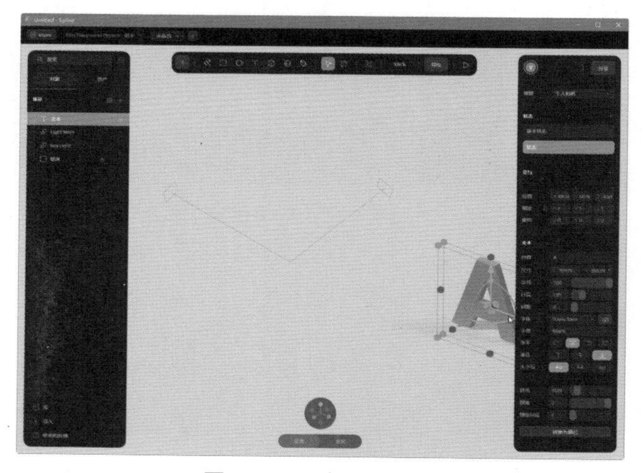

图 5-42　调整对象位置

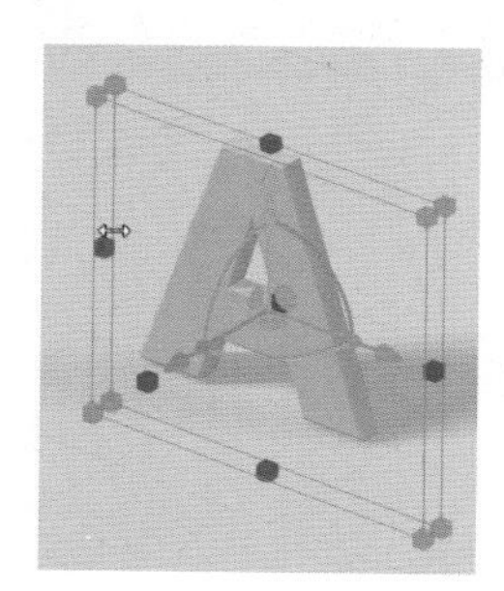

图 5-43　修改对象材质颜色

提示

除了可以将对象的位置、颜色变化制作成动画，用户还可以通过更改对象的比例、旋转角度、不透明度等属性，制作出效果丰富的动画效果。

单击右侧属性栏中“交互”选项右侧的“+”按钮，添加一个交互，如图 5-44 所示。在弹出的“编辑交互”对话框选择“开始”事件和“过渡”动作，如图 5-45 所示。

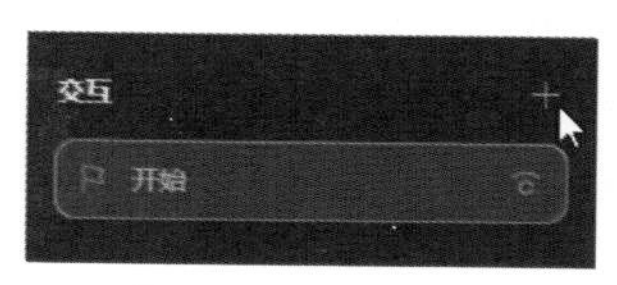

图 5-44　添加交互

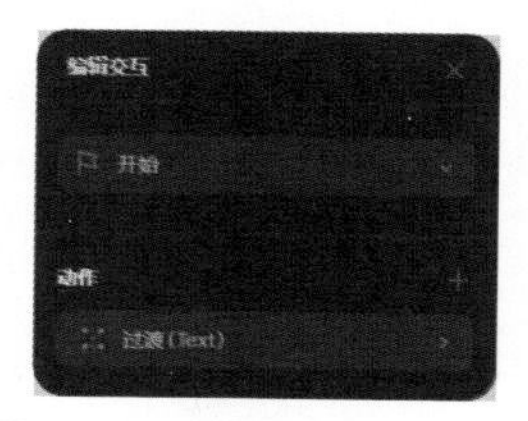

图 5-45　“编辑交互”对话框

按【Shift+Space】组合键播放场景，动画播放效果如图 5-46 所示。

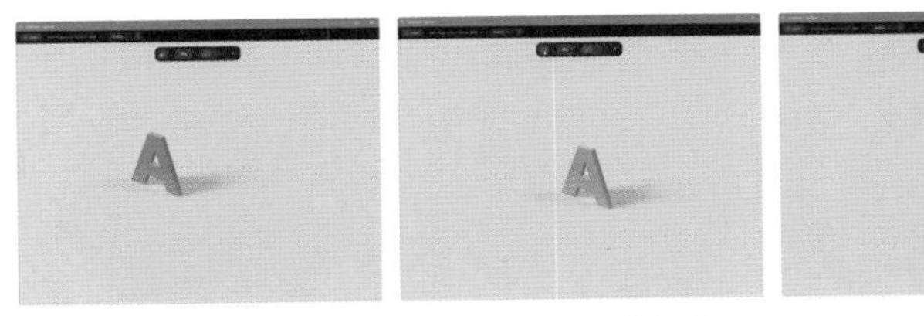

图 5-46　动画播放效果

默认情况下，动画只播放一次。选择“编辑交互”对话框中“过渡”动作，设置“循环次数”为“无限”，如图 5-47 所示，即可一直循环播放动画。

用户可以将“循环”方式设置为“乒乓”或“反向乒乓”，实现对象来回反复的动画效果，如图 5-48 所示。

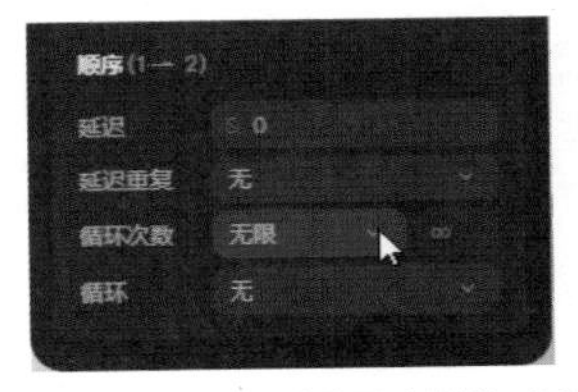

图 5-47　设置“循环次数”参数

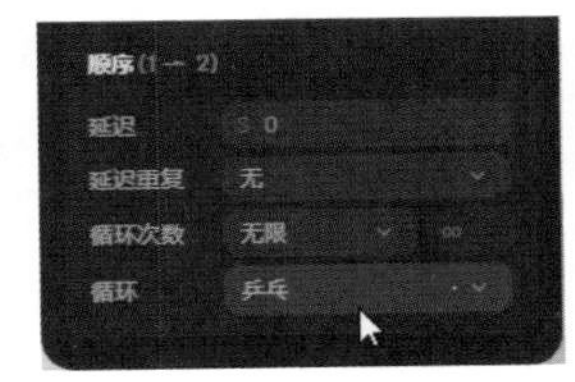

图 5-48　设置循环方式

课堂练习——制作星球环绕动画效果

Step 01 新建一个行星文件，场景效果如图 5-49 所示。在场景中创建一个椭圆对象并将其与地球对象对齐，如图 5-50 所示。

图 5-49　新建行星文件

图 5-50　创建椭圆对象

Step 02 单击属性栏中的“转换为路径”按钮，将椭圆对象转换为路径，效果如图 5-51 所示。在场景中创建一个球体模型，如图 5-52 所示。

Step 03 新建一个“图片”材质层，在 Spline 库中选择如图 5-53 所示的图片。在“对齐路径”选项中“对象”后的下拉列表框中选择“椭圆”选项，椭圆将自动对齐到路径上，如图 5-54 所示。

图 5-51　将对象转换为路径

图 5-52　创建球体模型

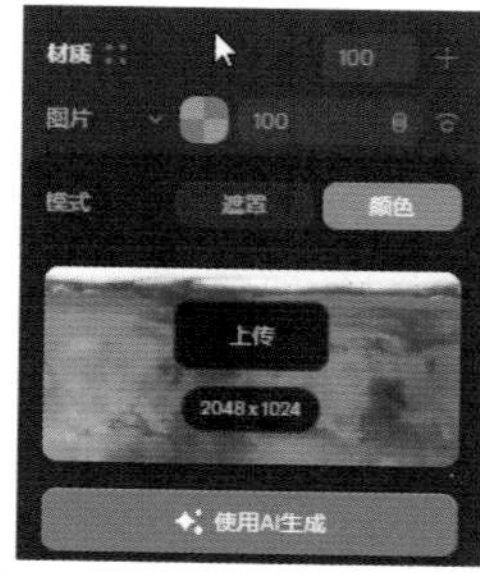

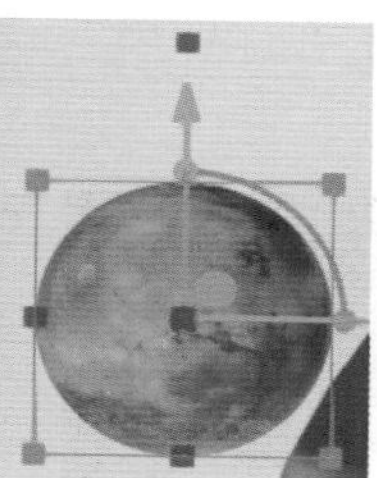

图 5-53　设置“图片”层参数

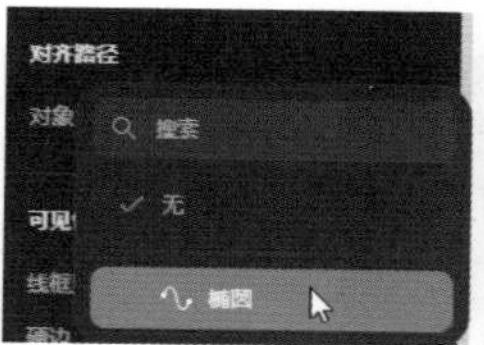

图 5-54　选择对齐路径

Step 04 新建一个状态，将“对齐路径”选项中的“滑动”数值设置为 1，如图 5-55 所示。新建一个交互，设置“动作”为“过渡”，如图 5-56 所示。

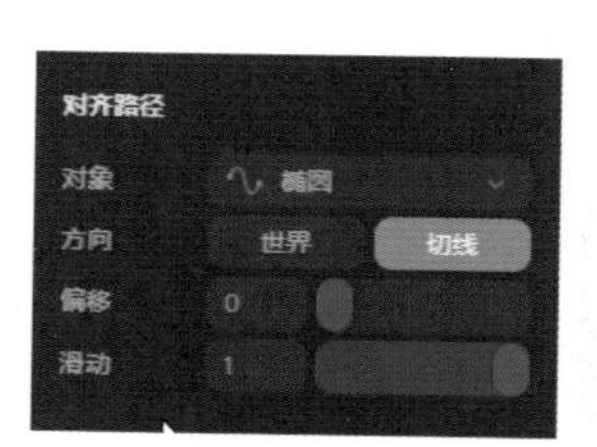

图 5-55　设置“滑动”数值

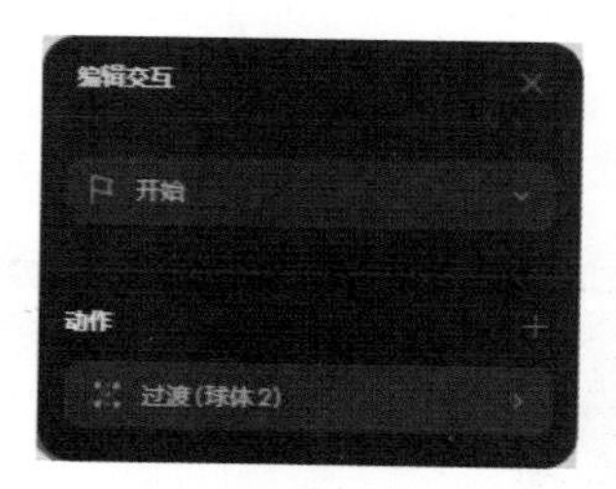

图 5-56　新建“交互”动作

Step 05 在图层栏中将椭圆层隐藏，按 Shift+Space 组合键播放动画，效果如图 5-57 所示。使用相同的方法，可以制作多个星球环绕动画，效果如图 5-58 所示。

图 5-57　动画播放效果

图 5-58　多个星球环绕动画效果

5.3.2　灯光动画

通过添加状态和交互，设置光源的位置、颜色、强度和透射角度等属性，能够创造出不同的灯光效果。

选择场景中的聚光灯，如图 5-59 所示。新增一个状态，将聚光灯从左侧拖曳到右侧，如图 5-60 所示。

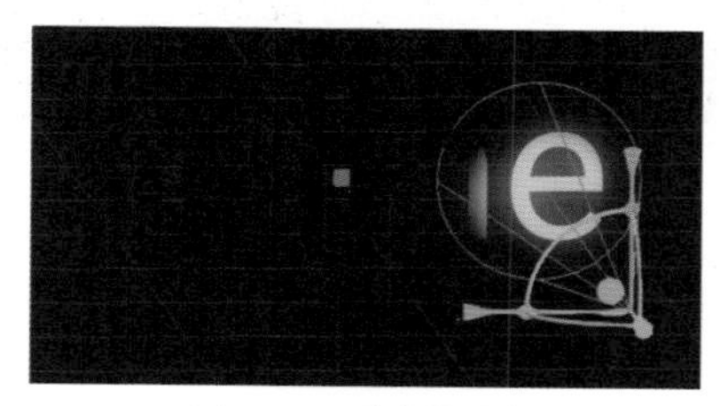

图 5-59　选中聚光灯

图 5-60　新建状态并调整聚光灯位置

新建一个交互，添加“过渡”动作，如图 5-61 所示。按【Shift+Space】组合键播放场景，完成一个简单的灯光动画，效果如图 5-62 所示。

图 5-61　新建交互

图 5-62　灯光动画效果

课堂练习——制作跟随光晕粒子动画

Step 01 在场景中创建一个球体并设置各项参数，如图 5-63 所示。将“材质”选项中的“灯光”层隐藏，新建一个“颜色”层，设置颜色为 #B3FFF5，效果如图 5-64 所示。

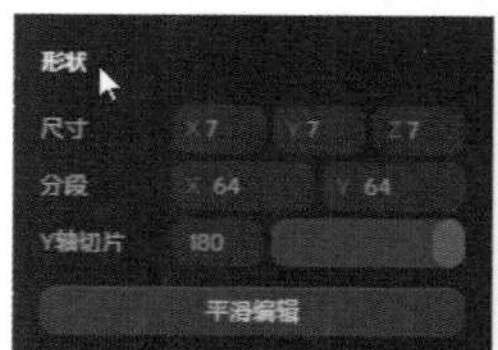

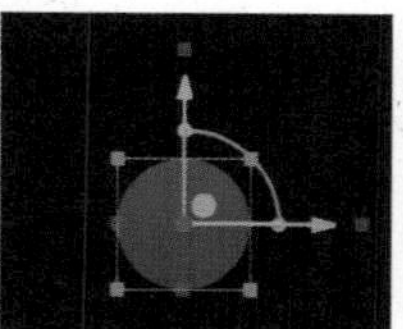

图 5-63　创建球体模型

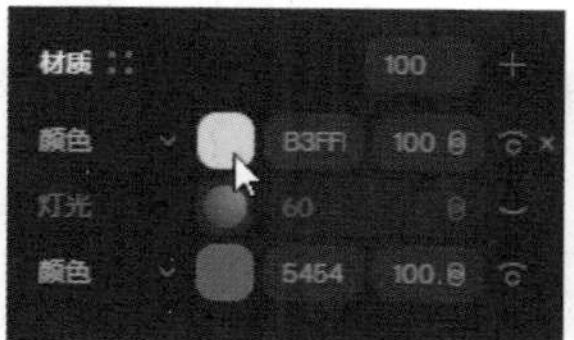

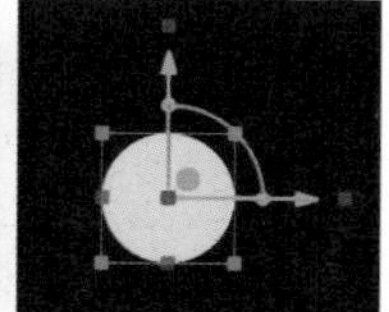

图 5-64　设置球体材质

Step 02 在场景中创建一个点光源，对齐球体并在属性栏中设置各项参数，如图 5-65 所示。启用“后期处理”中的“光晕”，效果如图 5-66 所示。

Step 03 在场景中创建一个粒子系统，在属性栏中设置“粒子”的各项参数，如图 5-67 所示，模型效果如图 5-68 所示。在图层栏中将粒子层和点光源层拖曳到球体层上，如图 5-69 所示。

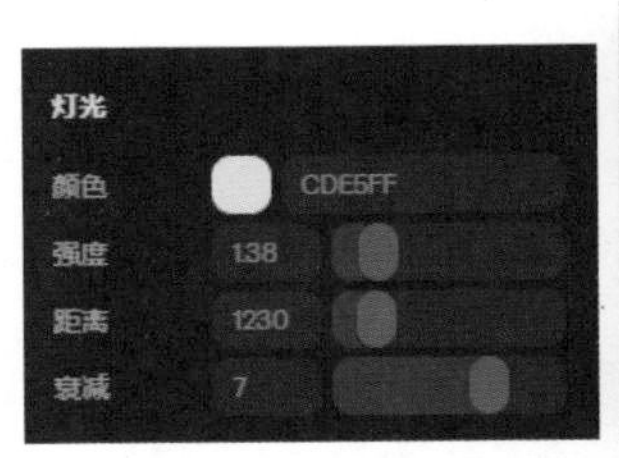

图 5-65　创建点光源

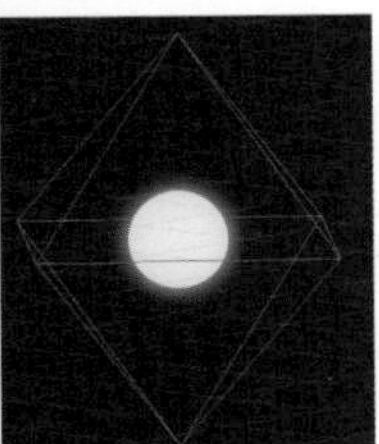

图 5-66　启用光晕效果

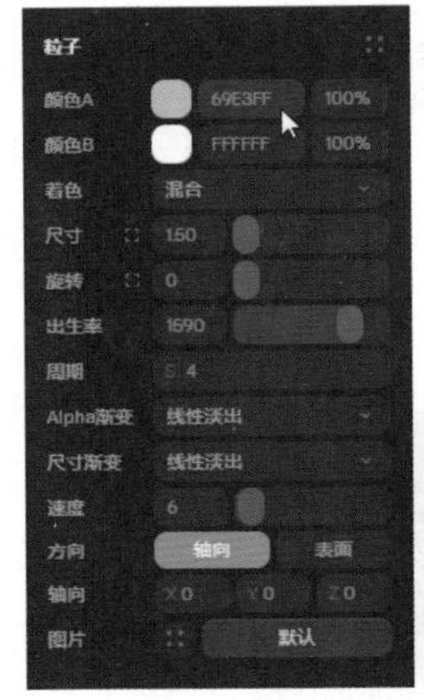

图 5-67　设置粒子参数

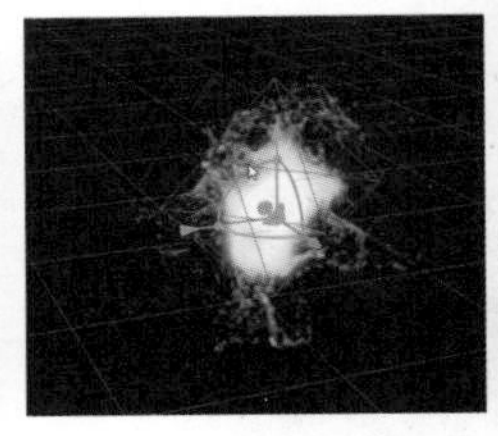

图 5-68　粒子效果

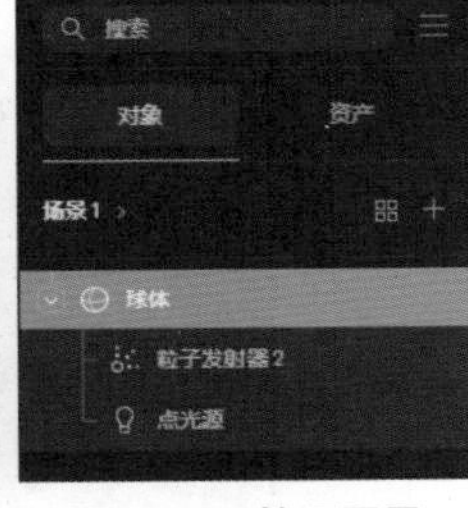

图 5-69　管理图层

Step04 在场景中创建一个相机并设置各项参数，如图 5-70 所示。在属性栏中选择“相机”视口，拖曳调整球体对象的位置，如图 5-71 所示。

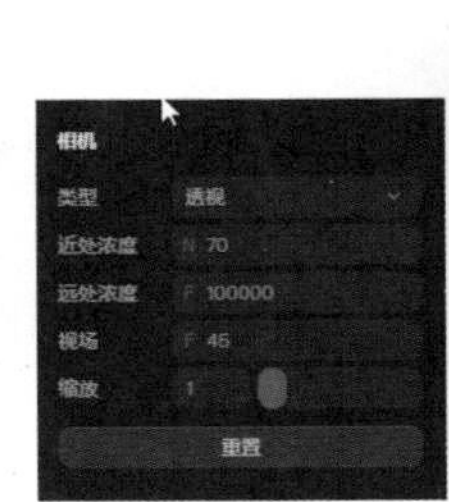

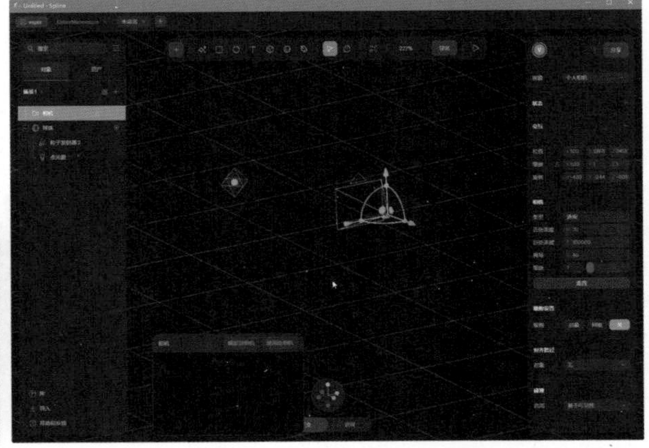

图 5-70　创建相机

Step05 选择球体模型，单击属性栏中“交互”选项右侧的“+”按钮，在弹出的“编辑交互”对话框中选择“跟随”事件，设置各项参数如图 5-72 所示。按 Shift+Space 组合键播放动画，效果如图 5-73 所示。

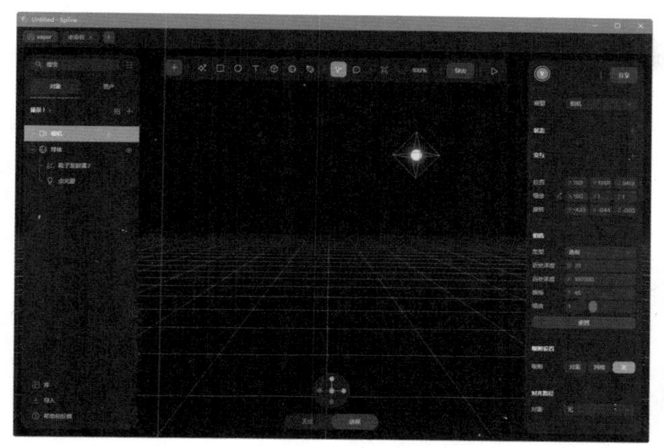

图 5-71　调整球体对象的位置

图 5-72　添加“跟随”事件

图 5-73　动画播放效果

5.3.3　材质动画

与灯光动画一样，用户可以通过调整不同状态下材质的各项属性，添加不同的交互事件，制作出视觉效果丰富的材质动画效果。

在场景中创建一个球体模型，为其添加“噪点”层，设置各项参数如图 5-74 所示。新建一个状态，修改“噪点”层的各项参数，如图 5-75 所示。

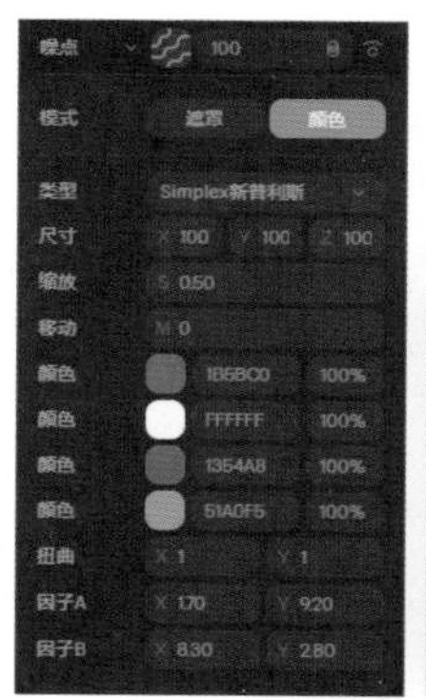

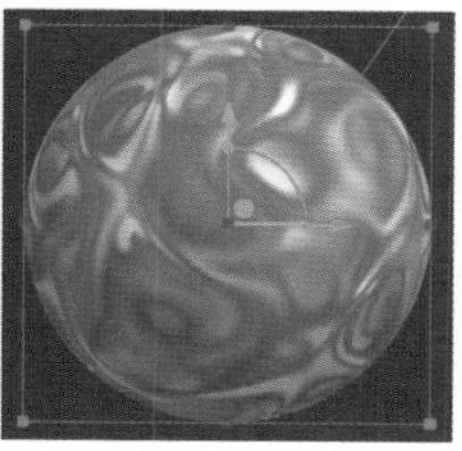

图 5-74　设置“噪点”层参数

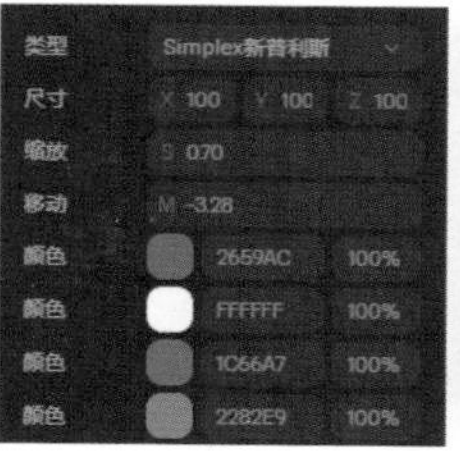

图 5-75　修改“噪点”层参数

新建一个交互，添加“过渡”动作。将“循环次数”设置为“无限”，如图 5-76 所示，单击工具栏中的“播放”按钮，材质动画效果如图 5-77 所示。

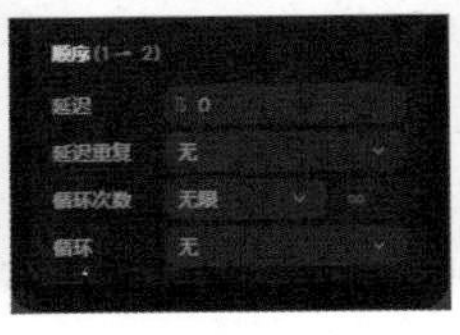

图 5-76　设置“过渡”动作参数

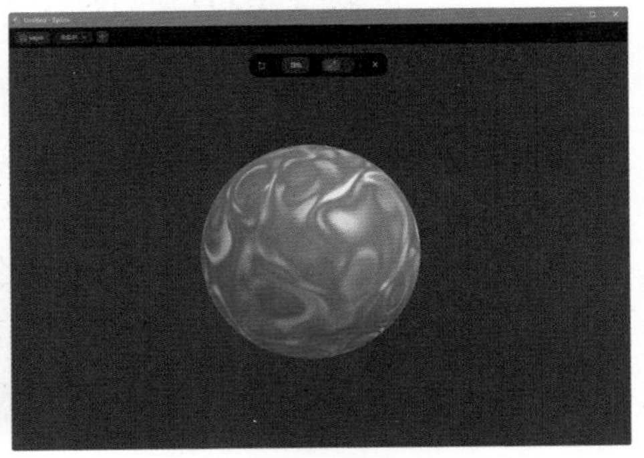

图 5-77　材质动画效果

课堂练习——制作流动光束动画效果

Step01 新建一个 Spline 文件，在场景中创建一个矩形，如图 5-78 所示。将“材质”选项中的“颜色”层修改为“渐变”层，如图 5-79 所示。

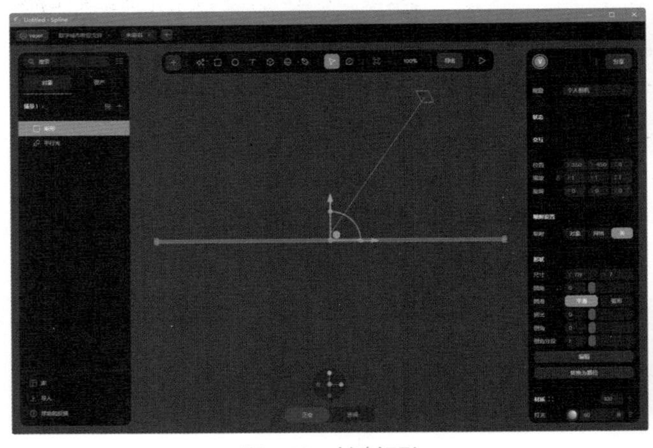

图 5-78　创建矩形

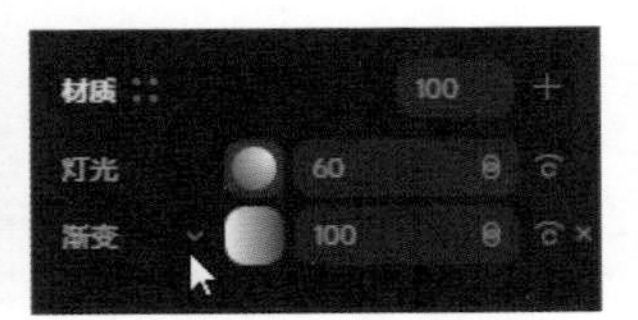

图 5-79　添加“渐变”层

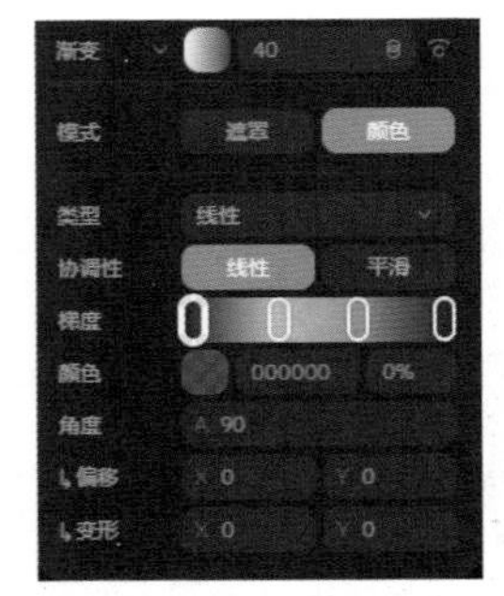

图 5-80　设置“渐变”层参数

Step02 设置“渐变”层中的各项参数，如图 5-80 所示。修改“渐变”层的不透明度为 40%，效果如图 5-81 所示。

Step03 新建一个“图片”层，上传“texture.png”素材图片，设置“包裹方式”为“裁剪”，“偏移”值为 -2，如图 5-82 所示。新建一个状态，修改“偏移”值为 175，如图 5-83 所示。

Step04 新建一个交互，添加“过渡”动作，将“循环次数”设置为“无限”，如图 5-84 所示。按 Shift+Space 组合键播放动画，效果如图 5-85 所示。

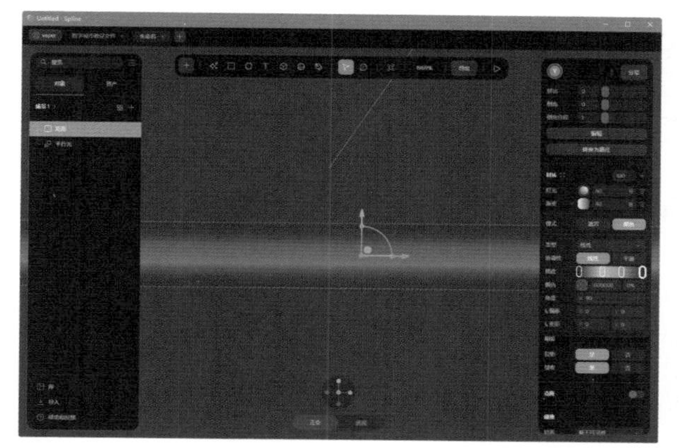

图 5-81　材质效果

图 5-82　设置“图片”层参数

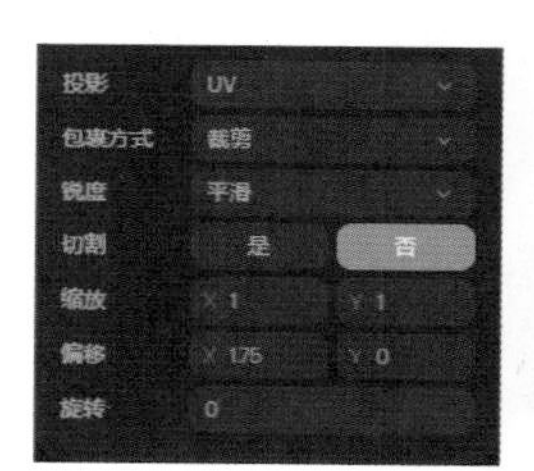

图 5-83　修改“偏移”值

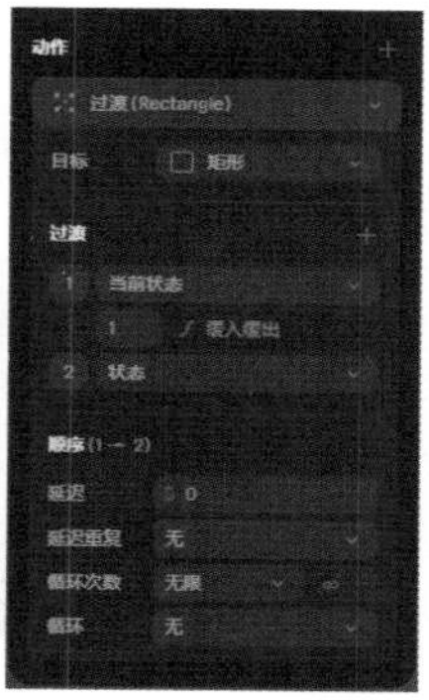

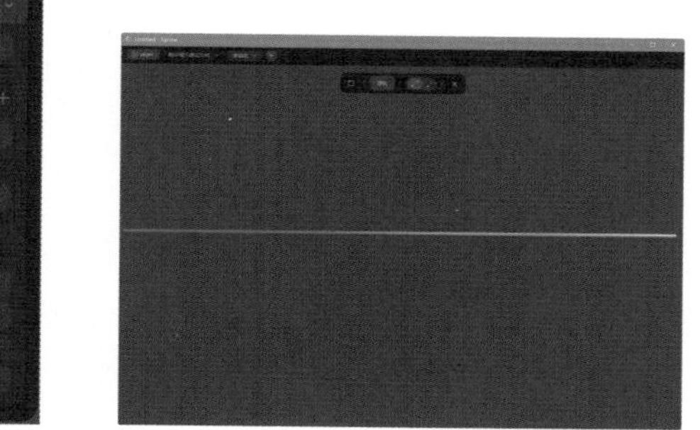

图 5-84　设置“循环次数”参数

图 5-85　动画效果

5.3.4　相机动画

Spline 支持为相机创建动画，以实现视角的平滑切换或动态移动。用户可以在不同的状态为相机设置不同的位置和朝向，再添加“过渡”交互生成平滑的动画效果。相机动画可以用于展示产品的不同角度、模拟摄像机的运动轨迹等场景。

用户可以将相机看作一个对象，基础状态下的场景效果如图 5-86 所示。添加一个新的状态，调整相机的“缩放”值，将场景放大，效果如图 5-87 所示。

图 5-86　基础状态场景效果

图 5-87　新状态场景效果

图 5-88　再添加一个新状态后的场景效果

再次添加一个状态，调整“缩放”值，使视口更靠近场景中的太阳，如图 5-88 所示。新建一个交互，添加“过渡”动作，如图 5-89 所示。即可完成相机动画的制作，动画效果如图 5-90 所示。

Spline 还提供了交互设置功能，允许用户根据具体的交互行为让相机执行特定的动画。例如，用户可以通过单击、拖动或滚动等动作来控制相机的移动和缩放。本书将在第 6 章中详细讲解交互动画的制作方法。

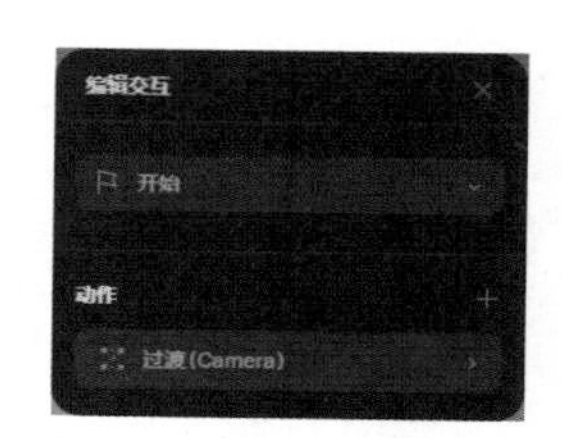

图 5-89　添加“过渡”动作

图 5-90　相机动画效果

课堂练习——制作相机游走动画效果

Step 01 将 Spline 库中的示例“kids Playgroud Physics”文件打开，效果如图 5-91 所示。将视口切换到顶视口，使用“矢量”工具在场景中绘制形状，如图 5-92 所示。

图 5-91　打开示例文件

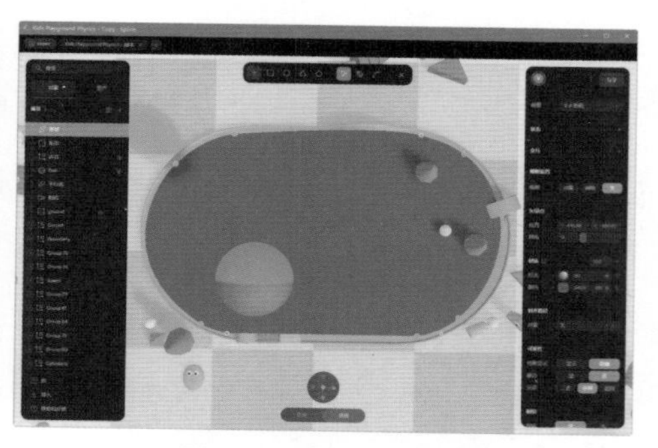
图 5-92　绘制矢量形状

Step 02 退出矢量模式，单击“转换为路径”按钮，将矢量形状转换为路径，效果如图 5-93 所示。选择图层栏中的相机，在“对齐路径”选项的“对象”选项后的下拉列表框中选择“形状”选项，“相机”面板如图 5-94 所示。

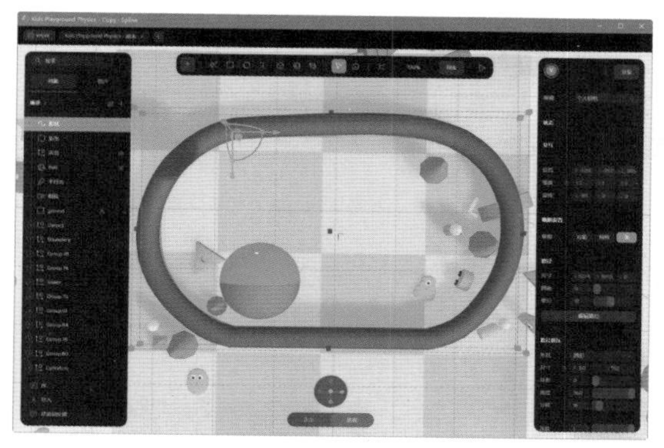

图 5-93　将形状转换为路径

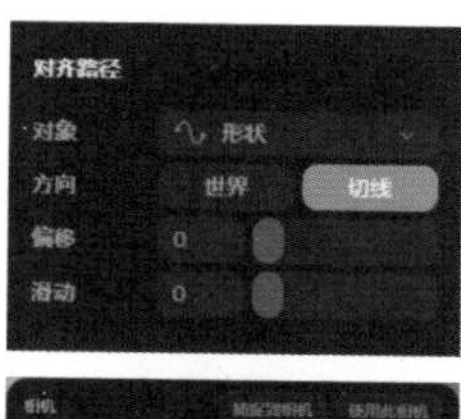

图 5-94　“相机”面板

Step 03 将“形状”层隐藏，拖曳控制轴调整相机的位置和角度，如图 5-95 所示。单击“使用此相机”按钮，新建一个状态，设置“对齐路径”中的“滑动”值为 1，如图 5-96 所示。

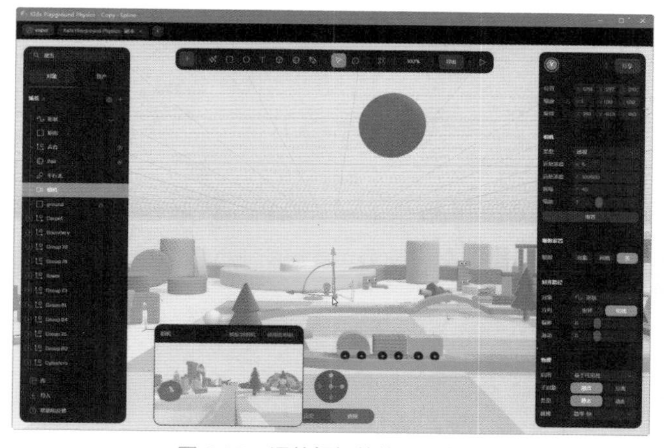

图 5-95　调整相机的位置和角度

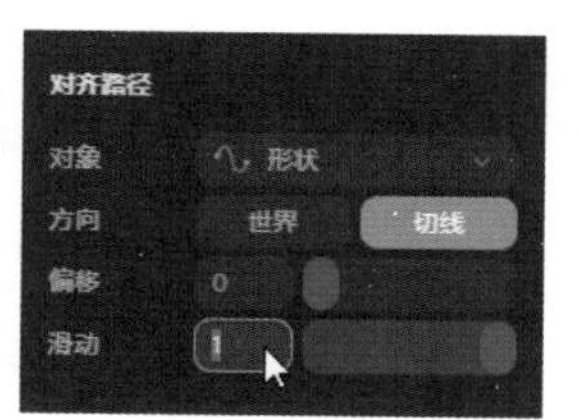

图 5-96　设置“滑动”值

Step 04 新建一个交互，添加“过渡”动作，设置“缓入缓出”为 10，“循环”次数为“无限”，如图 5-97 所示。按 Shift+Space 组合键播放动画，效果如图 5-98 所示。

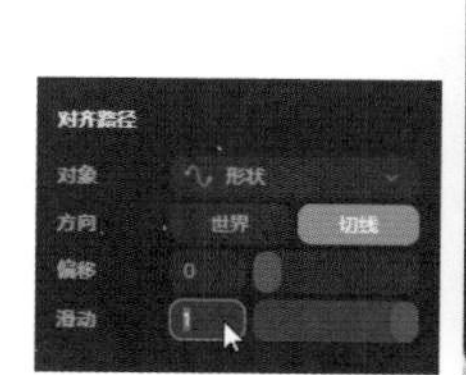

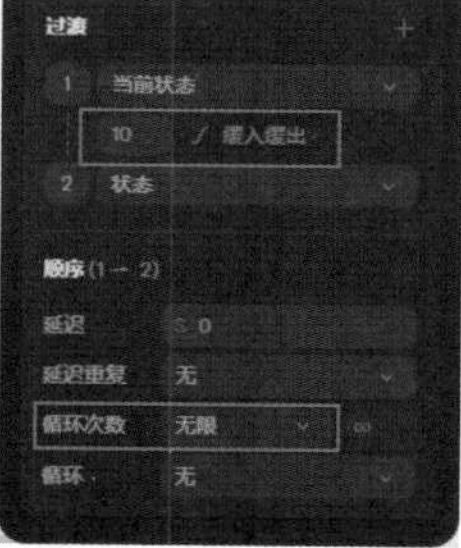

图 5-97　新建交互并添加动作

图 5-98　动画播放效果

Step 05 停止播放动画，使用“文本”工具在场景中创建文本，如图 5-99 所示。在图层栏中将“文本”层拖曳到“相机”层上，如图 5-100 所示。

图 5-99　创建文本

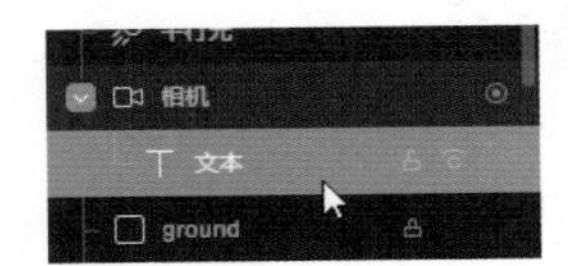

图 5-100　拖曳“文本”层到“相机”层

Step 06 播放动画，“文本”层将显示在相机视口的中心位置，如图 5-101 所示。

图 5-101　播放动画效果

5.4 启用全局效果

图 5-102　启用后期处理

图 5-103　打开或关闭效果

在 Spline 中，全局效果是指影响整个场景、图像或动画的视觉效果，如全局光照、阴影、环境氛围等。

未选中任何对象的情况下，启用属性栏中“后期处理”开关，即可显示全局效果层，如图 5-102 所示。默认情况下，所有的后期处理效果都被禁用，用户可以通过单击效果层最右侧的眼睛图标，打开或关闭该效果，如图 5-103 所示。

提示

使用太多后期处理效果会影响导出场景的性能。用户应确保仅在需要时使用它，并避免同时组合启用多个效果。

5.4.1　景深

景深会产生只有距相机特定距离内的物体才会清晰且对焦，而超出此范围的物体则显得模糊的效果。这种技术将观众的注意力集中在感兴趣的主题上，并通过模仿眼睛感知深度的方式来增加真实感。

打开一个素材文件，场景效果如图 5-104 所示。启用“景深”层，场景效果如图 5-105 所示。

图 5-104　打开素材文件

图 5-105　启用“景深”层

单击按钮，在“焦点”选项后的文本框中输入数值或拖曳滑块，设置景深焦点，如图 5-106 所示。也可以单击按钮，在场景中想要成为焦点的对象上单击，拖曳可以调整“景深”的范围和“模糊”的级别，效果如图 5-107 所示。

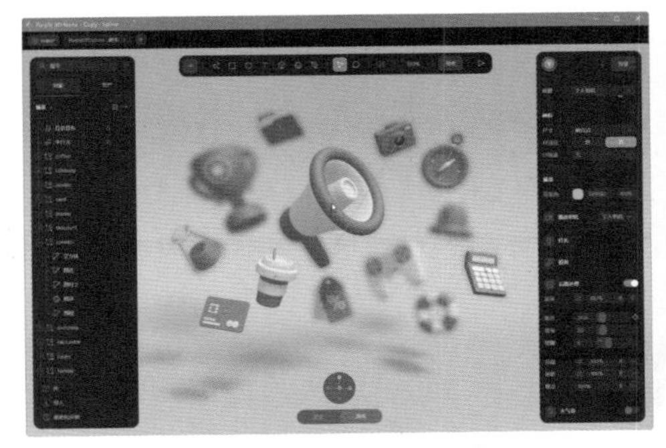

图 5-106　设置景深焦点

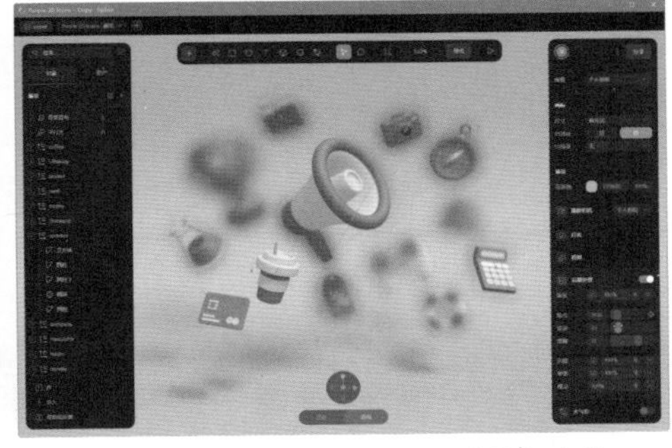

图 5-107　调整“景深”和“模糊”参数

5.4.2　马赛克

马赛克效果能够使用不同大小的马赛克显示场景中的对象。启用“马赛克”层，场景效果如图 5-108 所示。单击按钮，在“粒度”选项后的文本框中输入数值或拖曳滑块，可调整场景中马赛克的大小，如图 5-109 所示。

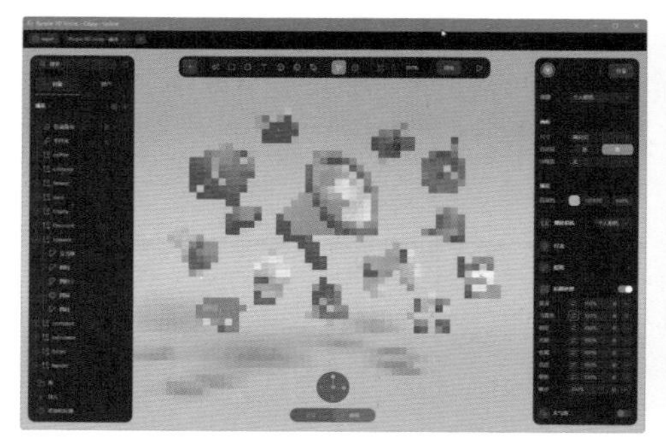
图 5-108　启用“马赛克”层

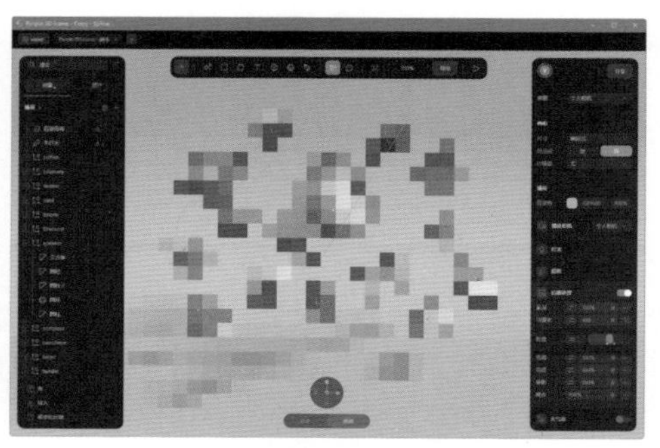
图 5-109　调整“马赛克”大小

5.4.3　相差

相差效果能够通过设置不同的偏移值获得重影效果。启用“相差”层，场景效果如图 5-110 所示。单击■按钮，在“偏移”选项后的文本框中输入数值或拖曳滑块，可调整场景中重影的距离，如图 5-111 所示。

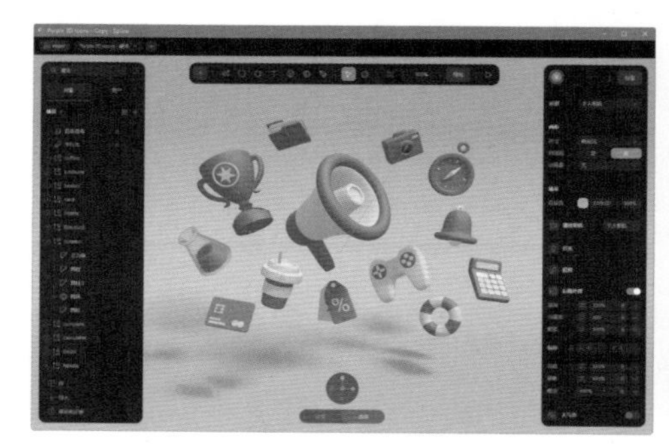
图 5-110　启用“相差”层

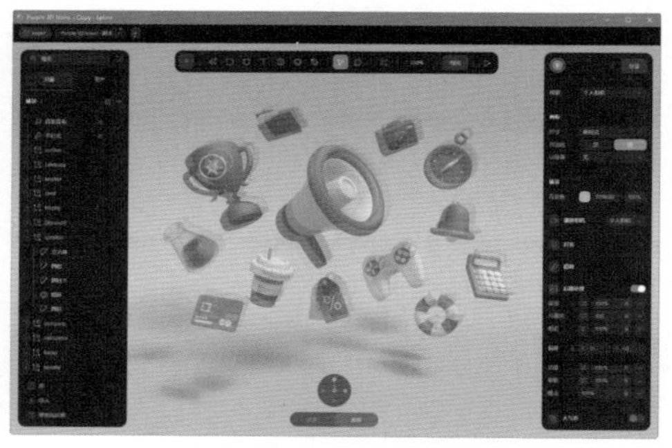
图 5-111　调整“偏移”值

5.4.4　光晕

光晕效果能够模拟场景中光源的发光效果。启用“光晕”层，场景效果如图 5-112 所示。单击■按钮，用户可在打开的面板中设置光晕的尺寸、强度、模糊比例、临界值和平滑度，如图 5-113 所示。

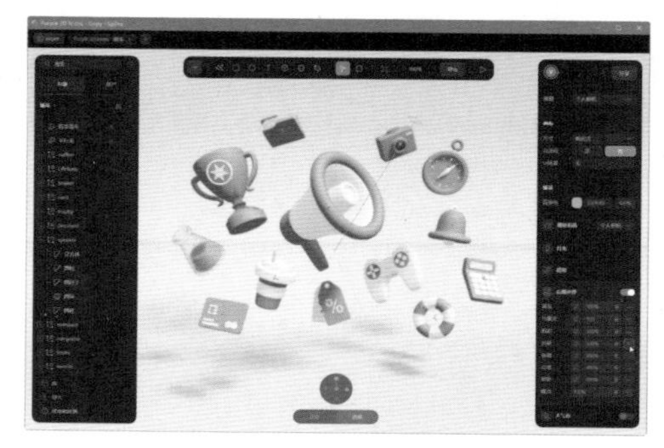
图 5-112　启用“光晕”层

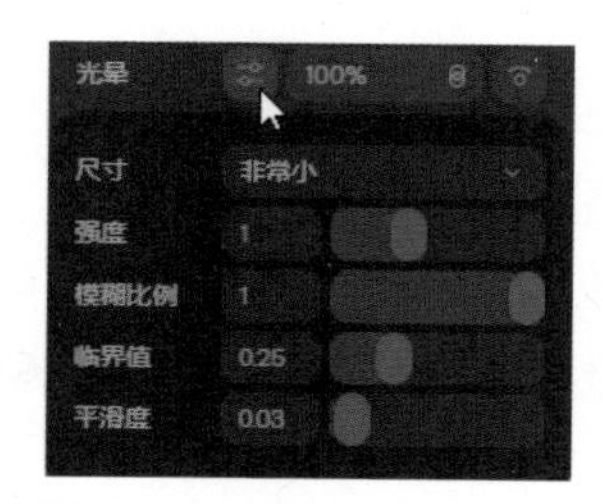

图 5-113　设置“光晕”选项

5.4.5　色调

色调效果能够调整场景的色调和饱和度。启用“色调”层，场景效果如图 5-114 所示。单击■按钮，在“色调”或“饱和度”选项后的文本框中输入数值或拖曳滑块，可调整场景的色调和饱和度，如图 5-115 所示。

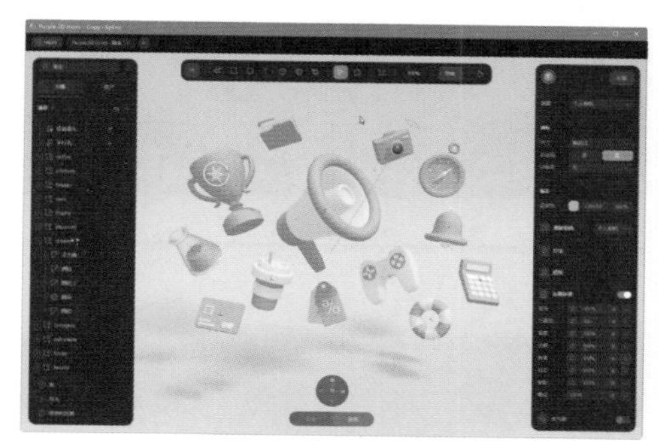

图 5-114　启用“色调”层

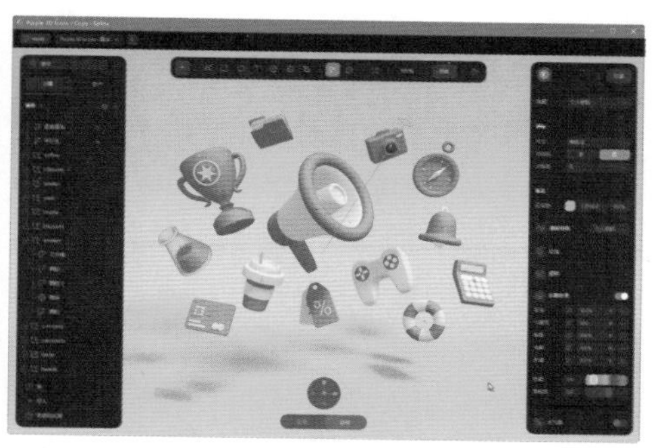

图 5-115　调整场景的色调和饱和度

5.4.6　亮度

亮度效果能够调整场景的亮度和对比度。启用“亮度”层，场景效果如图 5-116 所示。单击■按钮，在“亮度”或“对比度”选项后的文本框中输入数值或拖曳滑块，可调整场景的亮调和对比度，如图 5-117 所示。

图 5-116　启用“亮度”层

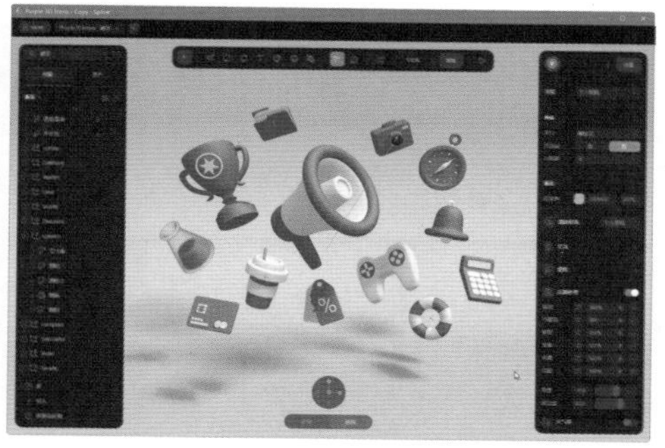

图 5-117　调整场景的亮调和对比度

5.4.7　晕影

晕影效果能够在场景四周产生暗角效果。启用“晕影”层，场景效果如图 5-118 所示。单击■按钮，在“黑暗度”和“偏移”选项后的文本框中输入数值或拖曳滑块，可调整晕影的范围，如图 5-119 所示。

图 5-118 启用“晕影”层

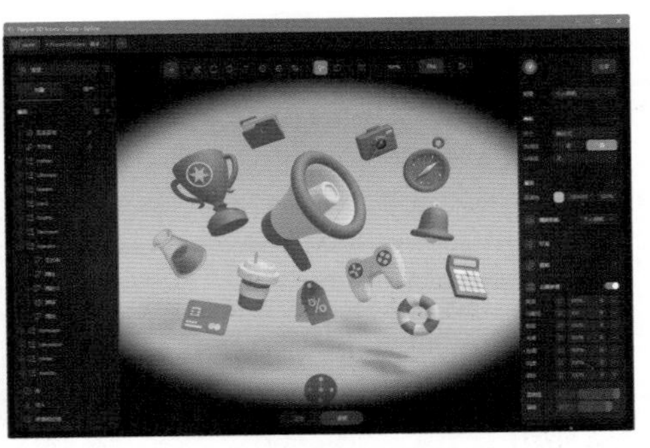

图 5-119 调整晕影范围

5.4.8 噪点

噪点效果能够在场景中创建噪点。启用“噪点”层，场景效果如图 5-120 所示。在“噪点”选项后的文本框中输入数值，可调整噪点的强度，如图 5-121 所示。

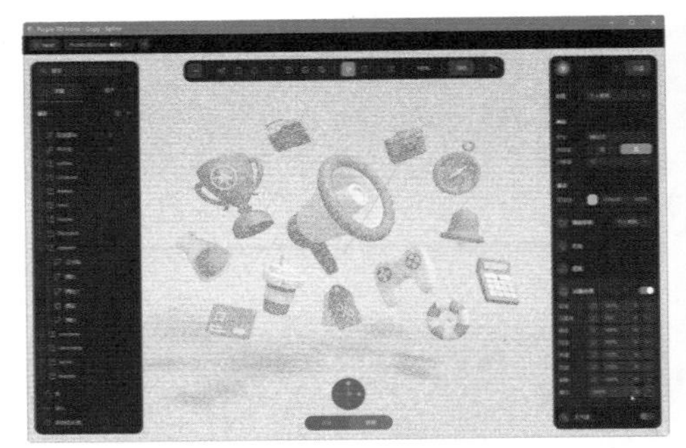

图 5-120 启用“噪点”层

图 5-121 调整噪点强度

5.5 启用大气雾

在场景中添加雾是创建深度的好方法。打开场景素材，效果如图 5-122 所示。确认未选中场景中的任何对象，启用属性栏中的“大气雾”开关，如图 5-123 所示。

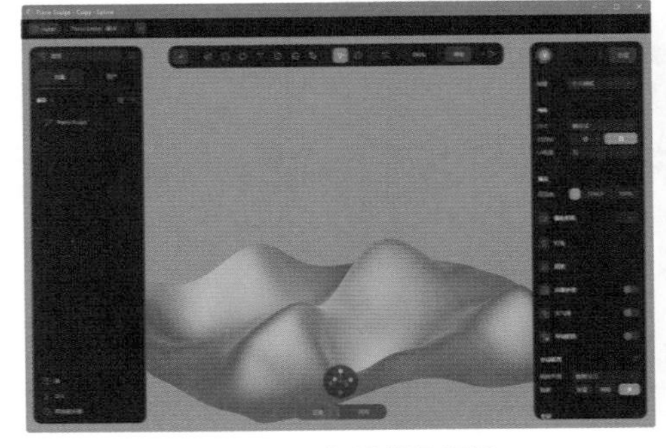

图 5-122 打开场景素材

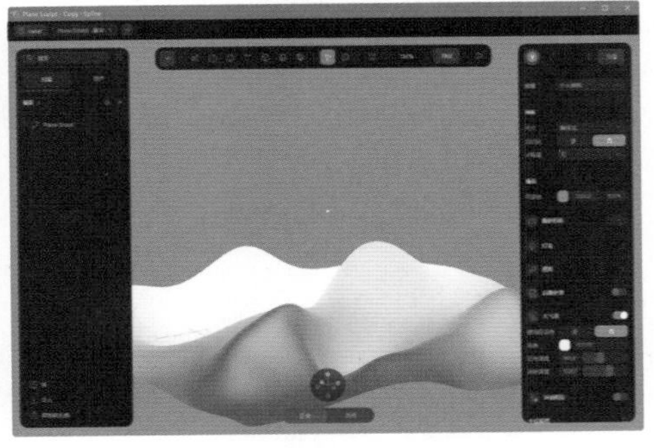

图 5-123 启用“大气雾”开关

单击“使用背景色”选项后的“是”按钮，将使用与背景颜色相同的颜色呈现雾，效果如图 5-124 所示。在“近处浓度”和“远程浓度”选项后的文本框中输入数值或拖曳滑块，将改变雾的深度，如图 5-125 所示。

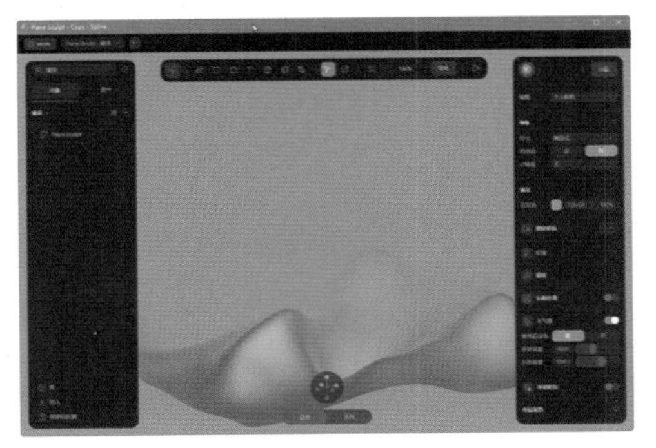

图 5-124　使用背景色呈现雾

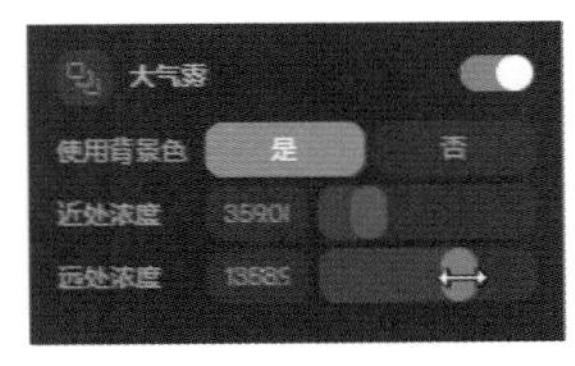

图 5-125　调整“远处浓度”和“近处浓度”参数

两者之间的距离越近，雾的浓度就越厚重，如图 5-126 所示。

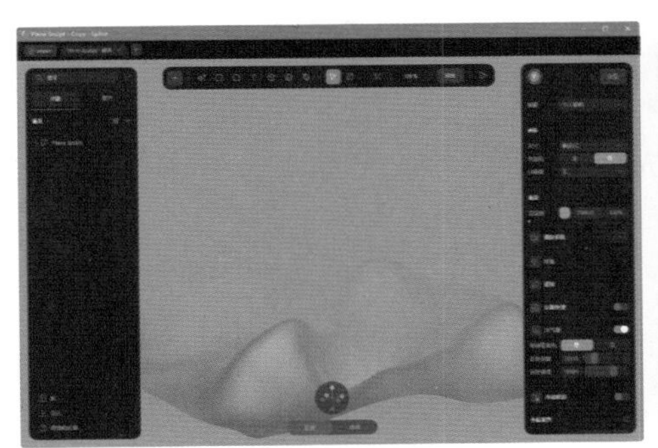

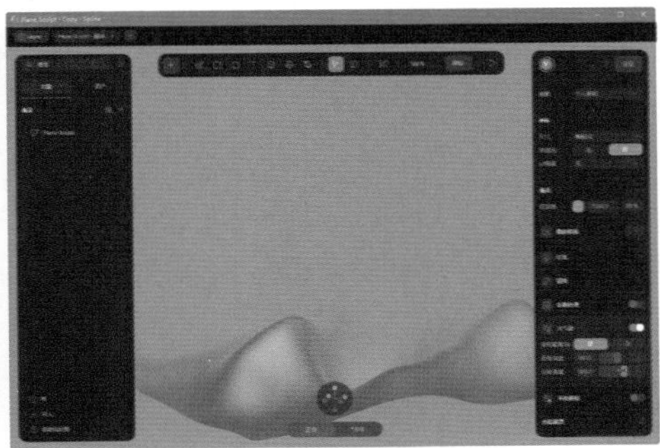

图 5-126　“近处浓度”与“远处浓度”调整效果

5.6 本章小结

本章深入阐述了在 Spline 中高效运用灯光与相机的策略与技巧，旨在帮助读者清晰理解灯光的分类体系，掌握各类灯光的应用场景及其关键操作要点。此外，还详细介绍了相机的创建流程与精细调整参数的方法，确保读者能够灵活构建所需视角。同时还探讨了 Spline 中基本动画、灯光动画、材质动画及相机动画的实现原理与操作步骤，助力读者掌握动画制作的精髓。

5.7 课后习题

完成本章内容学习后，接下来通过几道课后习题测验读者的学习效果，加深读者对所学知识的理解。

一、选择题

在下面的选项中，只有一个是正确答案，请将其选出来并填入括号内。

1. 下列灯光类型中，适合用来模拟路灯的是（　　）。

A. 平行光　　B. 点光源　　C. 聚光灯　　D. 以上三种都可以

2. 默认情况下，新建文件场景中都包含一个（　　），且它不显示在图层栏中。

A. 个人相机　　B. 相机　　C. 环境相机　　D. 自定义相机

3. 相机焦距的调整可以改变画面的（　　）。

A. 宽广度　　B. 渲染距离　　C. 范围　　D. 景深

4. 启用软件界面右侧属性栏中的（　　）开关，即可显示全局效果层。

A. 大气雾　　B. 模拟　　C. 后期处理　　D. 场景

5. 将观众的注意力集中在感兴趣的主题上，并通过模仿眼睛感知深度的方式来增加真实感的效果是（　　）。

A. 光晕　　B. 相差　　C. 晕影　　D. 景深

二、判断题

判断下列各项叙述是否正确，正确的打"√"，错误的打"×"。

1. 默认情况下，新建文件的场景中只包含一个平行光源，用来设置对象的默认光照。（　　）

2. 为了保证动画制作的规范，一个 Spline 场景文件中只能包含一个相机，即个人相机。（　　）

3. Spline 可以通过设置关键帧来制作相机动画，通过在不同的时间点为相机设置不同的位置和朝向，自动生成平滑的动画效果。（　　）

4. 晕影效果能够在场景四周产生暗角效果，用户可通过调整"黑暗度"和"偏移"的数值，实现不同的晕影效果。（　　）

5. 在场景中添加雾是创建深度的好方法。（　　）

三、创新实操

使用本章所学的内容，读者充分发挥自己的想象力和创作力，参考如图 5-127 所示的动画效果，制作光栅滑动的动画效果。

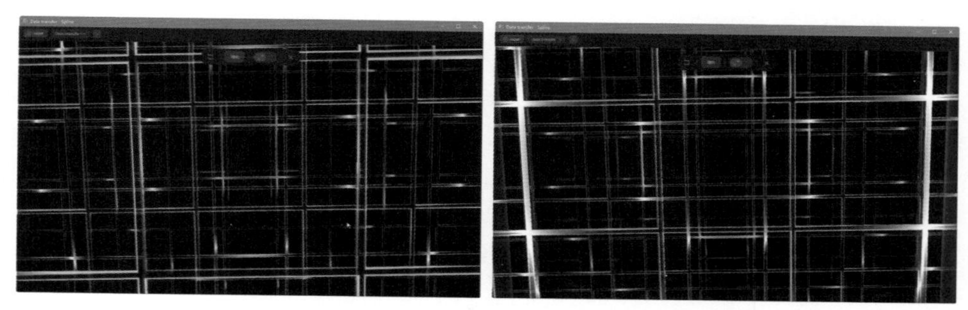

图 5-127　光栅滑动的动画效果

第6章 交互动画的制作

在 Spline 中，事件和动作是实现交互性和动态效果的重要工具。通过合理设置事件和动作，可以创建出丰富多样的交互效果，提升用户体验和作品的吸引力。本章将详细阐述在 Spline 中制作动画的原理、方法和技巧，并针对交互动画中的事件和动作分别进行详细的讲解，帮助读者掌握动画制作原理和流程，为完成效果丰富的场景动画打下基础。

学习目标

- 掌握 Spline 中制作动画的原理。
- 掌握事件的作用及不同事件的功能。
- 掌握动作的作用及不同动作的功能。
- 掌握变量的使用方法和技巧。
- 组织学生对作品进行互评，鼓励学生相互学习和交流。
- 正面引导学生制作案例，激发学生的正义感和责任感。

学习导图

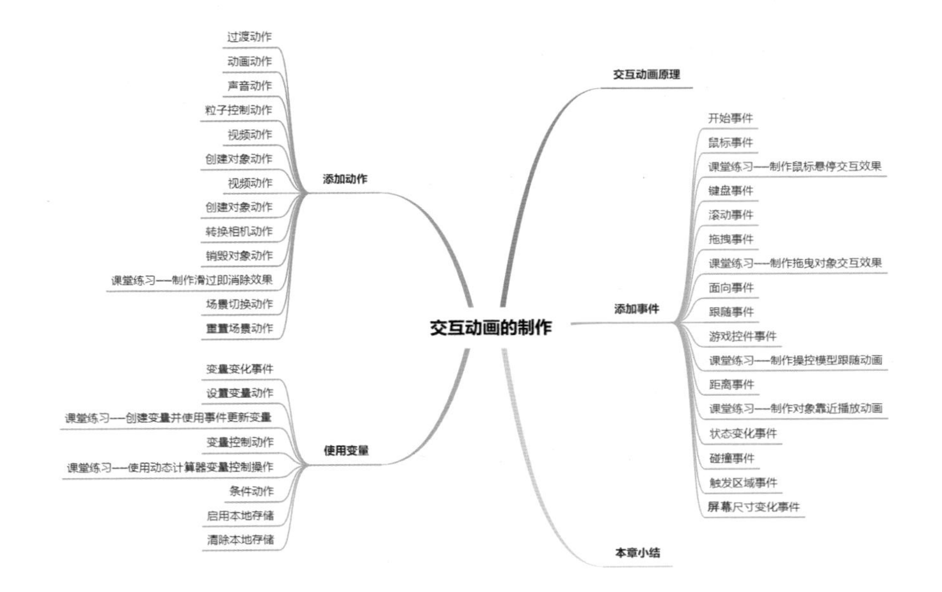

6.1 交互动画原理

交互设计是指设计产品和环境以支持人们的工作和沟通。在 Spline 中，交互设计主要涉及如何让用户与 3D 模型、动画或设计元素进行互动，以及如何通过交互来增强用户体验。

设计师可以创建具有交互性的 3D 产品展示。用户可以通过点击、拖动等操作来查看产品的不同角度和细节，从而更全面地了解产品特性。

要想向场景中添加动画和交互时，需要了解状态、事件和动作。Spline 采用基于状态的动画的工作原理，即允许向一个对象添加多个状态。

单击属性栏“状态”选项右侧的“+”按钮，即可看到“基本状态”和“状态”两个新状态，如图 6-1 所示。选择“状态”选项，用户可修改对象的各种属性，如比例、位置、旋转和颜色等。单击“交互”选项右侧的“+”按钮，选择一个事件，指定一个“动作”，并设置状态的过渡，即可完成动画的制作，如图 6-2 所示。

图 6-1 新建状态

图 6-2 设置状态过渡

6.2 添加事件

在 Spline 中，事件通常是指在特定条件下触发的动作或状态变化的触发器。这些事件既可以是用户交互（如鼠标点击、鼠标悬浮等），也可以是系统事件（如时间到达某个点、动画完成等）。在 Spline 中，事件通常用于控制对象的状态变化、触发动画或执行其他逻辑操作。

单击属性栏中“交互”选项右侧的“+”按钮，打开“编辑交互”面板，如图 6-3 所示。单击顶部的文本框，可在打开的下拉列表框中选择交互事件，如图 6-4 所示。

图 6-3　“编辑交互”面板

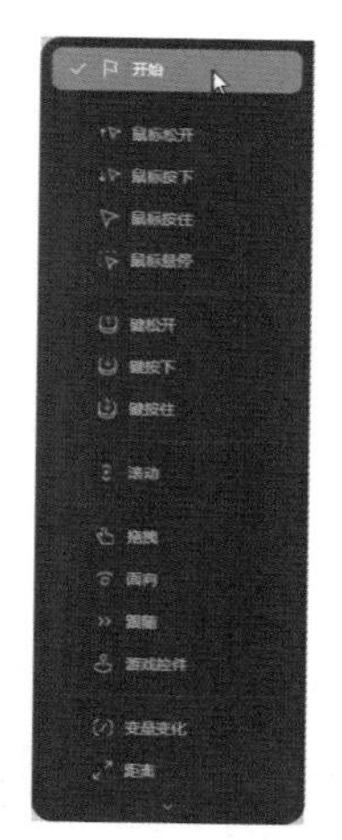

图 6-4　交互事件

Spline 为用户提供了开始、鼠标松开、鼠标按下、鼠标按住、鼠标悬停、键松开、键按下、键按住、滚动、拖拽、面向、跟随、游戏控件、变量变化、距离、状态变化、碰撞、触发区域和屏幕尺寸变化 19 种事件。

提示

在创建新事件之前，要确保已至少为对象创建了两个状态，且两个状态应具有不同的值。

6.2.1　开始事件

“开始”事件是指一旦场景加载，就触发内部的所有操作。单击“交互”选项后的“+”按钮，新建一个交互，确定顶部的文本框为“开始”事件，如图 6-5 所示。在下方的“动作”选项中可以看到“开始”事件支持的所有动作，如图 6-6 所示。

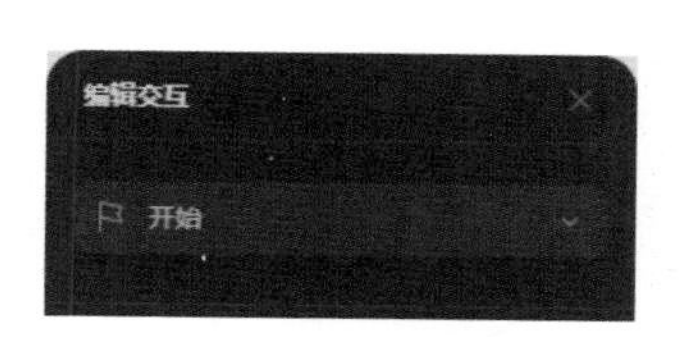

图 6-5　选择“开始”事件

图 6-6　“开始”事件支持的动作

6.2.2 鼠标事件

鼠标事件能够帮助用户丰富动画效果，每次使用鼠标事件，场景都会从一种状态切换到另一种状态。

鼠标事件对于创建切换按钮等交互非常有用，它包括鼠标松开、鼠标按下、鼠标按住和鼠标悬停 4 种，如图 6-7 所示。

“鼠标松开”事件仅当释放鼠标按钮时才会触发操作，用户可在“触发”选项后的文本框中选择“触发”位置是“在此对象上”还是“场景中的任何位置”，如图 6-8 所示。

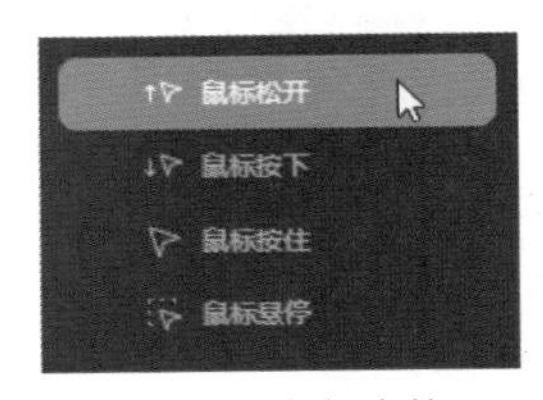

图 6-7　鼠标事件

图 6-8　鼠标松开触发位置

“鼠标按下”事件仅当按下鼠标按钮后才能触发操作。“鼠标按住”事件将在按下鼠标按钮时触发操作，松开鼠标按钮后操作将返回原始状态。“鼠标悬停”事件将在鼠标光标悬停在对象上时触发操作，一旦鼠标光标离开对象，不再悬停，操作将返回原始状态。

提示

与“开始”事件相比，“鼠标松开”“鼠标按下”和“鼠标按住”事件多支持一个“打开链接”动作。“鼠标悬停”事件不支持“声音”“视频”“打开链接”“重置场景”4 种动作。

课堂练习——制作鼠标悬停交互效果

Step 01 新建一个 Spline 文件，效果如图 6-9 所示。选中“矩形 3”模型对象，新建一个状态，如图 6-10 所示。

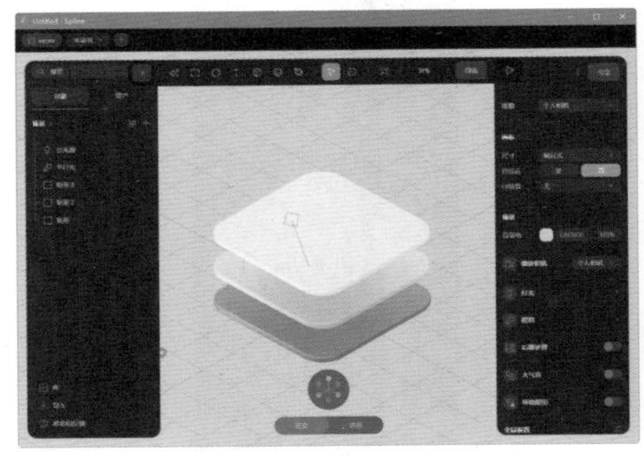

图 6-9　新建文件

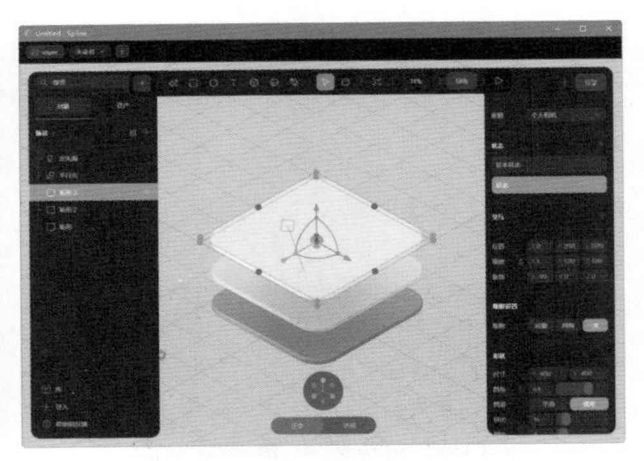

图 6-10　新建状态

Step02 使用“选择工具”向上移动模型，如图 6-11 所示。新建一个交互，在“编辑交互”面板中选择“鼠标悬停”事件，并添加“过渡”动作，如图 6-12 所示。

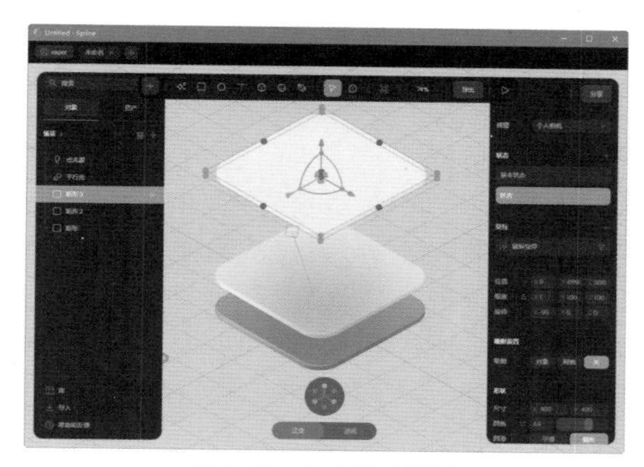
图 6-11　向上移动模型

图 6-12　“编辑交互”面板

Step03 继续使用相同的方法，选中“矩形 2”模型对象，添加动态和交互，如图 6-13 所示。单击“播放”按钮，将鼠标移动到矩形上，效果如图 6-14 所示。

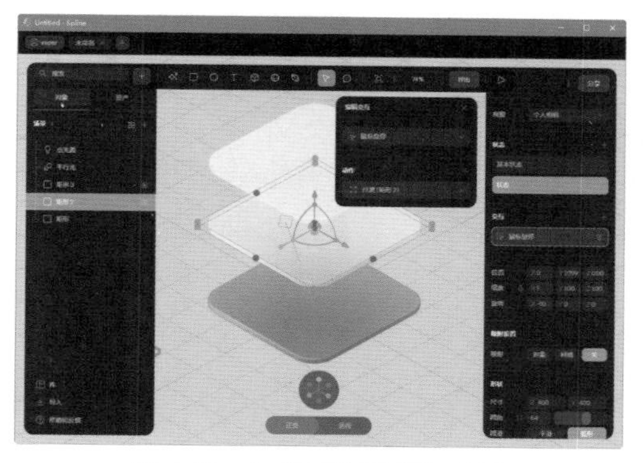
图 6-13　为“矩形 2”添加交互

图 6-14　测试交互效果

6.2.3　键盘事件

键盘事件要求用户使用键盘执行操作以触发场景的操作。键盘事件包括键松开、键按下和键按住 3 种，如图 6-15 所示。

“键松开”事件仅当释放键盘键时才会触发操作。用户可在激活“按键”选项右侧文本框的状态下，按键盘上的任意键，将其分配给事件，如图 6-16 所示。

图 6-15　键盘事件

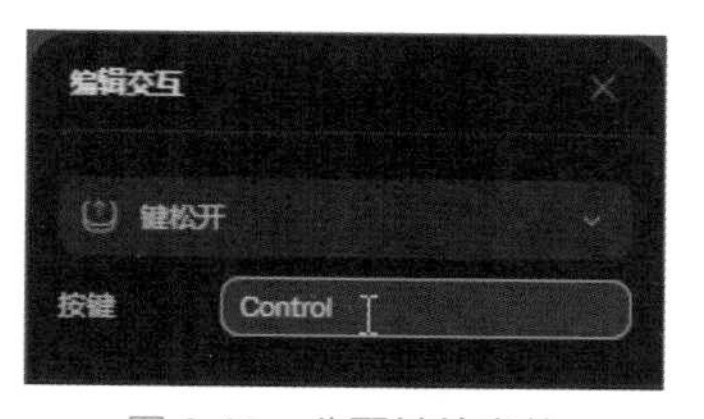

图 6-16　分配键给事件

“键按下”事件是指当按下键盘上的某个键后，将立即触发操作。“键按住”事件是指在按住键盘上某个键不松开时触发操作，松开该键后操作将返回原始状态。

键盘事件仅支持过渡、声音、视频、打开链接和重置场景 5 种动作。

6.2.4 滚动事件

“滚动”事件要求用户滚动才能完成内部添加的过渡。

用户可单击“类型”选项后的“步幅”或“滚动”按钮，选择滚动事件的类型。选择“步幅”类型，可在“步幅”选项后的文本框中输入数值，设置从过渡开始到结束所需的滚动量，如图 6-17 所示。

选择“滚动”类型，单击“开始于”选项后的“输入视图”按钮，在“始于”选项后选择画布与视口的对齐方式。在“偏移”和“截至”文本框中输入数值或拖曳滑块，设置画布的显示范围，如图 6-18 所示。

单击“页面”按钮，直接在“偏移”和“截至”文本框中输入数值或拖曳滑块，设置画布的显示范围，如图 6-19 所示。

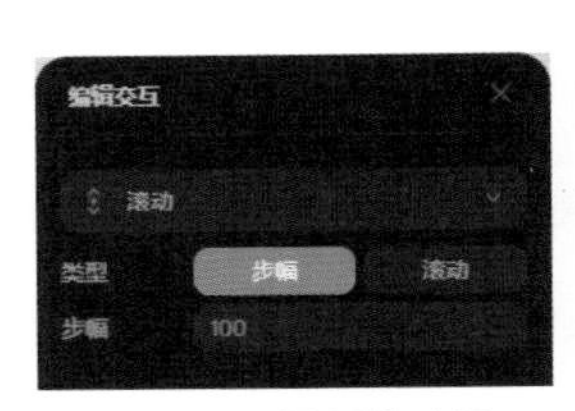

图 6-17 设置滚动量

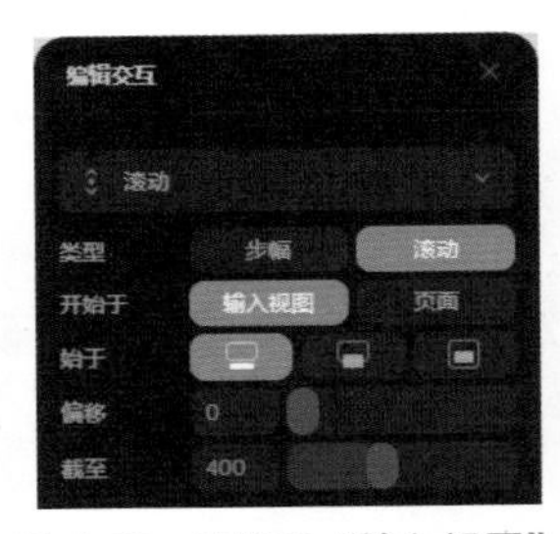

图 6-18 开始于“输入视图”

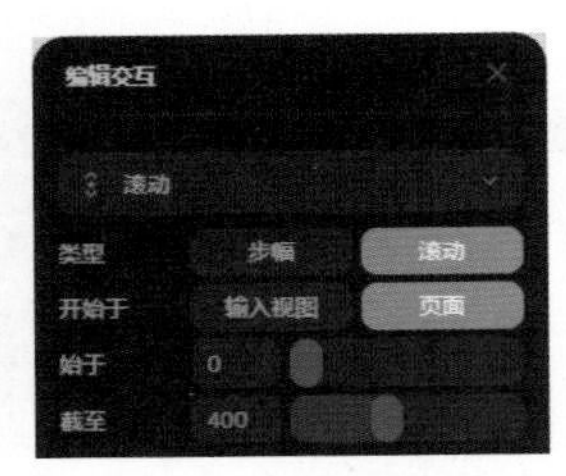

图 6-19 开始于“页面”

“滚动”事件支持过渡、动画、创建对象、设置变量、变量控制、条件和清除本地存储 7 种动作。

提示

“滚动”模式仅适用于 Spline 查看器导出时。在播放模式下，“滚动”模式将改为使用“步骤”模拟。

6.2.5 拖拽事件

拖拽事件允许用户使用自定义的参数拖放对象，以创建丰富的交互式体验。

选择场景中想要拖动的对象，新建一个交互，在“编辑交互”面板顶部的下拉列表框中选择“拖拽”选项，如图 6-20 所示。用户可在“拖动”选项中设置拖拽事件的参数，以获得丰富的交互效果，如图 6-21 所示。

用户可在“光标”选项后的文本框中选择鼠标悬停在可拖动对象时的光标外观，图 6-22 所示为选择“移动”选项的光标外观。用户可在“减震”选项后的文本框中输入数值或拖曳滑块来设置拖动对象的减震值，如图 6-23 所示。该值的范围为 1 ～ 80，数值越大，延迟越长。

图 6-20 选择“拖拽”选项

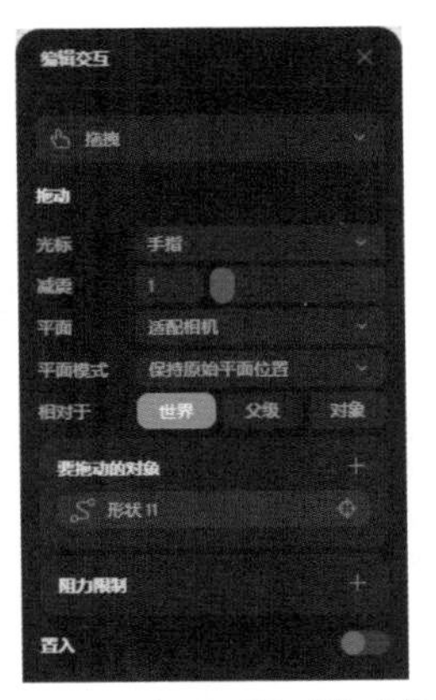

图 6-21 设置“拖动”参数

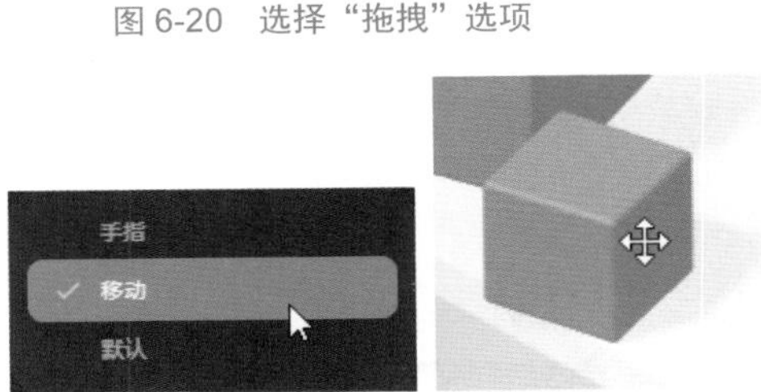

图 6-22 “移动”选项光标外观

图 6-23 设置减震值

用户可在“平面”选项后的下拉列表框中选择拖拽对象时的方向，如图 6-24 所示。在“平面模式”选项后的下拉列表框中选择“保持原始平面位置”选项，即拖动平面保持其初始位置；选择“使用现有对象位置”选项，即拖动平面使用被拖动对象的当前位置，如图 6-25 所示。

单击“相对于”选项后的“世界”按钮，表示阻力是相对于世界坐标的；单击“父级”按钮，表示拖动相对于父对象的坐标；单击“对象”按钮，表示拖动相对于对象自身的坐标，如图 6-26 所示。

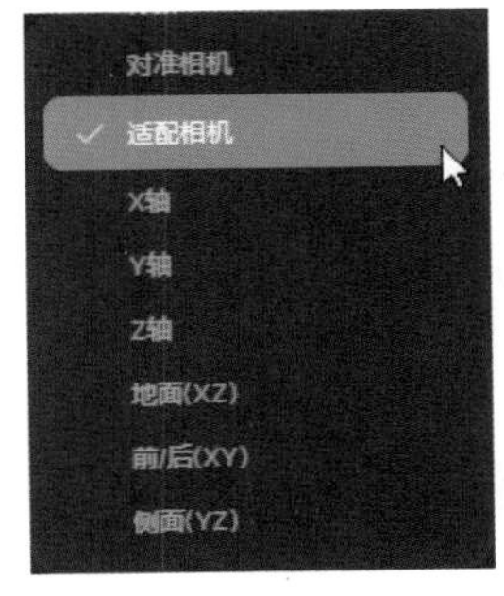

图 6-24 选择平面

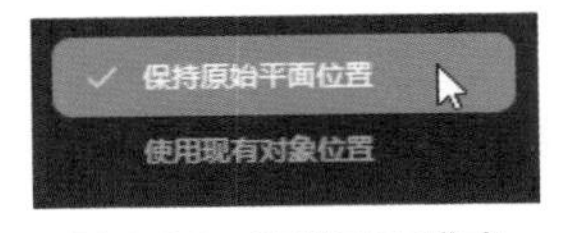

图 6-25 选择平面模式

图 6-26 “相对于”选项

单击“要拖动的对象”右侧的“+”按钮，用户可在打开的下拉列表框中选择场景中的对象作为拖动对象，如图 6-27 所示。

单击“阻力限制”右侧的“+”按钮，用户可以在打开的下拉列表框中选择相应的选项，用来定义 X、Y 和 Z 轴的最小值和最大值，以限制拖动范围，如图 6-28 所示。

用户可通过设置“置入”选项中的参数值，以设置对象在放下后的位置。“置入”选项是一项可选功能，启用即生效。用户可在“捕捉到”选项后的文本框中选择拖动对象掉落后的捕捉位置，如图 6-29 所示。

图 6-27　添加要拖动的对象

图 6-28　“阻力限制”下拉列表框

图 6-29　“捕捉到”选项

用户可在“捕捉速度”选项后的文本框中输入数值或拖动滑块，来设置对象捕捉到目标位置的速度，如图 6-30 所示。该值的范围为 0 ～ 40，值越高则捕捉速度越快。单击“自动旋转”选项后的“是”按钮，掉落的对象会自动定向以匹配目标对象或曲面。单击“否”按钮，掉落的对象将保持其原始方向，如图 6-31 所示。

图 6-30　设置“捕捉速度”选项

图 6-31　设置“自动旋转”选项

用户可在“回退”选项后的下拉列表框中选择“停留在放下的位置”选项，表示掉落的对象将保持在掉落位置；选择“返回原始位置”选项，表示掉落的对象将返回到其原始位置；选择“返回到最后捕捉的位置”选项，表示掉落的对象将返回到上次捕捉位置，如图 6-32 所示。

在“放置”选项后面的文本框中选择“任何对象”选项，掉落的对象可以放在场景中的任何对象上；选择“对象列表”选项，则定义可以拖放删除对象的特定对象列表，如图 6-33 所示。

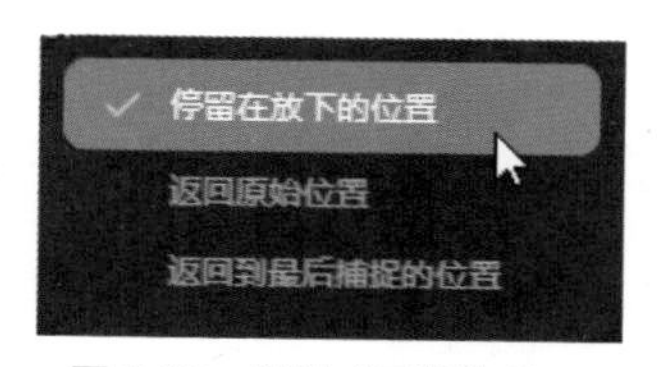

图 6-32　设置“回退”选项

图 6-33　设置“放置”选项

“拖拽”事件支持过渡、动画、声音、粒子控制、创建对象、设置变量、变量控制、条件和清除本地存储 9 种动作。

课堂练习——制作拖曳对象交互效果

Step 01 新建一个 Spline 文件，创建如图 6-34 所示的场景。选中“球体”模型对象，在右侧“物理”选项中的“启用”下拉列表框中选择“基于可见性”选项，设置“类型”为“动态”，如图 6-35 所示。

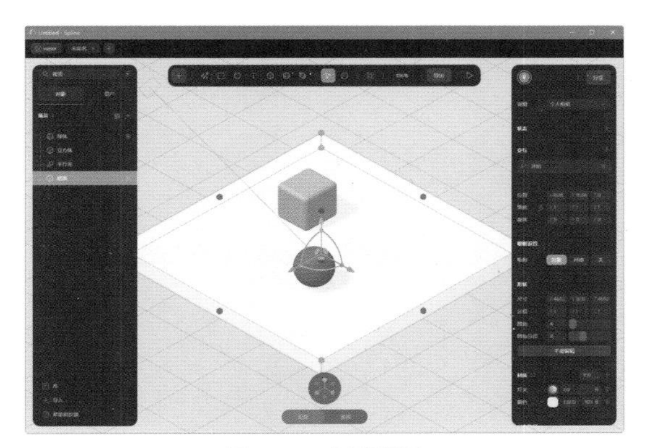

图 6-34　创建场景

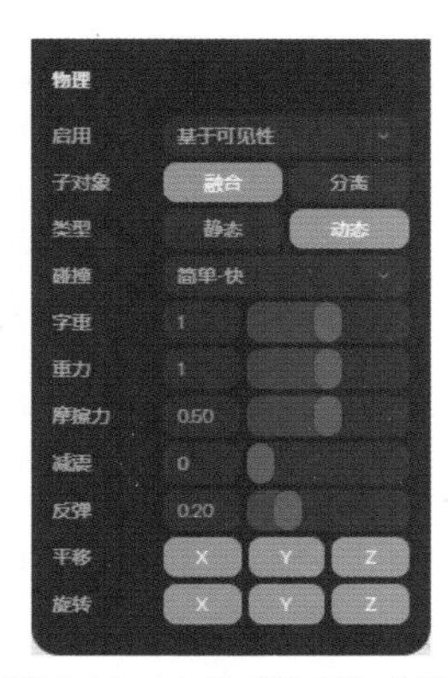

图 6-35　启用“物理”选项

Step02 新建一个状态，修改“材质”颜色为 #959595，效果如图 6-36 所示。新建一个交互，添加“拖拽”事件，设置各项参数如图 6-37 所示。

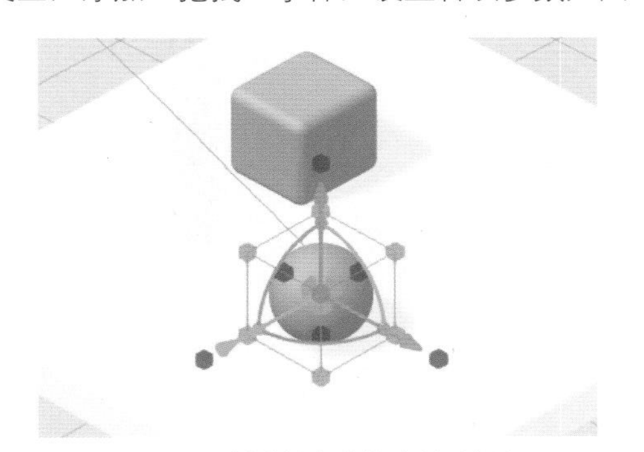

图 6-36　新建状态并修改材质颜色

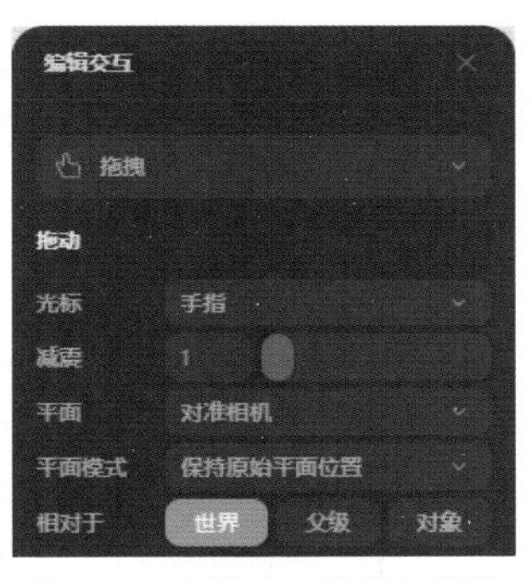

图 6-37　新建交互并添加事件

Step03 单击“要拖动的对象”选项后的“+”按钮，选择“球体”作为拖动对象，如图 6-38 所示。启用“置入”选项，设置各项参数如图 6-39 所示。

图 6-38　选择要拖动的对象

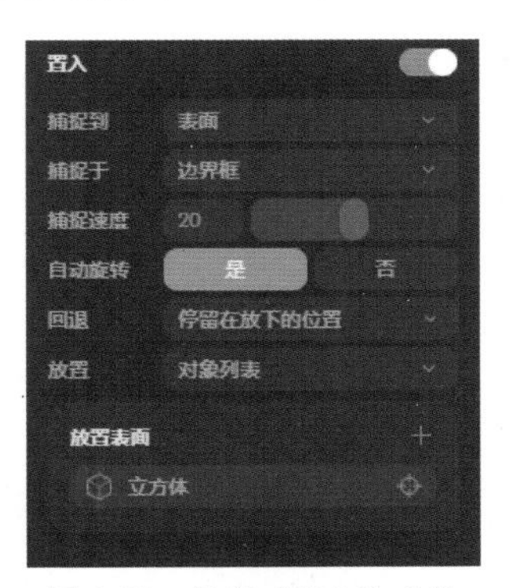

图 6-39　设置“置入”参数

Step04 在“行为”选项的“置入”选项中添加“过渡”动作，设置各项参数如图 6-40 所示。按 Shift+Space 组合键播放动画，拖曳小球到立方体上，效果如图 6-41 所示。

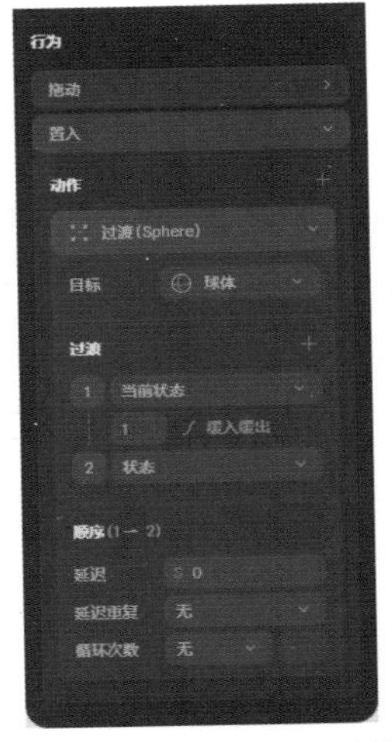

图 6-40　添加“过渡”动作

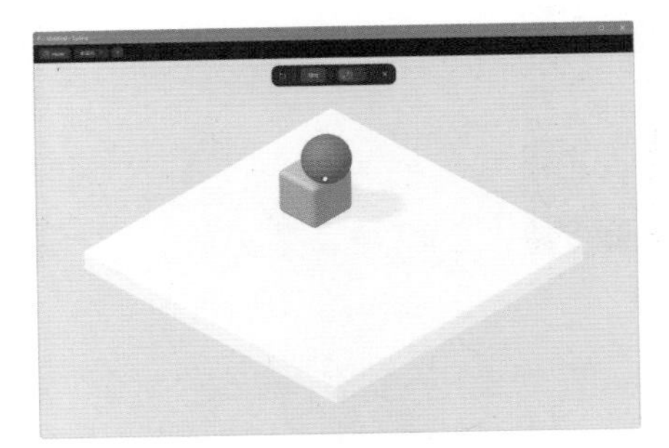

图 6-41　拖曳小球到立方体上的效果

6.2.6　面向事件

使用“面向”事件，可以实现让交互中的对象一直面向光标或其他对象的效果。

用户可在“目标”选项后的文本框中选择对象要面对的对象，如图 6-42 所示。在“倾斜”选项后的下拉列表框中选择“固定轴向”或“跟随目标”选项，如图 6-43 所示。

图 6-42　选择要面向的对象

图 6-43　设置“倾斜”选项

在“减震”选项后的文本框中输入数值，使效果的外观滞后于它所跟踪的任何内容。单击“轴向”选项后的按钮，选择对象应朝向的轴。单击“旋转”选项后的按钮，确定对象旋转的轴向。

启用 Distance Limit 选项，用户可以设置对象到目标的距离及延迟强度，如图 6-44 所示。在“重置”选项中设置鼠标离开画布时对象是否重置回原始位置及重置速度，如图 6-45 所示。

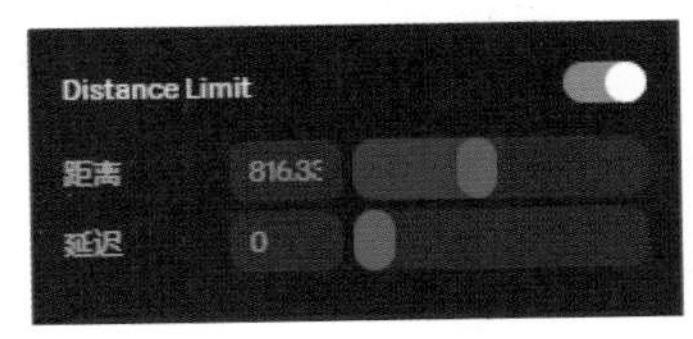

图 6-44　设置距离限制

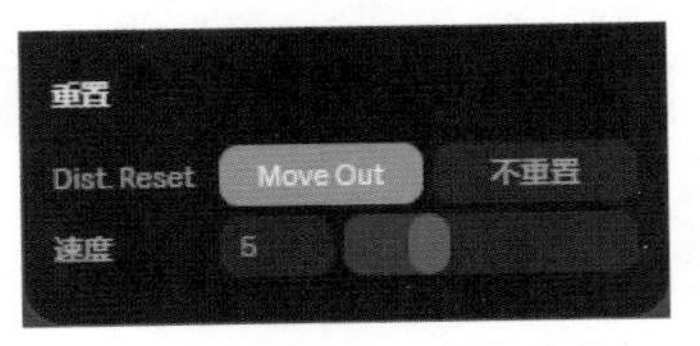

图 6-45　设置“重置”选项

6.2.7　跟随事件

使用“跟随”事件能够创建对象跟随光标或其他对象的交互效果。

选中想要制作跟随动画的对象，新建交互并选择“跟随”事件，如图 6-46 所示。在“目标”选项后的下拉列表框中选择对象要跟随的内容、光标或其他对象，如图 6-47 所示。

图 6-46　选择“跟随”事件

图 6-47　选择跟随目标

在“平面”选项后的下拉列表框中选择对象移动被限制在哪个平面上，如图 6-48 所示。在“减震”选项后的文本框中输入数值，使跟随效果滞后于它所跟踪的任何内容。在“偏移”选项后的文本框中输入数值，设置从光标到光标后对象的距离偏移量。单击“平移”选项后的按钮，选择对象将在哪个轴上移动，如图 6-49 所示。

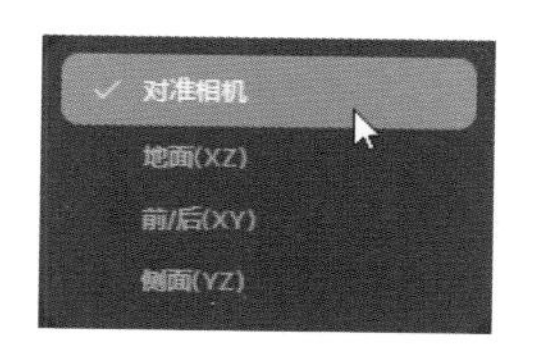

图 6-48　选择对象移动限制平面

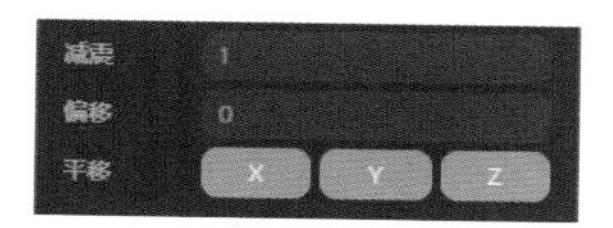

图 6-49　设置“减震”“偏移”和“平移”选项

单击“重置”选项后的“视图重置”或“不重置”按钮，设置当鼠标离开画布时，对象是否应重置回其原始位置，如图 6-50 所示。在“速度”选项后的文本框中输入数值或拖曳滑块，设置对象重置到原始位置的速度，如图 6-51 所示。

图 6-50　设置“视图重置”

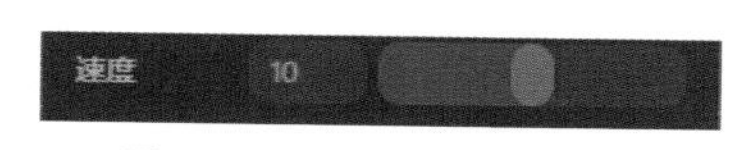

图 6-51　设置重置“速度”

如果在“目标”文本框中选择跟随另一个对象，将新增“距离限制”选项，如图 6-52 所示。在“距离”选项后的文本框中输入数值或拖曳滑块来设置跟随事件起作用的距离，超过该距离后对象将停止跟随。在“延迟”选项后的文本框中输入数值或拖曳滑块来设置在定义的距离内，对象开始跟随另一个对象之前的时间量。

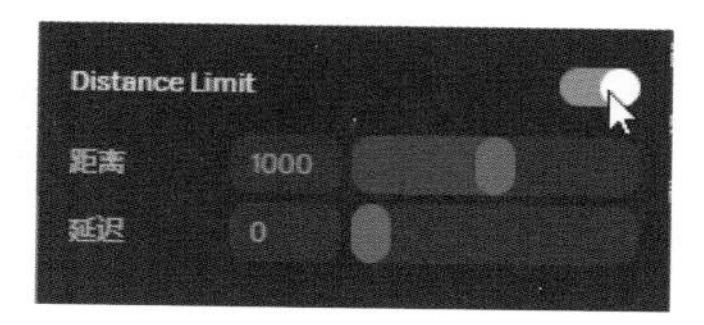

图 6-52　设置距离限制

6.2.8 游戏控件事件

通过“游戏控件”事件，用户可以精心打造沉浸式交互式体验。不仅能操控角色（也称为受控对象）在场景中自由行走或翱翔，还能在涉及移动、重力效应及精准碰撞检测的复杂环境中游刃有余地导航。

这一过程提供了高度的灵活性，让用户能根据所追求的体验类型，从众多定制化选项中自由选择，从而塑造出独一无二的游戏世界。

选中要控制的对象，如图 6-53 所示。新建一个交互并旋转“游戏控件”事件，如图 6-54 所示。

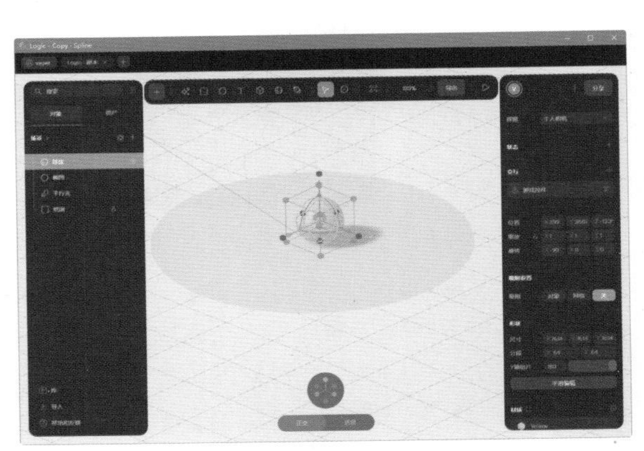

图 6-53 选中对象

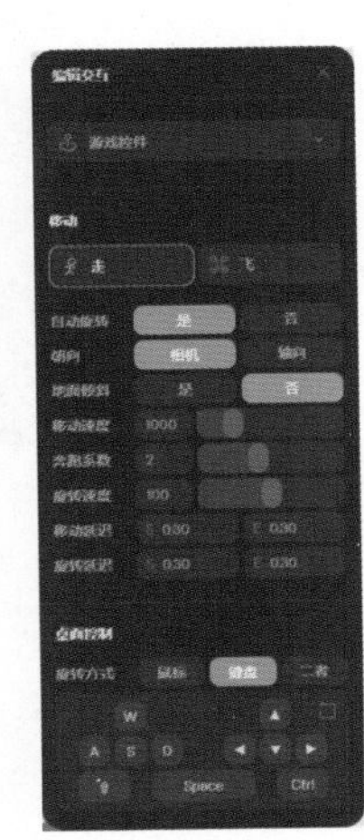

图 6-54 添加“游戏控件”事件

提示

如果角色由多个对象组成且不能正面朝前向前移动，可以选中组中的所有对象，然后旋转 180° 解决这个问题。

1. 移动

用户可在“移动”选项中定义角色在场景中的移动方式是“走”还是“飞”，如图 6-55 所示。激活“走”按钮，则角色将在曲面上移动。激活“飞”按钮，则角色将在场景中飞行。

单击“自动旋转”选项后的“是”按钮，角色将根据移动的方向自动旋转。用户可在“朝向”选项后选择角色运动时朝向“相机”或“轴向”。可以在“地面倾斜”选项后选择地面是否为倾斜状态，如图 6-56 所示。

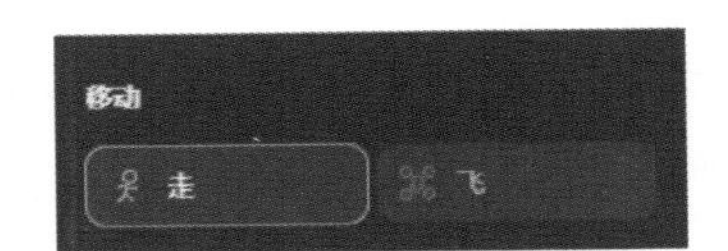

图 6-55 定义角色移动方式

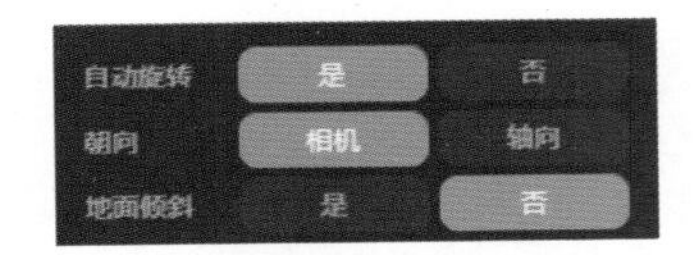

图 6-56 设置旋转、朝向和地面倾斜

通过在文本框中输入数值或拖曳滑块的方法，控制角色移动、奔跑和旋转的速度，如图 6-57 所示。在“移动延迟”和“旋转延迟”选项后的文本框中输入数值，用来控制移动或旋转开始时的加速度和结束时的减速，如图 6-58 所示。

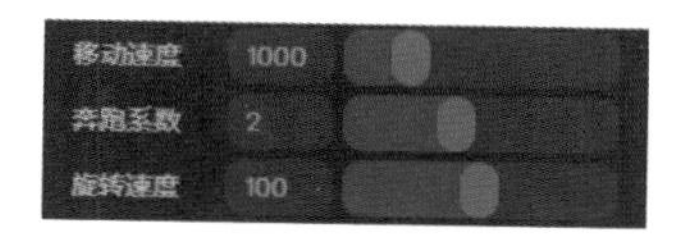

图 6-57 控制速度

图 6-58 控制延迟

2. 桌面控制

用户可以在“桌面控制”选项中定义使用哪些键来控制角色及每个键的作用，如图 6-59 所示。通过调整桌面控制，可以创建独特的游戏机制。

图 6-59 “桌面控制”选项

用户可通过单击“旋转方式”后的按钮，定义旋转相机的方式是“鼠标”“键盘”还是“二者”。单击选择一个键，可以通过按另一个键来分配它，可以在下面的下拉列表框中更改该键的操作。如果对键盘键进行了太多更改，可以单击重置按钮，将重置键盘键。

行为及其默认键如表 6-1 所示。

表 6-1 行为及其默认键

默认键	行　为	默认键	行　为
W	向前移动（-Z）	↑	向上旋转
S	向后移动（+Z）	↓	向下旋转
A	向左移动（-X）	←	向左旋转
D	向右移动（+X）	→	向右旋转
无	上移（+Y）	Shift	奔跑
无	下移（-Y）	Space	跳跃
Ctrl	默认无		

一个场景中可以有多个游戏控件事件，但只有其中一个事件可以定义桌面控制和移动控件。因此，在创建的每个新游戏控件事件中，都将显示如图 6-60 所示的警告提示，提示用户当前正在编辑的事件不是主游戏控件事件。

图 6-60 警告提示

用户可以随时单击“使用此控制”按钮，使当前事件成为主游戏控件事件，然后再编辑控件。

3. 触摸控制

通过触摸控制，可以定义在基于触摸的设备（如手机和平板电脑）上的体验控制。

单击“旋转方式”选项后的“拖动”或“摇杆”按钮，定义如何旋转相机，如图 6-61 所示。拖曳调整“移动”“旋转”和“跳跃”按钮的位置，所显示的位置即它们在设备屏幕上的位置，如图 6-62 所示。

在“偏移”选项后的文本框中输入数值，用来设置控件与屏幕边缘之间的距离。在“按钮尺寸”选项后的文本框中输入数值或拖曳滑块，调整每个控件的大小尺寸。单击“可见性”选项后的“显示”或“隐藏”按钮，定义所选控件是始终可见还是在与之交互时变得可见，如图 6-63 所示。

图 6-61 旋转相机的方式

图 6-62 设置按钮位置

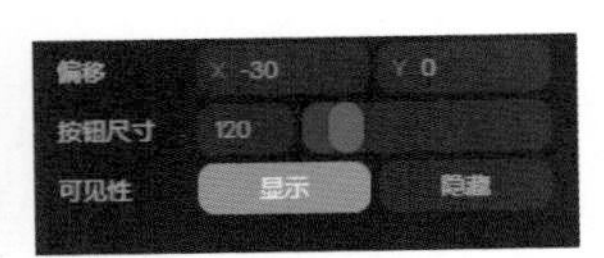

图 6-63 设置“偏移”“按钮尺寸”和“可见性”选项

4. 碰撞

通过碰撞，能够明确界定角色与场景中的各种元素相互作用的行为模式。为了优化这一交互过程，可以调整角色上的碰撞体配置，并细致地校准重力影响、跳跃力度及重置位置等核心参数，以确保游戏体验既真实又流畅。

用户可在“碰撞”选项后的下拉列表框中选择角色的边界，如图 6-64 所示。并通过改变其尺寸、位置和旋转角度完美匹配角色，如图 6-65 所示。

在“跳跃”选项后的文本框中输入数值或拖曳滑块，定义角色跳跃的高度。在“Y 轴偏移”选项后的文本框中输入数值或拖曳滑块，定义角色在 Y 轴上的数值。如果角色到达该值，场景将重置。这个数值对于角色可能从平台上掉下去的场景很有用，如图 6-66 所示。

图 6-64 选择碰撞角色的边界

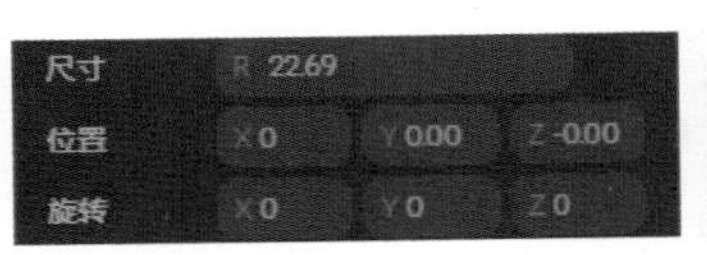

图 6-65 匹配角色大小、位置和旋转角度

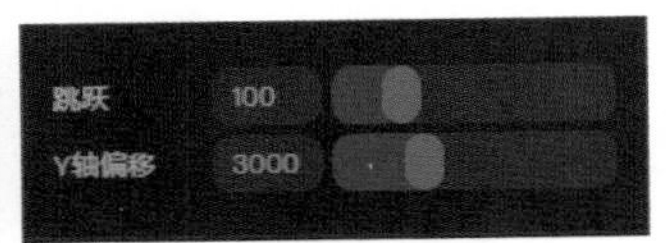

图 6-66 设置“跳跃”和“Y 轴偏移”选项

5. 点击移动

启动“点击移动”选项，播放动画时，用户可在场景中某处单击，引导角色的移动位置，如图 6-67 所示。被指示移动时，角色会使用导航网格来找到最佳路径，避开障碍物并在 3D 环境中平稳移动，如图 6-68 所示。

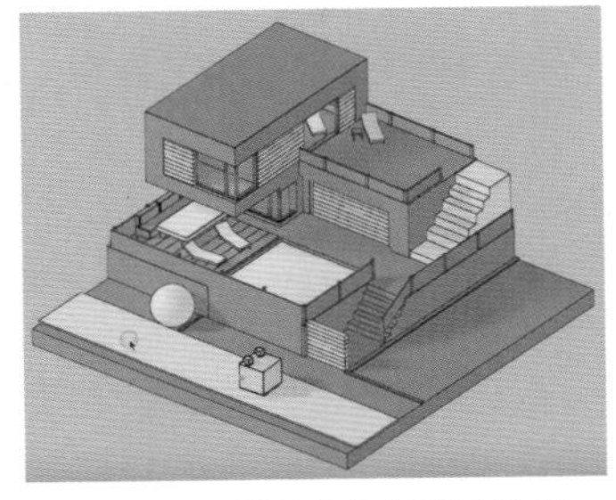

图 6-67 引导角色的移动位置

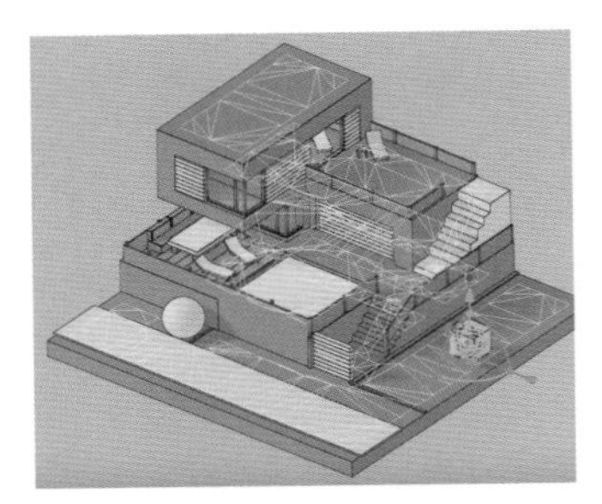

图 6-68 使用导航网格

提示

导航网格类似于地图，可帮助角色或对象在 3D 环境中四处移动。它由代表步行区域的连接多边形组成。这些多边形就像拼图一样拼在一起，创建一个导航网格，以显示角色可以去哪里而不会被卡住。

可以在“网格大小”选项后的文本框中输入数值或拖曳滑块，设置构成导航网格的多边形有多大。在“偏移”选项后的文本框中输入数值或拖曳滑块，为边缘或墙壁添加间距，使角色不会走到它们身边，如图 6-69 所示。

在“半径”选项后的文本框中输入数值或拖曳滑块，设置在场景中单击时出现圆形的半径。在“颜色”选项后的文本框中输入数值，设置单击圆的颜色和不透明度，如图 6-70 所示。

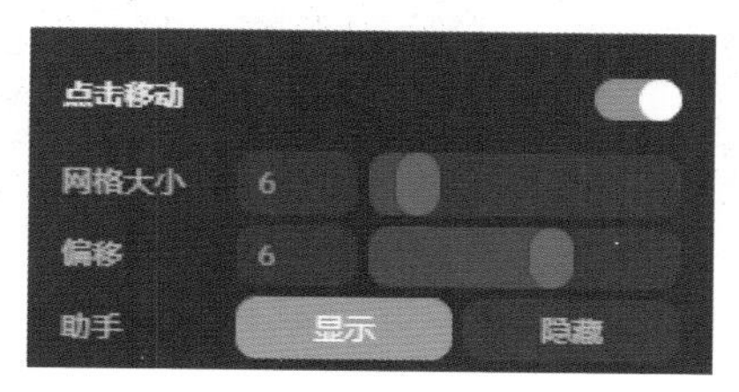

图 6-69　设置网格大小和偏移

图 6-70　设置单击圆的半径和颜色

单击“区域”选项后的“全部”按钮，将使用场景中的所有对象来生成导航网格，如图 6-71 所示。单击“自定义”按钮，将允许用户控制在生成导航网格时要使用的对象，如图 6-72 所示。

图 6-71　使用所有对象生成导航网格

图 6-72　自定义生成导航网格的对象

6. 相机跟随

用户可以在“相机”选项后面的文本框中选择一个相机来跟踪角色，如图 6-73 所示。

单击“方向”选项后的“正常”按钮，当角色移动时，相机会通过沿前后或左右方向平滑平移来紧跟其步伐。单击“角度”按钮，相机在跟随角色移动的同时，还会以其后方为轴心进行旋转，以确保视角始终与角色的运动方向保持一定的角度，如图 6-74 所示。

图 6-73　选择相机

图 6-74　设置相机方向

提示

为了让用户操作时保持井井有条，更好地与他人协作并避免意外更改，建议用户创建一个新相机，并使用个人相机在编辑器中移动。

单击“上移/下移”和“左移/右移”选项后的“是”或“否”按钮，用户可以决定控制相机移动的方向，如图 6-75 所示。单击“限制”按钮，用户可在“限制”选项后的文本框中输入数值，以及限制角色移动时的角度值，如图 6-76 所示。

用来跟随角色的相机应被定义为播放相机的相机，如果不是，将显示如图 6-77 所示的警告。单击“设置相机为播放相机”按钮，将相机与角色匹配。

图 6-75 控制相机移动的方法

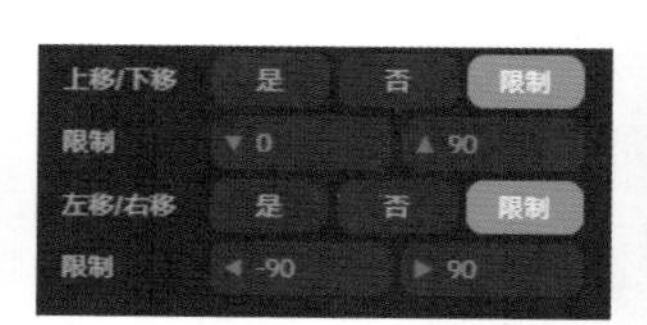

图 6-76 使用角度值定义限制

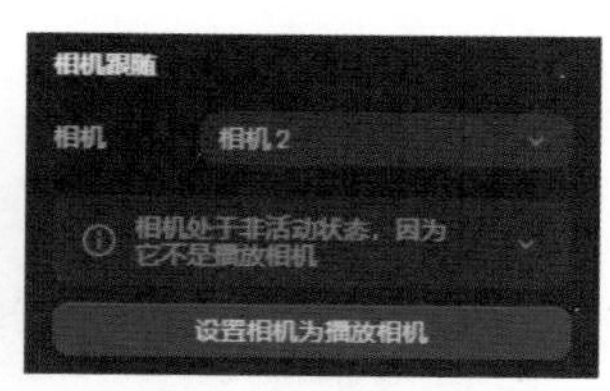

图 6-77 设置相机为播放相机

7. 行为

使用“行为”选项可以在角色空闲、移动、跳跃和跑步时添加动作，为角色创造更多的互动反应。“空闲时”是指角色处于静止状态时的操作；“移动时”是指角色移动时的动作；“跳跃时”是指角色跳跃时的动作；“跑步时”是指角色运行时的操作，如图 6-78 所示。

游戏控件事件支持过渡、动画、声音、粒子控制、创建对象和条件 6 种动作，如图 6-79 所示。

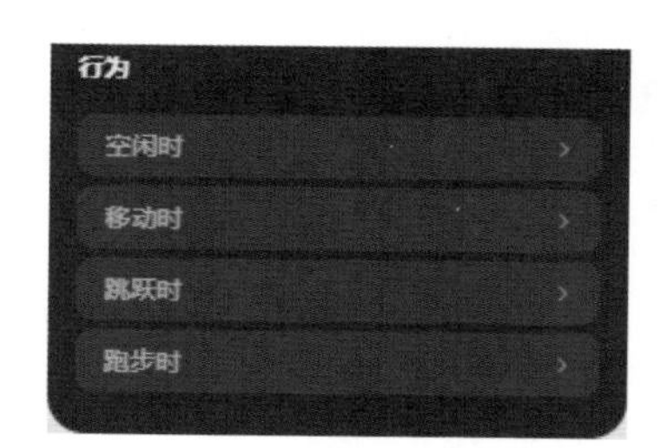

图 6-78 游戏控件事件支持的行为

图 6-79 游戏控件事作支持的动作

提示

建议用户将行为状态添加到角色的新组中，以便更好地控制它们。

课堂练习——制作操控模型跟随动画

Step 01 新建一个 Spline 文件并创建一个尺寸为 199 的球体，如图 6-80 所示。选中球体模型，新建交互并添加“游戏控件”事件，设置各项参数如图 6-81 所示。

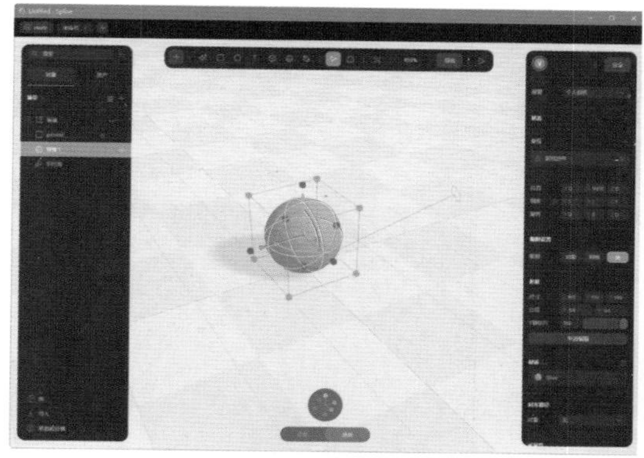

图 6-80　创建球体模型

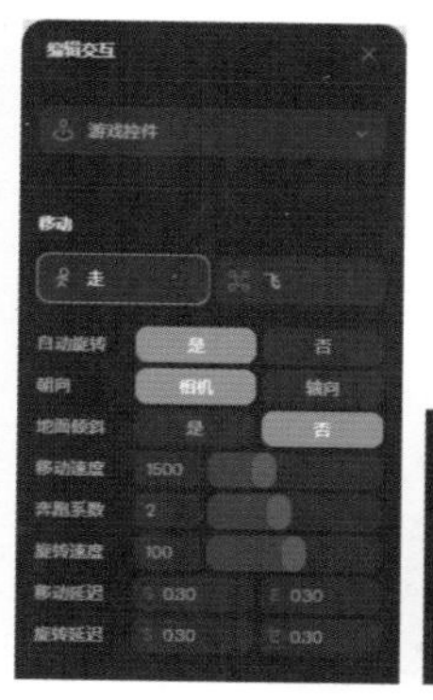

图 6-81　添加“游戏控件”事件

Step02 再次创建一个尺寸为 153 的球体 2 并对齐球体 1，如图 6-82 所示。确定选中球体 2 模型，新建交互并添加“跟随”事件，设置各项参数如图 6-83 所示。

Step03 再次创建一个尺寸为 103 的球体 3 并对其对球体 2，如图 6-84 所示。确定选中球体 3 模型，新建交互并添加“跟随”事件，设置各项参数如图 6-85 所示。

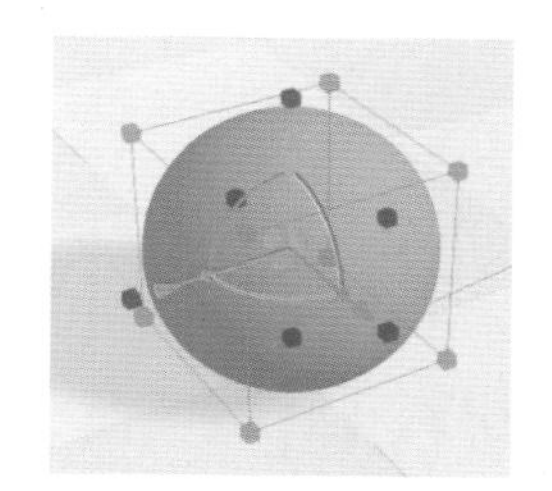

图 6-82　创建球体 2 模型

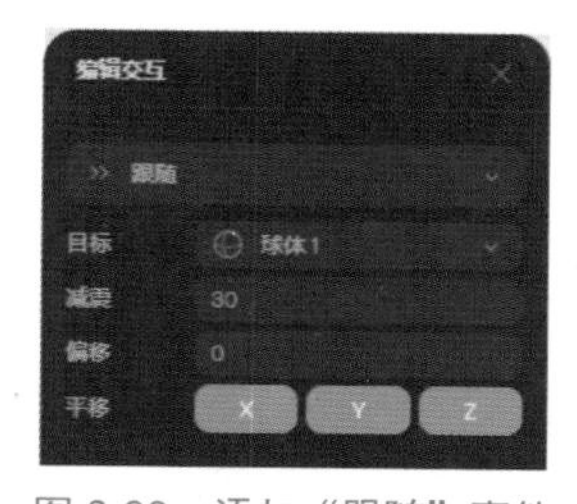

图 6-83　添加“跟随”事件

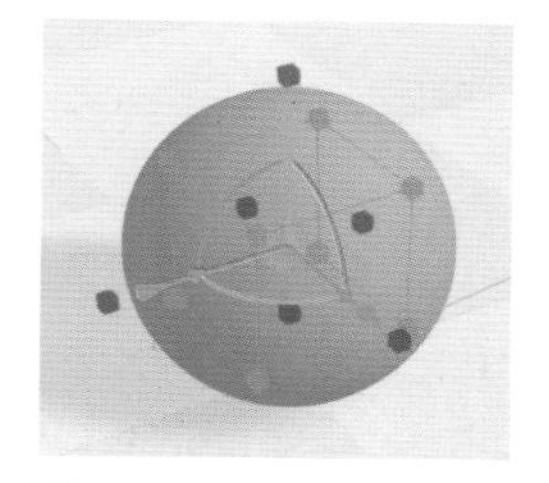

图 6-84　创建球体 3 模型

Step04 使用相同的方法，继续创建两个球体并添加“跟随”事件，图层栏效果如图 6-86 所示。按 Shift+Space 组合键播放动画，按 W、A、S、D 键移动球体并观察跟随效果，如图 6-87 所示。

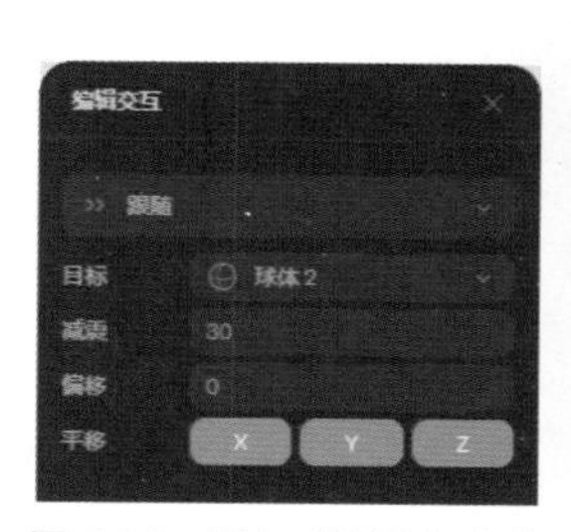

图 6-85　添加“跟随”事件

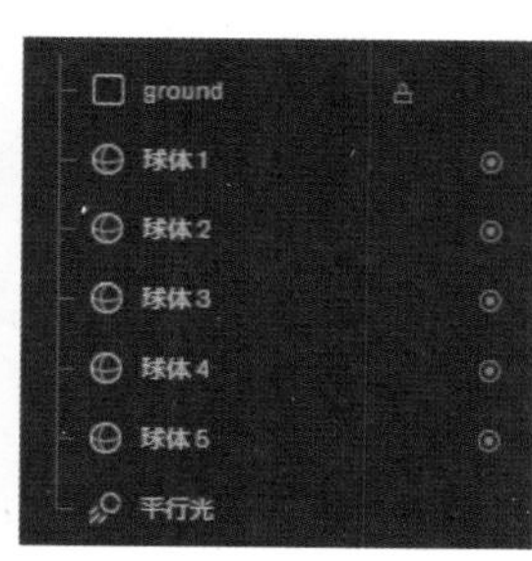

图 6-86　图层栏效果

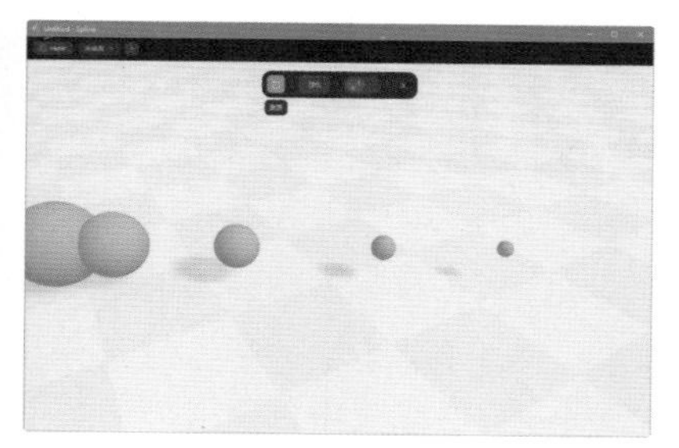

图 6-87　控制模型效果

6.2.9　距离事件

“距离”事件允许用户根据两个对象之间的距离触发操作。

用户可以在“从”选项后面的下拉列表框中选择定义距离检查的对象 1。在“到”

选项后的下拉列表框中选择定义距离检查的对象 2。在“距离”选项后的文本框中设置对象 1 和对象 2 触发操作的距离，如图 6-88 所示。

如果对象之间的距离小于设定值，将触发“那么”下的操作。如果它变得超过设定值，将触发“否则”下的操作，如图 6-89 所示。

图 6-88 设置“距离”事件参数

图 6-89 “那么”和“否则”选项

课堂练习——制作对象靠近播放动画

Step01 新建一个 Spline 文档，在场景中创建一个立方体，效果如图 6-90 所示。新建一个状态，设置其“位置”和“缩放”参数，效果如图 6-91 所示。

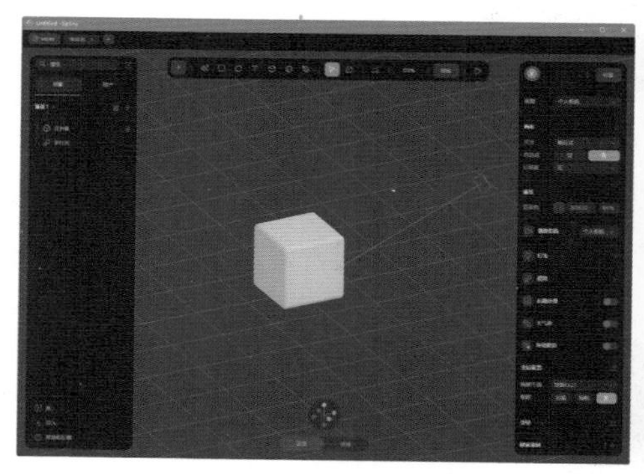

图 6-90 创建立方体

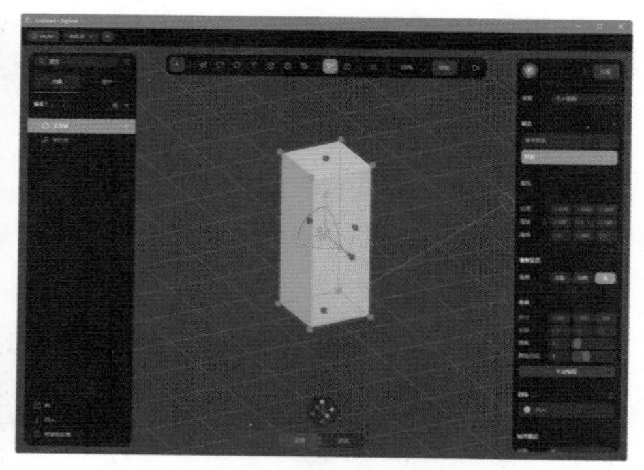

图 6-91 新建状态

Step02 在场景中创建一个球体，效果如图 6-92 所示。新建交互并添加“游戏控件”事件，设置各项参数如图 6-93 所示。

Step03 在场景中创建一个平面，作为地面，效果如图 6-94 所示。选中立方体，新建交互并添加“距离”事件，设置各项参数如图 6-95 所示。

Step04 单击“那么”文本框，添加“过渡”动作，设置各项参数如图 6-96 所示。单击“否则”文本框，添加“过渡”动作，设置各项参数如图 6-97 所示。

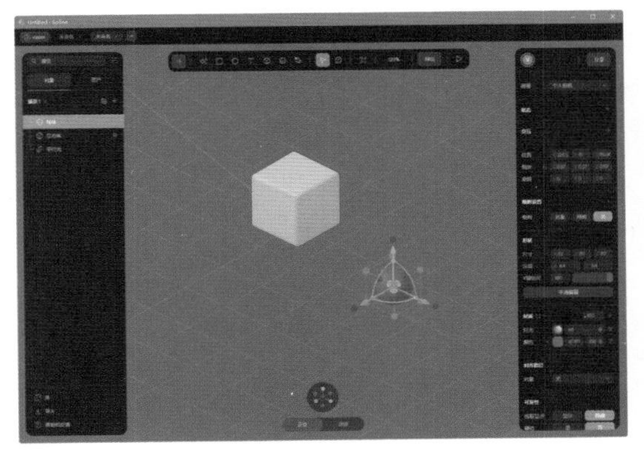

图 6-92 创建球体

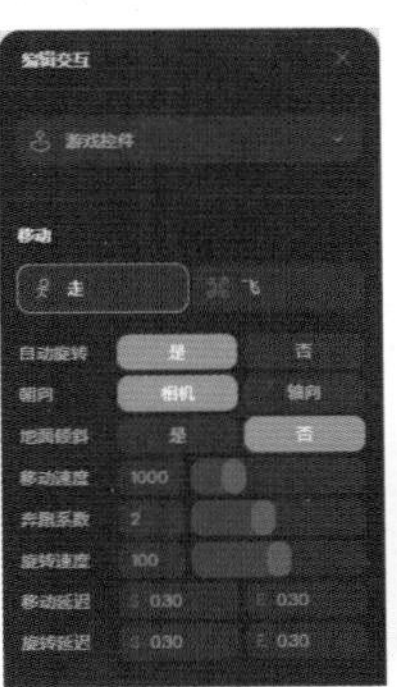

图 6-93 添加“游戏控件”事件

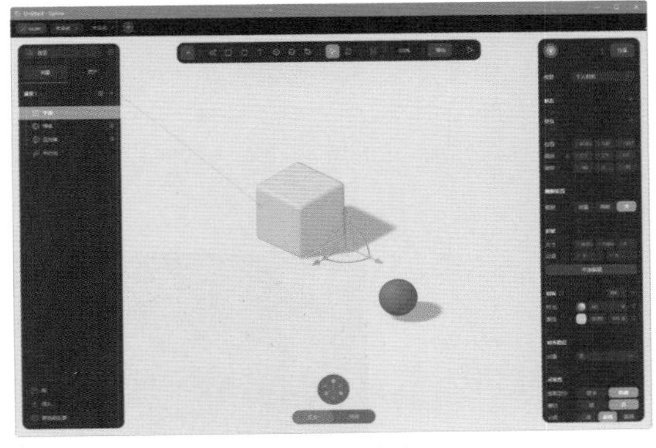

图 6-94 创建地面

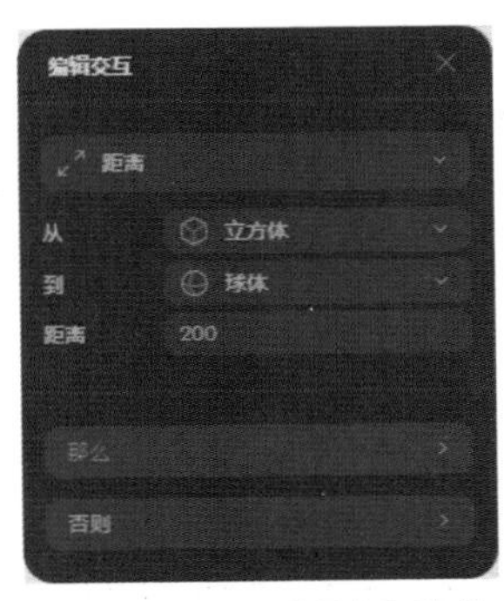

图 6-95 添加“距离”事件

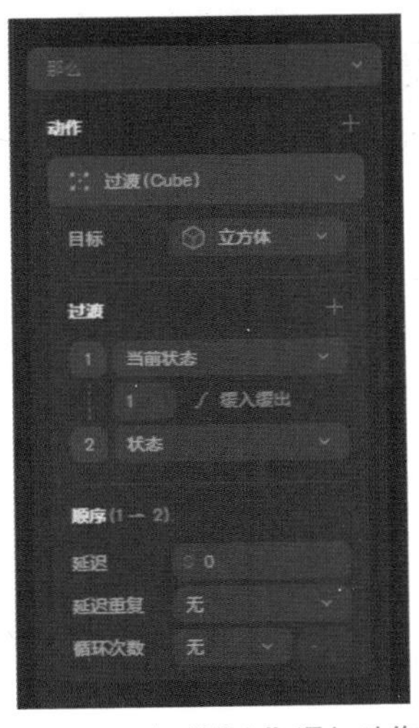

图 6-96 为“那么”添加动作

图 6-97 为“否则”添加动作

Step 05 按 Shift+Space 组合键播放动画，按 W、A、S、D 键移动球体靠近立方体，动画效果如图 6-98 所示。

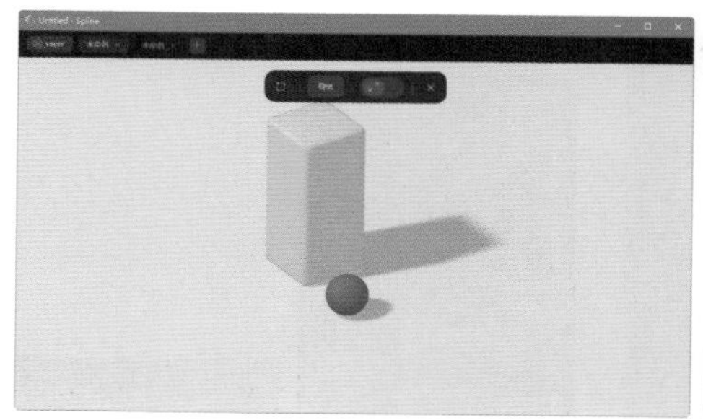

图 6-98 播放动画效果

6.2.10 状态变化事件

“状态变化”事件允许用户根据对象的状态触发操作。

在“对象”选项后面的下拉列表框中选择想要检查状态是否已更改的对象，如图 6-99 所示。在“更改为”选项后的下拉列表框中指定当该对象达到某一特定状态时，将自动触发的操作或响应，如图 6-100 所示。

更改为指定状态后，将触发“那么”下的操作。如果更改回任何其他状态，将触发“否则”下的操作，如图 6-101 所示。

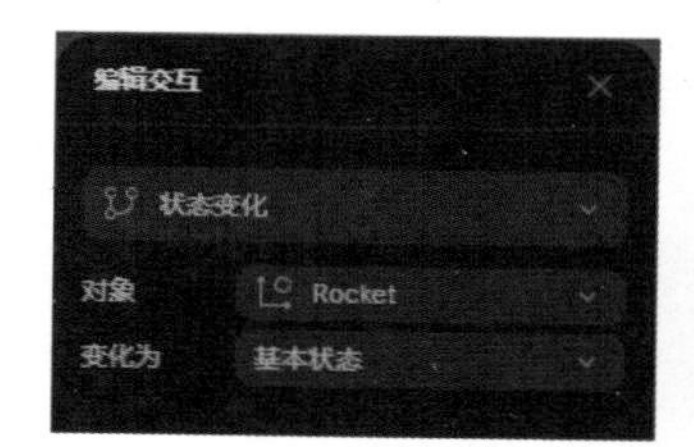

图 6-99 选择检查状态对象

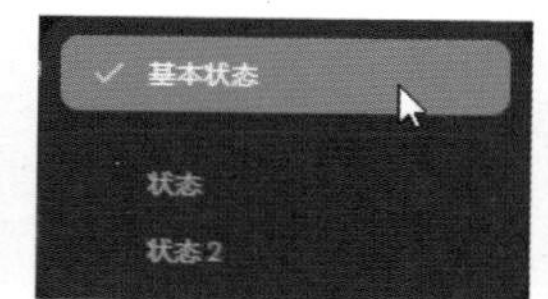

图 6-100 选择“更改为”状态

图 6-101 “那么”和“否则”选项

6.2.11 碰撞事件

使用“碰撞”事件可以在物体撞击其他物体时触发动作。结合“游戏控件”事件和“物理”选项，可以创建更具交互性的体验。

要想实现碰撞交互效果，需要在环境和对象上启用“物理”属性。确定未选中任何对象，单击属性栏中“物理”选项后的“是”按钮，如图 6-102 所示。然后选择场景中的对象，在属性栏的“物理”选项中的“启用”下拉列表框中选择“是”选项，如图 6-103 所示。

提示

当场景中包含多个碰撞对象时，可在图层栏中将所有对象选中后再在属性栏的“启用”选项中一次性启用“物理”属性。

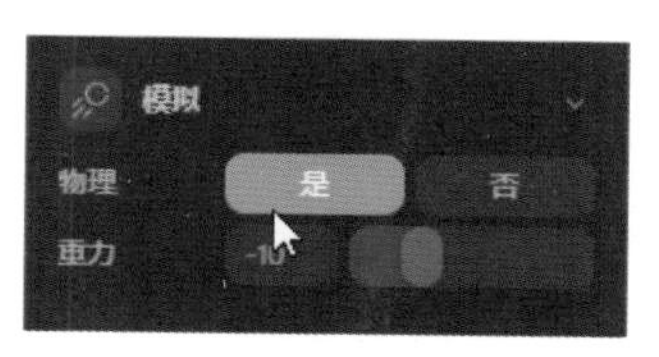

图 6-102　启用环境“物理”属性

图 6-103　启用对象“物理”属性

选择对象，为其添加“碰撞”事件，选择触发事件的内容为“角色”或“任何（非角色）”，如图 6-104 所示。“角色”是指具有游戏控制事件的对象；“任何（非角色）是指场景中的任何对象”。

与其他事件类似，碰撞事件可以触发以对象为目标的动作，包括过渡、动画、声音、粒子控制、视频、创建对象、销毁对象、重置场景、设置变量、变量控制、条件和清除本地存储，如图 6-105 所示。

图 6-104　选择触发事件的内容

图 6-105　“碰撞”事件支持的动作

6.2.12　触发区域事件

“触发区域”事件是指一旦任何对象或特定对象进入定义的区域，就会触发操作。

单击“对象”选项后的“自定义”按钮，单击“对象”选项后的“+”按钮，在打开的下拉列表框中选择触发区域的对象，如图 6-106 所示。在“区域”选项后的下拉列表框中选择触发区域的类型。它可以是一个矩形或一个球体，如图 6-107 所示。

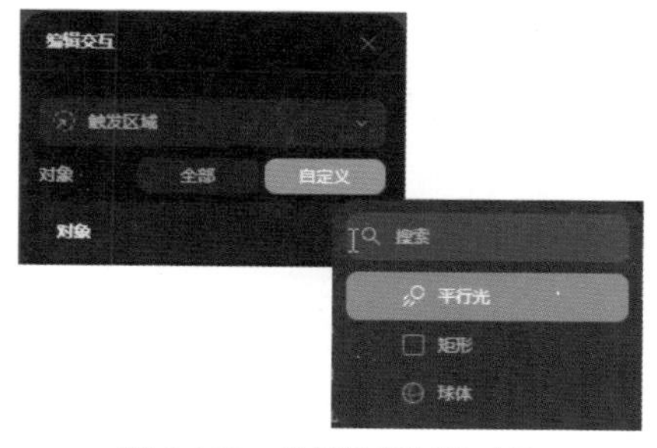

图 6-106　选择触发区域对象

图 6-107　触发区域类型

用户可以通过设置“尺寸”“位置”和“旋转”选项后的数值，用来定义触发区域的转换值，如图 6-108 所示。单击“助手”选项后的“显示”或“隐藏”按钮，可选择在编辑器中显示或隐藏触发区域的可视化效果，如图 6-109 所示。

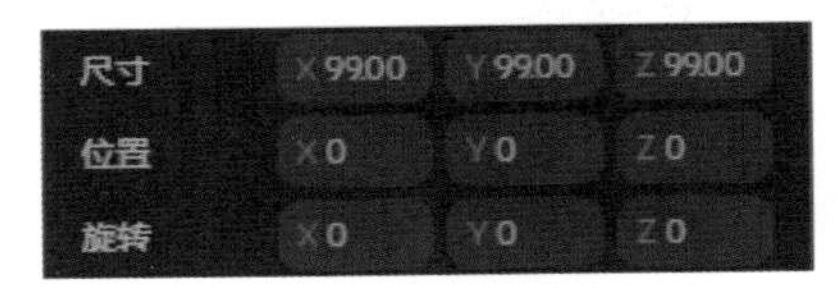

图 6-108　定义触发区域的转换值

图 6-109　显示或隐藏助手

“触发区域”事件支持过渡、声音、粒子控制、视频、打开链接、创建对象、销毁对象、转换相机、场景切换、重置场景、设置变量、变量控制、条件和清除本地存储 14 种动作。

6.2.13　屏幕尺寸变化事件

当需要重新排列场景以更好地适应不同类型的屏幕尺寸（如桌面与移动设备）时，可以使用“屏幕尺寸变化”事件。“屏幕尺寸变化”事件将根据画布的大小触发操作，用户可通过添加断点定义多个画布大小。

单击“类型”后的“水平”按钮或“垂直”按钮，可选择屏幕尺寸类型，如图 6-110 所示。断点分为手机端、平板端、桌面端和自定义 4 种。单击“添加新断点”按钮，新建一个断点，如图 6-111 所示。

图 6-110　选择屏幕尺寸类型

图 6-111　添加新断点

默认情况下，新建的断点为“自定义”类型。单击自定义右侧的下拉按钮，可在下拉列表框中选择不同的断点类型，如图 6-112 所示。单击断点右侧的运算符图标，可在下拉列表框中选择不同的运算符，如图 6-113 所示。

图 6-112　选择断点类型

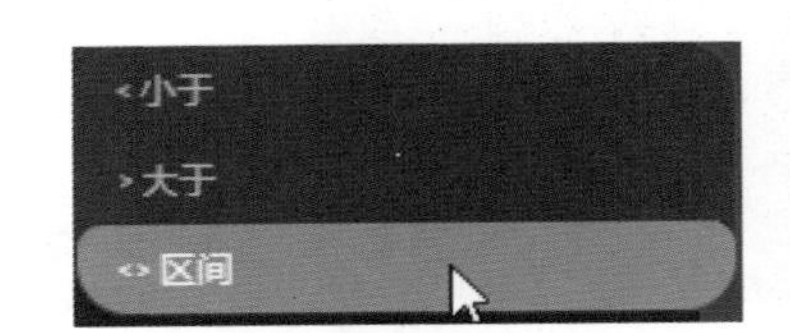

图 6-113　选择运算符

在运算符右侧的文本框中输入数值，设置断点的宽度，如图 6-114 所示。将光标移动到宽度文本框后，单击按钮，即可删除当前断点，如图 6-115 所示。

图 6-114　设置断点的宽度

图 6-115　删除断点

图 6-116 所示为一旦画布水平长度小于 768 像素，就会触发操作。单击右侧的“+”按钮，用户可在打开的下拉列表框中选择添加动作来触发交互，“屏幕尺寸变化”事件支持过渡、动画、声音、粒子控制、视频、创建对象、销毁对象、转换相机、场景切换、重置场景、设置变量、变量控制、条件和清除本地存储 14 种动作，如图 6-117 所示。

图 6-116　“平板端”断点

图 6-117　添加动作

6.3 添加动作

动作是 Spline 中为响应事件而执行的具体操作或指令。当事件被触发时，相应的动作将被执行，以实现预期的效果。动作可以是改变对象的属性（如位置、大小、颜色等）、播放动画，或者是执行更复杂的逻辑操作。

新建交互并添加事件后，用户可以通过单击“动作”选项下的按钮，为场景添加交互动作，如图 6-118 所示。Spline 为用户提供了过渡、动画、声音、粒子控制、视频、创建对象、销毁对象、转换相机、场景切换、重置场景、设置变量、变量控制、条件和清除本地存储 14 种动作，如图 6-119 所示。

图 6-118　为场景添加交互动作

图 6-119　动作类型

6.3.1　过渡动作

“过渡”动作是为场景添加交互性和动画的核心功能，主要用于在多个状态之间进行对象过渡。

要添加新的过渡，首先需要创建对象的多个状态，如图 6-120 所示。新建交互并添加触发过渡操作的事件，如图 6-121 所示。

单击“过渡”文本框，可在打开的面板中设置事件的参数，如图 6-122 所示。在“目标”选项后的下拉列表框中选择希望发生转换的对象。在“模式”选项后的下拉列表框中选择过渡的不同模式，如图 6-123 所示。

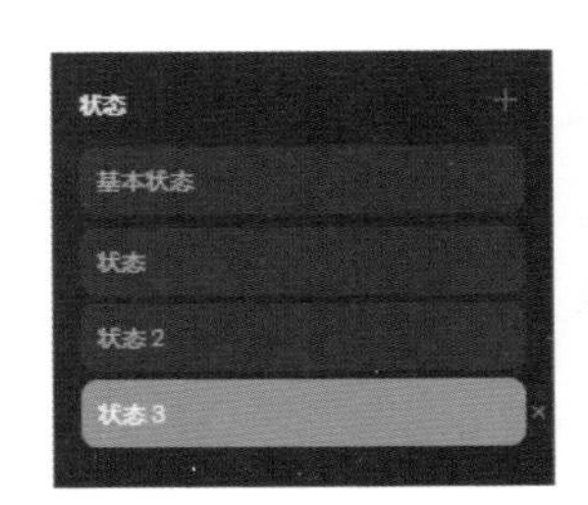

图 6-120　创建对象的多个状态

图 6-121　添加事件

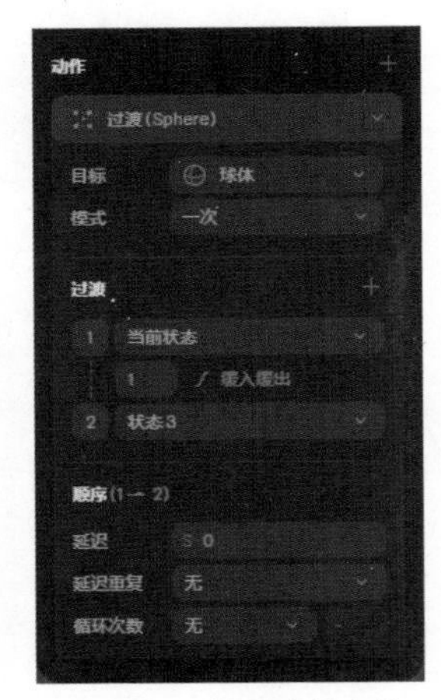

图 6-122　设置事件参数

用户可在“转换”选项中定义过渡将经历的状态，并且可以定义每个单独过渡的持续时间和过渡属性，如图 6-124 所示。单击“+”按钮，在下拉列表框中选择任一状态，添加一个新过渡，如图 6-125 所示。

图 6-123　选择过渡的模式

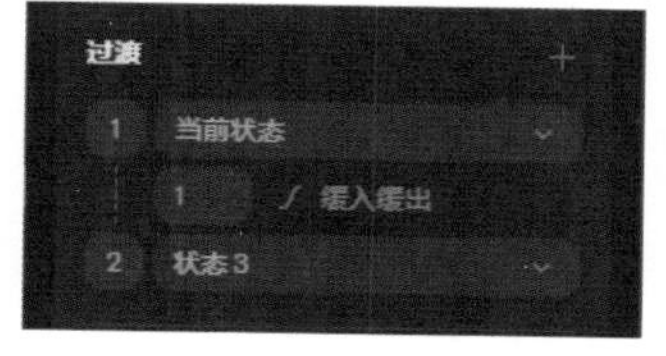

图 6-124　定义过渡将经历的状态

图 6-125　添加新过渡

可以在两个状态间的文本框中输入数值，用来控制过渡的持续时间，如图 6-126 所示。单击“缓入缓出”按钮，可在打开的面板中设置每个单独转换的属性，如图 6-127 所示。

可在“过渡”选项后的文本框中选择不同的过渡曲线，如图 6-128 所示。在“持续”选项后的文本框中输入数值，控制过渡的持续时间。手动拖曳曲线的控制手柄，自定义贝塞尔曲线，如图 6-129 所示。

图 6-126　控制过渡的持续时间

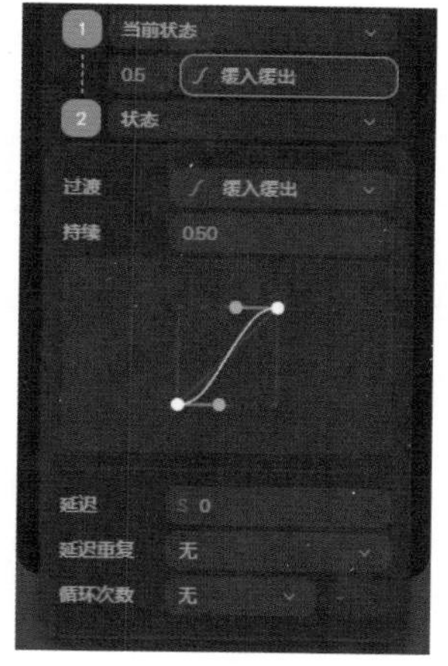

图 6-127　设置每个单独转换的属性

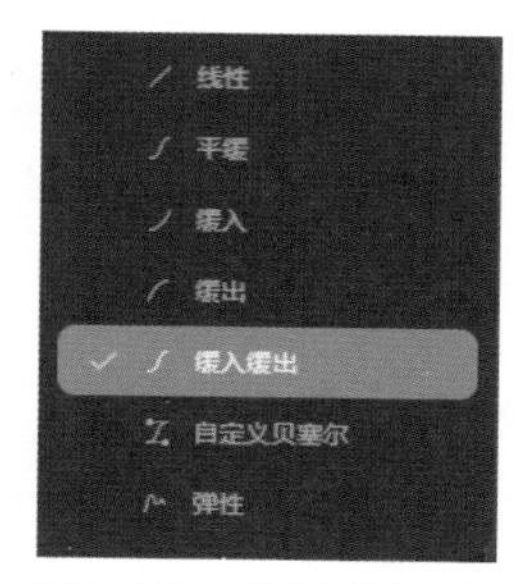

图 6-128　选择过渡曲线

在“延迟”选项后的文本框中输入数值，用来设置动画在播放之前等待的秒数。在“延迟重复”选项后的下拉列表框中选择延迟等待时的播放内容，如图 6-130 所示。在“循环次数”选项后的下拉列表框中选择循环的次数。“数量”用于设置特定的循环量，“无限”用于永久循环，如图 6-131 所示。

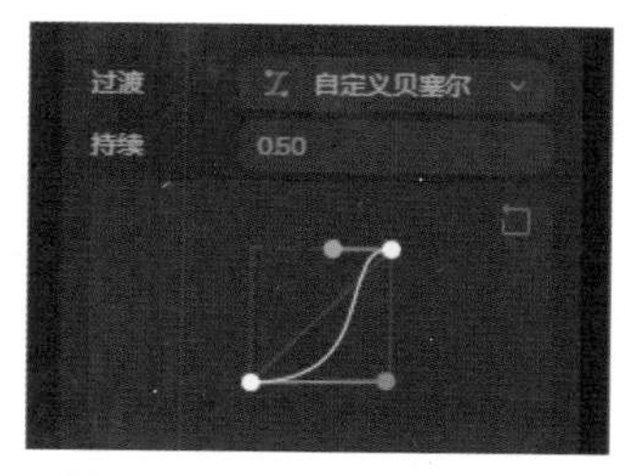

图 6-129　自定义贝塞尔曲线

图 6-130　设置“延迟重复”选项

图 6-131　设置“循环次数”选项

6.3.2 动画动作

使用“动画”动作，可以从导入的对象触发动画。在使用“动画”动作之前，需要将具有动画的对象导入到场景中。

提示

Spline 支持带有动画（包括骨骼动画）的 FBX 和 GLB/GLTF 文件。用户可以在第三方 3D 软件（如 Blender、Cinema4D、Maya）中创建动画，将它们导出为 FBX 或 GLB/GLTF 文件后，即可直接导入到 Spline 中。

在场景中选择想要向其添加“动画”动作的对象，新建交互并添加“动画”动作，如图 6-132 所示。单击“动画”动作，用户可在打开的面板中设置动画动作的属性，如图 6-133 所示。

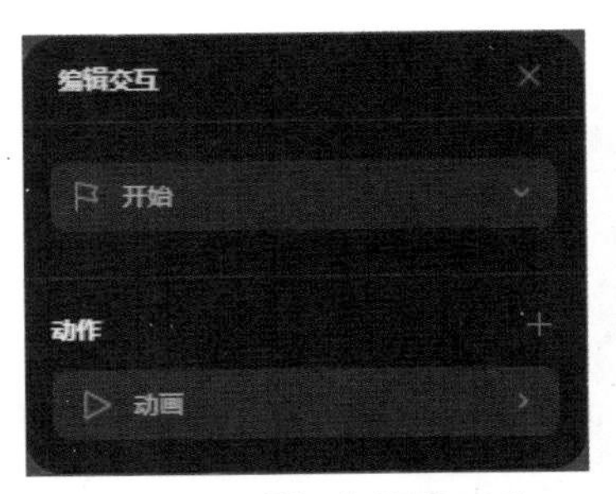

图 6-132　添加“动画”动作

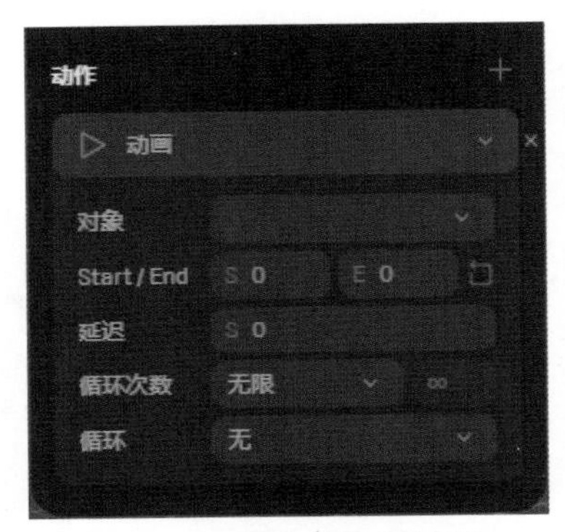

图 6-133　设置动画动作属性

在“对象”选项后的下拉列表框中选择执行操作的引用对象。在 Start/End 选项后的文本框中输入数值，根据可用的关键帧修剪动画。在“延迟”选项后的文本框中输入数值，以秒为单位定义延迟播放动画。在“循环次数”选项后的下拉列表框中选择动画循环的次数，如图 6-134 所示。在“循环”选项后的下拉列表框中选择“乒乓”选项，如图 6-135 所示，动画将循环向前或向后播放。

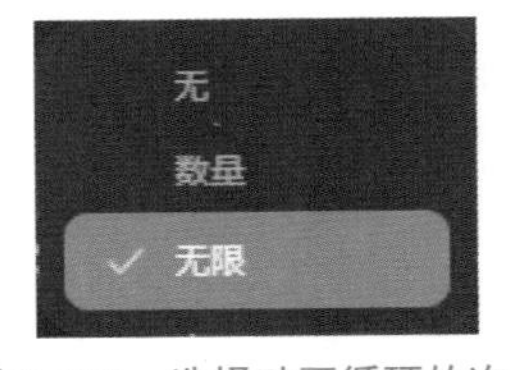

图 6-134　选择动画循环的次数

图 6-135　选项循环方式

“动画”动作兼容“开始”事件、键盘事件、“游戏控件”事件、“条件”动作和“碰撞”事件。

要简单地在开始时播放动画，可选择“开始”事件。要使用鼠标、触控屏或键盘交互播放动画，可选择键盘事件（包括鼠标松开、鼠标按下、鼠标按住、鼠标悬停、键松开、键按下、键按住）。想要更动态的游戏控制，可使用“游戏控件”事件。想要根据条件触发动画，可使用“条件”动作。想要在碰撞时播放动画，可使用“碰撞”事件。

提示

关于“条件”事件的使用，将在本章 6.4.4 节中详细讲解。

6.3.3　声音动作

当事件触发时，“声音”动作将播放声音。为场景添加声音，可以使动画更具沉浸感和丰富性。

选择要添加声音的对象，为其添加触发声音操作的事件，新建交互并添加“声音”动作，如图 6-136 所示。单击“声音”文本框，在打开的面板中设置各项参数，如图 6-137 所示。

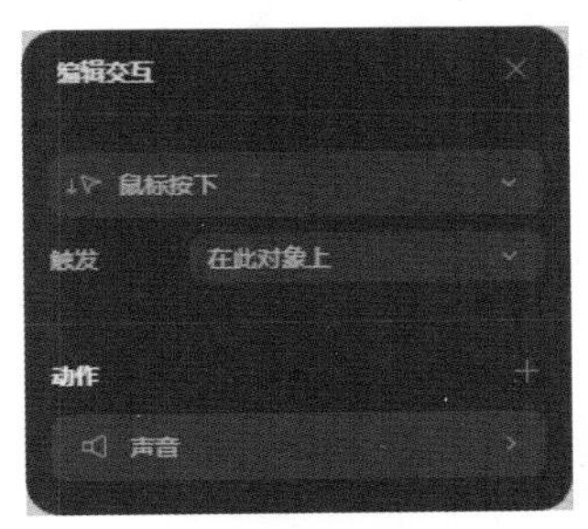

图 6-136　添加“声音”动作

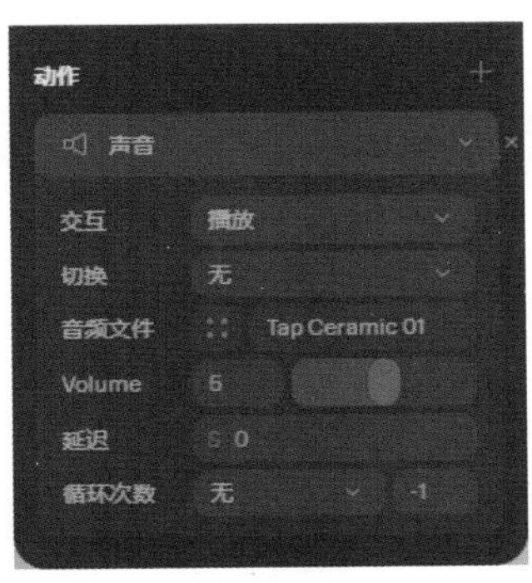

图 6-137　设置“声音”动作参数

在“交互”选项后的下拉列表框中选择“播放”“停止”或“暂停”选项，如图 6-138 所示。在“切换”选项后的下拉列表框中选择切换状态后声音是暂停还是停止，如图 6-139 所示。单击“音频文件”选项后的按钮，在打开的“音频素材”面板中选择声音文件，如图 6-140 所示。

图 6-138　设置声音交互

图 6-139　设置声音切换

图 6-140　选择声音文件

提示

如果要添加背景音乐或环境声音，可以创建一个空的组对象，通过向它添加声音，实现背景音乐和环境声音的效果。声音文件应为 MP3 或 WAV 格式，文件大小不能超过 2MB。

在 Volume 选项后的文本框中输入数值或拖曳滑块，控制声音的音量。在“延迟”选项后的文本框中输入数值，控制声音播放时的延迟，如图 6-141 所示。

在“循环次数”选项后的下拉列表框中选择“数量”选项，然后再在后面的文本框中输入数值，设置想要播放声音的次数，如图 6-142 所示。选择“无限”选项，声音将不断循环播放，如图 6-143 所示。

图 6-141 设置音量和延迟

图 6-142 设置循环次数

图 6-143 无限播放声音

设置“交互”选项为“暂停”或“停止”时，属性略有不同，如图 6-144 所示。用户可在“位置”选项后的下拉列表框中选择要停止/暂停的声音。在“延迟”选项后的文本框中输入数值，控制声音停止/暂停时的延迟。

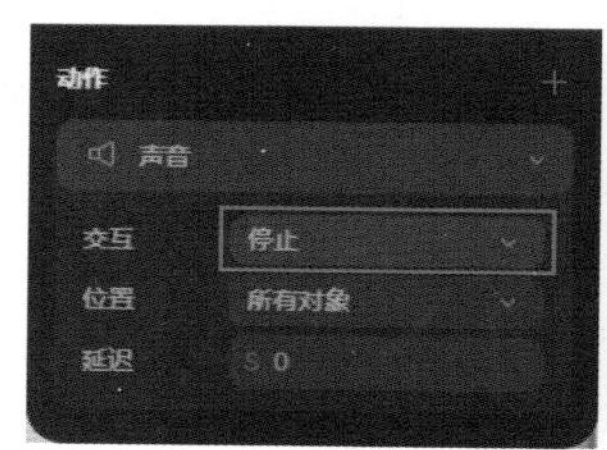

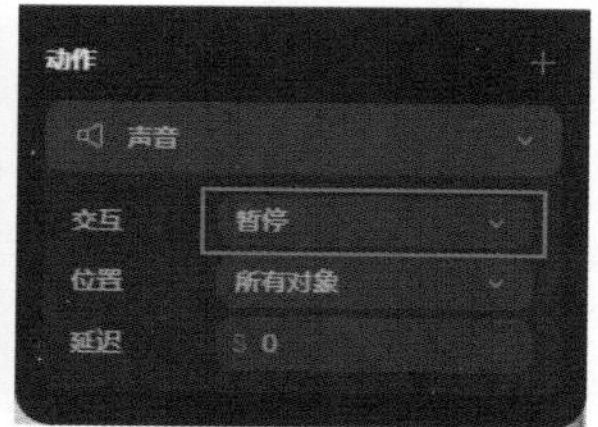

图 6-144 暂停/停止声音

6.3.4 粒子控制动作

“粒子控制”动作可以用来控制场景中的粒子发射器。

选择要添加粒子控制的对象，新建交互并添加一个事件，然后添加“粒子控制”动作，如图 6-145 所示。单击“粒子控制”动作，在打开的面板中自定义粒子控制，如图 6-146 所示。

图 6-145 添加“粒子控制”动作

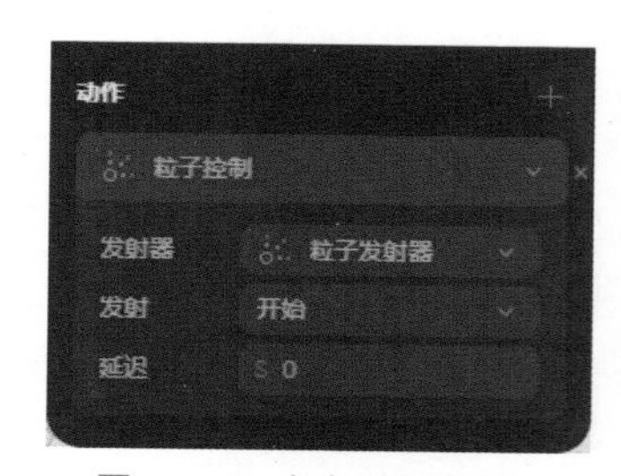

图 6-146 自定义粒子控制

用户可在“发射器”选项后的下拉列表框中选择要控制的粒子发射器。在“发射”选项后的下拉列表框中选择控制粒子发射器的方式。在“延迟”选项后的文本框中输入数值，为控制粒子发射器前添加延迟。

6.3.5　视频动作

当事件触发时，“视频”动作将播放视频层。将视频添加到场景中，可以使动画更具沉浸感和丰富性，如图 6-147 所示。

“视频”动作需要一个视频层才能完成视频的播放、暂停或停止操作。视频层是一个材质层，可用于将视频作为纹理添加到 2D 和 3D 对象中，如图 6-148 所示。

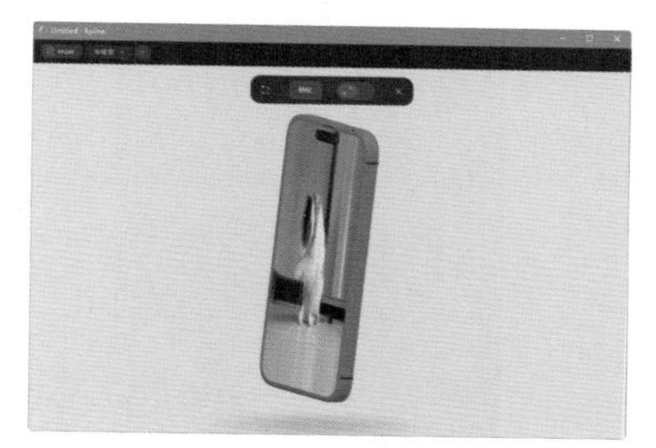

图 6-147　将视频添加到场景中

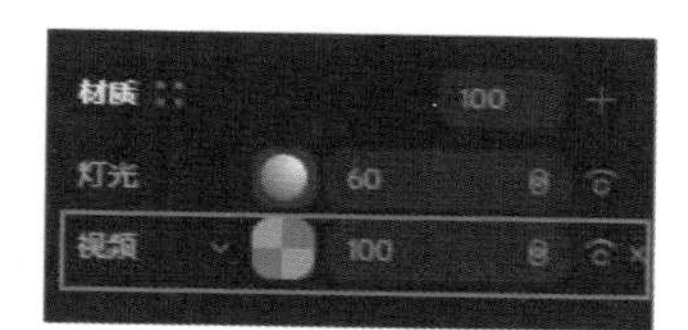

图 6-148　视频层

提示

添加新的视频层时，Spline 会自动使用默认视频创建开始事件，从而使视频在场景加载时自动播放。上传视频是一项付费功能，需要拥有有效的超级或超级团队订阅才能使用它。

单击“编辑交互”面板中的“视频”动作，可在打开的面板中自定义动作的各项参数，如图 6-149 所示。

用户可在“交互”选项后的下拉列表框中选择选项，决定是否要播放、停止或暂停视频，如图 6-150 所示。在“切换”选项后的下拉列表框中选择相应的选项，决定何时播放视频。在“视频文件”选项后将显示用户想要定位的适配层。

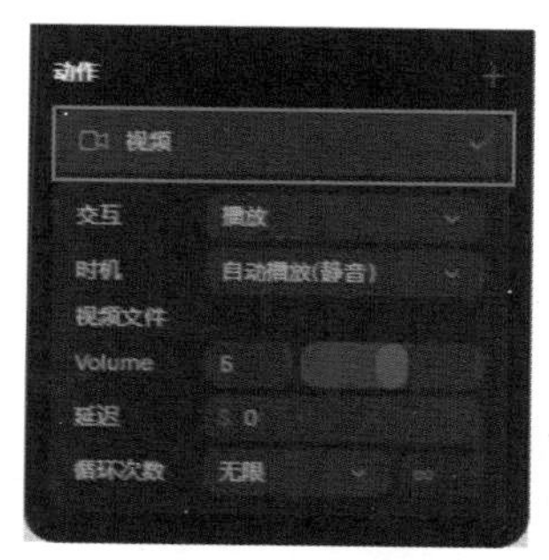

图 6-149　自定义动作参数

图 6-150　“交互”下拉列表框

在 Volume 选项后的文本框中输入数值或拖曳滑块，控制视频的音量。在“延迟”选项后的文本框中输入数值，控制视频播放时间的延迟。在“循环次数”选项后的下拉列表框中选择相应的选项，定义是否希望视频无限播放一次或设置视频播放的次数。

6.3.6 创建对象动作

“创建对象”动作允许在场景中创建新对象。通过各种事件生成对象，为有趣的效果和交互添加了大量用例。

选择一个对象，新建“开始”事件，添加“创建对象”动作，如图 6-151 所示。单击“创建对象”动作，在打开的面板中根据个人的喜好自定义动作参数，如图 6-152 所示。

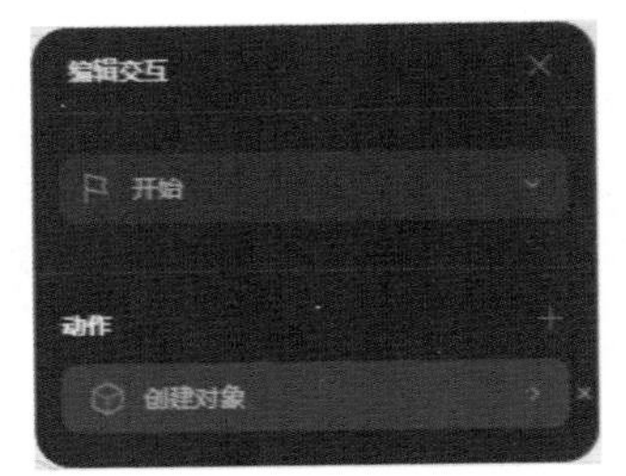

图 6-151 添加“创建对象”动作

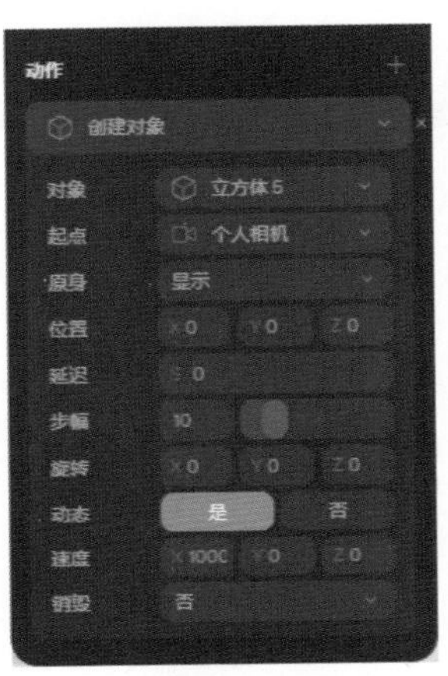

图 6-152 自定义动作参数

提示

“创建对象”动作可以与开始事项、鼠标事件、键盘事件、滚动事件、拖拽事件、游戏控制事件、碰撞事件、跟随事件和面向事件一起使用。

在“对象”选项后的下拉列表框中选择要创建的目标对象。在“起点”选项后的下拉列表框中选择相应的选项，指定对象创建的位置。在“原身”选项后的下拉列表框中选择在播放模式下引用对象是否可见。在“位置”选项后的文本框中输入数值，用来设置已创建对象的特定位置。在“延迟”选项后的文本框中输入数值，以秒为单位指定创建对象之前的延迟，如图 6-153 所示。

在“步幅”选项后的文本框中输入数值或拖曳滑块，设置创建对象的频率。在“旋转”选项后的文本框中输入数值，指定创建对象的旋转角度。单击“动态”选项后的按钮，确定是否将“物理”属性应用于创建的对象。在“速度”选项后的文本框中输入数值，设置创建对象沿 X、Y 和 Z 轴的初始速度，如图 6-154 所示。

图 6-153 定义对象参数①

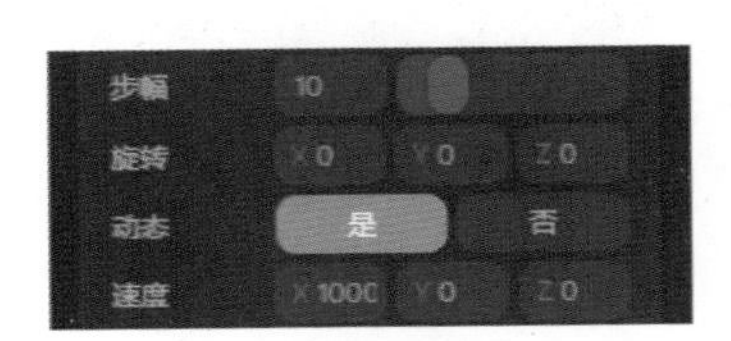

图 6-154 定义对象参数②

在“销毁”选项后的下拉列表框中选择相应的选项，用来确定何时销毁创建的对象，如图 6-155 所示。选择“否”选项，该对象不会被自动销毁；选择“周期结束后”选项，该对象将在指定的生存期（以秒为单位）选项后被销毁；选择“碰撞后”选项，该对象将在与另一个对象碰撞时被销毁；选择“达到数量后”选项，该对象将在创建指定数量的实例后被销毁。

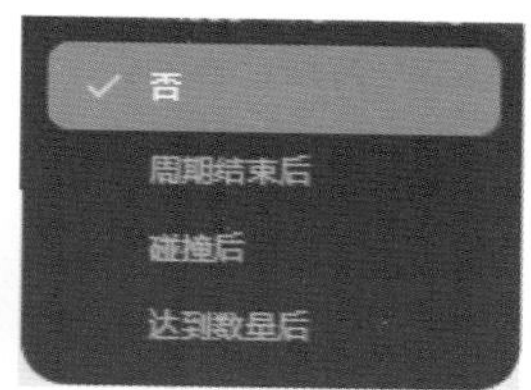

图 6-155　设置销毁参数

6.3.7　转换相机动作

“转换相机”动作允许用户通过事件系统在不同的相机之间切换。

选择一个对象并创建事件，添加“转换相机”动作，如图 6-156 所示。单击“转换相机”动作，在打开的面板中选择要切换到的相机，并根据个人的喜好自定义相机切换操作，如图 6-157 所示。

用户可在“目标”选项后的下拉列表框中选择要切换到的相机。在“模式”选项后的下拉列表框中选择切换一次或在目标相机和原始相机之间切换。在“延迟”选项后的文本框中输入数值或拖曳滑块，为相机切换添加延迟。

单击“动画”选项后的相应按钮，确定相机之间的过渡是动画过渡还是即时过渡。如果单击“是”按钮，则可以自定义过渡曲线和持续时间，如图 6-158 所示。

图 6-156　添加“转换相机”动作

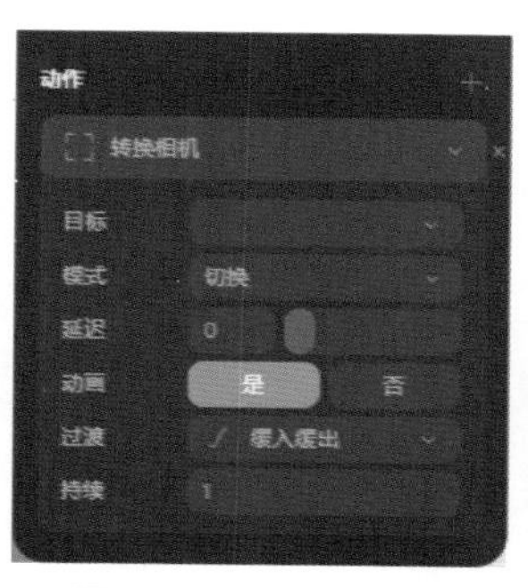

图 6-157　自定义相机切换操作

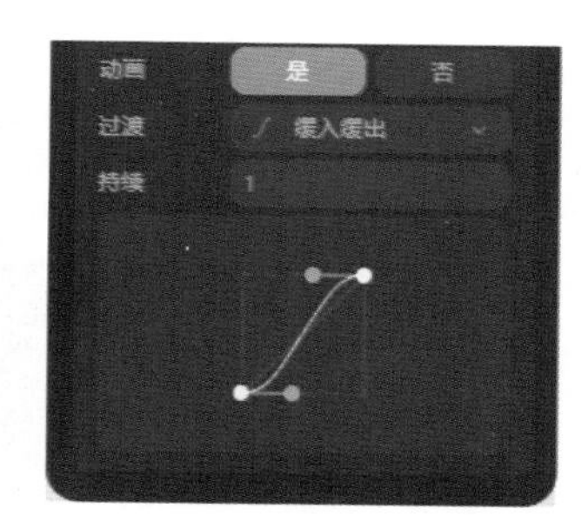

图 6-158　自定义过渡曲线和持续时间

6.3.8　销毁对象动作

“销毁对象”动作可以交互式地销毁/隐藏场景中的对象。用户可以通过各种事件销毁物体，如鼠标按下、碰撞或触发区域，为动画增加有趣的效果和互动。

选择一个对象并创建一个事件，添加“销毁对象”动作，如图 6-159 所示。单击“销毁对象”动作，在打开的面板中定义在触发事件时将销毁哪些对象及延迟时间，如图 6-160 所示。

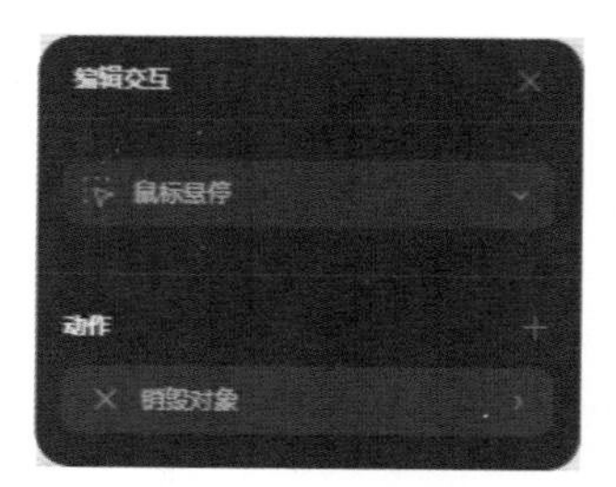

图 6-159 添加“销毁对象”动作

图 6-160 定义销毁对象

课堂练习——制作滑过即消除效果

Step 01 新建一个 Spline 文档，在场景中创建一个立方体，效果如图 6-161 所示。新建交互并添加“鼠标悬停”事件，添加“销毁对象”动作，如图 6-162 所示。

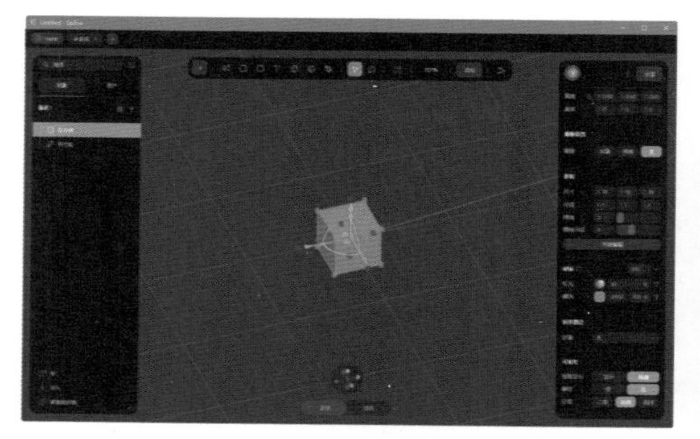
图 6-161 创建立方体

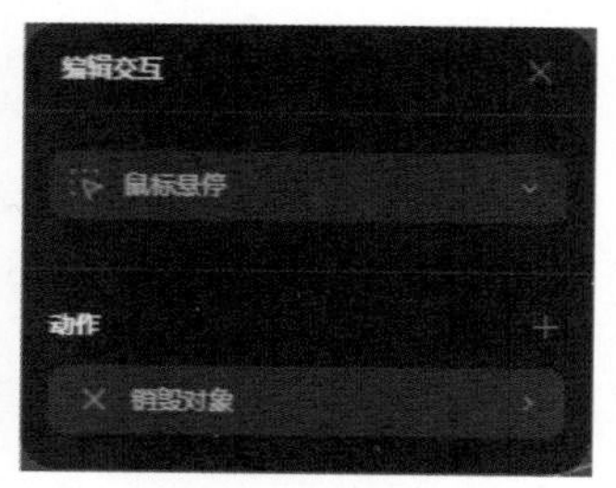

图 6-162 添加“销毁对象”动作

Step 02 单击“销毁对象”文本框，在打开的面板中设置“延迟”为 0.1，如图 6-163 所示。切换到顶视图，按住 Ctrl 键的同时拖曳复制立方体并修改材质颜色，效果如图 6-164 所示。

图 6-163 设置延迟时间

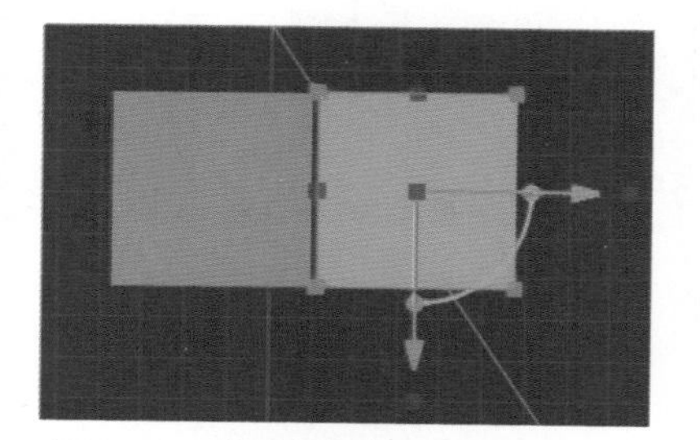
图 6-164 拖曳复制立方体并修改颜色

Step 03 继续使用相同的方法，复制多个立方体并调整视口，效果如图 6-165 所示。按 Shift+Space 组合键播放动画，鼠标滑过立方体时的效果如图 6-166 所示。

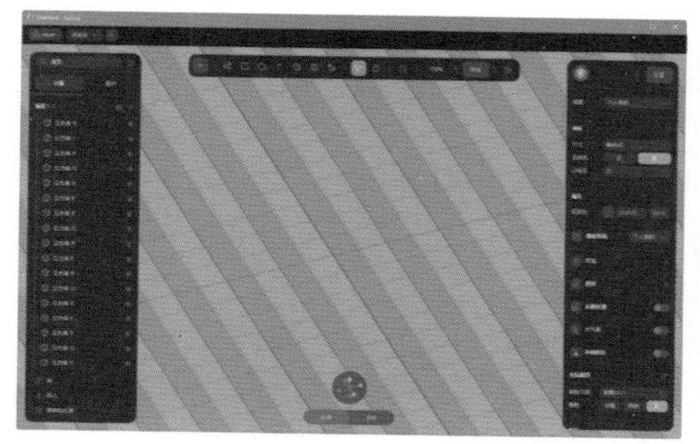

图 6-165　复制立方体并调整视口

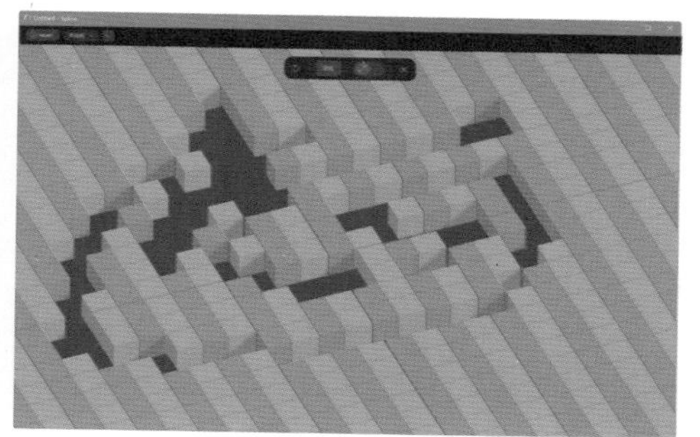

图 6-166　动画播放效果

6.3.9　场景切换动作

“场景切换”动作允许用户在文件的多个场景之间创建过渡。使用“场景切换”动作前，首先要确保文件中包含多个场景。

选择要添加场景过渡的对象，新建交互并添加一个事件，该事件将用于触发场景过渡操作，然后添加“场景切换”动作，如图 6-167 所示。单击“场景切换”动作，在打开的面板中自定义场景切换，如图 6-168 所示。

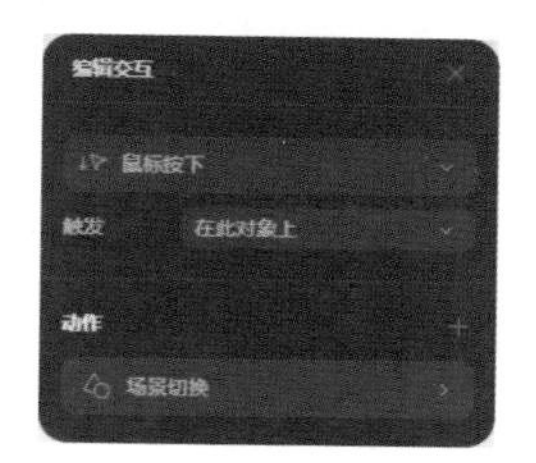

图 6-167　添加“场景切换”动作

图 6-168　自定义场景切换

在“目标”选项后的下拉列表框中选择将要过渡到的场景。在“过渡”选项后的下拉列表框中选择相应的选项，设置过渡的效果。在“延迟”选项后的文本框中输入数值或拖曳滑块，设置场景切换前的延迟。

6.3.10　重置场景动作

“重置场景”操作可以根据用户的输入重置整个场景。

选择要向其添加“重置场景”动作的对象，新建交互并添加鼠标事件或键盘事件，添加“重置场景”动作，如图 6-169 所示。单击“重置场景”动作，在打开的面板中“延迟”选项后的文本框中输入数值，为重置场景添加延迟，如图 6-170 所示。

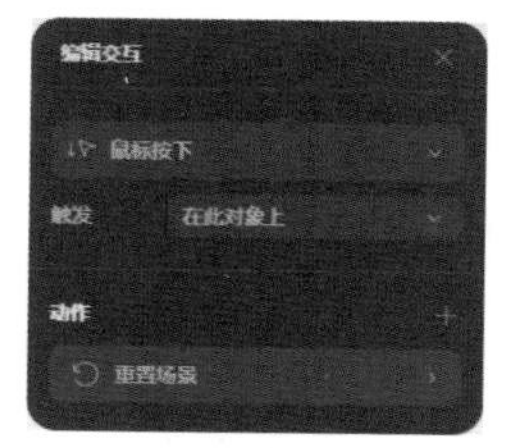

图 6-169　添加“重置场景”动作

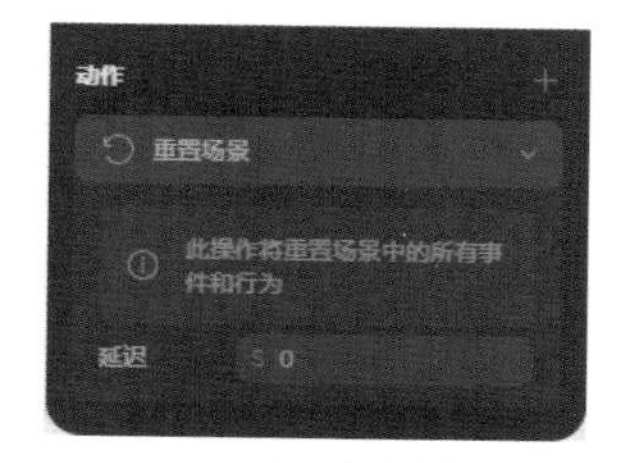

图 6-170　添加延迟

6.4 使用变量

变量允许用户创建可重复使用的值或参数，是一种具有可以更改的值的数据容器。它们可以应用于许多对象属性（如位置、缩放、旋转等），并且可以与事件和操作结合使用，使用户能够创建高度自定义的交互。

未选中任何对象的情况下，单击属性栏中“变量”选项右侧的按钮，即可打开“变量”面板，如图 6-171 所示。单击右侧的“+”图标，用户可在打开的下拉列表框中选择使用的变量，如图 6-172 所示。

1. 变量

Spline 中可以使用数字、布尔和字符串 3 种变量，如图 6-173 所示。

图 6-171 “变量”面板

图 6-172 “变量”下拉列表框

图 6-173 变量类型

数字变量可以是小数或整数。主要用来更改或调整对象上使用数字的任何属性（如位置、旋转、比例和材质层不透明度等），以控制对象并为其制作动画。

布尔变量是在 true 和 false 状态之间切换以进行行为。在布尔值的帮助下，用户可以在体验中构建复杂的逻辑，尤其是当用户将其与条件逻辑或设置变量操作结合使用时。

字符串变量可以使用任何文本值。主要用来合并基于文本的变量，可以用于标签、消息传递或更新体验状态。

用户可以使用的变量类型如表 6-2 所示。

表 6-2 变量类型

类　型	定 义 者	用　法
变量	数字、字符串、布尔值、计时器、计数器或随机值	存储可重复使用的值
对象属性	对象的位置、旋转或比例（X、Y、Z），或其宽度、高度和深度，用数字表示，如 100	捕获对象属性更改，并将其另存为变量以创建高级交互
鼠标位置（2D）	鼠标在屏幕上的位置由 X 和 Y 定义为数字	根据鼠标位置对对象进行动画处理或操作
鼠标点击位置（3D）	鼠标在 3D 空间中选中对象的位置，如命中位置的位置 X、Y 或 Z，或被选中对象的位置 X、Y 和 Z	根据特定的命中位置创建交互，例如，在 3D 空间中可视化命中

2. 动态变量

Spline 中还包含随机、计数器和时间 3 种动态变量，如图 6-174 所示。动态变量会根据特定条件随着时间的推移而变化。

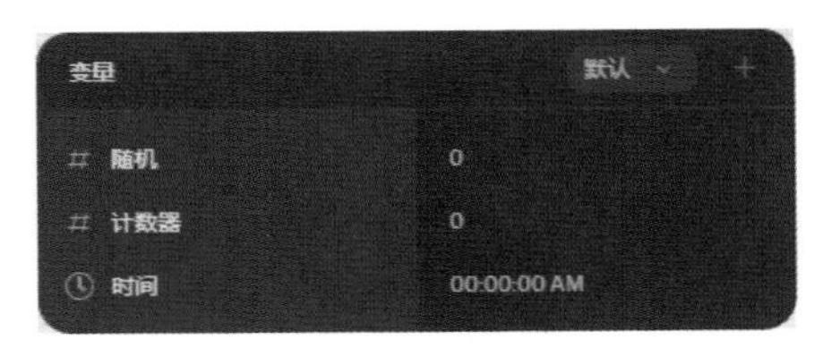

图 6-174 动态变量类型

时间变量是利用时间的流动来创建动画和过渡。它由一个字符串定义，该字符串可以应用为文本对象的内容。时间变量有时钟、计时器、秒表 3 种类型，每种类型都有独特的属性选项。

时钟类型是基于本地时间或特定时区更新时间，其属性如表 6-3 所示。

表 6-3 时钟类型属性

属 性	解 释
格式	根据常用的格式设置选项更改时间的外观
12h/24h	可选择使用 24 小时制时间
时区	显示本地时区或特定时区

计时器类型以秒为单位开始计数，并按照以秒为单位定义的设定间隔进行计数。使用它来迭代动态序列或循环非常有用，例如，使用计时器驱动动画。其属性如表 6-4 所示。

表 6-4 计时器类型属性

属 性	解 释
格式	根据常用的格式设置选项更改时间的外观
值	计时器应该在什么时候开始
终止值	如果设置为“是”，则可以定义计时器何时结束

秒表类型从预定义的时间向后计算，例如，从 30 秒到 0 秒，其属性如表 6-5 所示。

表 6-5 秒表类型属性

属 性	解 释
格式	根据常用的格式设置选项更改时间的外观
值	秒表应该在什么时候开始
终止值	如果设置为“是”，则可以定义计时器何时结束

6.4.1 变量变化事件

“变量变化”事件允许用户在特定变量更改时触发操作。

用户可在第一个下拉列表框中选择事件应检查更改的变量，如图 6-175 所示。一旦事件检测到变量值发生更改，将触发添加到其中的操作，如图 6-176 所示。

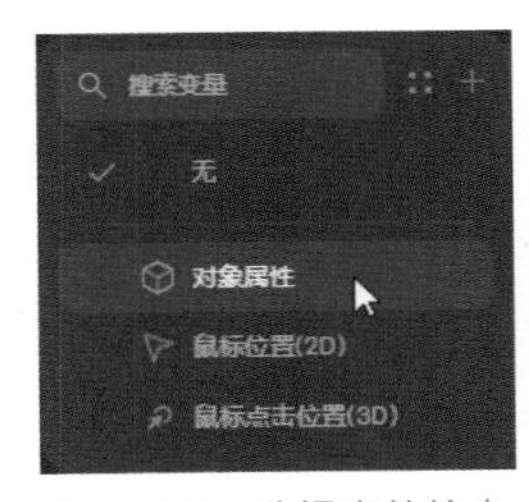

图 6-175 选择事件检查更改的变量

图 6-176 触发变量变化

6.4.2 设置变量动作

使用“设置变量”动作可以更新由表达式定义的变量的值。表达式可以引用另一个变量或变量帮助程序。

执行事件时，可以通过表达式在“设置变量”动作中将变量设置为新值（它可以更新为另一个变量或自定义计算）。

提示

有权访问“设置变量”动作的事件有开始事件、鼠标事件、按键事件、滚动事件、拖拽事件、面向事件、跟随事件、游戏控件事件、变量变化事件、距离事件、状态变化事件、碰撞事件、触发区域事件和屏幕尺寸变化事件。

选择事件后，可在“编辑交互”面板下方添加“设置变量”动作，如图 6-177 所示。单击“设置变量”文本框，在打开的面板中的“选择变量”下拉列表框中选择要更新的变量，如图 6-178 所示。单击“添加表达式”选项，创建一个新表达式，所选变量应更新到该表达式，如图 6-179 所示。

图 6-177 添加“设置变量”动作

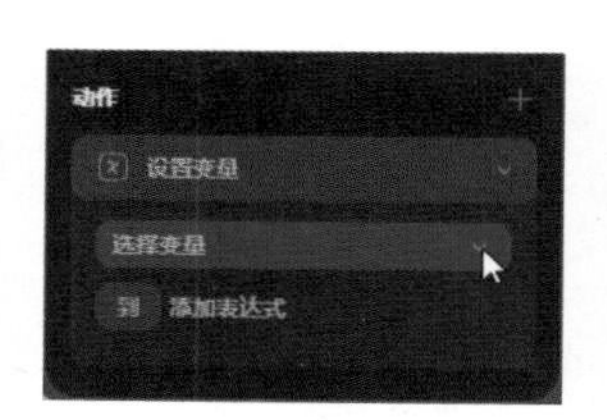

图 6-178 选择变量

图 6-179 添加表达式

表 6-6 所示为表达式中的算术运算符。

表 6-6 表达式中的算术运算符

运 算 符	作 用	运 算 符	作 用
+	加	/	除
-	减去	Random	随机值
*	乘	()	带括号的分组计算

表 6-7 所示为表达式中的逻辑运算符，用于组合或修改布尔逻辑语句，结果为 true 或 false。

表 6-7 表达式中的逻辑运算符

运 算 符	作 用
and	和
or	或
!	不

表 6-8 所示为表达式中的比较运算符，用于比较两个值、表达式或变量。

表 6-8　表达式中的逻辑运算符

运　算　符	作　　用
==	等于
!=	不等于
>	大于
<	小于
>=	大于等于
<=	小于等于

表 6-9 所示为表达式中的布尔运算符，用于表示逻辑运算和比较运算的两种可能结果。

表 6-9　表达式中的布尔运算符

运　算　符	结　　果
✓	真
✕	假

提示

用户可以将“设置变量”动作与“条件”动作结合使用，创建出更复杂的设置变量操作。

课堂练习——创建变量并使用事件更新变量

Step01 单击属性栏中“变量”选项右侧的按钮，在打开的“变量”面板中单击“数字”按钮，添加一个数字变量，如图 6-180 所示。将数字变量右侧的特定值修改为 100，如图 6-181 所示。

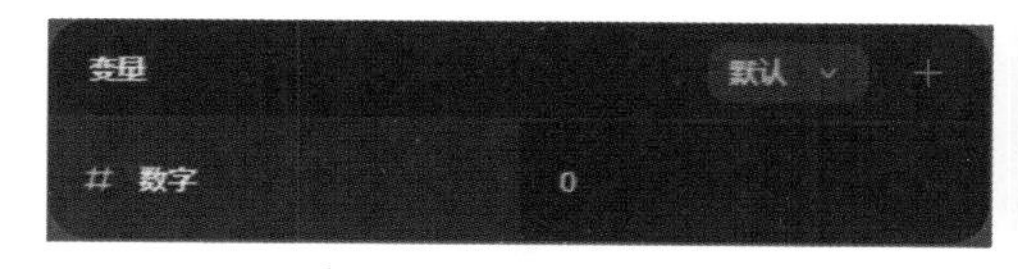

图 6-180　添加数字变量

图 6-181　修改数字变量特定值

Step02 在数字变量名称处双击，将其名称更改为 Initial Position，如图 6-182 所示。在变量上单击鼠标右键，在弹出的快捷菜单中选择“创建副本”命令，如图 6-183 所示。

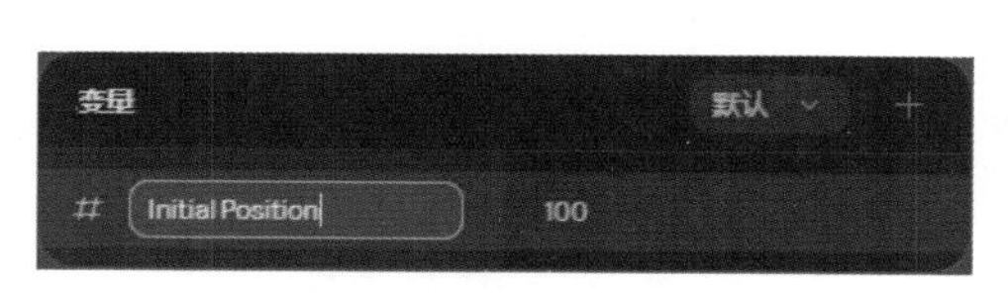

图 6-182　更改变量名称

图 6-183　选择“创建副本”命令

Step 03 修改变量副本的名称为 New Position，特定值为 200，如图 6-184 所示。在场景中创建一个立方体，如图 6-185 所示。

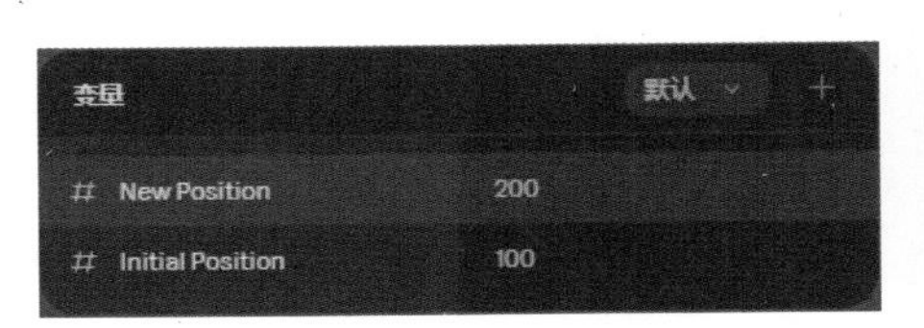

图 6-184　修改变量副本名称和特定值

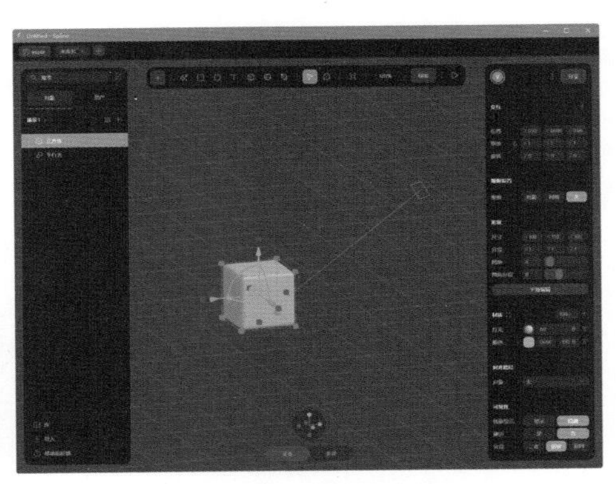
图 6-185　创建立方体

Step 04 将光标移动到“位置”选项后的 X 文本框上，单击右上角的小点，在打开的面板中选择要分配的变量，如图 6-186 所示。新建一个交互，添加“鼠标按下”事件，添加“设置变量”动作，如图 6-187 所示。

Step 05 单击“设置变量”动作，在打开的面板中选择 Initial Position 变量，如图 6-188 所示。单击“添加表达式”选项，选择 New Position 变量，如图 6-189 所示。

图 6-186　分配变量

图 6-187　新建交互

图 6-188　选择变量

图 6-189　添加表达式

Step 06 按 Shift+Space 组合键播放动画，效果如图 6-190 所示。将光标移动到立方体上并单击，变量更新效果如图 6-191 所示。

图 6-190　动画播放效果

图 6-191　变量更新效果

6.4.3　变量控制动作

“变量控制”动作允许用户控制场景中动态变量的交互。

选择事件后，可在“编辑交互”面板下方添加“变量控制”动作，如图 6-192 所示。单击“变量”文本框，在打开的面板中设置动态变量、交互和延迟值，如图 6-193 所示。

用户可在“交互”选项后的下拉列表框中选择“播放”“暂停”“播放/暂停”“停止”“重置”“切换 - 乒乓式”6 种交互类型，如图 6-194 所示。其中“重置”和“切换”交互仅适用于计数器动态变量。

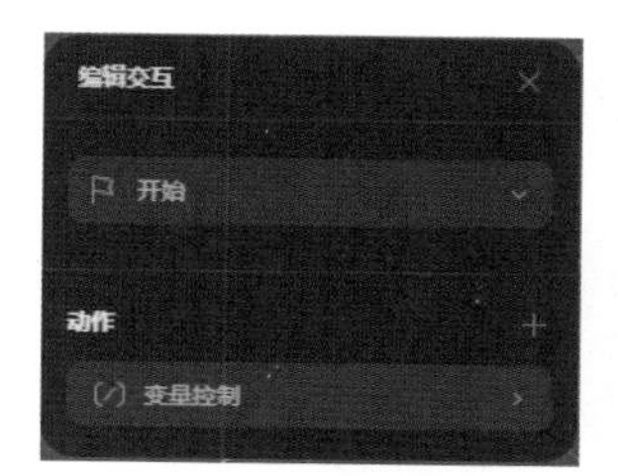

图 6-192　添加“变量控制”动作

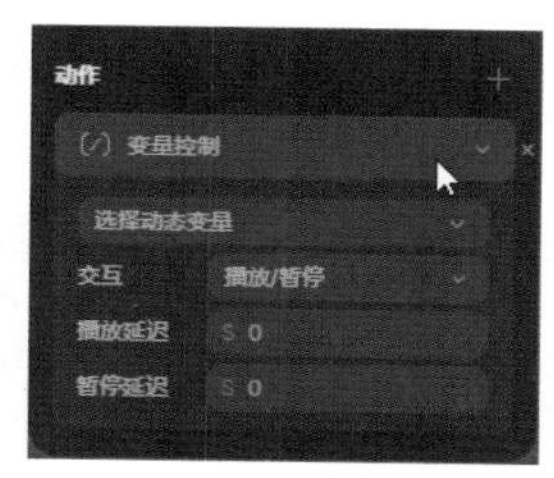

图 6-193　设置动态变量、交互和延迟值

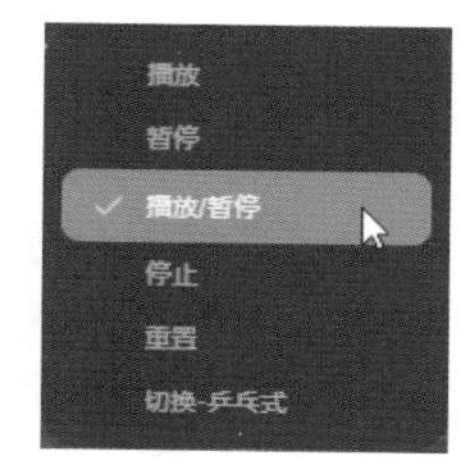

图 6-194　交互类型

提示

有权访问“变量控制”动作的事件有开始事件、鼠标事件、按键事件、滚动事件、拖拽事件、面向事件、跟随事件、游戏控件事件、变量变化事件、距离事件、状态变化事件、碰撞事件、触发区域事件和屏幕尺寸变化事件。

课堂练习——使用动态计数器变量控制操作

Step01 新建一个 Spline 文档，在场景中创建一个球体，如图 6-195 所示。确定未选中任何对象，新建一个计数器变量，如图 6-196 所示。

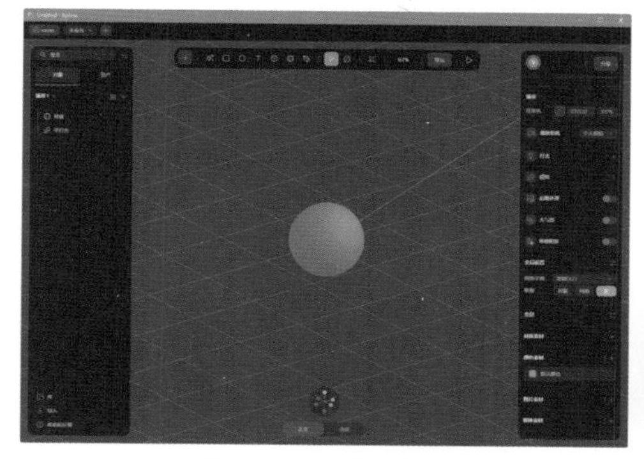

图 6-195　创建球体

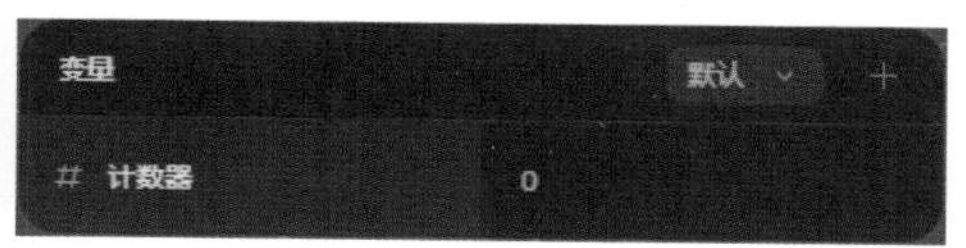

图 6-196　新建计数器变量

Step02 单击右侧的按钮，在打开的“计数器变量”面板中设置“间隔”为 0.001，“终止值”为 1000，如图 6-197 所示。选中球体对象，单击“位置”选项后的 X 文本框右上角，在打开的面板中选择计数器变量，如图 6-198 所示。

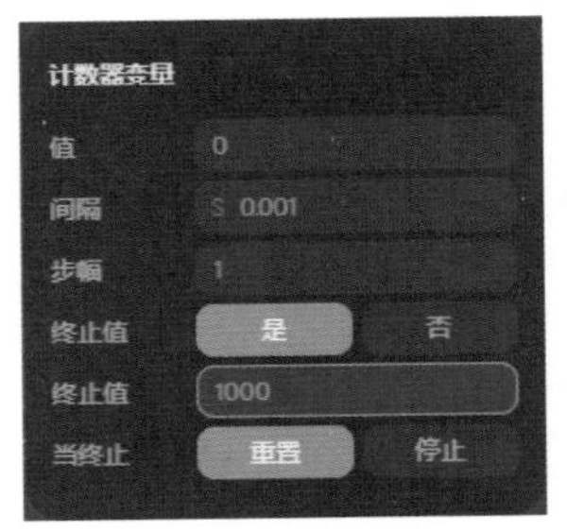

图 6-197 “计算器变量”面板

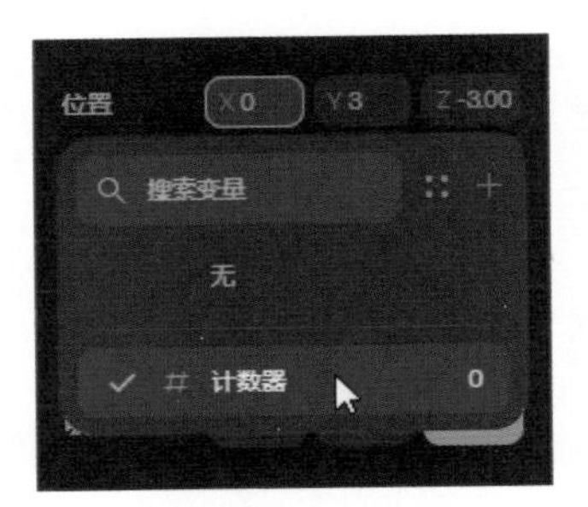

图 6-198 设置变量

Step03 新建交互，选择“鼠标按下”事件，添加“变量控制”动作，如图 6-199 所示。单击“变量控制”文本框，在打开的面板中选择“计数器”变量，如图 6-200 所示。

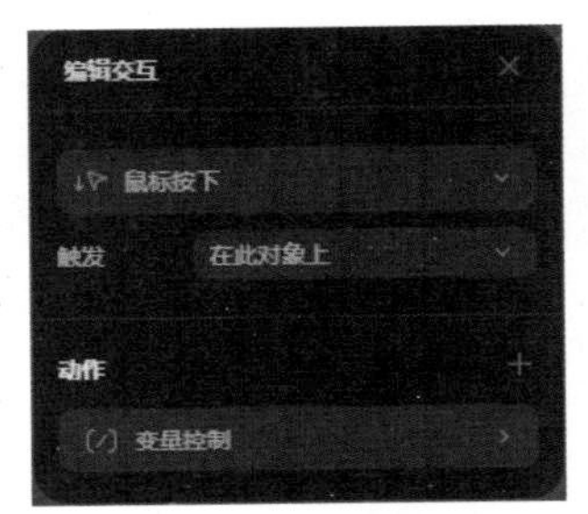

图 6-199 添加“变量控制”动作

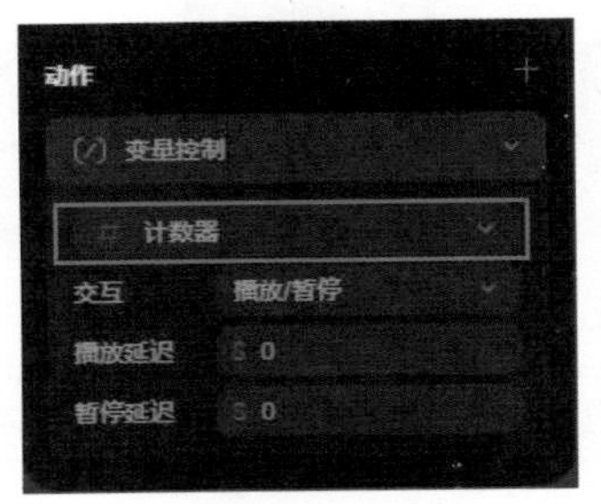

图 6-200 选择“计数器”变量

Step04 按 Shift+Space 组合键播放动画，在场景中的球体上单击，球体将在 X 轴方向移动，再次单击球体将停止移动，如图 6-201 所示。

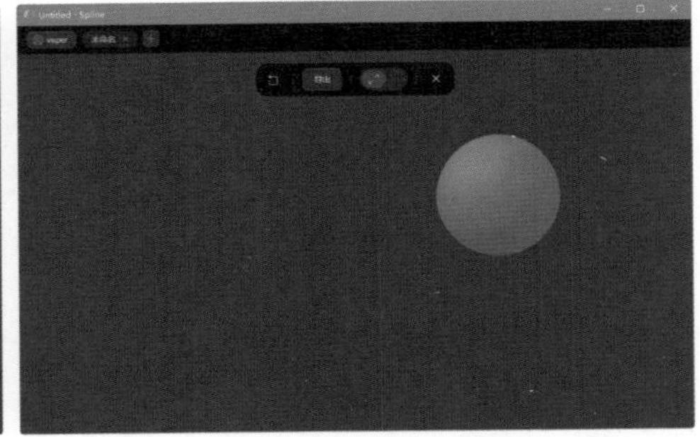

图 6-201 动画播放效果

6.4.4 条件动作

“条件”动作允许用户在变量和逻辑运算符的帮助下在场景上创建条件逻辑。

选择事件后，可在“编辑交互”面板下方选择“条件”动作，如图 6-202 所示。单击“条件”文本框，在打开的面板中“添加条件”，如图 6-203 所示。

单击“添加条件”选项右侧的“+”按钮添加条件，表示仅在满足该条件时才能触发操作。如果不满足该条件，可单击“否则”选项右侧的“+”按钮添加条件，表示将触发另一个操作。

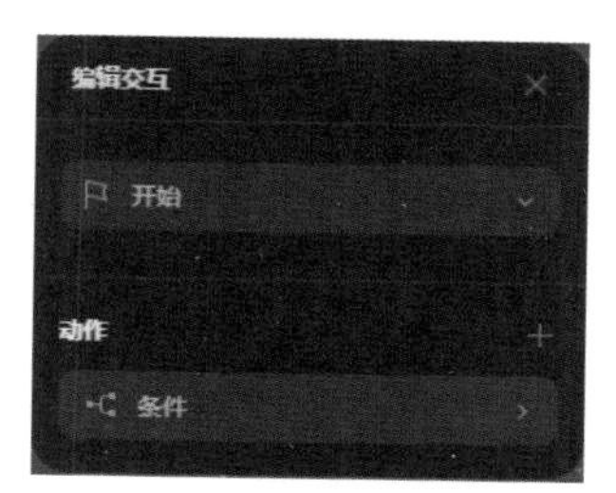

图 6-202　选择“条件”动作

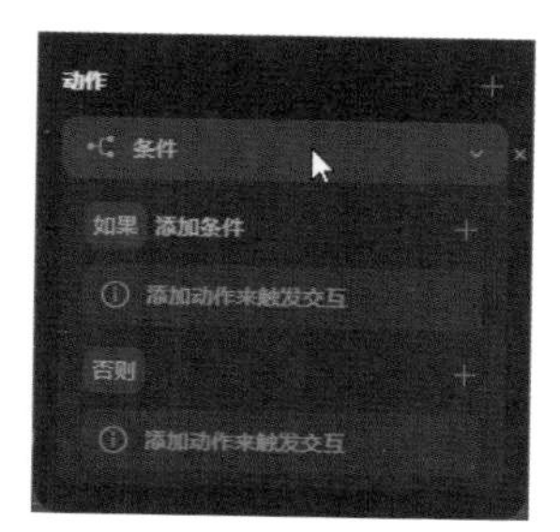

图 6-203　添加条件

6.4.5　启用本地存储

通过在变量上启用本地存储，用户可以使用变量在导出的场景中存储持久性数据。

在“变量”面板中找到要在本地存储中持久化的变量，将光标移动到变量名右侧的“开启本地存储”按钮上，如图 6-204 所示。单击即可启用本地存储，如图 6-205 所示。

图 6-204　移动光标到“开启本地存储”按钮上

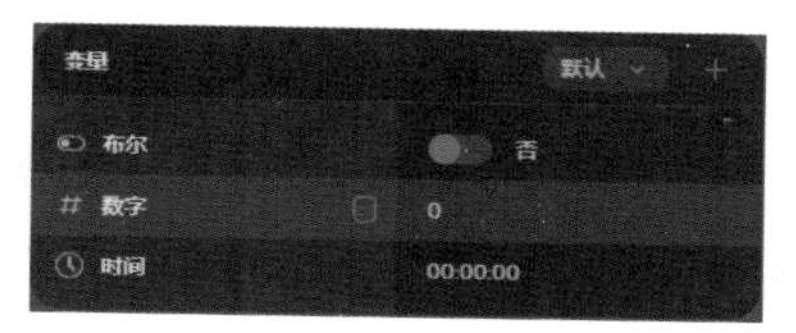

图 6-205　启用本地存储

提示

用户可以使用“清除本地存储”动作将变量的持久性数据重置回其默认值。

6.4.6　清除本地存储

通过“清除本地存储”操作，用户可以使用事件触发器（如鼠标按下）将变量的持久性数据重置回其默认值。

选择场景中的某个对象，新建交互并添加一个事件，添加“清除本地存储”动作，如图 6-206 所示。单击“清除本地存储”动作，在打开的面板底部的下拉列表框中选择“全部变量”选项，将在启用本地存储的情况下，从所有变量中清除持久性数据。选择“单个变量”选项，用户可在弹出的文本框中选择特定变量以清除其持久性数据，如图 6-207 所示。

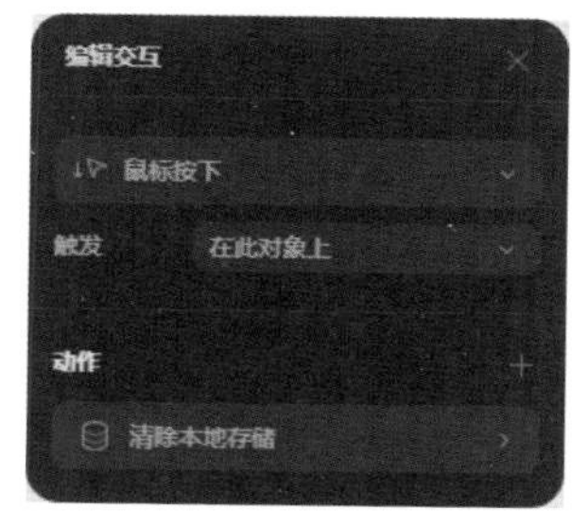

图 6-206　添加“清除本地存储”动作

图 6-207　选择清除变量对象

6.5 本章小结

本章深入阐述了在 Spline 中创建交互动画的方法和技巧。通过讲解制作交互动画所需掌握的各种事件和动作，帮助读者快速理解交互动画制作的原理。通过完成对应的课堂练习，读者应更深入地了解在 Spline 中制作交互动画的流程和要素，充分发挥想象力，制作出效果丰富的交互动画。

6.6 课后习题

完成本章内容学习后，接下来通过几道课后习题测验读者的学习效果，加深读者对所学知识的理解。

一、选择题

在下面的选项中，只有一个是正确答案，请将其选出来并填入括号内。

1. 在 Spline 中，一共为用户提供了（　　）种事件。

A. 18　　B. 19　　C. 20　　D. 21

2. 下列动作选项中，键盘事件不支持的动作是（　　）。

A. 过渡　　B. 声音　　C. 视频　　D. 滚动

3. Spline 不支持导入的动画文件格式为（　　）。

A. FBX　　B. MAX　　C. GLB　　D. GLTF

4. “声音”动作支持的声音文件格式为 MP3 或 WAV，文件大小不能超过（　　）。

A. 1MB　　B. 2MB　　C. 10MB　　D. 12MB

5. 用户可以将“设置变量”动作与（　　）动作结合使用，创建出更复杂的设置变量操作。

A. 条件　　B. 变量控制　　C. 变量变化　　D. 本地存储

二、判断题

判断下列各项叙述是否正确，正确的打“√”，错误的打“×”。

1. Spline 采用基于状态的动画的工作原理，即向一个对象添加多个状态。（　　）

2. 在创建新事件之前，要确保已至少为对象创建了两个状态，两个状态的值可以相同。（　　）

3. 用户可在“游戏控件”事件的“移动”选项中定义角色在场景中的移动方式是“跑”，还是“飞”。（　　）

4. 一个场景中可以有多个“游戏控件”事件，但只有其中一个事件可以定义桌面控制和移动控件。（　　）

5. “变量控制”动作交互类型中，“重置”和“切换”交互仅适用于计数器动态变量。（　　）

三、创新实操

使用本章所学的内容，读者充分发挥自己的想象力和创作力，参考如图 6-208 所示的交互动画效果，制作单击启用开关的交互效果。

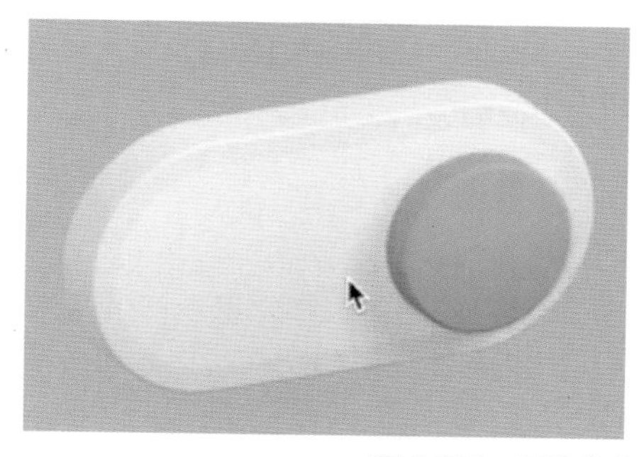
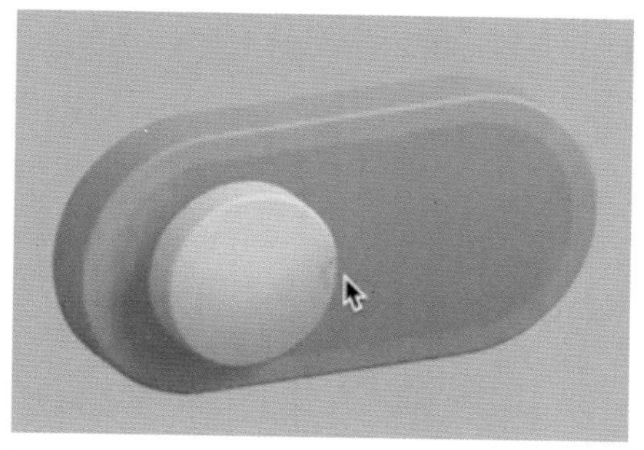

图 6-208　制作单击启动开关的交互动画

第7章 团队协作与导出

Spline 以其实时协作功能脱颖而出，成为团队项目的绝佳工具。用户可以在 Web 浏览器中与团队成员一起微调和评论资产，进行实时的物理模拟和交互，极大地提高了团队协作的效率。同时，Spline 还支持多种导出方式，以满足用户在不同场景的需求。本章将针对 Spline 中的团队协作和文件导出进行详细介绍。

学习目标

- 掌握团队的创建与设置方法。
- 掌握文件共享和实时协作的方法。
- 掌握导出场景的方法和技巧。
- 了解优化导出场景的要点和方法。
- 组织学生分享设计思路，锻炼沟通技巧和表达能力。
- 通过导出 AR 内容，培养学生的社会责任感和使命感。

学习导图

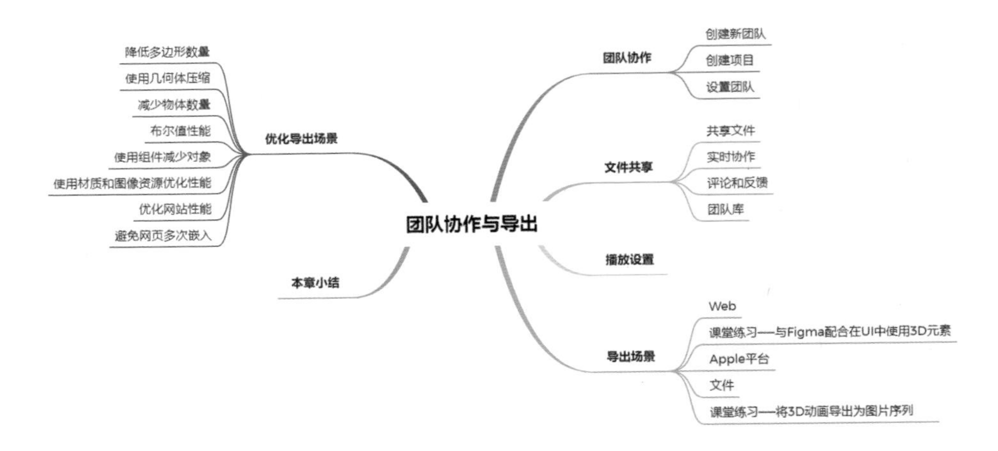

7.1 团队协作

Spline 作为一个先进的 3D 设计和协作平台，为团队协作提供了强大的支持。Spline

允许多个用户同时登录并处理同一个项目，极大地提高了团队协作的效率。设计师、工程师和其他团队成员可以实时查看和编辑 3D 模型，无须等待文件传输或版本冲突。

所有用户的更改都会实时同步到项目中，确保团队成员始终在最新的版本上工作。这种即时性减少了沟通成本和错误，使团队协作更加顺畅。

7.1.1　创建新团队

启动 Spline 软件，单击软件界面左侧边栏“团队”选项下的“创建新团队”按钮，如图 7-1 所示。在弹出的对话框中输入团队名称，如图 7-2 所示。

单击“继续”按钮，在弹出的“邀请团队成员”对话框中输入要邀请加入团队的人员的电子邮件地址，用逗号分隔电子邮件地址，如图 7-3 所示。在弹出的对话框中单击“继续使用基础版”按钮，稍等片刻，即可完成团队的创建，如图 7-4 所示。

图 7-1　创建团队

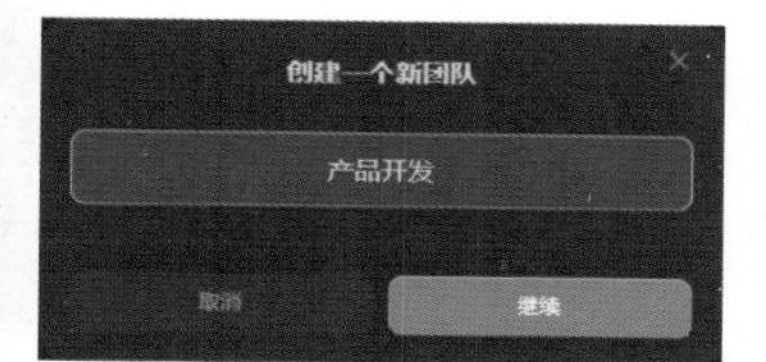

图 7-2　输入团队名称

图 7-3　邀请团队成员

完成团队的创建后，可在软件界面左侧边栏上看到团队名称，如图 7-5 所示。用户可以创建多个团队，单击团队名称即可快速切换到对应团队，如图 7-6 所示。

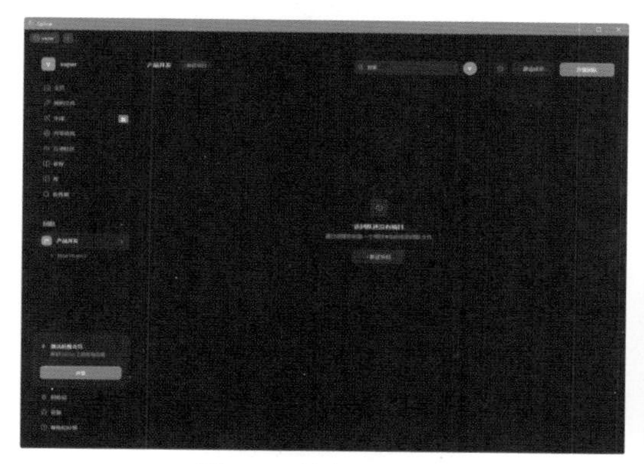

图 7-4　创建团队项目

图 7-5　团队名称

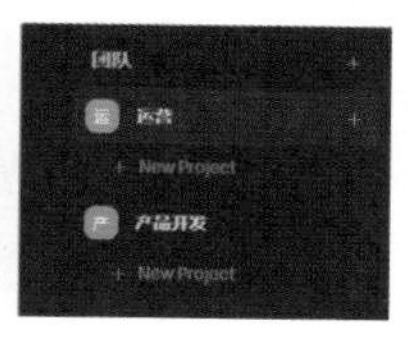

图 7-6　切换团队

7.1.2 创建项目

选择想要创建项目的团队后，单击团队名称右侧的“+”按钮或团队名称下的“+ New Project”选项，也可以单击软件界面右侧的“新建项目”按钮或顶部的“新建项目”按钮，如图 7-7 所示。

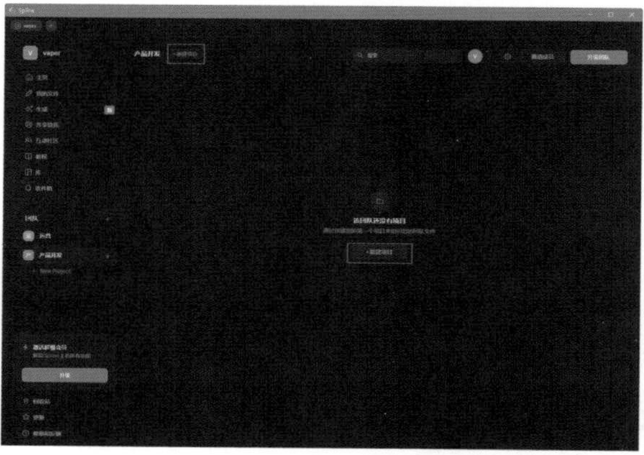

图 7-7 新建项目

在弹出的“创建新项目”对话框中输入项目名称，如图 7-8 所示。单击“创建”按钮，即可完成项目的创建，新项目将显示在界面的右侧，如图 7-9 所示。

图 7-8 “创建新项目”对话框

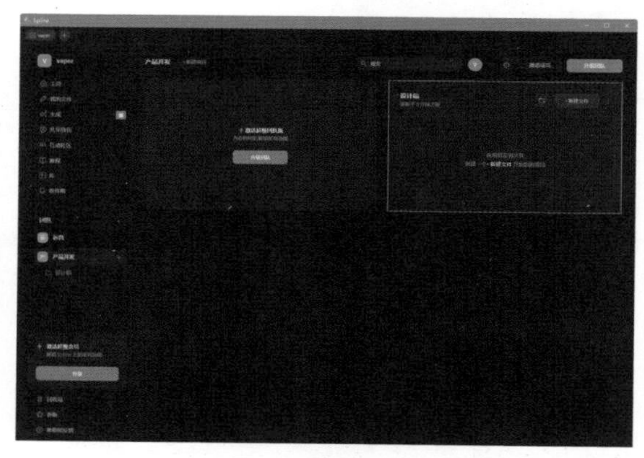

图 7-9 新建项目

单击新项目中的“新建文件”按钮，即可在新项目中新建一个文件，如图 7-10 所示。单击右侧的■按钮，在打开的下拉列表框中可以完成“重命名”项目名称和“删除项目”的操作，如图 7-11 所示。

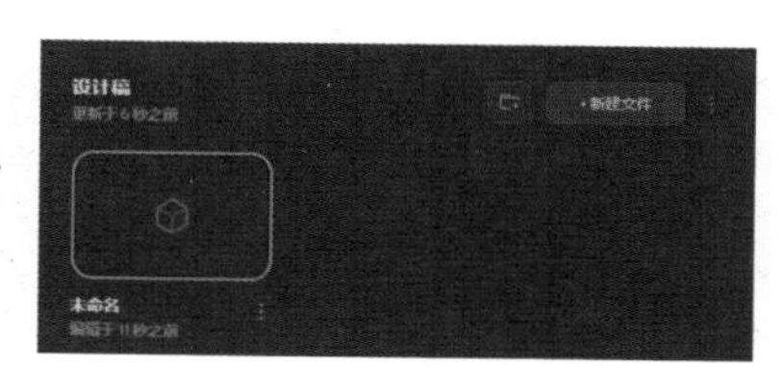

图 7-10 新建文件

图 7-11 重命名和删除项目

7.1.3　设置团队

单击软件界面右上角的按钮，即可进入团队设置界面，如图 7-12 所示。用户可在团队设置界面中完成修改团队名称、查看团队成员和永久删除团队等操作。

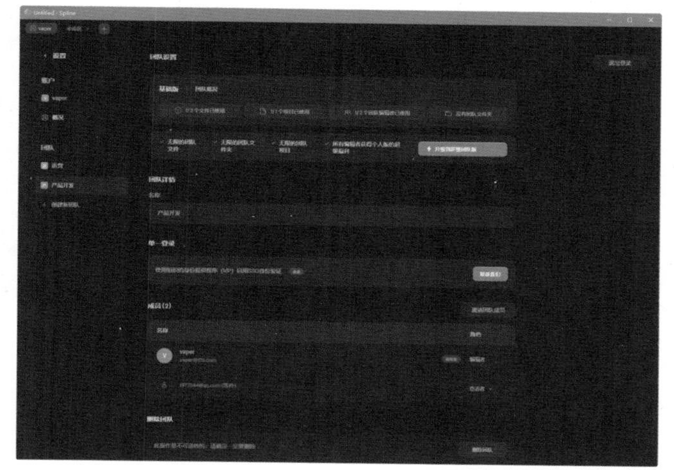

图 7-12　团队设置界面

单击“邀请团队成员”按钮，用户可在弹出的“邀请团队成员”对话框中再次邀请团队成员，并分别设置为“可查看”或“可编辑”成员，如图 7-13 所示。

在“成员”选项中，每一个成员的右侧都显示其在团队中的角色，包括所有者、编辑者和查看者 3 种，如图 7-14 所示。“所有者”是指创建团队的成员；“编辑者”是指具有完全权限的成员，如创建和编辑文件；“查看者”是指可以查看所有团队文件及在编辑器中查看文件的成员。

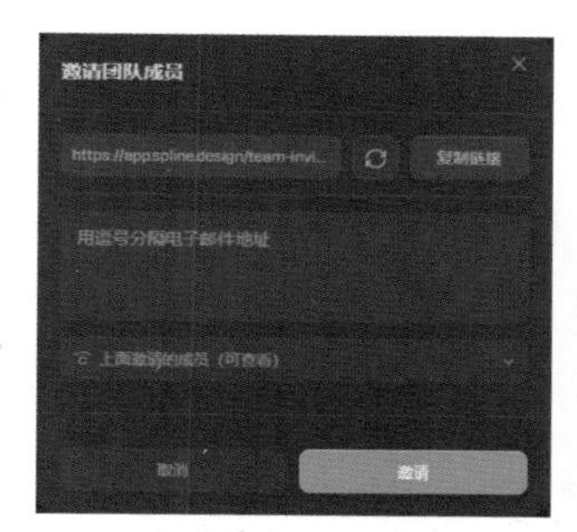

图 7-13　邀请团队成员

图 7-14　成员角色

7.2 文件共享

Spline 是一种协作工具，用户可以邀请其他人并实时处理同一文件。要邀请某人访问自己的某个文件，需要提供用于共享文件的账户电子邮件。

7.2.1　共享文件

在团队项目中想要共享的文件上单击鼠标右键，在弹出的快捷菜单中选择“分享”命令，如图 7-15 所示。在弹出的“分享未命名”对话框中输入想要共享文件的账户的电子邮件，并选择受邀者的角色，单击“邀请”按钮，即可共享文件，如图 7-16 所示。

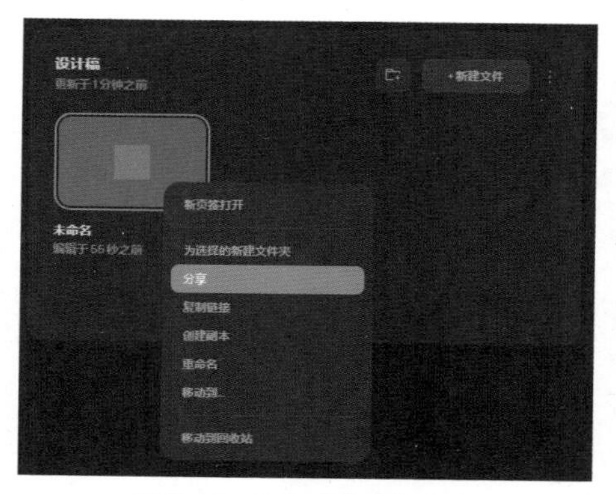

图 7-15　选择“分享”命令

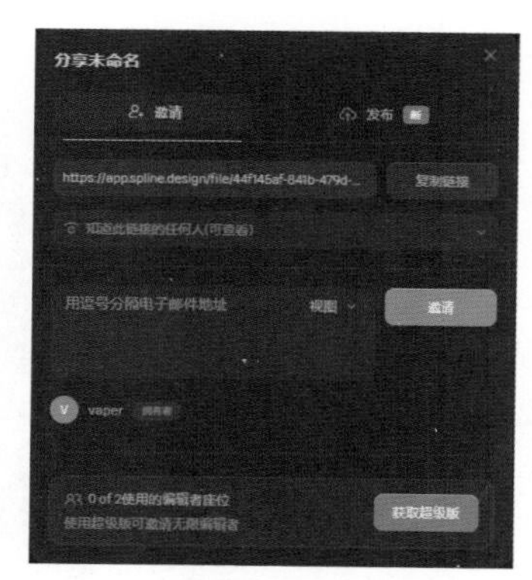

图 7-16　“分享未命名”对话框

用户也可以单击“复制链接”按钮，然后将复制的链接粘贴给想要分享的用户，用户通过单击链接即可查看共享文件。

7.2.2　实时协作

从历史上看，3D 创作的主要方式是单个用户先构建单个文件，然后再手动与其他合作的人员来回共享这些文件。

在 Spline 中，通过实时协作可以让用户与其他人一起处理同一文件，并能够立即看到更改的效果。而且不用怀疑正在处理的文件是否是最新更改的文件，因为所有文件都是自动保存的。

用户可以通过查看软件界面右上角的活动用户面板来查看当前谁在处理文件内容，如图 7-17 所示。单击“分享”按钮，弹出“分享未命名”对话框，用户可以在其中邀请其他人加入自己的文件。

在画布上，其他用户的指针和标签能够让用户知道他们当前在场景中的位置，如图 7-18 所示。

图 7-17　活动用户面板

图 7-18　其他用户在当前场景中的位置

7.2.3　评论和反馈

评论允许用户在 Spline 中与团队和朋友进行更直观的协作工作流程。只需在 3D 场景上发表评论，即可留下反馈、保存笔记或分享想法。

单击工具栏中的“评论”按钮，或按 C 键，在视口中需要创建注释的位置单击，即可创建注释，如图 7-19 所示。在文本框中输入内容，如图 7-20 所示。

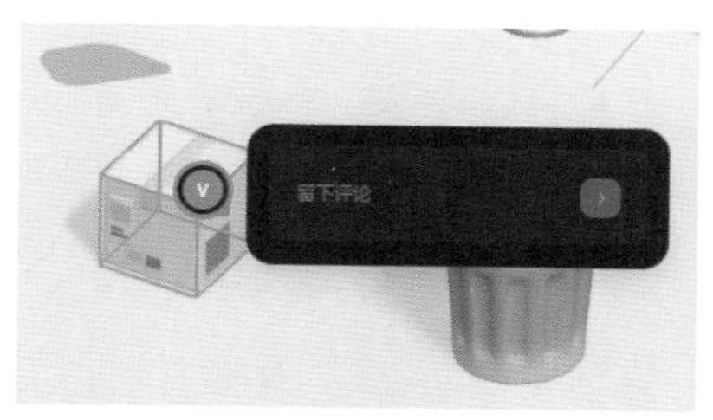

图 7-19　创建注释

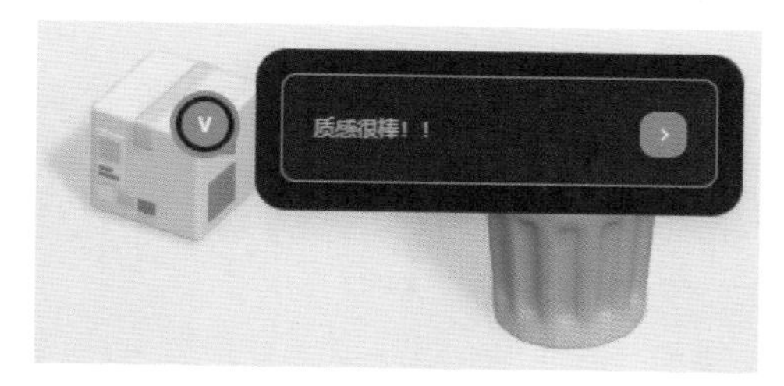

图 7-20　输入注释

单击发送按钮▶或按 Enter 键，即可完成注释的创建，如图 7-21 所示。注释将粘附在 3D 空间中的对象上，用户可通过拖曳注释图钉的方式改变注释的位置，如图 7-22 所示。

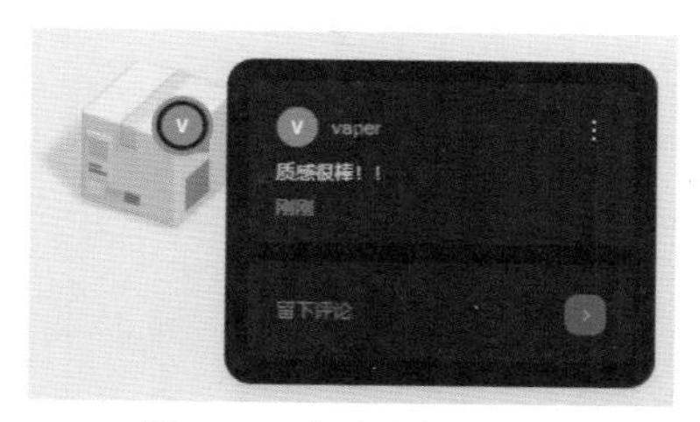

图 7-21　完成注释的创建

图 7-22　移动注释位置

单击注释图钉即可展开注释面板，用户可在注释下方的文本框中输入文字回复评论，如图 7-23 所示。单击面板右上角的⋮按钮，在打开的下拉列表框中选择“删除对话”选项或按 Delete 键，即可删除该注释，如图 7-24 所示。

图 7-23　回复评论

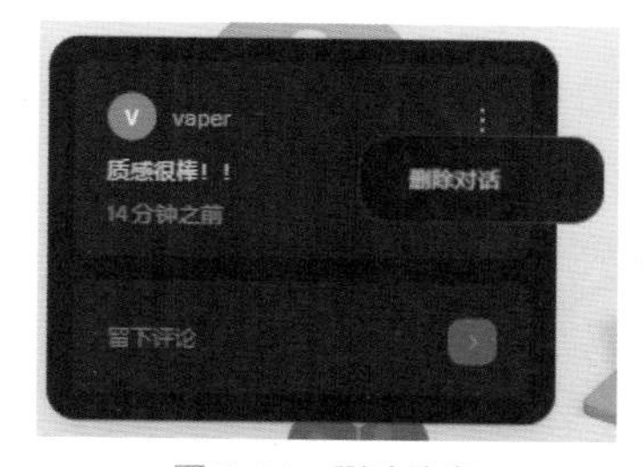

图 7-24　删除注释

提示

编辑者可以删除/解决所有人的评论或回复，而查看者只能删除自己的评论和回复。

7.2.4　团队库

团队库是一个包含组件、材质、颜色、图像和音频资产的库，供团队使用。用户可以轻松地跨文件交叉引用和更新它们，而无须单独更新。使用团队库能够简化协作并建立高效的设计系统。

1. 创建团队库

由于团队库仅供团队使用，因此创建或打开的文件应在团队中。选择软件界面左侧栏中的“资产”选项卡，单击“资产管理”按钮，如图 7-25 所示。在弹出的“资产管理”对话框中单击“发布库”按钮，稍等片刻，即可创建团队库，如图 7-26 所示。

提示

最好为团队库创建专用文件，如 3D 设计系统，用户可以在多个文件中引用该文件并对其进行更新。

将光标移动到“激活”按钮上，当按钮变成“禁用库”后单击，如图 7-27 所示。此文件上的资源在其他团队文件中将不可见，并且将断开与其他文件中已使用的资源的连接。再次启用该库，将重新连接其他文件中使用的资源。

图 7-25 “资产”选项卡

图 7-26 创建团队库

图 7-27 禁用库

2. 在其他文件上使用团队库

打开团队中的文件，选择左侧栏中的“资产”选项卡，单击“资产管理”按钮，弹出“资产管理”对话框，如图 7-28 所示。默认情况下，团队库为关闭状态，单击右侧开关将团队库打开，如图 7-29 所示。

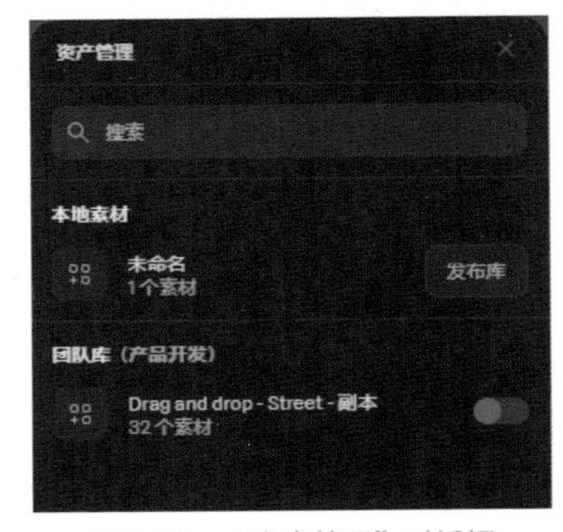

图 7-28 “资产管理”对话框

图 7-29 打开团队库

在“资产”选项卡的下拉列表框中选择团队库，如图 7-30 所示。用户可以从资产浏览器中拖放组件或材质。选择对象后，可以直接在资产浏览器中访问已启用的库并交换它们（如组件、材质、颜色、图像、音频或媒体）。

3. 推送新更改

打开“团队库”文件，对文件的资产（如组件、材质、颜色、图像、媒体或音频）进行更改。单击“资产”选项卡中的“Push New Changes（推送新更改）”按钮，即可更新团队库，如图 7-31 所示。

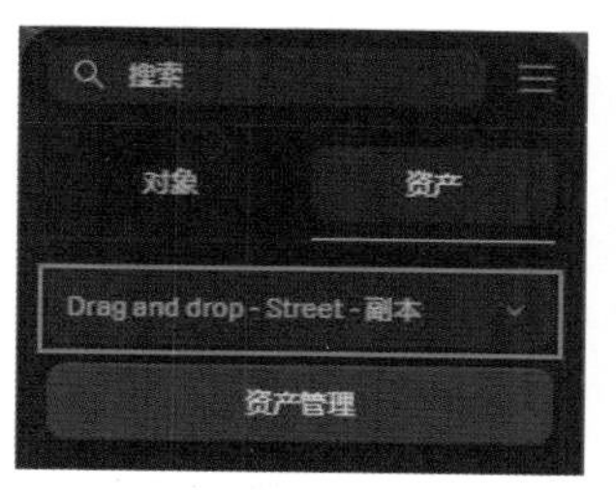

图 7-30 选择团队库

图 7-31 推送新更改

7.3 播放设置

单击工具栏中的“导出”按钮，在弹出的对话框中选择“播放设置”选项卡，如图 7-32 所示。通过设置“播放设置”选项卡中的选项，用户可以在播放模式下或导出场景时控制场景的许多不同属性。

用户可在“主场景”选项后的下拉列表框中选择最先加载的场景。在“相机”选项后的下拉列表框中选择哪个摄像机是场景的主摄像机，如图 7-33 所示。这在与他人协作时非常有用，因此每个人在播放模式下或导出时都会看到相同的最终结果。

如果购买了超级版，则可以单击 Logo 选项后的“否”按钮，从公共 URL、查看器签入和代码导出中删除 Spline 的标志，如图 7-34 所示。

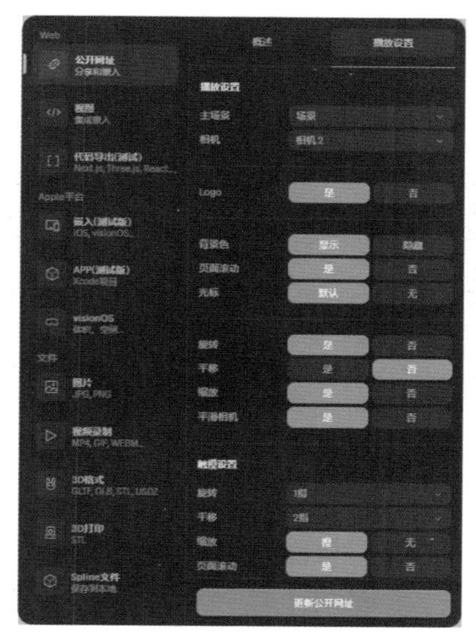

图 7-32 “播放设置”选项卡

图 7-33 选择主场景和相机

图 7-34 是否显示 Spline 标志

单击“背景色”选项后的“隐藏”按钮，选择隐藏场景的背景颜色以嵌入透明背景。单击“页面滚动”选项后的“否”按钮，播放时将禁止滚动页面。单击“光标”选项后的“无”按钮，选择隐藏光标，如图 7-35 所示。

用户可通过单击旋转、平移和缩放选项后的按钮，决定是否要通过旋转、平移和缩放来锁定场景中的运动。单击“平滑相机”选项后的“是”按钮，将使动态观察场景更流畅，如图 7-36 所示。

用户可在“触摸设置”选项中调整用户在触摸屏上与场景交互的方式。在“旋转”选项后的下拉列表框中选择在触摸屏上旋转操作的方法。单击“缩放”选项后的“是”按钮，用户可通过捏合手势进行缩放操作。单击“页面滚动”选项后的“是”按钮，则在 Spline 场景中滑动时，页面将滚动，如图 7-37 所示。

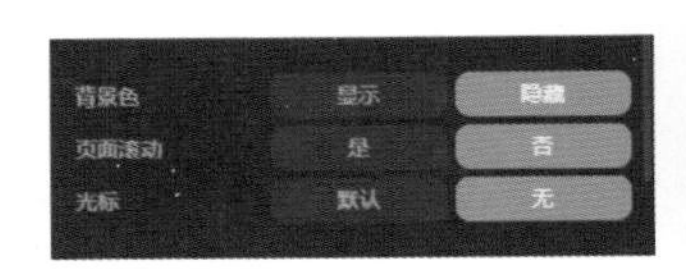

图 7-35　设置背景色、页面滚动和光标

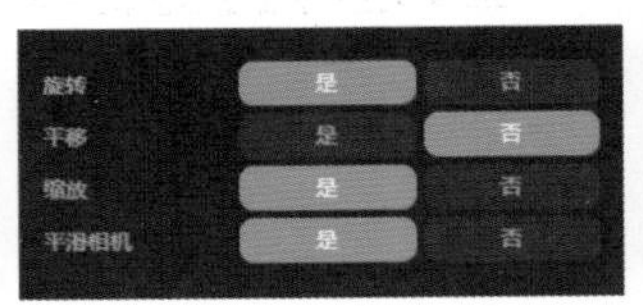

图 7-36　设置旋转、平移、缩放和平滑相机

图 7-37　触摸设置

启用“鼠标悬停”功能，用户可以设置在整个场景中添加悬停的效果。在“行为”选项后的下拉列表框中选择使用“轨道相机”或“平移相机”；在“灵敏度”选项后的文本框中输入数值或拖曳滑块，调整悬停效果的灵敏度，灵敏度值将使效果更强或更微妙；在“减震”选项后的文本框中输入数值或拖曳滑块，设置效果的阻尼；单击“重置条件”选项后的“鼠标出界”按钮，悬停将每次都起作用，单击“不重置”按钮，悬停将只工作一次，如图 7-38 所示。

用户可在“旋转限制”和“平移限制”选项中设置从相机的起始位置到特定位置的限制。对旋转操作进行限制。在“轴向”选项后的下拉列表框中选择在哪个方向应用限制；在“顶视图”“底部半径”“左视”“右视”选项后的文本框中输入数值或拖曳滑块，为每个方向设置精确的轨道和平移限制；在“软性限制”选项后的下拉列表框中选择相应的选项，定义相机在释放时弹回其初始位置的行为，如图 7-39 所示。

图 7-38　设置鼠标悬停

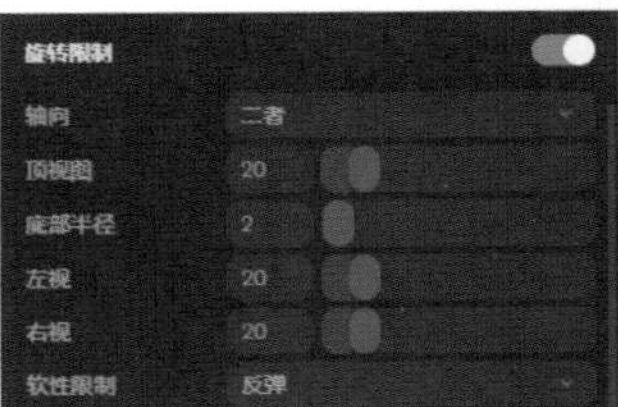

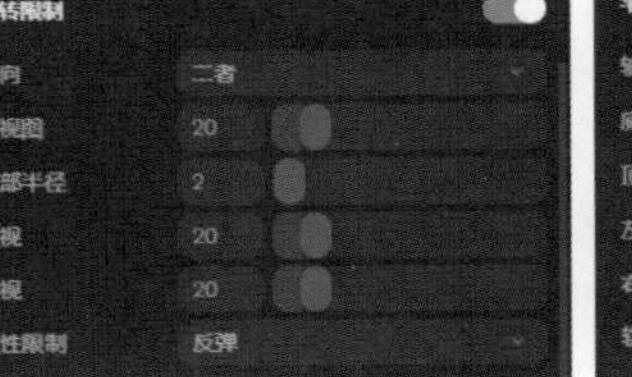

图 7-39　旋转限制和平移限制

“缩放限制”选项可以控制主摄像头允许的“最小”和“最大”缩放百分比，如图 7-40 所示。“旋转动画”选项允许用户在 Y 轴上向场景添加自动旋转，在“速度”选项后的文本框中输入数值，用来定义旋转的速度；单击“轴向”选项后的按钮，可以定义旋转的方向，如图 7-41 所示。

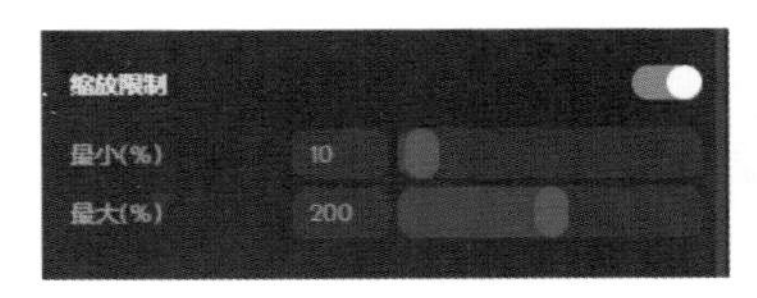

图 7-40　缩放限制

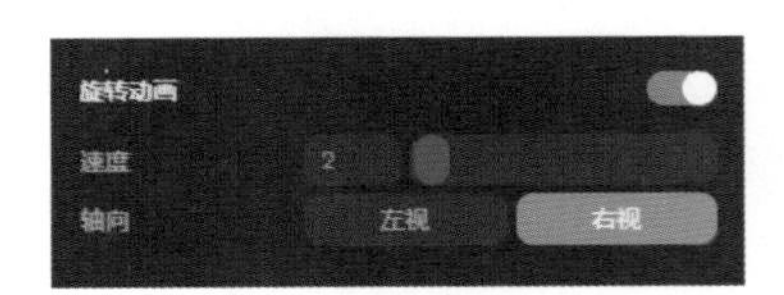

图 7-41　旋转动画

在“交互行为”选项中定义使用单击或触摸对象的事件的行为（如“鼠标按下”事件）。在“触发”选项后的下拉列表框中选择“忽略对象”选项，如果一个对象被另一个对象遮挡，则可以单击被挡住的对象。选择“对象上停止”选项，如果一个对象被另一个对象遮挡，则只能单击未被遮挡的对象，如图 7-42 所示。

在“材质”选项中设置玻璃精密度为“丰富”或“正常”，如图 7-43 所示。单击“丰富”按钮，会增加编辑器和导出的压力。

图 7-42 交互行为

图 7-43 材质

7.4 导出场景

完成场景的制作后，用户可根据个人需求将场景文件导出为 Web 文件、Apple 平台文件和多种文件格式。通过选择合适的导出格式和方式，可以轻松地将 3D 场景应用到各种场景和平台中。

7.4.1 Web

Spline 允许用户将 3D 设计轻松地转化为可交互的 Web 内容，并在各种设备和平台上进行展示和应用，用来创建交互式产品展示、虚拟展览、在线教育等多种场景。

1. 公开网址

“公开网址”链接通常用于通过链接共享用户的场景。而嵌入代码则用于将场景嵌入到其他工具中，如 Figma、Adobe XD、WordPress、Framer、Typedream 等。

完成场景的制作后，单击工具栏中的“导出”按钮，在弹出的对话框左侧选择“公开网址”选项，如图 7-44 所示。单击“复制链接”按钮，打开浏览器将复制的链接粘贴到地址栏中，效果如图 7-45 所示。

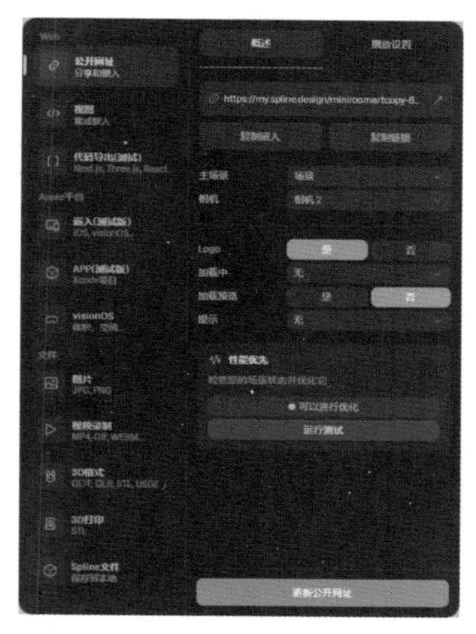
图 7-44 选择“公开网址”选项

图 7-45 浏览器中的显示效果

如果场景或导出设置上有任何其他更改，可单击对话框底部的“更新公开网址”按钮，以反映最新更改。

课堂练习——与 Figma 配合在 UI 中使用 3D 元素

Step 01 启动 Figma 并将 Login.fig 素材文件打开，效果如图 7-46 所示。选中界面中的底图，如图 7-47 所示。

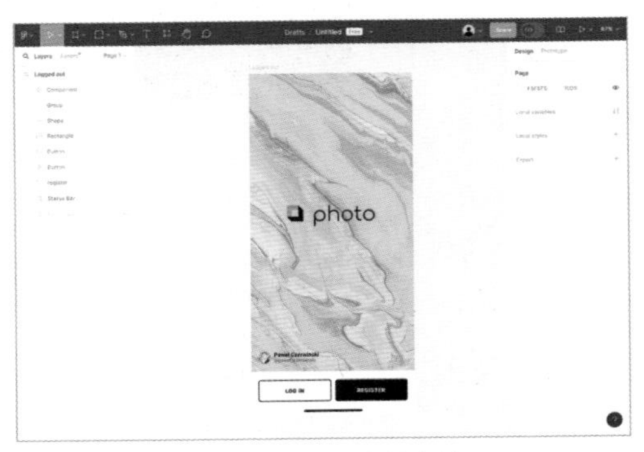

图 7-46　打开素材文件

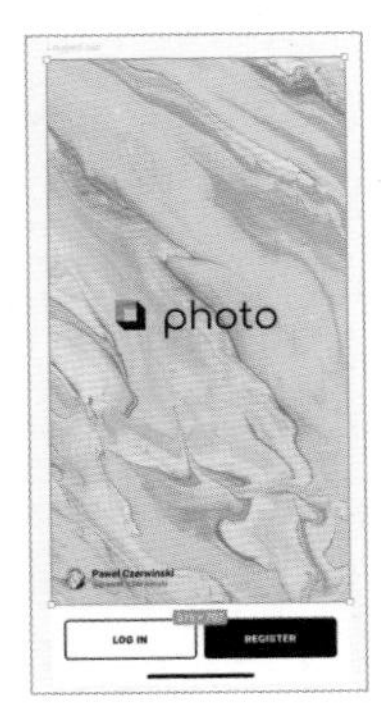

图 7-47　选中底图对象

Step 02 单击顶部工具栏中的 Resources 按钮，在 Plugins 选项的下拉菜单的搜索栏中输入 anima，单击显示内容右侧的 Run 按钮，如图 7-48 所示。Anima 插件界面如图 7-49 所示。

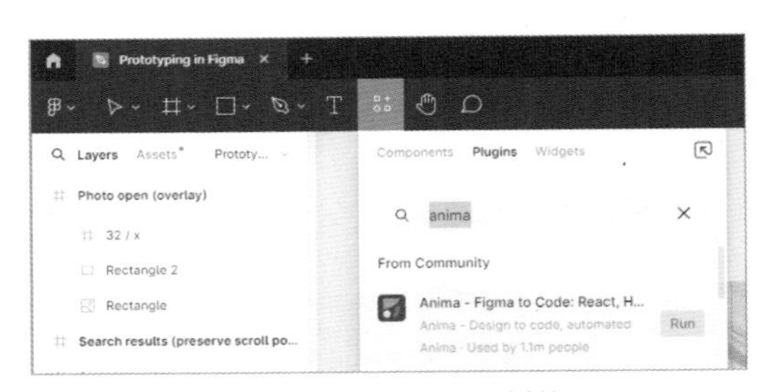

图 7-48　安装 Anima 插件

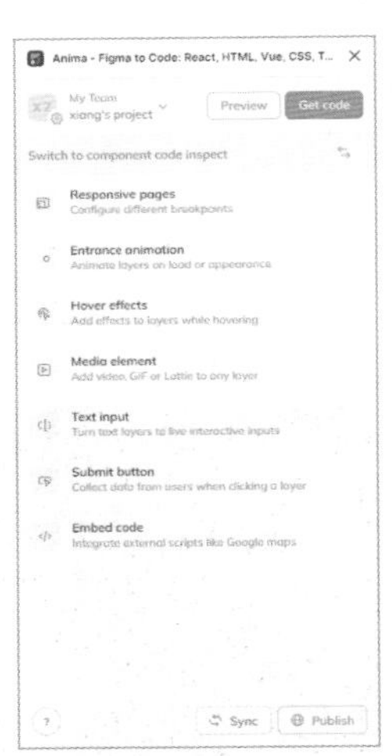

图 7-49　Anima 插件界面

提示

Anima 为 Figma 的一款插件。在使用前需要用户先注册一个账号，登录并与 Figma 关联后才能正常使用。

Step 03 单击 Spline 导出对话框中的“复制嵌入”按钮，如图 7-50 所示。选择 Anima 界面中的 Embed code 选项，将复制的代码粘贴到文本框中，如图 7-51 所示。

图 7-50　复制嵌入

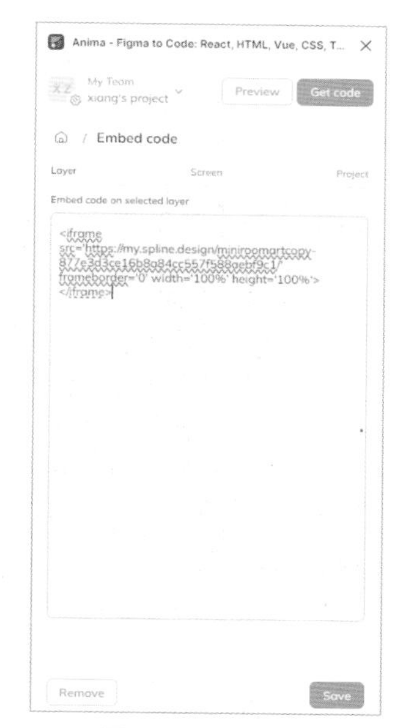

图 7-51　粘贴代码

Step 04 单击 Save 按钮，单击 Preview 按钮，UI 界面中 Spline 动画的应用效果如图 7-52 所示。

图 7-52　UI 界面中的 Spline 动画效果

2. 视图

导出视图是一种更灵活的导出方式，可以将 Spline 场景嵌入到网站中。

完成场景的制作后，单击工具栏中的“导出”按钮，在弹出的对话框左侧选择“视图”选项，如图 7-53 所示。单击“复制嵌入”按钮，如图 7-54 所示。将复制内容粘贴到用户的 Web 构建器中。

用户可以使用 iFrame 嵌入导出的公开网址，而导出的视图是本地 HTML 组件，能够实现更大的灵活性。视图能够捕获在画布之外发生的交互，使 3D 内容能够更好地与其嵌入的网页链接（例如，根据鼠标在整个网页上的位置或网页的滚动状态创建交互）。

全局事件是在整个浏览器窗口中发生的事件。本地事件仅在画布（或 iFrame）内发生，两者的特点及区别如表 7-1 所示。

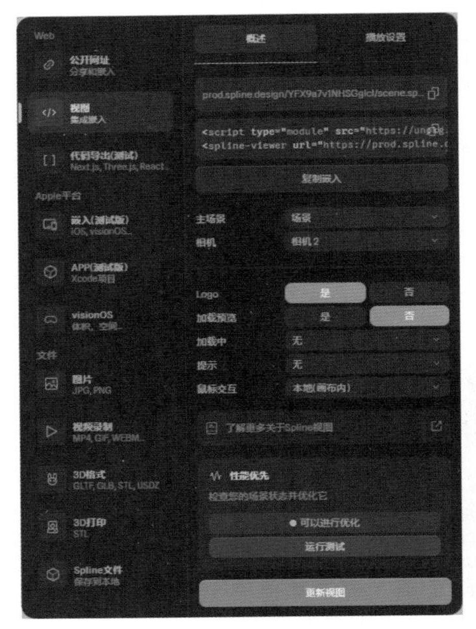

图 7-53　选择“视图”选项

图 7-54　复制嵌入

表 7-1　全局事件和本地事件的特点及区别

特　　点	公开网址	视　　图
无须 iFrame 即可工作	否	是
查看事件	本地	全局/本地
关注事件	本地	全局/本地
滚动事件	本地	全局/本地

提示

iFrame 是一种 HTML 元素，通常用于在网页上嵌入内容。iFrame 仅捕获本地内发生的情况。

3. 代码导出

Spline 允许用户将场景的代码导出为 Vanilla JS、Three.js、React、Next.js 和 react-three-fiber。动画和事件仅在导出到 Vanilla js 和 React 时启用。

完成场景的制作后，单击工具栏中的“导出”按钮，在弹出的对话框左侧选择“代码导出”选项，如图 7-55 所示。在对话框右侧顶部的下拉列表框中选择要导出的代码类型，如图 7-56 所示。

URL 代码生成后，用户可以复制代码，将其作为 CodeSandbox 项目打开，或下载本地文件以自行托管。

在下拉列表框中选择 Vanilla JS（网页内容）选项，如图 7-57 所示。单击“下载 ZIP 包”按钮，将代码下载为 ZIP 文件。将 ZIP 文件解压并直接添加到自己的 Web 项目中。ZIP 文件结构如图 7-58 所示。

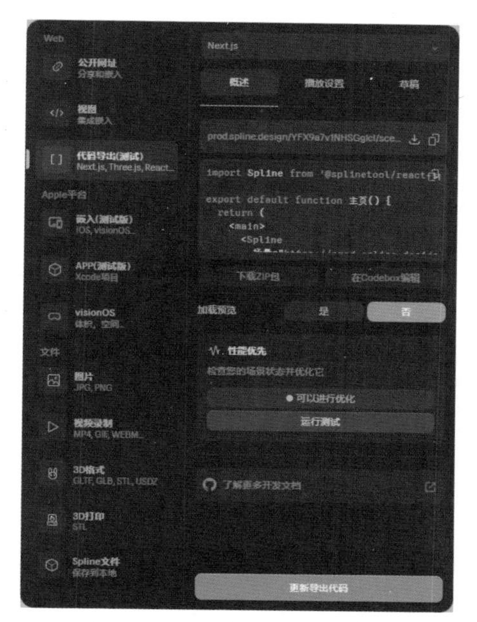

图 7-55　选择“代码导出”选项

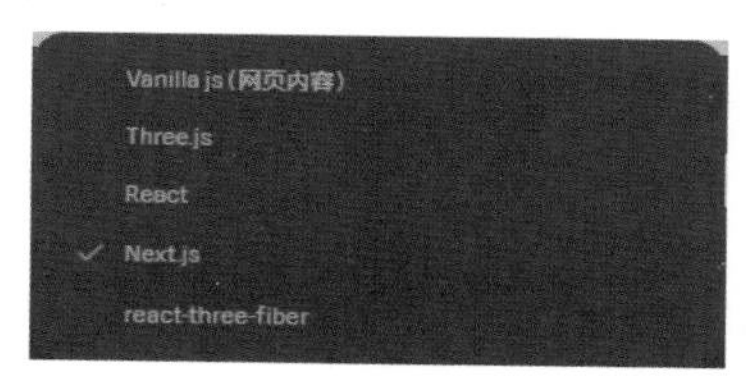

图 7-56　选择导出的代码类型

图 7-57　选择 Vanilla.JS 选项

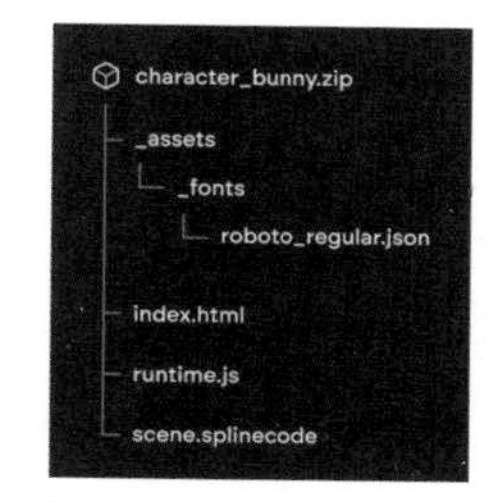

图 7-58　ZIP 文件结构

提示

index.html 内部有一个 Canvas 元素，用于运行 WebGL 3D 图形。

7.4.2　Apple 平台

Spline 通过其 Metal 渲染器为 Apple 平台提供了强大的原生 3D 支持。这一功能使得开发者能够充分利用 Apple 设备的图形处理能力和性能优势，为用户提供高质量的 3D 体验。

使用基于 Metal 的渲染器，用户可以在 Swift UI 项目中嵌入原生 3D 内容。这款原生渲染器使用户能够将 Spline 中制作的 3D 场景中的所有交互性带到 Apple 设备上，并充分利用了 iPhone、iPad 或 Mac 等 Apple 设备中的所有原生性能。

提示

要想在本地设备上测试 App，需要一个免费的 Apple ID。要在 App Store 上发布 App，需要先注册 Apple Developer Program。为了能在 Xcode 中构建 App，用户需要一个团队 ID。

要使用从 Spline 生成的 Xcode 项目构建 App，需要 Xcode。Xcode 仅适用于 Mac OS，用户可通过 Mac App Store 或 Apple 开发者网站下载 Xcode 的最新版本。

运行 Spline iOS 的设备、操作系统和芯片要求如表 7-2 所示。

表 7-2 运行 Spline iOS 的设备、操作系统和芯片要求

设　　备	操作系统	芯　　片
iPhone	iOS 16.0 及更高版本	A13 及更高版本
iPad	iPadOS 16.0 及更高版本	A13 及更高版本
Mac	macOS 13.0 及更高版本	Apple Silicon
Vision Pro	VisionOS 1.0	M2
苹果电视	不支持	-
Apple Watch	不支持	-

1. 嵌入

如果需要使用 Spline 原生嵌入，需要将 Spline iOS 运行时集成到 Xcode 项目中。这意味着如果想构建 iOS 应用程序，则必须安装 Xcode。Xcode 仅适用于 Mac OS。

完成场景的制作后，单击工具栏中的“导出”按钮，在弹出的对话框左侧选择“嵌入”选项，如图 7-59 所示。单击界面右侧底部的“更新”按钮，查看场景中所做的所有更新。单击“将场景下载到本地”按钮，在本地加载 Spline 场景，如图 7-60 所示。

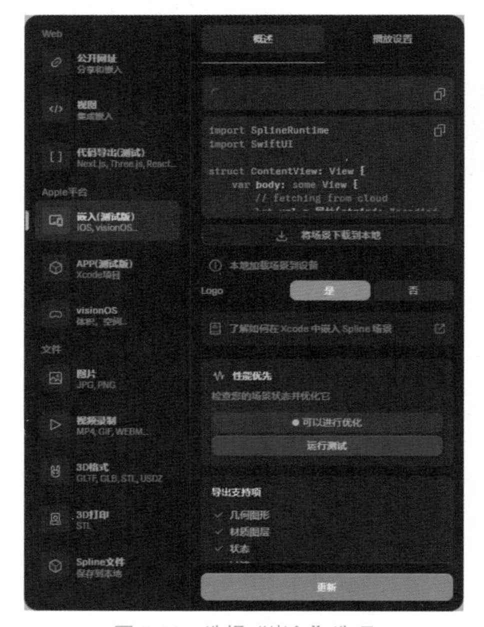

图 7-59 选择“嵌入”选项

图 7-60 将场景下载到本地

2. App

App Generation 允许用户直接从 Spline 生成预构建的 Xcode 项目，然后使用基于 Metal 的渲染器在 App Store 中发布。基于 Metal 的渲染器使用户能够将 Spline 制作的 3D

设计中的所有交互性带到 Apple 设备上。它还充分利用了 iPhone、iPad 或 Mac 等 Apple 设备的所有原生性能。

完成场景的制作后，单击工具栏中的“导出”按钮，在弹出的对话框左侧选择“APP”选项，如图 7-61 所示。填写必需的设置以构建 Xcode 项目，单击“生成”按钮，即可完成 App 的生成。

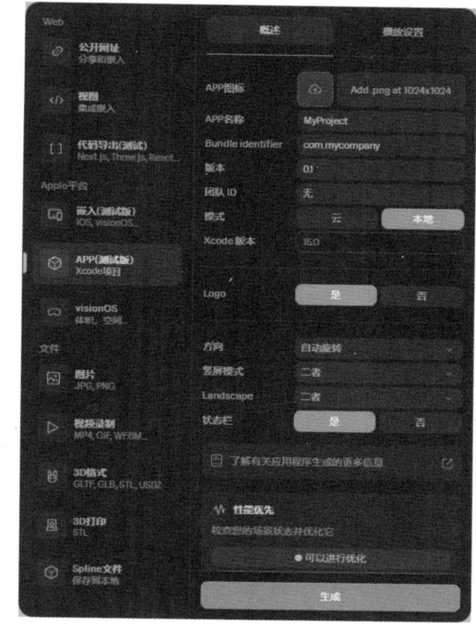

图 7-61　选择“APP”选项

3. visionOS

借助 Spline Mirror for visionOS，可以在 Apple Vision Pro 上体验用 Spline 制作的 3D 内容，这是对用户为 Apple、Osobos 和 iOS 等平台导出 3D 设计的工作流程的补充。

从 Apple App Store 下载最新版本的 Spline Mirror for visionOS，然后登录 Spline 账户，如图 7-62 所示。如果是第一次尝试 Spline，可以从 Vision Pro 注册，但需要访问 Spline 编辑器来编辑或创建新场景。如果用户还没有为 Apple 平台导出任何场景，可以随时打开并体验 Spline 库中的示例或访问标签页，如图 7-63 所示。

图 7-62　登录 Spline 账户

图 7-63　Spline 库

提示

如果是第一次将 Spline Mirror 用于 visionOS 或为 Apple 平台导出，用户将不会在选项卡上看到任何场景。用户需要在桌面上使用 Spline 编辑器来创建和导出场景。

完成场景的制作后，单击工具栏中的“导出”按钮，在弹出的对话框左侧选择“visionOS”选项，如图 7-64 所示。用户可在 View Mode 选项后的下拉列表框中选择 Windows、Volume 和 Immersive 3 种视觉表现形式，每种视觉表现形式的空间类型如图 7-65 所示。

Windows 可以在平面上显示内容，并使用 2D 和 3D 内容，如图 7-66 所示。用户可以在 iOS/iPad OS 中将 Spline Apple 嵌入用于普通应用的方式中使用它们。同时，可以使用 SwiftUI 与原生 UI 进行补充。

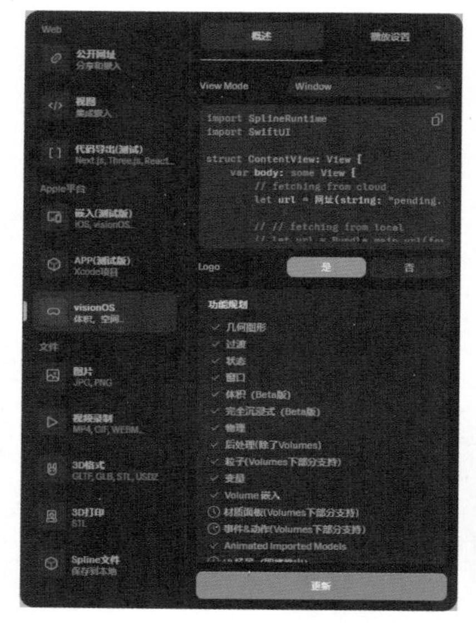

图 7-64　选择“visionOS”选项

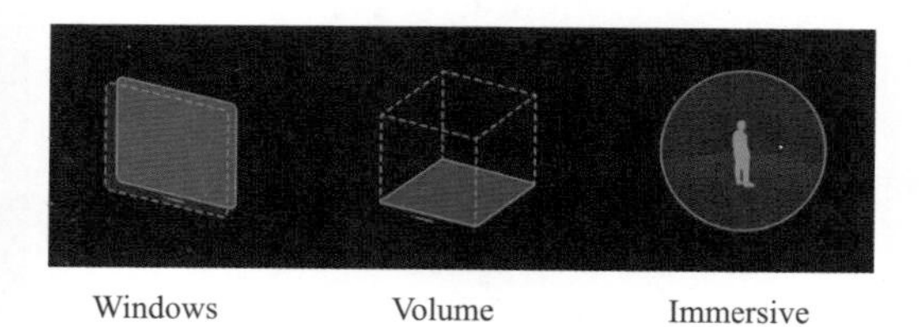

图 7-65　视觉表现形式的空间类型

Volumes 是 3D 容器，可以与用户的空间一起渲染，如图 7-67 所示。它们存在于一个边界框内，其大小可以自定义以满足用户的需求。

图 7-66　Window 视觉表现形式

图 7-67　Volumes 视觉表现形式

Immersive 是空间，为了获得身临其境的体验，应用程序可以占据整个空间，应用程序的内容在用户周围扩展，如图 7-68 所示。

图 7-68　Immersive 视觉表现形式

7.4.3　文件

Spline 提供了多种导出格式和灵活的配置选项，以满足不同用户的需求和应用场景。用户可以根据自己的实际情况选择合适的导出格式和配置选项，将 Spline 中的 3D 设计转化为所需的文件格式。

1. 图片

在导出图片前，应先确保导出文件的尺寸。单击工具栏中的“编辑画布”按钮，场景中出现如图 7-69 所示的控制框。拖曳调整控制点，获得满意的导出尺寸，如图 7-70 所示。

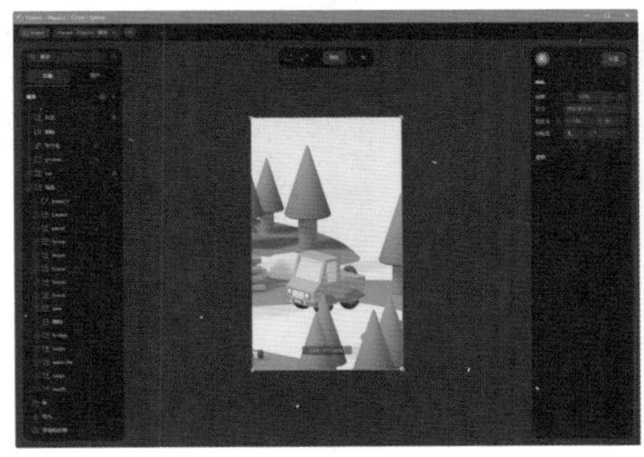
图 7-69　编辑画布

图 7-70　调整画布尺寸

单击“关闭”按钮，调整导出图片的角度，单击“导出”按钮，在弹出的对话框左侧选择“图片”选项，如图 7-71 所示。在“格式”选项后的下拉列表框中选择导出图片格式为 JPG 或 PNG。在“比率”选项后的文本框中输入数值或拖曳滑块，调整导出图片的质量。单击“背景色”选项后的“隐藏”按钮，选择导出透明背景图片，如图 7-72 所示。

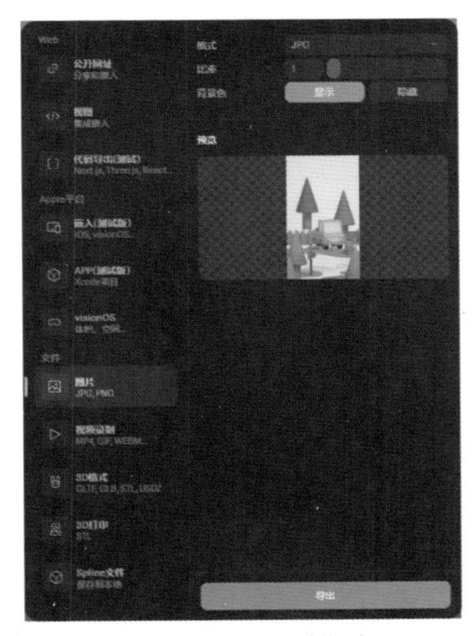

图 7-71　选择“图片”选项

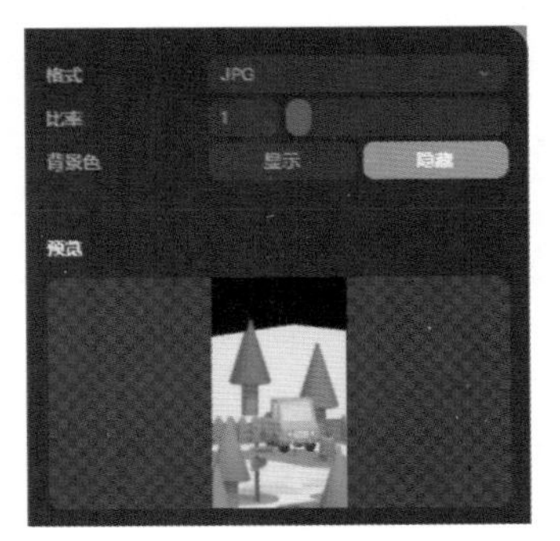

图 7-72　导出图片参数

单击对话框底部的“导出”按钮，即可将场景导出为指定图片格式。用户也可以在属性栏的“画布”选项的“尺寸”选项后的下拉列表框中选择预设的画布尺寸，如图 7-73 所示。

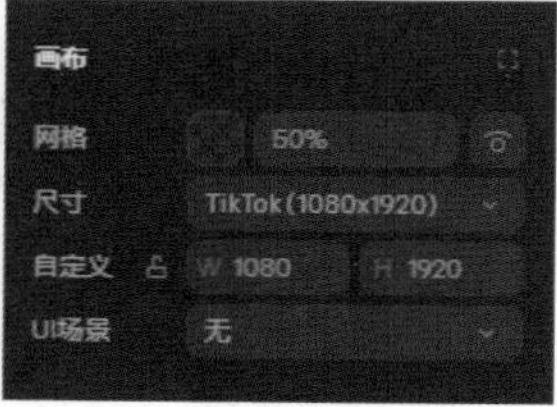

图 7-73　选择预设画布尺寸

2. 视频录制

完成场景的制作后，单击工具栏中的“导出”按钮，在弹出的对话框左侧选择“视频录制”选项，如图 7-74 所示。在“格式”选项后的下拉列表框中选择导出视频的格式，如图 7-75 所示。

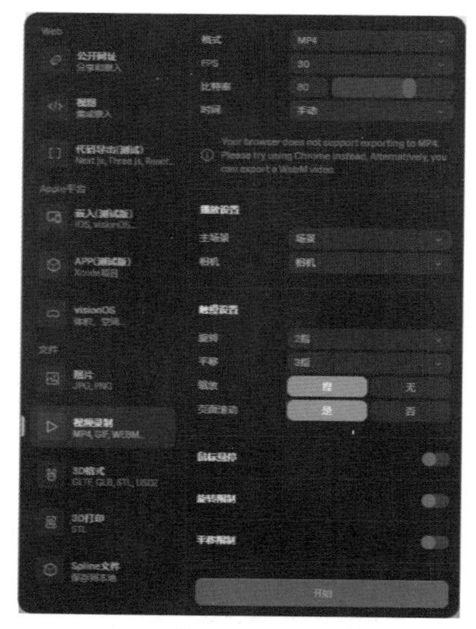

图 7-74　选择“视频录制”选项

图 7-75　选择导出视频格式

在 FPS 选项后的下拉列表框中选择帧频。在“比特率”选项后的文本框中输入设置或拖曳滑块，设置视频的比特率。

在“时间”选项后的下拉列表框中选择使用“固定”持续时间或“手动”持续时间进行录制。如果选择“固定”持续时间，并单击“开始”按钮开始录制，将在设定的“持续”时间内自动停止，如图 7-76 所示。如果选择“手动”持续时间，可以继续录制，直到用户决定单击“停止”按钮后才停止录制，如图 7-77 所示。

图 7-76　“固定”持续时间录制

图 7-77　“手动”持续时间录制

录制完视频后，系统会提示用户保存视频。

课堂练习——将 3D 动画导出为图片序列

Step01 启动 Figma 并将“蜜蜂飞舞 .spline”素材文件打开，效果如图 7-78 所示。在属性栏中设置“背景色”的不透明度为 0%，如图 7-79 所示。

图 7-78　打开素材文件

图 7-79　设置背景色的不透明度

Step02 单击工具栏中的“导出”按钮，在弹出的对话框中选项“视频录制”选项，如图 7-80 所示。在“格式”选项后的下拉列表框中选择“图片序列”选项，设置“图片”选项为 PNG，FPS 选项为 24，“时间”为“手动”，如图 7-81 所示。

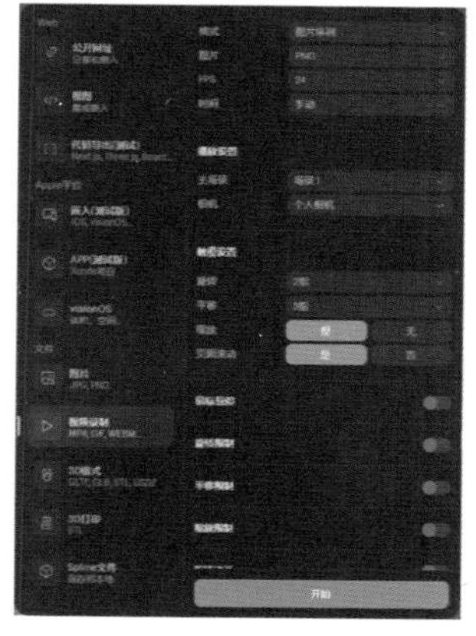

图 7-80　选择“视频录制”选项

图 7-81　设置参数

Step 03 单击“开始”按钮，单击界面底部工具栏中的录制按钮，开始录制视频如图 7-82 所示。稍等片刻，单击“停止”按钮，将录制文件存储为“蜜蜂飞舞.zip”，如图 7-83 所示。

图 7-82 录制视频

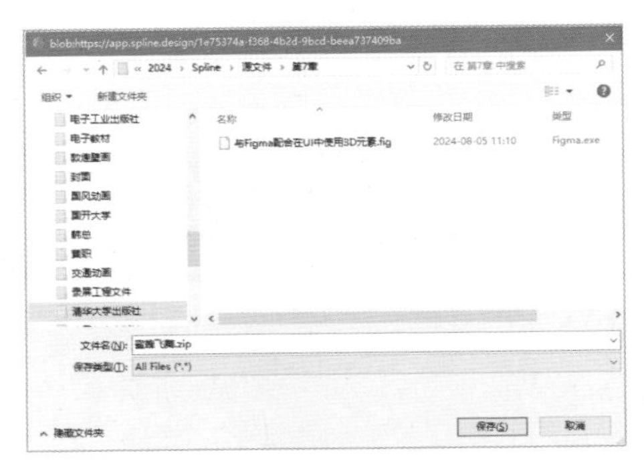

图 7-83 存储录制文件

Step 04 解压“蜜蜂飞舞.zip”文件，可以看到导出的图片序列，效果如图 7-84 所示。

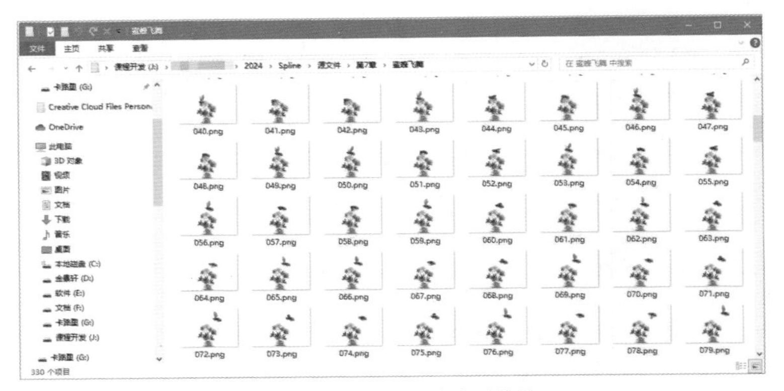

图 7-84 导出的图片序列效果

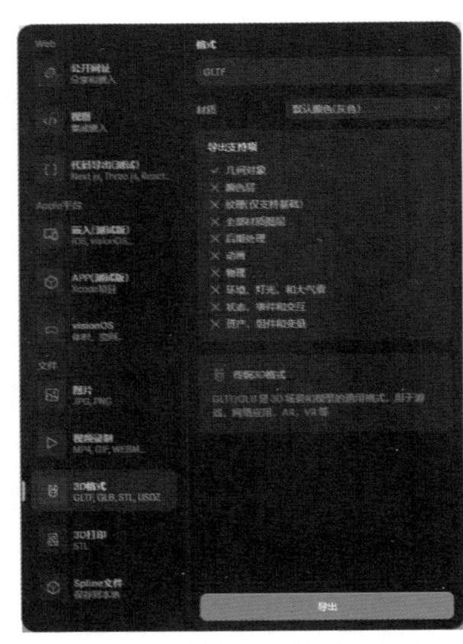

图 7-85 选择“3D 格式”选项

3. 3D 格式

用户可以将完成的 3D 场景导出为 GLTF、GLB、STL 和 USDZ 等 3D 格式。

GLTF 和 GLB 格式是用于 3D 场景和模型的开源文件格式，用于游戏、Web 应用程序、AR、VR 等。USDZ 格式是一种只读的 3D 文件格式，由 Pixar 和 Apple 共同开发，专门用于创建和共享 3D 增强现实（AR）内容。STL 是一种用于 3D 打印和计算机辅助设计的数据交互格式，通过将三维模型分解成许多小的三角形面片来逼近实体模型，每个三角形面片都包含顶点的三维坐标和法向量信息。

完成场景的制作后，单击工具栏中的“导出”按钮，在弹出的对话框左侧选择“3D 格式”选项，如图 7-85 所示。用户可在顶部“格式”选项下方的下拉列表框中选择导出的 3D 格式类型，如图 7-86 所示。

在“材质”选项后的下拉列表框中选择材质类型，如图 7-87 所示。选择“默认颜色（灰色）”材质类型，将仅导出具有默认灰色材质的场景几何体。选择“颜色和贴图”材质类型，将导出带有材质层的场景几何体，包括纹理。

图 7-86　选择导出的 3D 格式类型

图 7-87　选择材质类型

提示

GLTF 和 GLB 格式不完全支持某些材质层。纹理支持仅限于具有 UV 投影模式的原始几何体。对具有“平滑 & 编辑”的几何图形则没有纹理支持。

4. 3D 打印

STL 是一种只有几何对象的格式，并不包含颜色或者材质信息，可用于 3D 打印或者导入 CAD 软件内。

完成场景的制作后，单击工具栏中的“导出”按钮，在弹出的对话框左侧选择“3D 打印”选项，如图 7-88 所示。单击“导出”按钮，即可将场景导出为 STL 格式。

用户可以将生成的 STL 文件导入 3D 打印应用程序，以 3D 打印模型。需要注意 STL 格式并不完全支持材质层。

5. Spline 文件

Spline 格式可用于将场景保存为本地文件副本。

完成场景的制作后，单击工具栏中的“导出”按钮，在弹出的对话框左侧选择“Spline 文件”选项，如图 7-89 所示。单击“导出”按钮，即可将场景导出为 Spline 格式。

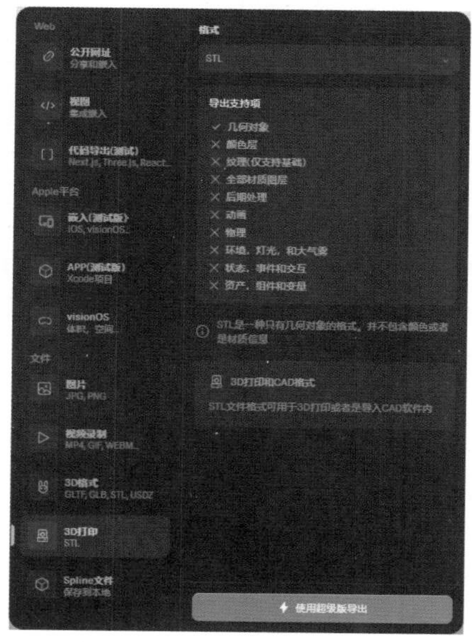

图 7-88　选择“3D 打印”选项

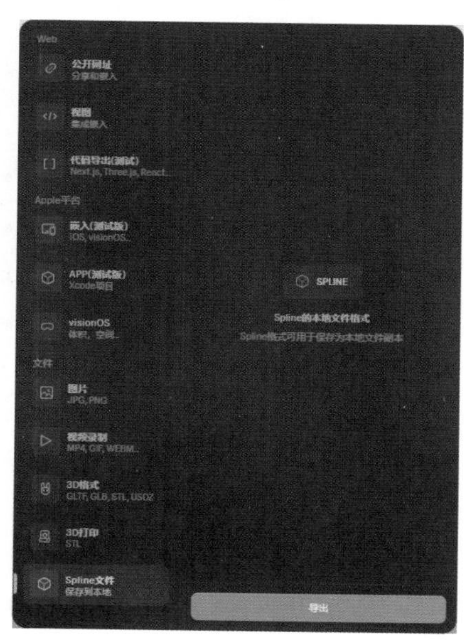

图 7-89　选择“Spline 文件”选项

提示

普通版将无法将文件导出为 3D 格式和 3D 打印格式，用户可根据个人需求选择购买并使用超级版将文件导出为需要的格式类型。

7.5 优化导出场景

为了获得好的导出效果，在导出场景前，可通过“性能”面板对场景进行优化。“性能”面板提供了一些关键指标和改进机会，以保持场景的加载时间和性能快速高效。

单击工具栏中的“导出”按钮，弹出导出对话框，如图 7-90 所示。单击“运行测试”按钮，弹出“性能优先”对话框，用户可以通过观察其中的参数，识别场景中的优化机会，如图 7-91 所示。

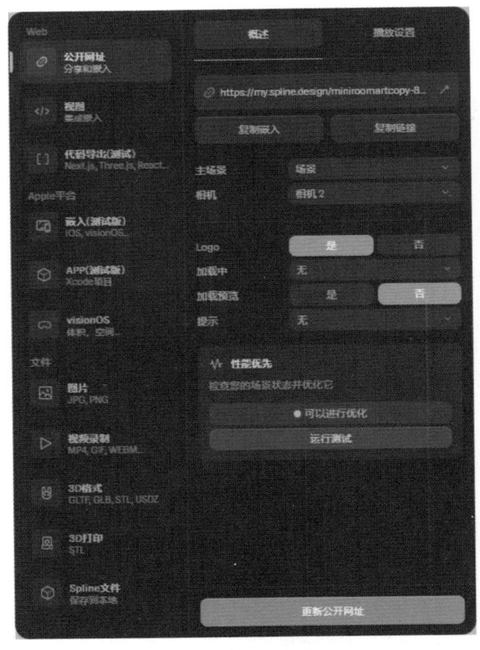

图 7-90　导出对话框

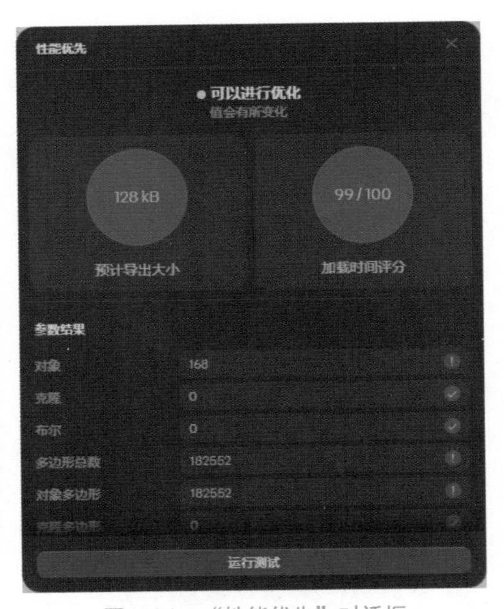

图 7-91　“性能优先”对话框

提示

“预计导出大小”和“加载时间评分”的值是以平均互联网速度测量的，并且是估计值。实际值可能会有所不同。

在“性能优化”对话框的下方是“可优化性操作”列表框，它们是一些根据场景状态进行改进的建议，如图 7-92 所示。每条可优化性操作前都有一个图标，图标有红色、黄色和灰色 3 种类型，如图 7-93 所示。

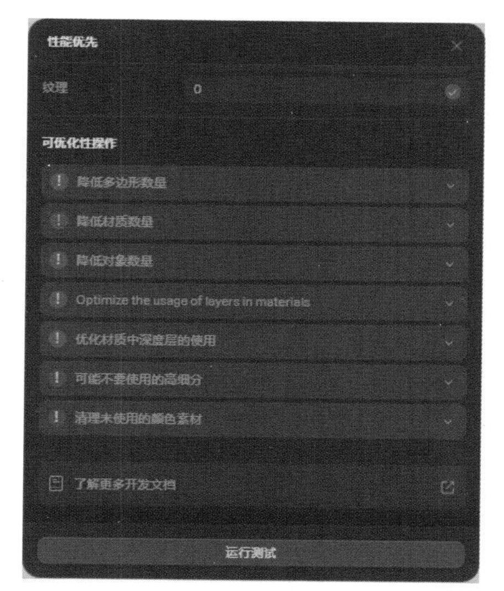

图 7-92　可优化性操作列表

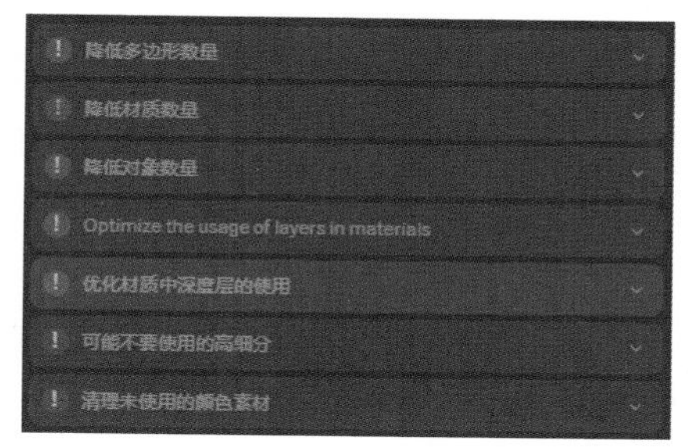

图 7-93　3 种可优化性操作图标

红色图标代表对于提高性能和场景的整体状态最为重要。黄色图标对改进很重要，但不是关键。灰色图标保持场景干净并移除未使用资源的建议。与性能没有直接关系。

为了保持良好的性能，用户在导出和嵌入设计时应遵循以下几条建议。

7.5.1　降低多边形数量

在样条曲线构建的场景中，每个对象实质上是由三角形构成的几何体。值得注意的是，每两个相邻的三角形共同构成了一个四边形（尽管从技术上讲，它们仍是两个独立的三角形）。减少多边形的总数将直接提升对象在屏幕上的渲染速度和加载效率。

通常而言，追求极致光滑度的对象需要更多的多边形来塑造其细节，这不可避免地会增加加载时间。为了平衡视觉效果与性能，可以在参数化对象（如球体、立方体、圆柱体等）上通过精细调整“边”的数量来减少面数，从而达到提升性能的目的。特别是在处理支持平滑细分的对象时，建议将细分级别控制在 3 级以内，以避免不必要的性能开销和基础细分的过度增加。

此外，当需要从其他软件或库导入对象时，优先选择那些已经过优化、多边形数量较低的版本，这将有助于保持场景的整体性能和流畅度。

7.5.2　使用几何体压缩

用户可以使用“压缩”设置来提高导出场景的加载 / 性能。需要注意的是，较高的压缩级别也会降低几何形状的精度或质量。

单击工具栏中的“导出”按钮，在弹出的对话框中选择“播放设置”选项卡，向下滚动到“压缩”选项区域，在“几何质量”选项后的下拉列表框中选择“性能优先”选项，如图 7-94 所示。

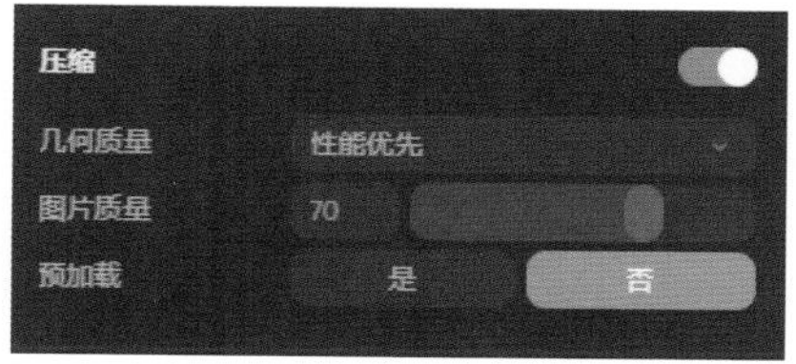

图 7-94　“压缩”设置

通过在“图片质量”选项后的文本框中输入数值或拖曳滑块，帮助用户减小大量使用纹理的场景的整体大小，在某些情况下，可以使文件体积缩小 4 倍。

7.5.3 减少物体数量

增加对象数量会显著延长加载时间并削弱系统性能，因此建议移除场景中不可见的对象以优化性能。此外，在材料设计中应避免加载图像或纹理，特别是大型图像，因为它们会进一步加剧加载负担。

同样，过多的灯光设置也会降低场景的运行效率。为了保持高性能，推荐采用简约照明方案，每个场景内的灯光数量应控制在 3 个以内。同时，材料设计应保持简洁，避免不必要的多层叠加。还需要注意的是，后期处理效果虽能增强视觉效果，但也可能对性能造成不利影响，需谨慎使用。

7.5.4 布尔值性能

布尔运算在复杂场景中可能会显著影响性能，因此采取一些策略来减轻其性能负担至关重要。以下是几个有效的建议。

1. 优化布尔运算对象的边数

尽量减少参与布尔运算对象的边缘数量。例如，避免使用高细节（如边长为 64 的球体），转而采用更低边数的版本，能在视觉上保持相似效果的同时，大幅降低性能开销。

2. 烘焙布尔对象以节省资源

利用“应用和编辑”功能将布尔运算结果烘焙成静态对象。完成此操作后，可以保存一个可编辑的副本并将其隐藏，这样在实际场景中加载时就不会再执行耗时的布尔计算，从而显著提升性能。

3. 优化动画处理方式

在动画设计中，尽量避免直接对大小属性进行动画处理，因为这可能涉及复杂的计算。相反，推荐对缩放属性进行动画处理，因为缩放变换通常更为高效，能够更有效地利用 GPU 加速，从而提升整体的性能效率。

7.5.5 使用组件减少对象

在面对包含大量重复对象的复杂场景时，巧妙地运用组件与实例技术能够极大地优化场景性能。组件，作为可复用的构建块，能够定义一次对象并轻松生成其多个实例。这些实例并非传统意义上的独立副本，而是原始组件的轻量级虚拟呈现，共享同一套几何数据。

因此，即便拥有 1 个基础组件并创建了 100 个实例，场景背后实际上仅存储了一份几何图形的数据，而非冗余的 101 份。这种共享机制显著减少了内存的占用，加速了渲染过程，使得场景管理更加高效。

7.5.6 使用材质和图像资源优化性能

资产，作为与组件相似的概念，是高度可复用的项目元素。通过单一资产的分配，多个对象能够共享相同的源数据，从而简化了管理和维护操作。

值得注意的是，在 Spline 中创建新几何体时，系统默认会为每个几何体分配独立的非资产材质。这种做法在需要为不同对象赋予独特视觉效果时显得尤为灵活。然而，当多个对象采用相同外观时，这种默认设置便不再高效，因为它会导致材质的冗余存储。

为了优化这一点，推荐将材质转换为可复用的资源形式。一旦完成转换，这些资源便能在多个对象间共享，从而大幅减少场景中的材质数据量，并提升处理效率。这种策略不仅有助于节省内存和提升渲染速度，还能让场景管理变得更加简洁有序。

7.5.7 优化网站性能

在规划网站性能时，3D 场景应被视为与图像和视频同等重要的考量因素。若网站已负载大量图像或视频内容，再叠加一个复杂的 3D 场景，很可能会对整体性能造成拖累。

为了在向网站集成 3D 元素时确保最佳性能，以下是几条实用建议。

1. 预优化现有内容

如果网站已趋于复杂（包含丰富的内容），在引入 Spline 或其他工具创建的 3D 场景前，务必对现有内容进行一次性能优化审查，或确保设计的 3D 场景保持简洁高效，以减轻系统负担。

2. 精简视觉资源

减少 3D 场景及网站中不必要的图像和纹理数量，这样不仅能缩短页面加载时间，还能提升用户体验。

3. 遵循性能优化指导

充分利用“性能优先”对话框或类似工具提供的建议，针对 3D 场景进行深度优化，如减少对象数量、简化材质设置等，以最小化对系统资源的需求。

7.5.8 避免网页多次嵌入

虽然从技术上讲，可以在单个网页中嵌入多个 Spline 场景，但为了保持最佳的用户体验和性能，强烈推荐每个页面仅嵌入一个或两个场景。

如果项目设计确实需要在每个页面上展示多个 Spline 嵌入，应注意以下几点优化策略。

1. 精简复杂场景

避免在每个嵌入中加载过于复杂的 3D 场景，通过检查导出设置中的性能指示器来评估并调整场景复杂度。

2. 限制嵌入数量

尽量将每页的嵌入数量控制在 3 个以内，以减少对系统资源的占用。

3. 优选 Spline Viewer

使用 Spline Viewer 而非 iFrame 进行嵌入，因为 Spline Viewer 支持延迟加载功能，这对于含有多个嵌入的页面尤为关键，能有效提升页面的加载速度和渲染性能。

4. 避免全屏多嵌入

在全屏模式下，应避免使用多个嵌入，因为画布尺寸的增大将直接导致渲染所需像素的显著增加，进而影响性能。

7.6 本章小结

本章主要讲解了在 Spline 中团队协作及优化导出场景的方法和技巧。通过创建团队并共享文件，使得团队成员能够更加紧密地合作，共同完成高质量的 3D 设计项目。通过掌握多样化的导出方式，为用户提供高效、便捷的 3D 设计体验，满足用户的不同需求。

7.7 课后习题

完成本章内容学习后，接下来通过几道课后习题测验读者的学习效果，加深读者对所学知识的理解。

一、选择题

在下面的选项中，只有一个是正确答案，请将其选出来并填入括号内。

1. 用户在团队设置界面中无法完成的操作是（　　）。

A. 修改团队名称　　B. 查看团队成员

C. 成员退出团队　　D. 邀请团队成员

2. 下列选项中不属于团队中的角色的是（　　）。

A. 所有者　　B. 编辑者　　C. 查看者　　D. 管理者

3. 团队中所有角色中，具有完全权限的成员是（　　）。

A. 所有者　　B. 编辑者　　C. 查看者　　D. 以上都不是

4. 下列文件格式选项中，用于 3D 打印的文件格式是（　　）。

A. GLTF　　B. GLB　　C. STL　　D. USDZ

5. 用户可以使用（　　）嵌入导出的公开网址，而导出的视图是本地 HTML 组件，能够实现更大的灵活性。

A. iFrame　　B. URL　　C. Vanilla.JS　　D. CSS

二、判断题

判断下列各项叙述是否正确，正确的打“√”，错误的打“×”。

1. Spline 允许多个用户同时登录并处理同一个项目，这极大地提高了团队协作的效率。（　　）

2. 从历史上看，3D 创作的主要方式是单个用户先构建单个文件，然后再手动与其他合作的人员来回共享这些文件。（　　）

3. 增加多边形的总数将直接提升对象在屏幕上的渲染速度和加载效率。（　　）

4. 在面对包含大量重复对象的复杂场景时，巧妙地运用组件与实例技术能够极大地优化场景性能。（　　）

5. 用户可以在单个网页中嵌入多个 Spline 场景，为了保持最佳的用户体验和性能，强烈推荐每个页面尽可能地多嵌入场景。（　　）

三、创新实操

使用本章所学的内容，读者充分发挥自己的想象力和创作力，将如图 7-95 所示的火箭动画效果导出为 JPG 图像、GIF 动画文件和 Spline 文件。

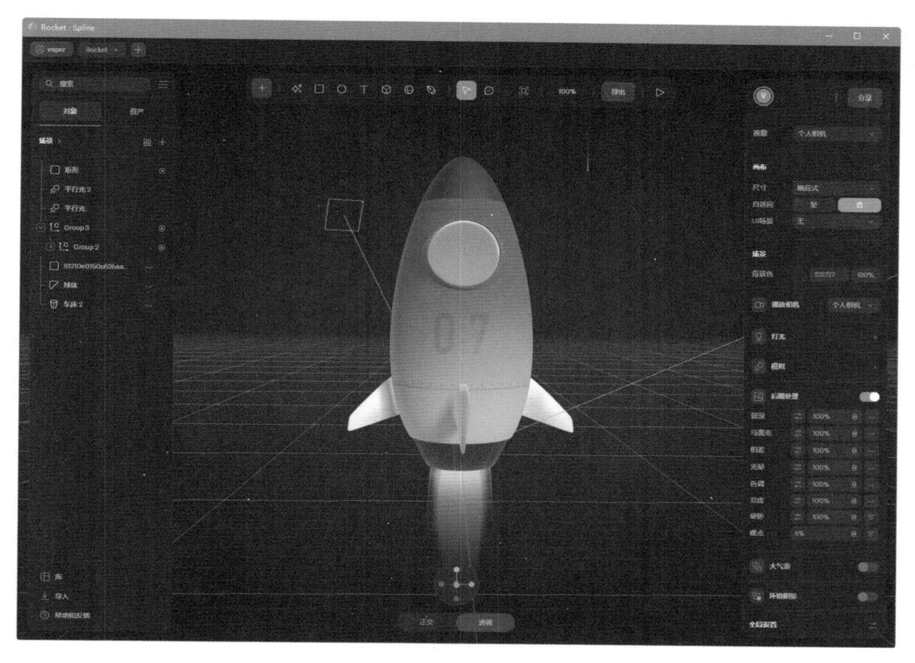

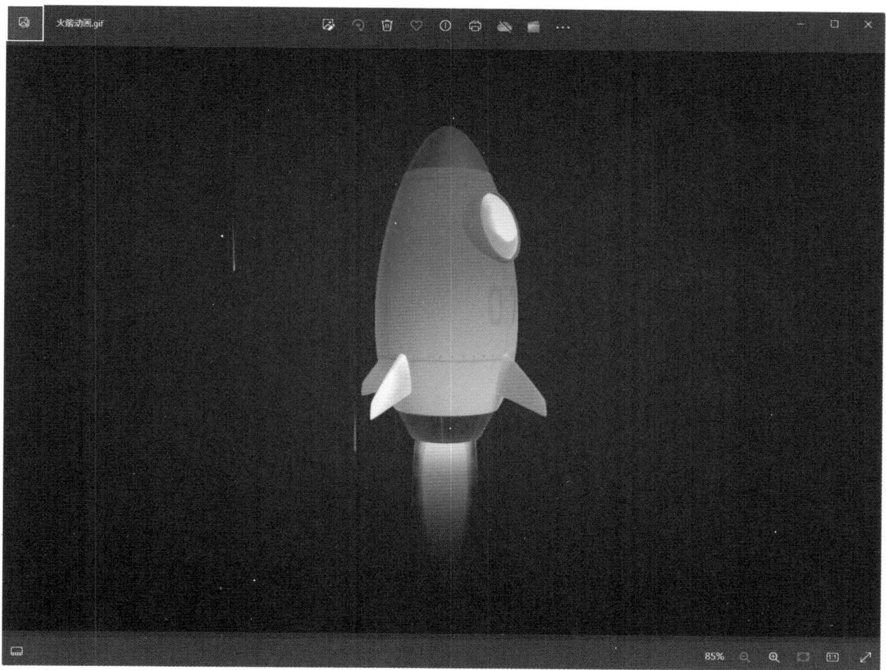

图 7-95　导出火箭动画效果